Entwicklung von Open-Source-Medizinprodukten

Arti Ahluwalia • Carmelo De Maria •
Andrés Díaz Lantada
Hrsg.

Entwicklung von Open-Source-Medizinprodukten

Ein verlässlicher Ansatz für eine sichere, nachhaltige und zugängliche Gesundheitsversorgung

Springer

Hrsg.
Arti Ahluwalia
Research Center "E. Piaggio" and
Department of Information Engineering
University of Pisa
Pisa, Italy

Carmelo De Maria
Research Center "E. Piaggio" and
Department of Information Engineering
University of Pisa
Pisa, Italy

Andrés Díaz Lantada
Mechanical Engineering Department
Universidad Politecnica de Madrid
Madrid, Spain

Dieses Buch ist eine Übersetzung des Originals in Englisch „Engineering Open-Source Medical Devices" von Ahluwalia, Arti, publiziert durch Springer Nature Switzerland AG im Jahr 2022. Die Übersetzung erfolgte mit Hilfe von künstlicher Intelligenz (maschinelle Übersetzung durch den Dienst DeepL.com). Eine anschließende Überarbeitung im Satzbetrieb erfolgte vor allem in inhaltlicher Hinsicht, so dass sich das Buch stilistisch anders lesen wird als eine herkömmliche Übersetzung. Springer Nature arbeitet kontinuierlich an der Weiterentwicklung von Werkzeugen für die Produktion von Büchern und an den damit verbundenen Technologien zur Unterstützung der Autoren.

ISBN 978-3-031-26027-8 ISBN 978-3-031-26028-5 (eBook)
https://doi.org/10.1007/978-3-031-26028-5

Die Deutsche Nationalbibliothek verzeichnet diese Publikation in der Deutschen Nationalbibliografie; detaillierte bibliografische Daten sind im Internet über http://dnb.d-nb.de abrufbar.

Planung/Lektorat: Renate Scheddin
Springer ist ein Imprint der eingetragenen Gesellschaft Springer Nature Switzerland AG und ist ein Teil von Springer Nature.
Die Anschrift der Gesellschaft ist: Gewerbestrasse 11, 6330 Cham, Switzerland

Das Papier dieses Produkts ist recyclebar.

Vorwort

Dieses Handbuch, *„Entwicklung von Open-Source-Medizinprodukten. Ein zuverlässiger Ansatz für eine sichere, nachhaltige und zugängliche Gesundheitsversorgung“* ist das Ergebnis einer spannenden Reise und wurde dank des Beitrags eines großartigen Teams von inspirierenden Ingenieuren erstellt.

Die Reise begann mit der Leidenschaft der Herausgeber und Mitautoren für biomedizinische Technik und medizinische Geräte, mit der Konzeption und Durchführung mehrerer projektbasierter Lernkurse mit Schwerpunkt Medizintechnik, vor allem an der Universität Pisa und der Universidad Politécnica de Madrid. Viele der in diesem Handbuch vorgestellten Ideen und Konzepte wurden durch eine einzigartige Reihe innovativer Sommerkurse gefördert, die vom African Biomedical Engineering Consortium (ABEC) organisiert und von der Wirtschaftskommission der Vereinten Nationen für Afrika (UNECA) unterstützt wurden. Anschließend ermöglichte das Projekt „UBORA: Euro-African Open Biomedical Engineering e-Platform for Innovation through Education“, das von der Europäischen Kommission im Rahmen des Programms Horizon 2020 (Grant Agreement Nr. 731053, 2017–2019) finanziert wurde, die Schaffung einer einzigartigen kollaborativen e-Infrastruktur für Open-Source-Medizintechnologien (UBORA-Plattform https://platform.ubora-biomedical.org/). Die Plattform hat dazu beigetragen, die Grundlagen für das systematische Co-Design von OSMD zu schaffen, wobei die Sicherheit und Wirksamkeit medizinischer Technologien strikt beachtet wird.

Neben allen, die direkt an den verschiedenen Kapiteln des Handbuchs mitgewirkt haben, gibt es eine beeindruckende Gemeinschaft von Forschern, Lehrkräften und Studenten (die UBORA-Gemeinschaft), die nun die biomedizinische Industrie in verschiedenen Ländern mit dem Schwerpunkt auf Verteilungsgerechtigkeit in der Gesundheitsversorgung umgestalten. In den letzten 5 Jahren haben mehr als 1500 Studenten und Kollegen aus rund 40 Ländern an UBORA-UNECA-Aktionen zur Förderung von OSMD als transformative Technologien teilgenommen, und diese Erfahrungen waren der fruchtbare Boden für die Entwicklung dieses Textes.

Für uns als Herausgeber des Handbuchs war es ein Privileg, die wichtigsten bewährten Verfahren und Herausforderungen im Zusammenhang mit der Konstruktion von OSMD in diesem Buch zusammenzufassen, das hoffentlich zu einem umfassenden Nachschlagewerk für auf diesem Gebiet tätige Kollegen wird.

Wir möchten uns bei der Springer-Redaktion für die Unterstützung bei der Erstellung des Handbuchs bedanken. Schließlich möchten wir unseren Familien, Freunden und Kollegen für ihr Verständnis, ihre Geduld und ihre unendliche Unterstützung danken.

Pisa, Italy — Arti Ahluwalia
Pisa, Italy — Carmelo De Maria
Madrid, Spain — Andrés Díaz Lantada

Inhaltsverzeichnis

Kapitel 1
Open-Source-Medizinprodukte: Konzept, Trends und Herausforderungen auf dem Weg zu Verteilungsgerechtigkeit bei Gesundheitstechnologien

Carmelo De Maria, Andrés Díaz Lantada, Licia Di Pietro, Alice Ravizza und Arti Ahluwalia

1.1 Einleitung: Die soziale Produktentwicklung und die modernen medizinischen Technologien

Die Medizintechnik hat die Praxis der Medizin und die Patientenversorgung verändert, wobei in den letzten Jahrzehnten eine ganze Reihe wichtiger Durchbrüche erzielt wurden: hochpräzise medizinische Bildgebung für verbesserte Diagnosen (European Society of Radiology, 2015), robotergeführte Chirurgie und minimalinvasive Verfahren für eine bessere Genesung nach der Operation (Ghezzi & Corleta, 2016), die fortschreitende Nutzung von Smartphones für die Diagnose und das Monitoring von Patienten (Freeman et al., 2020; Jamshidnezhad et al., 2019) und sogar 3D-Druck von Biomaterialien und Biofabrikation als innovativste potenzielle Alternativen zu herkömmlichen Prothesen oder Organtransplantationen (Lanza et al., 2014; Atala & Joo, 2015; Moroni et al., 2018).

In vielen Fällen wird die Medizintechnik jedoch im Verborgenen entwickelt, und die Bedürfnisse der Patienten oder der medizinischen Fachkräfte werden bei der Entscheidungsfindung, die derzeit unter dem Druck des Marketings und der sofortigen Amortisation steht, nur am Rande berücksichtigt, anstatt von den

---

C. De Maria (✉) · L. Di Pietro · A. Ahluwalia
Research Center "E. Piaggio" and Department of Information Engineering, University of Pisa, Pisa, Italy
E-Mail: carmelo.demaria@unipi.it

A. Díaz Lantada
Mechanical Engineering Department, Universidad Politécnica de Madrid, Madrid, Spain
E-Mail: andres.diaz@upm.es

A. Ravizza
USE-ME-D srl, I3P Politecnico di Torino, Turin, Italy
E-Mail: alice.ravizza@polito.it

A. Ahluwalia et al. (Hrsg.), *Entwicklung von Open-Source-Medizinprodukten*,
https://doi.org/10.1007/978-3-031-26028-5_1

Bedürfnissen, dem Wissen und der Weitsicht der Technologieentwickler geleitet zu werden (Fasterholdt et al., 2018).

Während das wirtschaftliche Wachstum von Medizintechnikentwicklern und -herstellern von grundlegender Bedeutung ist, um immer mehr Patienten auf nachhaltige Weise zu erreichen, neigen Entscheidungen, die auf der Grundlage kurzfristiger Einkünfte getroffen werden, dazu, die Kreativität von Medizintechnikentwicklern einzuschränken, die Personalisierung der Medizintechnik zu behindern und seltene Pathologien und ein ressourcenarmes Umfeld unberücksichtigt zu lassen, um nur einige Nachteile des aktuellen Stands der Technik in der Biomedizinindustrie zu nennen (De Maria et al., 2018).

Im Gegensatz zur biomedizinischen Industrie werden in vielen Produktbereichen Interessengruppen und künftige Nutzer von Anfang an in den Produktentwicklungsprozess einbezogen, wobei das neue Paradigma der „offenen Innovation" zum Tragen kommt (Ng & Jee, 2014; Gao & Bernard, 2017). In diesem neuen Paradigma wird der durch Onlineaustausch von Informationen (Konzepten, Entwürfen oder anderen Projektunterlagen) mit Kollegen oder sogar mit Entwicklern außerhalb des Kernteams der Produktentwicklungsprozess neu erfunden. Bei dieser Art von „sozialer Produktentwicklung" bringen thematisch verbundene Gemeinschaften zusammen innovative Lösungen auf Onlineplattformen wie Thingiverse oder GrabCAD hervor und teilen die Ergebnisse.

Diese kollaborativen und quelloffenen Entwurfsstrategien sind in der Softwareentwicklung weithin erforscht worden und bringen Vorteile in Bezug auf Zugänglichkeit, Nachhaltigkeit, niedrigere Kosten, verbesserte Leistung und sogar Sicherheit (Lessig et al., 2005). Heutzutage haben die Durchdringung von 3D-Druckern der Einstiegsklasse, die in Co-Working Spaces und FabLabs erhältlich und aus der „Maker"-Bewegung hervorgegangen sind (Gershenfeld, 2005), sowie die niedrigeren Zugangskosten zu den „Druckfabriken" die Möglichkeit eröffnet, die Projekte auch physisch zu erstellen, die von Online-Repositories heruntergeladen werden können.

Die Gesundheitsindustrie zögert jedoch noch, das enorme Potenzial des Open-Source- und kollaborativen Ansatzes für eine soziale Entwicklung von Medizinprodukten zu nutzen, obwohl dies das Potenzial hat, den Zugang zu medizinischen Technologien zu verbessern (De Maria et al., 2020). In der Medizinbranche ist es in der Tat von entscheidender Bedeutung, die Anforderungen an die Sicherheit und Wirksamkeit von Medizintechnik zu gewährleisten, die durch Gesetze wie die Europäische Medizinprodukteverordnung 2017/775 und 2017/746 durchgesetzt werden. Obwohl im Internet zahlreiche Beispiele für Gesundheitstechnologien zu finden sind (Niezen et al., 2016), wurden nur einige von ihnen so konzipiert, dass sie mit den Rechtsvorschriften für Medizinprodukte („medical devide"; MD) konform sind (Arcarisi et al., 2019; Ferretti et al., 2017).

Um wirklich transformativ zu sein, sollten Open-Source-Medizinprodukte und ihre Grenzen angemessen definiert, die erwarteten Ergebnisse von Open-Source-Medizintechnologien analysiert und die Merkmale von Pionier-Erfolgsfällen verstanden werden, um deren Weg zu verfolgen. Darüber hinaus sollten Onlineumgebungen für die kollaborative Forschung und Entwicklung eingerichtet werden, die eine Zusammenarbeit ermöglichen, dazu beitragen, den medizinischen Bedarf und die technologischen Angebote aufeinander abzustimmen, und die Entwickler medizinischer Technologien bei ihren Bemühungen anleiten. Die von unserem Team entwickelte e-Infrastruktur UBORA, die auch in diesem einführenden Kapitel beschrieben wird, stellt einen wichtigen Durchbruch in dieser Richtung dar.

Die folgenden Abschnitte dieses Kapitels befassen sich mit allen oben genannten Themen.

1.2 Das Konzept des Open-Source-Medizinprodukts (Open-Source Medical Device; OSMD): Definition und Grundprinzipien

1.2.1 Einigung auf eine einheitliche Definition für OSMD

Zusammenarbeit und Informationsaustausch sind im biomedizinischen Bereich von grundlegender Bedeutung für die Entwicklung von Technologien, die auf die Lösung globaler Gesundheitsprobleme abzielen. Während der ersten internationalen Konferenz über kollaborative biomedizinische Technik für quelloffene medizinische Technologien (Pisa, September 2018 und in Übereinstimmung mit den Grundsätzen der „Kahawa-Erklärung“) (Ahluwalia et al., 2018) wurde eine internationale Fokusgruppe für quelloffene medizinische Geräte eingerichtet, die sich für einen gerechten Zugang zu Gesundheitstechnologien durch quelloffene Ansätze bei der Entwicklung von Medizinprodukten einsetzt und dazu beiträgt, bewährte Verfahren in diesem aufstrebenden Bereich zu harmonisieren und zu artikulieren.

Zu den ersten Aufgaben der erwähnten Arbeitsgruppe, an der alle UBORA-Partner und wichtige Interessengruppen aus der medizinischen Industrie mit Erfahrung im Bereich der offenen Innovation sowie politische Entscheidungsträger, Pädagogen und Fachkräfte im Gesundheitswesen beteiligt waren, gehörten (a) die Sammlung erfolgreicher Beispiele für Open-Source-Medizinprodukte und Open-Source-Initiativen im Biomedical Engineering (BME), um den Stand der Technik und seine derzeitigen Grenzen zu verstehen, und (b) die Ausarbeitung einer einvernehmlichen operativen Definition für das Konzept des Open-Source-Medizinprodukts.

Für die Ausarbeitung einer solchen Definition wurden einschlägige Konzepte verwendet, die versuchen, mehrere Aspekte zu berücksichtigen, die in den gängigeren Definitionen von Open-Source-Software (Open-Source-Initiative; Debian-Projekt) und Open-Source-Hardware (Open-Source Hardware Association) enthalten sind. In gewisser Weise kombiniert und erweitert die weiter unten erläuterte Definition jedoch beide, um sehr spezifische und relevante Probleme bei der Entwicklung von Medizintechnik zu berücksichtigen, um der Tatsache Rechnung zu tragen, dass moderne medizinische Geräte Hard- und Software beinhalten, und um die jüngsten Trends beim Datenmanagement in kollaborativen Projekten adäquat zu berücksichtigen (Wilkinson et al., 2016).

Betrachten wir zunächst im Folgenden den Begriff des Medizinprodukts.

1.2.1.1 Medizinprodukt

Gemäß der Verordnung (EU) 2017/745 des EU-Parlaments und des Rates vom 5. April 2017 über Medizinprodukte bezeichnet der Begriff „Medizinprodukt“:

> Jedes Instrument, jeder Apparat, jede Vorrichtung, jede Software, jedes Implantat, jedes Reagens, jedes Material oder jeder andere Gegenstand, der vom Hersteller dazu bestimmt ist, allein oder in Kombination für einen oder mehrere der folgenden spezifischen medizinischen Zwecke beim Menschen verwendet zu werden: (a) Diagnose, Vorbeugung, Überwachung, Vorhersage, Prognose, Behandlung oder Linderung einer Krankheit, (b) Diagnose, Überwachung, Behandlung, Linderung oder Kompensation einer Verletzung oder Behinderung, (c) Untersuchung, Ersatz oder Veränderung der Anatomie oder eines physiologischen oder pathologischen Prozesses oder Zustands, (d) Bereitstellung von Informationen durch In-vitro-Untersuchung von aus dem menschlichen Körper stammenden Proben, einschließlich Organ-, Blut- und Gewebespenden, und die ihre bestimmungsgemäße Hauptwirkung nicht auf pharmakologischem, immunologischem oder metabolischem Wege im oder am menschlichen Körper erzielen, sondern durch solche Mittel in ihrer Funktion unterstützt werden können.

Folglich reichen Medizinprodukte von Kontaktlinsen bis zu Pflaster, von Herzschrittmachern bis zu implantierbaren Herzklappen und von chirurgischen Instrumenten bis zu großen medizinischen Bildgebungsgeräten, und die im vorliegenden Dokument vorgeschlagene Definition von Open-Source-Medizinprodukten ist eine direkte Folge der Anpassung des Open-Source-Konzepts und seiner Auswirkungen auf die Software- und Hardwareindustrie an die zuvor zitierte Definition von Medizinprodukten aus der MDR 2017/745 der EU. Für operative Zwecke deckt diese EU-Definition auch die meisten Medizinprodukte weltweit ab, wie sie von anderen Regulierungsbehörden wie der US-amerikanischen Food and Drug Administration oder der chinesischen Food and Drug Administration definiert werden, um nur ein paar relevante Beispiele zu nennen.

1.2.1.2 Open-Source-Software

Die am häufigsten verwendete Definition von Open-Source-Software (derzeit die Open-Source-Definition v.1.9: https://opensource.org/docs/definition.php) stammt aus den Debian-Richtlinien für freie Software, die von Bruce Perens und den Debian-Entwicklern erstellt wurden. Kurz gesagt ist Open-Source-Software eine Software mit zugänglichem Quellcode, die eine Überprüfung durch Fachkollegen (Peer Review) und eine rasche Weiterentwicklung ermöglicht und außerdem Kriterien wie freie Verbreitung, Verbreitung von Quellcode und kompiliertem Code, Zulässigkeit von Änderungen und abgeleiteten Werken, keine Diskriminierung bestimmter Personen oder Gruppen, keine Diskriminierung von Anwendungsbereichen, keine Beschränkung auf andere Software, keine Produktspezifität und technologische Neutralität erfüllt. Beispiele für Open-Source-Softwarelizenzen sind u. a. „GPL“, „BSD“ und „Artistic“.

1.2.1.3 Open-Source-Hardware

Die Open-Source Hardware Association (OSHWA) definiert Open-Source-Hardware in ihrem Statement of Principles 1.0 und Definition 1.0 wie folgt: „Hardware, deren Design öffentlich zugänglich gemacht wird, sodass jeder das Design oder die darauf basierende Hardware studieren, modifizieren, verteilen, herstellen und verkaufen kann."

Die Quelle der Hardware, das Design, auf dem sie basiert, ist in dem bevorzugten Format verfügbar, um Änderungen daran vorzunehmen.

Im Idealfall nutzt Open-Source-Hardware leicht verfügbare Komponenten und Materialien, Standardprozesse, eine offene Infrastruktur, uneingeschränkte Inhalte und Open-Source-Design-Tools, um die Möglichkeiten des Einzelnen zur Herstellung und Nutzung von Hardware zu maximieren. Open-Source-Hardware gibt den Menschen die Freiheit, ihre Technologie zu kontrollieren und gleichzeitig „Wissen zu teilen und den Handel durch den offenen Austausch von Designs zu fördern".

Die Definition basiert auf der bereits erwähnten Open-Source-Definition für Open-Source-Software.

Da sich Hardware jedoch von Software dadurch unterscheidet, dass sie den Einsatz physischer Ressourcen für die Schaffung physischer Güter erfordert, ist es wichtig hervorzuheben, dass diese Grundsätze und die Definition von Open-Source-Hardware (OSHW) auch besagen, dass „Personen oder Unternehmen, die Gegenstände („Produkte") unter einer OSHW-Lizenz herstellen, die Verpflichtung haben, deutlich zu machen, dass solche Produkte nicht vom ursprünglichen Designer hergestellt, verkauft, garantiert oder anderweitig sanktioniert werden, und auch keine Marken zu verwenden, die dem ursprünglichen Designer gehören."

1.2.1.4 Open-Source-Medizinprodukt

Auf der Grundlage früherer Konzepte und Definitionen und unter Berücksichtigung des aktuellen Stands der Technik im Bereich der kollaborativen biomedizinischen Technik sowie laufender internationaler Initiativen, die einen gleichberechtigten Zugang zur Gesundheitstechnologie anstreben, schlug das UBORA-Konsortium in Verbindung mit der internationalen Fokusgruppe für OSMD eine operative Definition für Open-Source-Medizinprodukte vor, die wie folgt lautet:

> Ein quelloffenes Medizinprodukt ist ein Medizinprodukt, dessen Design und Informationen zur Produktentwicklung öffentlich zugänglich gemacht werden, sodass jeder das Medizinprodukt und die dazugehörige Soft- oder Hardware auf der Grundlage des ursprünglich verfügbaren Designs und der Informationen untersuchen, verändern, vertreiben, herstellen und verkaufen kann. Der Entwurf des quelloffenen Medizinprodukts sollte in einem Format zur Verfügung gestellt werden, das die Validierung, Überprüfung und Änderung ermöglicht. Open-Source-Medizinprodukte stützen sich auf weithin verfügbare Materialien und Komponenten, werden nach internationalen Sicherheitsnormen und -verfahren entwickelt, um

> die Sicherheit der Patienten zu gewährleisten, nutzen die Vorteile der Modularität und werden sogar als austauschbare und interoperable Kits konzipiert und stützen sich auf offene e-Infrastrukturen zur Informationsverbreitung und Förderung der Zusammenarbeit. Für quelloffene Medizinprodukte werden FAIR („findable, accessible, interoperable, reusable"; auffindbar, zugänglich, interoperabel, wiederverwendbar) Datengrundsätze vorgeschlagen. Personen oder Unternehmen, die Open-Source-Medizinprodukte herstellen und vermarkten, sind verpflichtet, die ursprünglichen Entwickler zu nennen und deutlich zu machen, dass diese Medizinprodukte nicht vom ursprünglichen Entwickler hergestellt, verkauft, garantiert oder anderweitig sanktioniert werden.

Die Definition wurde offiziell bei der Weltgesundheitsorganisation (ICD-11) eingereicht, um als neues Konzept für die biomedizinische Industrie verwendet zu werden, und sie wurde auch im neuen Handbook of Clinical Engineering (De Maria et al., 2020) im Zusammenhang mit dem innovativen Paradigma der Open-Source-Biomedizintechnik und mit Co-Creation-Umgebungen vorgestellt.

Nach Ansicht der Autoren stellt die Definition einen wichtigen Schritt bei der Harmonisierung offener Initiativen, Technologien und Ressourcen dar, die im Zusammenhang mit der biomedizinischen Technik und der Zukunft der biomedizinischen Industrie entstehen. Der Prozess der Ausarbeitung der Definition wurde durch interessante Debatten unterstützt, die auch die Entscheidungen des Konsortiums beeinflusst haben, das für die Organisation der UBORA-Gemeinschaft verantwortlich ist, und zwar in Bezug auf die endgültigen Richtlinien für die offene Lizenzierung von Entwürfen durch UBORA, die Verwendung der FAIR-Datengrundsätze, die Ausrichtung von UBORA auf das Konzept „free as in freedom" („Frei wie in Freiheit") und die Verbreitungs- und Kommunikationsstrategien für UBORA-Geräte, die von einer klareren Erläuterung der Aufgabe von UBORA und der Bedeutung und den potenziellen Auswirkungen von OSMDs profitiert haben.

1.2.2 Rationale: Die Gründe für Open-Source-Medizinprodukte

Medizintechnologien sind die Grundlage eines effizienten Gesundheitssystems. Obwohl „Gesundheit und Wohlbefinden" eines der von den Vereinten Nationen festgelegten Ziele für nachhaltige Entwicklung (Sustainable Development Goals; SDG) ist (United Nations, 2015), können die hohen Kosten von Medizinprodukten ein Hindernis für die Erreichung dieses Ziels darstellen. Diese Kosten ergeben sich aus dem langen Nutzungszyklus von Medizinprodukten (Spezifikation und Planung, Entwurf, Prototyping, Herstellung, Zertifizierung, Kennzeichnung und Verpackung, Bereitstellung, Installation, Betrieb, Wartung, Reparatur und Entsorgung), bei dem jeder Schritt streng reguliert und kontrolliert wird, um ihre Wirksamkeit und die Sicherheit von Patienten, Gesundheitsdienstleistern und Umstehenden zu gewährleisten. *Selbst die Abschaffung der Gebühr für einen einzigen Schritt könnte den Unterschied nicht ausmachen.*

So schätzt die Weltgesundheitsorganisation (World Health Organization; WHO), dass in Ländern mit niedrigem Einkommen mehr als 80 % der medizinischen Geräte gespendet werden, aber nur 10–30 % davon in Betrieb genommen werden, da die Betriebskosten hoch sind, es an Personal mangelt und die Geräte aufgrund der rauen Umgebung, extremer klimatischer Bedingungen, Feuchtigkeit, Staub, instabiler Stromversorgung und mangelnder Wartung häufig ausfallen (WHO, 2010a, b; Malkin, 2007a, b). Diese Bedingungen, die in der Entwurfsphase nicht vorhergesehen wurden, führen zu häufigeren Ausfällen und zu einem höheren Bedarf an Ersatzteilen, die teuer und schwer zu finden sind, wodurch Wartung und Reparatur ebenso problematisch werden wie die Anschaffung selbst (Douglas, 2011).

Im Vergleich zu den traditionellen Methoden der Medizintechnik kann der soziale Produktentwicklungsprozess auf der Grundlage des Open-Source- und Kollaborationsansatzes eine mögliche Alternative darstellen, die sowohl technisch als auch wirtschaftlich tragfähig ist. Open-Source bedeutet, dass das Design, die Dokumentation, der Quellcode, die Entwürfe, die diskutierten Ideen und die Ergebnisse für die Allgemeinheit zugänglich gemacht werden. Wenn das Software-, Elektronik- und Hardwaredesign unter einer Open-Source-Lizenz und in einem geeigneten Dateiformat zur Verfügung steht, um es zu studieren, zu ändern, zu verbessern und zum Design beizutragen, kann dies zu sehr schnellen und zuverlässigen Innovationen führen. Darüber hinaus hat sich gezeigt, dass die Anwendung des Open-Source-Ansatzes bei der Entwicklung von Medizinprodukten eine einzigartige Kombination von Vorteilen bietet, wie z. B. eine höhere Sicherheit und Zuverlässigkeit sowie geringere Kosten (De Maria et al., 2018).

Bis vor einigen Jahren war die Entwicklung von Medizinprodukten im Wesentlichen an Unternehmen und große Forschungseinrichtungen gebunden, doch in letzter Zeit sind im Zusammenhang mit dem Aufkommen der Maker-Bewegung mehrere Beispiele für OSMD im Internet in Erscheinung getreten, die im folgenden Abschnitt vorgestellt werden.

1.3 Kurzer Überblick über bahnbrechende Erfolgsfälle im Bereich der OSMD

Zu den jüngsten Pionierleistungen im Bereich der OSMD, die bereits den Markt erreicht haben, gehören Open-Source-Elektronik-Kits für medizinische Signale, wie die Lösungen von Bitalino (Alves et al., 2006) und ProtoCentral Electronics (Whitchurch, 2019), Open-Source-EKG-Systeme (Gamma Cardio Soft, 2019) und vielfältige Open-Source-Software zur Unterstützung von Diagnoseprozessen in medizinischen Bereichen von Neurologie und Kardiologie bis hin zu Dermatologie und medizinischer Präventivmaßnahmen, die in einigen Fällen von den Fortschritten bei Smartphones zur Unterstützung medizinischer Diagnosen profitieren (Sana des MIT, 2020; Vlassi et al., 2017; Kassianos et al., 2015), um nur einige zu nennen. Im Zusammenhang mit der Maker-Bewegung haben sich andere inspirierende Pioniere der Erklärung gewidmet, wie man Do-it-yourself-Labore für das Prototyping einrichtet (Pearce, 2014a), und sie haben auf Open-Source-Basis die Entwicklung verschiedener Lösungen detailliert beschrieben, wie z. B. verschiedene Laborgeräte, adaptive Hilfsmittel für Arthritispatienten oder druckbare Klumpfußschienen für Kinder (Pearce, 2014b; Gallup et al., 2018; Savonen et al., 2019), wobei das Potenzial der dezentralen Fertigung hervorgehoben wird, damit medizinische Geräte diejenigen erreichen, die sie am meisten benötigen, während die geeigneten Geschäftsmodelle für offene Hardware analysiert werden (Pearce, 2017).

Andere inspirierende Initiativen zur Förderung von OSMD und des Informationsaustauschs zur Verbesserung der Medizintechnik und der Gesundheitsversorgung können aufgrund ihres bemerkenswerten Wachstums und ihrer internationalen Strahlkraft ebenfalls erwähnt werden, wie z. B. das Projekt „Enabling the Future" und die „Autofabricantes"-Community, die sich auf die Entwicklung personalisierter Prothesen für Kinder konzentrieren; die Netzwerke „Patient Innovation" und „Patients Like Me", die sich auf die gemeinsame Nutzung von Informationen zur Lösung komplexer Pathologien konzentrieren, sowie die Initiative „Open Prosthetics" und die „Open Bionics"-Umgebung, die sich beide auf kostengünstige personalisierte Prothesen konzentrieren, um nur einige zu nennen (Enable, 2019; Oliveira et al., 2019; Open Prosthetics, 2019; Open Bionics, 2019), von denen etliche seit mehr als einem Jahrzehnt auf dem Gebiet der OSMD tätig sind.

In gewisser Weise entwickeln sich diese Initiativen aus analogen Netzwerken, die sich der Co-Kreation und der Förderung kollektiver Intelligenz in der konventionellen Hardware- und Softwareentwicklung widmen und die bereits die Art und Weise verändert haben, wie alltägliche Geräte entworfen, hergestellt und durch Zusammenarbeit kontinuierlich verbessert werden. Unter diesen etablierten Netzwerken und Umgebungen sind Thingiverse und GrabCAD für den Austausch von computergestützten Designdateien, GitHub, MyMiniFactory und YouImaging für den Austausch kompletter Designprojekte, das RepRap-Wiki für den Bau von DIY-3D-Druckern oder die FabLab- und Shapeways-Netzwerke für die dezentrale Herstellung von Komponenten zu nennen.

Es würde den Rahmen dieser Studie sprengen, alle aktuellen Initiativen auf dem Gebiet der OSMD und die ganzen Sammlungen von OSMD, die bereits online verfügbar sind, im Detail zu beschreiben. Wir haben jedoch eine ausgewählte Sammlung von Initiativen, Open-Source-Hardware und -Software, laufenden Communities, die im OSMD-Bereich arbeiten, und bemerkenswerte Erfolgsfälle von OSMDs, die in vielen Fällen auch gemeinsam entwickelt wurden, zusammengefasst. Diese Initiativen, Netzwerke, Gemeinschaften und Lösungen sind in den Tab. 1.1, 1.2 und 1.3 aufgeführt, um Forscher, Entwickler, Patienten und Angehörige der Gesundheitsfachberufe zu informieren, die sich für diese neuartigen Ansätze zur Entwicklung von Medizintechnik interessieren. Zunächst werden in Tab. 1.1 mehr als 30 ausgewählte Beispiele für neu entwickelte Open-Source-Medizinprodukte mit ihrem Zweck, ihrem Anwendungsbereich und einem Link oder Verweis für Details aufgeführt. Anschließend werden in Tab. 1.2 Open-Source-Hardware- und Softwareressourcen aufgelistet, die für die Entwicklung von OSMDs in Frage kommen.

Tab. 1.1 Ausgewählte Beispiele für Open-Source-Medizinprodukte. (Letzter Zugriff auf die Referenz-Website im August 2019)

Open-Source-Medizinprodukte (ausgewählte Beispiele)	Technologie	Medizinischer Bereich	Link/Referenz
Software für die Verwaltung von Krankenakten	Software	Verwaltung	https://www.open-emr.org/
Software für die Verwaltung in der Zahnmedizin	Software	Verwaltung	http://www.opendental.com/
Software für Psycho-Experimente	Software	Psychiatrie	http://www.psychopy.org/
Eye-Tracking-Ressourcen für die Kommunikation	Software	Neurologie	http://www.pygaze.org/
Ressourcen für die Diagnose durch Eye Tracking	Software	Neurologie	http://www.pygaze.org/
Spiel zur Unterstützung der Diagnose von Malaria	Software	Präventivmedizin	http://malariaspot.org/es/
Framework für die Entwicklung von Apps	Software	Medizinische Forschung – Präventivmedizin	https://www.apple.com/researchkit/
Dermatologische Datenbank zur Unterstützung der Diagnosefindung	Software	Dermatologie	http://tkderm.sourceforge.net/index.html
Software zur Unterstützung dermatologischer Studien	Software	Dermatologie	https://github.com/Sage-Bionetworks/MoleMapper
Software für den Entwurf personalisierter Prothesen	Software	Orthopädie	https://github.com/mtu-most/most-3-d-customizer
Ultraschall-Stethoskop	Mobilfunkbasierte Technologie	Innere Medizin – Notfallmedizin	http://www.echopen.org/
Otoskop mit Einwegspekula	Screening-Gerät	Otorhinolaryngologie	https://github.com/GliaX
3D-gedrucktes Stethoskop	Screening-Gerät	Innere Medizin – Notfallmedizin	https://github.com/GliaX
DIY-Pulsoxymeter verbunden mit Arduino	Überwachungsgerät	Innere Medizin – Notfallmedizin	https://github.com/GliaX
Mehrzweckplattform für die Biosensorik	Überwachungsgerät	Innere Medizin – Notfallmedizin	https://wearablesforgood.com/finalist-totem-open-health/
Mehrzweckplattform für die Biosensorik	Überwachungsgerät	Innere Medizin – Notfallmedizin	http://bitalino.com/en/
Vielseitig einsetzbare Überwachungsplattform	Überwachungsgerät	Innere Medizin – Notfallmedizin	http://www.libelium.com/

(Fortsetzung)

Tab. 1.1 (Fortsetzung)

Open-Source-Medizinprodukte (ausgewählte Beispiele)	Technologie	Medizinischer Bereich	Link/Referenz
Schnittstelle Gehirn – Computer	Überwachungsgerät	Neurologie	http://openbci.com/
Biosensorik für elektrische Hirnaktivität (EEG)	Überwachungsgerät	Neurologie	http://openbci.com/
Biosensorik der Muskelaktivität (EMG)	Überwachungsgerät	Sportmedizin – Rehabilitation	http://openbci.com/
Biosensorik Herzfrequenz (EKG)	Überwachungsgerät	Kardiologie	http://openbci.com/
Vorrichtung zur Durchführung eines Nano-Immunoassays	In-vitro-Diagnostikum	Diagnostische Medizin	https://metafluidics.org/devices/
Mittels Handgelenk gesteuerte Handprothesen	Prothese	Pädiatrie – Rehabilitation	http://enablingthefuture.org/
Handprothesen mit Ellenbogenantrieb	Prothese	Pädiatrie – Rehabilitation	http://enablingthefuture.org/
Fingerprothesen	Prothese	Pädiatrie – Rehabilitation	http://enablingthefuture.org/
Knöchelprothesen	Prothese	Rehabilitation – Traumatologie	https://niatech.org/technology/
Hand- und Unterarmprothesen	Prothese	Rehabilitation – Traumatologie	https://openbionics.com/
Hand- und Unterarmprothesen	Prothese	Pädiatrie – Rehabilitation	https://github.com/Autofabricantes/
MIDI (Musical Instrument Digital Interface)-Schlaginstrument	Unterstützende Ausrüstung	Pädiatrie – Rehabilitation	https://github.com/Autofabricantes/
IoT (Internet of Things) EKG-Patch	Unterstützende Ausrüstung	Innere Medizin – Notfallmedizin	https://github.com/Protocentral/protocentral_heartypatch
IoT-Patientenmonitor	Unterstützende Ausrüstung	Innere Medizin – Notfallmedizin	https://github.com/Protocentral/protocentral-healthypi-v3
Defibrillator	Unterstützende Ausrüstung	Innere Medizin – Notfallmedizin	Ferreti et al. Hardware X, 2017
Tragbares Gerät zur Selbstuntersuchung der Brust	Gerät zum Selbstmonitoring	Onkologie	Arcarisi et al. Applied Sciences, 2019

Tab. 1.2 Open-Source-Hardware- und Software-Ressourcen mit potenziellen Anwendungen für die Entwicklung von OSMD. (Letzter Zugriff auf die Referenzwebsite im August 2019)

Name	Art der Ressource	Sektor	Land der Entwicklung	Jahr der Veröffentlichung	Zusätzliche Kommentare	Link/Verweis
FreeCAD	Open-Source-Software	Multidisziplinär	Deutschland	2002	Open-Source-CAD-Software	https://freecadweb.org/
OsiriX	Open-Source-Software	Medizinisch	Schweiz	2003	Open-Source-Software für DICOM-Dateien	http://www.osirix-viewer.com
Arduino	Open-Source-Hardware	Multidisziplinär	Italien	2005	Open-Source- und kostengünstige elektronische Prototyping-Kits	https://www.arduino.cc/
Libelium (& MySignals)	Open-Source-Hardware und -Software	Multidisziplinär und medizinisch	Spanien	2006	Entwicklungswerkzeuge für elektronische Gesundheitsdienste und medizinisches IoT	http://www.libelium.com/
Bitalino (PLUX)	Open-Source-Hardware	Medizinisch	Portugal	2007	Open-Source- und kostengünstige biomedizinische Prototyping-Kits	http://bitalino.com/en/
OpenSCAD	Open-Source-Software	Multidisziplinär	Österreich	2010	Open-Source-CAD-Software	http://www.openscad.org/
Slic3r	Open-Source-Software	Multidisziplinär	Italien	2011	Open-Source-Software zur Erstellung von G-Code für die Fertigung	http://slic3r.org/
MEDIKits	Open-Source-Hardware	Medizinisch	US	2011	Kostengünstige Open-Source-Bausätze für biomedizinische Prototypen	https://d-lab.mit.edu/projects/150/medikit
3D Slicer	Open-Source-Software	Medizinisch	Internationales Team	2012	Open-Source-Software für die Verwaltung medizinischer Bildgebung und die Personalisierung von Bio-Devices	https://www.slicer.org/
Ultimaker Cura	Open-Source-Software	Multidisziplinär	Niederlande	2013	Open-Source-Software zur Erstellung von G-Code für die Fertigung	https://ultimaker.com/en/products/ultimaker-cura-software

(Fortsetzung)

Tab. 1.2 (Fortsetzung)

Name	Art der Ressource	Sektor	Land der Entwicklung	Jahr der Veröffentlichung	Zusätzliche Kommentare	Link/Verweis
ProtoCentral	Open-Source-Hardware	Multidisziplinär	Indien	2016	Open-Source- und kostengünstige Prototyping-Kits mit biomedizinischen Sensoren	https://www.protocentral.com/
GitHub	Open-Source-Software für kollaborative Versionskontrolle	Multidisziplinär	USA	2005	Gemeinsame Versionskontrolle. GitHub und Bitbucket bieten kostenlose Git-Dienste an	https://git-scm.com/
Redmine	Open-Source-Projektmanagement-Software	Multidisziplinär	Internationales Team	2016	Redmine ist ein kostenloses und quelloffenes, webbasiertes Projektmanagement- und Problemverfolgungs-Tool	https://www.redmine.org/
NIH 3D printing exchange	Repository für den Austausch von Dateien und Entwürfen	Medizinisch	USA	2014	Eine öffentliche Ressource für biowissenschaftliche und biomedizinische 3D-Drucke. Erstellt von den US National Institutes of Health	https://3dprint.nih.gov/
Thingiverse	Repository für den Austausch von Dateien und Entwürfen	Multidisziplinär	Globale Gemeinschaft	2008	Offene CAD-Bibliothek mit allen Arten von industriellen Komponenten und Geräten	https://www.thingiverse.com/
GrabCAD	Repository für den Austausch von Dateien und Entwürfen	Multidisziplinär	Globale Gemeinschaft	2009	Offene CAD-Bibliothek mit allen Arten von industriellen Komponenten und Geräten	https://grabcad.com/
BodyParts3D	Repository für den Austausch von Dateien und Entwürfen	Medizinisch	Japan	2009	Offene CAD-Bibliothek von aus medizinischer Bildgebung generierten Körperstrukturen	http://lifesciencedb.jp/bp3d/
Bioverse	Repository für den Austausch von Dateien und Entwürfen	Medizinisch	Schweden und Onlinegemeinschaft	2018	Offene CAD-Bibliothek von Biogeräten für den Bereich der Biofabrikation	http://bioverse.co/

Tab. 1.3 Onlineentwicklergemeinschaften und Onlineforschungsinfrastrukturen für die gemeinsame Erstellung von OSMD. (Letzter Zugriff auf die Referenz-Website im August 2019)

Name	Art der Ressource	Land der Entwicklung	Jahr des Fundes.	Zusätzliche Kommentare	Link
Patients like me	Gemeinschaft für den Austausch von medizinischen Fällen und Informationen	USA/UK mit globaler Ausrichtung	2011	Suche und Veröffentlichung von Lösungen für medizinische Fragen mit unterstützendem Forum	https://www.patientslikeme.com/
Patient Innovation	Gemeinschaft für den Austausch von medizinischen Fällen und Informationen	Gründung in Portugal mit globaler Ausrichtung	2014	Suche und Veröffentlichung von Lösungen für medizinische Fragen mit unterstützendem Forum	https://patient-innovation.com/
Open-Source ImagingInitiative	Gemeinschaft für den Austausch von medizinischen Fällen und Informationen	Gründung in Deutschland mit globalem Fokus	2016	Gemeinschaft, die an der Entwicklung von Open-Source-Lösungen für die medizinische Bildgebung mitarbeitet	http://www.opensourceimaging.org/news/
OpenMRS	Entwickler von Open-Source-Medizinprodukten	In den USA gegründet mit weltweiter Ausrichtung	2004	Open-Source-Plattform für medizinische Aufzeichnungssysteme, Open-Source-Lösungen für verbesserte Kommunikation, Open-Source-Lösungen für Big-Data-Gesundheit	https://openmrs.org/
Praekelt	Entwickler von Open-Source-Medizinprodukten	Afrika	2006	Open-Source-IKT (Informations- und Kommunikationstechnik)-Lösungen zur Unterstützung der medizinischen Praxis und der Patientenverwaltung	https://www.praekelt.org/
Open Prothetics	Entwickler von Open-Source-Medizinprodukten	In den USA gegründet mit weltweiter Ausrichtung	2006	Suche und Veröffentlichung von Lösungen im Zusammenhang mit Open-Source-Prothesen	https://openprosthetics.org/
SymbioLab	Entwickler von Open-Source-Hardware und -Software	Slowenien	2017	Open-Source-Hardware und -Projekte für das Bioprinting	http://irnas.eu/symbiolab

(Fortsetzung)

Tab. 1.3 (Fortsetzung)

Name	Art der Ressource	Land der Entwicklung	Jahr des Fundes.	Zusätzliche Kommentare	Link
Enabling the Future	Entwickler von Open-Source-Medizinprodukten	Globale Gemeinschaft	2011	Globale Gemeinschaft; offene Innovation auf der Grundlage von Bedürfnissen und Vorschlägen; gemeinsame Nutzung kompletter Projekte, Dateien und Entwürfe; Schwerpunkt Handprothesen	http://enablingthefuture.org/
Glia Free Medical Hardware	Entwickler von Open-Source-Medizinprodukten	Gaza-Streifen	2012	Entwickler von kostenloser (oder extrem erschwinglicher) medizinischer Hardware mit kompletten Projekten für Stethoskope, Otoskope, Pulsoxymeter u. a.	https://glia.org/
Open Bionics	Entwickler von medizinischen Open-Source-Geräten	UK	2014	Entwickler von kostengünstigen personalisierten Prothesen mit Open-Source-Kollaborationsansatz	https://openbionics.com/
Soft-Robotic-Toolkit	Entwickler von Open-Source-Medizinprodukten	USA	2014	Open-Source-Projekte, die sich mit Soft-Robotik und ihren Anwendungen beschäftigen, viele davon im biomedizinischen Bereich	https://softrobotics-toolkit.com/
Nia-Technologies	Entwickler von Open-Source-Medizinprodukten	Kanada	2015	Entwickler von Open-Source-Lösungen für das personalisierte, auf Scans und Bildgebung basierende Design von medizinischen Prothesen	https://niatech.org/
Autofabricantes	Entwickler von Open-Source-Medizinprodukten	Spanien	2015	Schwerpunkt ist die gemeinsame Entwicklung von personalisierten Prothesen und biologischen Hilfsmitteln; Austausch von Informationen	http://autofabricantes.medialab-prado.es/

(Fortsetzung)

Metafluidics	Entwickler von Open-Source-Medizinprodukten	USA	2017	Open-Source-Community-gesteuerte Mikrofluidik-Geräte, viele davon für diagnostische Zwecke, die in Zusammenarbeit entwickelt und gemeinsam genutzt werden	https://metafluidics.org/
CamTech	Programm zur Beschleunigung der Erschwinglichkeit von Medizinprodukten	USA	2014	Kommunikationsplattform für Medizintechnik-Innovatoren (nicht Open-Source)	http://camtechmgh.org/
UBORA	Entwickler und e-Infrastrukturen von Open-Source-Medizinprodukten	Euro-afrikanische Gemeinschaft und globale Ausrichtung	2017	Globale Gemeinschaft; offene Innovation auf der Grundlage von Bedürfnissen und Vorschlägen; gemeinsame Nutzung kompletter Medizinproduktprojekte; gemeinsame Nutzung von Lehrmaterial	https://platform.ubora-biomedical.org/

Schließlich werden in Tab. 1.3 Onlinegemeinschaften von Entwicklern und Onlineforschungsinfrastrukturen für die gemeinsame Entwicklung von OSMD vorgestellt.

Daher wird der Bereich der OSMD bereits weltweit erforscht, und es wurden bereits mehrere Konzepte und Geräte entwickelt, hergestellt und getestet. Allerdings wurden nur einige von ihnen so konzipiert, dass sie mit den Rechtsvorschriften für Medizinprodukte in Einklang stehen. Wir möchten noch einmal betonen, dass es von entscheidender Bedeutung ist, die Sicherheits- und Wirksamkeitsanforderungen der Medizintechnik zu gewährleisten, und dass aus diesem Grund die Einführung offener Ressourcen den Normen und den geltenden Vorschriften entsprechen muss (De Maria et al., 2015, 2018). Zu diesem Zweck wurde kürzlich eine neue e-Infrastruktur, UBORA („Exzellenz" auf Suaheli), eingerichtet, die Open-Source-Konzepte mit den Sicherheits- und Wirksamkeitsanforderungen der EU-Verordnung über Medizinprodukte (MDR) 2017/745 verbindet (UBORA, 2020). Die wichtigsten Merkmale von UBORA und ausgewählte Beispiele für damit entwickelte OSMD werden in den folgenden Abschnitten dieses Ausblicks vorgestellt.

1.4 Die e-Infrastruktur von UBORA: Motivation und Zweck

Motiviert durch die Tatsache, dass keine der oben genannten Umgebungen und Plattformen für kollaboratives Design den Designern Werkzeuge für einen geführten und systematischen Entwicklungsprozess zur Verfügung stellt, in dem Open-Source- und kollaborative Designstrategien die zentrale Rolle spielen, zusammen mit der rechtskräftigen Förderung der Sicherheit durch eine abgestimmte Standardisierung, hat unser Team beschlossen, die UBORA-Plattform zu gründen. Sie ist die erste ihrer Art, die sich auf die gemeinsame Entwicklung von Medizinprodukten konzentriert, die mit der EU-Verordnung über Medizinprodukte (MDR) 2017/745 konform ist und international anerkannten Standards folgt. Diese Plattform oder Online-e-Infrastruktur wurde folglich entwickelt, um die Zusammenarbeit während des gesamten Entwicklungsprozesses innovativer Open-Source-Medizinprodukte zu fördern, deren vollständige Entwicklungsdetails, einschließlich Spezifikationen, Entwurfsprozess, Komponentenlisten, computergestützte Entwurfsdateien und Blaupausen, neben anderen relevanten Aspekten, mittels einer interaktiven und designorientierten „Wiki"-Struktur gemeinsam genutzt werden, wie im folgenden Abschnitt erläutert. Die kollaborative Entwurfsumgebung von UBORA bietet einzigartige Funktionen, die darauf ausgerichtet sind, Entwickler durch einen systematischen technischen Entwurfsprozess zu leiten, der sich auf die Patientensicherheit und auf die Entwicklung von Medizinprodukten konzentriert, die den internationalen Vorschriften entsprechen, und gleichzeitig die Zusammenarbeit und die gemeinsame Entscheidungsfindung zu fördern, um die Kreativität zu steigern, Informationen auszutauschen und Entwürfe von Fachkollegen zu prüfen. Ein ganz besonderer Aspekt dieser e-Infrastruktur ist, dass sie alle Arten von Medizinprodukten (d. h. Diagnoseinstrumente, prothetische Geräte, chirurgische

Instrumente, Überwachungssysteme, therapeutische Geräte) und biotechnischen Systeme zur Unterstützung der medizinischen Praxis (d. h. unterstützende Laborausrüstung, mobile Anwendungen und Software) abdeckt.

Die UBORA-Plattform wurde auch nach den Grundsätzen der „Kahawa-Erklärung" (Ahluwalia et al., 2018) entwickelt, einem Aufruf zur Förderung der Demokratisierung der Medizintechnik, der zum Abschluss der Ersten Internationalen Design School des EU-finanzierten UBORA-Projekts (Nairobi, Dezember 2017) unterzeichnet wurde. UBORA wurde im Rahmen der First International Conference on Collaborative Biomedical Engineering for Open-Source Medical Technologies und der anschließenden UBORA Design School 2018, die vom 1. bis 7. September in Pisa stattfand, vor Vertretern von ABEM (African Biomedical Engineering Mobility), UNECA (United Nations Economic Commission for Africa) und WHO offiziell der Öffentlichkeit vorgestellt.

Bis heute hat die e-Infrastruktur, die unter der Adresse https://platform.ubora-biomedical.org abrufbar ist, rund 500 Nutzer und 300 Projekte in verschiedenen Entwicklungsstadien. UBORA wiederum möchte eine vielfältige und wahrhaft globale Gemeinschaft von Ingenieuren, Fachleuten des Gesundheitswesens, Patienten und Patientenverbänden, Mitgliedern der „Maker"-Bewegung, Hobby-Designern, Familien von Patienten und Bürgern im Allgemeinen aufbauen, um ihnen dabei zu helfen, ihre Bemühungen zu bündeln und ihre Ideen, Fähigkeiten und Ressourcen zu teilen, um eine patientenorientierte biomedizinische und regulierungsgestützte technische Forschung zu betreiben und gleichzeitig einen gerechten Zugang zu Gesundheitstechnologien anzustreben.

Daher ist die Förderung offener Innovation, die Patienten und Angehörige der Gesundheitsfachberufe in den Mittelpunkt der medizintechnischen Entwicklung stellt und technologische Angebote und Anforderungen aufeinander abstimmt, eine zentrale Stärke der elektronischen UBORA-Infrastruktur (und der damit verbundenen Gemeinschaft). Mittelfristig wird UBORA dazu beitragen, die Entwicklung medizinischer Produkte zu harmonisieren und zu systematisieren, da alle im Rahmen von UBORA entwickelten Projekte derselben standardisierten Struktur folgen, und die Anwendung von Standards und die Einhaltung von Richtlinien mit weltweiter Anerkennung fördern, selbst in ressourcenarmen Umgebungen und weit entfernten Gemeinschaften, wo die Anwendung von Vorschriften und Marktüberwachungskampagnen zunehmen sollte.

In verschiedenen Kapiteln des Handbuchs werden die wichtigsten Merkmale von UBORA, einige ausgewählte Studienfälle und bevorstehende Projekte und Aktivitäten beschrieben, die von der biomedizintechnischen Ausbildung über die Erkennung medizinischer Bedürfnisse bis hin zum Entwurf und Einsatz effektiver, effizienter, nachhaltiger und erschwinglicher medizinischer Technologien und Geräte reichen. In diesen Kapiteln werden die wichtigsten Herausforderungen und erwarteten Trends im Zusammenhang mit dem innovativen Bereich der Open-Source-Medizinprodukte erörtert, in der Hoffnung, dass unsere Ansichten und Bemühungen Fachleute im Gesundheitswesen und Technologieentwickler dazu inspirieren, sich der UBORA-Gemeinschaft anzuschließen und den gleichberechtigten Zugang zu Gesundheitstechnologie zu unterstützen.

1.5 Ausblick: Aktuelle Herausforderungen und 5-Jahres-Sicht

Unter Berücksichtigung aller genannten Punkte und des Verständnisses von OSMD, das wir in den letzten Jahren parallel zur Implementierung der UBORA e-Infrastruktur, zu ihrer Validierung durch Studienfälle und zu den Absprachen der internationalen Gemeinschaft erworben haben, lässt sich unsere persönliche 5-Jahres-Perspektive bezüglich OSMD wie folgt zusammenfassen:

- Open-Source-Medizinprodukte werden die biomedizinische Industrie im nächsten Jahrzehnt umgestalten, indem sie Patienten, Patientenverbänden, Fachleuten des Gesundheitswesens und Technologieentwicklern eine wichtigere Rolle bei der Planung, Spezifikation und Konzeption innovativer Gesundheitstechnologien ermöglichen.
- Nach dem Vorbild von Open-Source-Konzepten in anderen Branchen könnten Open-Source-Medizinprodukte zu sichereren und erschwinglicheren Gesundheitstechnologien führen, dank des Informationsaustauschs und der von Fachkollegen überprüften Entscheidungen während der Entwicklung und der Überprüfung der Einhaltung der Vorschriften.
- Die Personalisierung der Medizin wird durch patientenspezifische Entwicklungen vorangetrieben, wobei ein besonderer Schwerpunkt auf seltenen Pathologien liegt, da sich Open-Source-Medizinprodukte als technisch und wirtschaftlich tragfähig erweisen und unabhängig von der Größe der Produktionsserie erschwinglich sein können; dies dank der bei ihrer Entwicklung angewandten technologischen Design- und Fertigungsfortschritte, die eine Verlagerung von der Massenproduktion zur Massenpersonalisierung ermöglichen.
- Die Bedürfnisse der ländlichen Bevölkerung und in abgelegenen Gegenden werden dank innovativer Versorgungsketten, die die Produktion von Open-Source-Medizinprodukten verlagern und die Herstellungsanlagen an den Ort der Versorgung bringen können, besser erfüllt werden können. Dies wird auch zu einem synergetischen Wirtschaftswachstum in ärmeren Regionen führen und medizinische Technologien dorthin bringen, wo sie am dringendsten benötigt werden.
- Um das Wachstum des OSMD-Sektors zu fördern, müssen jedoch noch mehrere Herausforderungen bewältigt und gemeinsam gelöst werden. Relevante Fragen im Zusammenhang mit Regulierung, Datenschutz, Sicherheit, Rückverfolgbarkeit, geistigem Eigentum, Nachhaltigkeit und politischer Ausgestaltung müssen noch verstanden und ihre Zuverlässigkeit in diesem neuen Paradigma der Medizinprodukteentwicklung in größerem Umfang nachgewiesen werden.
- Wir gehen davon aus, dass weltweit vernetzte kollaborative Designumgebungen oder -gemeinschaften und damit verbundene Repositories für Medizintechnikprojekte, für die die UBORA-e-Infrastruktur und -Gemeinschaft ein bemerkenswertes Beispiel darstellt, den Weg zu erschwinglichen, sicheren, regelkonformen und zugänglichen Gesundheitstechnologien für alle erhellen werden.

- Die Frage nach der möglichen Umwandlung ausgewählter kollaborativer und quelloffener Online-Communities in globale registrierte Stellen für die Zertifizierung von Medizinprodukten auf der Grundlage harmonisierter Normen und Richtlinien ist noch offen, aber ein interessanter Aspekt, den es zu verfolgen gilt.
- Um all dies zu erreichen, muss die Ausbildung in der Biomedizintechnik neu erfunden werden, um die Biomedizintechniker der Zukunft auf die Arbeit in internationalen Kontexten und auf die Entwicklung biomedizinischer Projekte unter Anwendung von kollaborativen und Open-Source-Methoden vorzubereiten.

Open-Source-Medizinprodukte sind ein aufkommender Trend, der das Potenzial hat, die Entwicklung von Medizinprodukten und die gesamte biomedizinische Industrie vollständig zu verändern, wie einige der in dieser Studie vorgestellten Beispiele zeigen. Allerdings müssen noch einige Herausforderungen bewältigt werden, um die Leistungsfähigkeit von Open-Source- und kollaborativen Bioengineering-Design-Strategien für erschwingliche und gleichberechtigt zugängliche Gesundheitstechnologien zu nutzen. In dieser Richtung können sich Initiativen wie die UBORA-e-Infrastruktur und die damit verbundenen internationalen und multidisziplinären Gemeinschaften, wie sie in diesem perspektivischen Skript ausführlich beschrieben werden, als wirklich transformative Ressourcen zur Unterstützung der Bemühungen um eine fundierte Zukunft für die Biomedizintechnik erweisen, die offener, kollaborativer und gerechter sein wird.

Der Erfolg der Branche hängt von der angemessenen Erfassung und Erfüllung des tatsächlichen medizinischen Bedarfs sowie von der Sicherheit der entwickelten und an Fachkräfte und Patienten gelieferten Medizinprodukte ab. Zu diesem Zweck bietet die UBORA-e-Infrastruktur einen Rahmen für die Entwicklung ISO-konformer Medizinprodukte, ausgehend von den klinischen Bedürfnissen durch den Austausch von Ideen, Entwürfen und Daten. Bei ordnungsgemäßer Umsetzung sind die UBORA-Medizinprodukte von der Konzeption her an der MDR 2017/745 ausgerichtet und bereit für das Screening und die Prüfung zur Zertifizierung. Kurz gesagt besteht das Ziel darin, das Wohlergehen aller zu fördern, den Zugang zu Medizinprodukten zu verbessern und die Verteilungsgerechtigkeit für Gesundheit im Einklang mit der Agenda 2030 der Vereinten Nationen und den Zielen für nachhaltige Entwicklung zu verbessern.

In Anbetracht der obigen Ausführungen lautet die Antwort auf die Frage „Können wir die medizinische Industrie durch Open-Source-Medizinprodukte zu einer gerechteren Gesundheitsversorgung umgestalten?“: *Ja, wir können es*: durch die gemeinsamen Bemühungen einer neuen Generation von Entwicklern medizinischer Geräte, die die Vorteile desOpen-Source-Paradigmas verstehen und angemessen auf relevante medizinische Bedürfnisse reagieren und mit der Unterstützung von Online-Co-Creation-Umgebungen und Communities, für die UBORA ein einzigartiges Beispiel ist. Der Wandel ist bereits im Gange.

Danksagungen Diese Studie wurde mit Mitteln aus dem Forschungs- und Innovationsprogramm Horizon 2020 der Europäischen Union unter der Finanzhilfevereinbarung Nr. 731053, UBORA: Euro-African Open Biomedical Engineering e-Platform for Innovation through Education (Thema: INFRASUPP-03-2016 – Unterstützung der Politik und der internationalen Zusammenarbeit für e-Infrastrukturen) gefördert.

UBORA: Euro-African Open
Biomedical Engineering
e-PLattform für Innovation
durch Bildung

Literatur

Ahluwalia, C., De Maria, A., & Lantada, D. (2018). The Kahawa declaration: A manifesto for the democratization of medical technology. *Global Health Innovation, 1*(1), 1–4.

Alves, A. P., Da Silva, H. P., Lourenco, A., & Fred, A. L. N. (2006). *BITalino: A biosignal system acquisition based on Arduino.* In Proceeding of the 6th conference on biomedical electronics and devices (BIODEVICES).

Arcarisi, L., Di Pietro, L., Carbonaro, N., Tognetti, A., Ahluwalia, A., & De Maria, C. (2019). Palpreast: A new wearable device for breast self-examination. *Applied Sciences, 9*, 381.

Atala, A., & Joo, J. J. (2015). *Essentials of biofabrication and translation.* Elsevier.

De Maria, C., Mazzei, D., & Ahluwalia, A. (2015). Improving African health care through open source biomedical engineering. *International Journal on Advances in Life Sciences, 7*(1), 10–19.

De Maria, C., Di Pietro, L., Lantada, A. D., Madete, J., Makobore, P. N., Mridha, M., et al. (2018). Safe innovation: On medical device legislation in Europe and Africa. *Health Policy and Technology, 7*(2), 156–165.

De Maria, C., Di Pietro, L., Ravizza, A., Diaz Lantada, A., & Ahluwalia, A. (2020). Open source medical devices. In E. Iadanza (Hrsg.), *Clinical engineering handbook.* Elsevier. ISBN: 9780128134672.

Debian project. Debian social contract (version 1.1 ratified on April 26, 2004). https://www.debian.org/social_contract.en.html. Zugegriffen im May 2019.

Douglas, T. S. (2011). *Biomedical engineering education in developing countries: Research synthesis*. IEEE-EMBC.

e-NABLE Community. (2019). *Enabling the future: A passionate network of volunteers using 3D printing to give the world a helping hand.* http://enablingthefuture.org. Zugegriffen im May 2019.

European Society of Radiology (ESR). (2015). Medical imaging in personalised medicine: A white paper of the research committee of the European society of radiology (ESR). *Insights Into Imaging, 6*(2), 141–155.

Fasterholdt, I., Lee, A., Kidholm, K., Yderstraede, K. B., & Pedersen, K. M. (2018). A qualitative exploration of early assessment of innovative medical technologies. *BMC Health Services Research, 18*, 837.

Ferretti, J., Di Pietro, L., & De Maria, C. (2017). Open-source automated external defibrillator. *HardwareX, 2*, 61–70.

Freeman, K., Dinnes, J., Chuchu, N., Takwoingi, Y., Bayliss, S. E., Matin, R. N., et al. (2020). Algorithm based smartphone apps to assess risk of skin cancer in adults: Systematic review of diagnostic accuracy studies. *BMJ, 368*, m127.

Gallup, N., Bow, J. K., & Pearce, J. M. (2018). Economic potential for distributed manufacturing of adaptive aids for arthritis patients in the U.S. *Geriatrics, 3*(4), 89.

Gamma Cardio Soft S.r.l. Open source ECG. (2019). http://www.gammacardiosoft.it/openecg/. Zugegriffen im May 2019.

Gao, J., & Bernard, A. (2017). An overview of knowledge sharing in new product development. *International Journal of Advanced Manufacturing Technology, 94*(5–8), 1545–1550.

Gershenfeld. (2005). *Fab: The coming revolution on your desktop-from personal computers to personal fabrication*. Basic Books.

Ghezzi, T. L., & Corleta, O. C. (2016). 30 years of robotic surgery. *World Journal of Surgery, 40*(10), 2550–2557.

Jamshidnezhad, A., Kabootarizadeh, L., & Hoseini, S. M. (2019). The effects of smartphone applications on patients self-care with hypertension: A systematic review study. *Acta Informatica Medica, 27*(4), 263.

Kassianos, A. P., Emery, J. D., Murchie, P., & Walter, F. M. (2015). Smartphone applications for melanoma detection by community, patient and generalist clinician users: A review. *British Journal of Dermatology, 172*, 1507–1518.

Lanza, R., Langer, R., & Vacanti, J. (2014). *Principles of tissue engineering* (4. Aufl.). Elsevier.

Lessig, L., Cusumano, M., & Shirky, C. (2005). *Perspectives on free and open source software.* MIT Press.

Malkin, R. A. (2007a). Design of health care technologies for the developing world. *Annual Review of Biomedical Engineering, 9*, 567–587.

Malkin, R. A. (2007b). Barriers for medical devices for the developing world. *Expert Review of Medical Devices, 4*(6), 759–763.

MIT's SANA project. (2020). Medical diagnostics over mobile phones. *SANA site in GitHub.* https://github.com/sanamobile. Zugegriffen im December 2023.

Moroni, L., Boland, T., Burdick, J. A., De Maria, C., Derby, B., Forgacs, G., et al. (2018). Biofabrication: A guide to technology and terminology. *Trends in Biotechnology, 36*(4), 384–402.

Ng, P. K., & Jee, K. S. (2014). Concurrent knowledge sharing and its importance in product development. *Journal of Applied Sciences, 14*, 2978–2985.

Niezen, G., Eslambolchilar, P., & Thimbleby, H. (2016). Open-source hardware for medical devices. *BMJ Innovations, 2*, 78–83.

Oliveira, P., et al. (2019). *Patient innovation: Sharing solutions, improving lifes.* https://patient-innovation.com. Zugegriffen im May 2019.

Open Bionics. (2019). https://openbionics.com/. Zugegriffen im May 2019.

Open Prosthetics. (2019). https://openprosthetics.org/. Zugegriffen im May 2019.

Open source hardware association. (2019). *Open source hardware definition.* https://www.oshwa.org/definition/. Zugegriffen im May 2019.

Open source initiative. (2019). *Open source definition*. https://opensource.org/docs/definition.php. Zugegriffen im May 2019.

Pearce, J. M. (2014a). *Open-source lab: How to build your own hardware and reduce research costs*. Elsevier.

Pearce, J. M. (2014b). Laboratory equipment. Cut costs with open-source hardware. *Nature (Correspondence), 505*, 618.

Pearce, J. M. (2017). Emerging business models for open source hardware. *Journal of Open Hardware, 1*(1), 2.

Savonen, B. J., Gershenson, J., Pearce, J. M., & Bow, J. K. (2019). Open-source three dimensional printable infant clubfoot brace. *Journal of Prosthetics and Orthotics*. https://doi.org/10.1097/JPO.0000000000000257

UBORA: Euro-African open biomedical engineering innovation e-platform for innovation through education. https://platform.ubora-biomedical.org/. Zugegriffen im January 2020.

United Nations General Assembly: Transforming our World: The 2030 Agenda for Sustainable Development, on 21 October 2015, A/RES/70/1. https://www.un.org/sustainabledevelopment/sustainable-development-goals/. Zugegriffen im May 2019.

Vlassi, M., Mavraganis, V., & Asvestas, P. (2017). A software platform for the analysis of dermatology images. *Journal of Physics Conference Series, 937*, 012011.

Wilkinson, M. D., et al. (2016). Comment: The FAIR guiding principles for scientific data management and stewardship. *Scientific Data, 3*(160018), 1–9.

Whitchurch, A. (2019). *Examples of open source medical devices*. Protocentral site in GitHub. https://github.com/Protocentral/. Zugegriffen im May 2019.

World Health Organization. (2010a). *Medical devices: Managing the mismatch: An outcome of the priority medical devices project*. World Health Organization.

World Health Organization. (2010b). *Barriers to innovation in the field of medical devices* (Background paper 6). World Health Organization.

Kapitel 2
Auf dem Weg zu einer harmonisierten Methodik für die Entwicklung von sicheren und regelkonformen Open-Source-Medizinprodukten

Carmelo De Maria, Andrés Díaz Lantada, Licia Di Pietro, Alice Ravizza und Arti Ahluwalia

2.1 Moderne Produktentwicklung und systematische Entwurfsmethodik

Vor einem Jahrhundert wurden mit der Gründung des Bauhauses und verwandter Designschulen, unter anderem in Deutschland, Großbritannien, Russland und den USA, systematische technische Designprinzipien eingeführt (Droste, 2019). Bis zum Beginn des 20. Jahrhunderts galt Design als Kunst und nicht als technische Tätigkeit oder Wissenschaft. Die Produktentwicklung war daher auf Kunsthandwerkstätten beschränkt und war von den Ingenieurwissenschaften getrennt. Ausgehend von den kurz vor dem Zweiten Weltkrieg aufgestellten Grundsätzen wurden modernere Ideen zur systematischen Produktentwicklung von maßgeblichen Persönlichkeiten (Kesselring, 1951, 1954; Tschochner, 1954; Matousek, 1957 oder Niemann, 1975) entwickelt, deren Vorschläge weiterhin Wege zur Lösung und zum Management konkreter Aufgaben in Ingenieur- und Produktdesignprojekten im Allgemeinen aufzeigen (Kaiser & König, 2006). Kesselring schlug in den 1940er- und 1950er-Jahren ingenieurtechnische Entwurfsmethoden vor, die auf sukzessiven Annäherungen beruhen und bei denen technische und wirtschaftliche Kriterien unter

C. De Maria · L. Di Pietro · A. Ahluwalia
Research Center "E. Piaggio" and Department of Information Engineering,
University of Pisa, Pisa, Italy
E-Mail: carmelo.demaria@unipi.it

A. Díaz Lantada (✉)
Mechanical Engineering Department, Universidad Politécnica de Madrid, Madrid, Spain
E-Mail: andres.diaz@upm.es

A. Ravizza
USE-ME-D srl, I3P Politecnico di Torino, Turin, Italy
E-Mail: alice.ravizza@polito.it

A. Ahluwalia et al. (Hrsg.), *Entwicklung von Open-Source-Medizinprodukten*,
https://doi.org/10.1007/978-3-031-26028-5_2

Anwendung verschiedener Prinzipien (minimale Kosten, minimales Gewicht und Volumen, minimale Verluste, optimale Funktion) optimiert werden. In den 1950er-Jahren hob Tschochner 4 wesentliche Designvariablen hervor: Funktion, Material, Form und Größe; später folgte auch Matousek, der sich auf Arbeitsprinzip, Materialien, Herstellungsmethoden und Geometrien konzentrierte. Niemanns in den 1960er- und 1970er-Jahren entwickelter Ansatz schlägt vor, den Entwicklungsprozess mit der Definition eines allgemeinen Produktschemas zu beginnen, auf dessen Grundlage die Details schrittweise von Subsystemen zu einzelnen Komponenten ausgearbeitet werden. Der Gesamtentwurf wird in Teilsysteme unterteilt, die parallel entwickelt werden können, bis sie durch systematische Variation und Kombination möglicher Lösungen in ein endgültiges System integriert werden.

Heutzutage beruhen die anerkannten Grundsätze für eine effiziente und erfolgreiche Entwicklung innovativer Produkte auf den Ideen der oben genannten Pioniere sowie auf den von anderen Autoren vorgeschlagenen Entwicklungsstufen und -wegen (z. B. Hansen, 1956; Wächtler, 1967 oder Kuhlenkamp, 1971). Im Allgemeinen schlugen diese Forscher 4 grundlegende Produktentwicklungsphasen vor, die als „Vorstudien", „Definition des Grundprinzips", „Grundentwurf" und „Feinentwurf" bezeichnet werden. Dieser schrittweise Prozess wird auch in Konstruktionsrichtlinien detailliert beschrieben, die von Organisationen wie dem Verein Deutscher Ingenieure (VDI, insbesondere VDI 2221 und 2206) oder der Internationalen Organisation für Normung (ISO) entwickelt wurden und sich auf die Prüfung, Validierung und das allgemeine Qualitätsmanagement beziehen.

Die Ergebnisse dieser Studien, die durch zahllose, nach einigen Änderungen zufriedenstellend ausgearbeitete Produkte validiert wurden (Pahl & Beitz, 1988; Roozenburg & Eeckels, 1995; Ulrich & Eppinger, 2007), führten zu einer Arbeitsstruktur, die die Phasen „Produktspezifikation und -planung", „konzeptioneller Entwurf", „Basic Engineering" und „Detail Engineering" umfasst, wobei die Grenzen zwischen diesen Phasen nicht immer klar erkennbar sind. Diese Phasen entsprechen fast vollständig denen des CDIO-Modells („conceive – design – implement – operate"; konzipieren – gestalten – umsetzen – betreiben; Crawley et al., 2007), wobei jedoch die konzeptionelle Phase aufgrund ihrer besonderen Bedeutung in zwei Abschnitte unterteilt wird. Unter den neueren Modellen für die Entwicklung besonders komplexer technischer Produkte und Systeme sind das „V-Modell" der VDI 2206 für den Entwurf mechatronischer Systeme (Gausemeier & Moehringer, 2002; VDI, 2004) und die damit verbundenen erweiterten Modelle (Graessler, 2017) hervorzuheben, die das globale Problem in Teilprobleme unterteilen, die bearbeitet und in die globale Lösung integriert werden, wie in den vorherigen Methoden, die einer „Teile und Herrsche"-Strategie folgen.

Im Vergleich zu vor 20 Jahren, als Produkte in der Regel im Geheimen und mit der Silo-Mentalität traditioneller Unternehmensforschungslabors entwickelt wurden, hat sich in vielen Industriebereichen ein Paradigmenwechsel von einer „geschlossenen" zu einer „offenen Innovation" vollzogen, indem Interessengruppen und künftige Nutzer von Beginn des Produktentwicklungsprozesses an einbezogen werden (Ng & Jee, 2014; Gao & Bernard, 2017). In diesem Zusammenhang haben das Internet und Social-Computing-Technologien ein besseres Verständnis der Kundenbedürfnisse und -präferenzen ermöglicht (Wang et al., 2007), und dank der Unterstützung durch Cloud-basiertes Design und Prototyping (Wu et al., 2015) können die Wünsche der Massen schnell in neue Produkte umgesetzt werden.

Dieses neue Konzept der sozialen Produktentwicklung hat sich in den Bereichen Mode, Schmuck und Möbeldesign etabliert (Perilli, 2017; Sarmah & Rahman, 2017), wobei virtuelle Gemeinschaften entstanden sind, die aktiv innovative Lösungen entwickeln, die über Online-Repositories wie Thingiverse[1] oder GrabCAD[2] frei geteilt werden und die im Zuge der „Maker"-Bewegung entstanden sind (Gershenfeld, 2005; Rosenfeld Halverson & Sheridan, 2014). Die Vorteile dieses kollaborativen und quelloffenen Designs in Bezug auf Zugänglichkeit, Nachhaltigkeit, niedrigere Kosten, verbesserte Leistung und Sicherheit werden in der Softwareentwicklung weitgehend genutzt (Lessig et al., 2005). In jüngster Zeit wurde diese Methode auch in mehreren akademischen Forschungsbereichen von der Biologie bis zur Nanotechnologie in Betracht gezogen (Oberloier & Pearce, 2018; Mushtaq & Pearce, 2018).

2.2 Besondere Erwägungen für Medizinprodukte und Herausforderungen im Zusammenhang mit Open-Source-Medizinprodukten: Ein neues Paradigma und der Bedarf an Harmonisierung

Die Medizintechnik hat die medizinische Praxis und die Patientenversorgung verändert, wobei in den letzten Jahrzehnten eine ganze Reihe von Durchbrüchen erzielt wurde: von der hochpräzisen medizinischen Bildgebung für verbesserte Diagnosen und robotergeführte Operationen bis hin zu minimalinvasiven Verfahren für eine bessere Genesung nach der Operation und dem fortschreitenden Einsatz von Smartphones für die Diagnose und Überwachung von Patienten. Die Entwicklung erfolgreicher medizinischer Geräte hängt nicht nur von technologischen Aspekten ab, sondern auch von menschlichen Faktoren. Dazu gehören die Orientierung an den Bedürfnissen der Patienten, die Zusammenarbeit mit Fachleuten des Gesundheitswesens während des gesamten Entwicklungsprozesses und der Kompromiss multidisziplinärer Forschungs- und Entwicklungsteams, die sich aus gut ausgebildeten Fachleuten, insbesondere biomedizinischen Ingenieuren, zusammensetzen, die in der Lage sind, die Zusammenhänge zwischen Wissenschaft, Technologie und Gesundheit zu verstehen und solche Entwicklungen zu steuern.

[1] Thingiverse: Digitales Design für physische Objekte, https://www.thingiverse.com [letzter Zugriff: Januar 2020].

[2] GrabCAD: Design Community, CAD-Bibliothek, 3D-Drucksoftware, https://grabcad.com [letzter Zugriff: Januar 2020].

Diese Anforderungen haben über Jahrzehnte hinweg eine Reihe von systematischen Designmethoden inspiriert, die speziell für Medizinprodukte gedacht sind. Die „Biodesign"-Methode (Yock et al., 2015) beispielsweise basiert auf 3 Hauptschritten, nämlich „Identifizieren", „Erfinden" und „Umsetzen", von denen der erste eine enge Interaktion mit Klinikern und Patienten während einer Beobachtungsphase aus erster Hand erfordert. Interessanterweise sieht jeder Schritt eine Verfeinerungs- oder Screening-Phase der entwickelten Ideen, Designs und Geschäftsmodelle vor. Der spiralförmige Innovationsansatz (Yazdi & Acharya, 2013) wurde ursprünglich als „ein neues Modell für die Ausbildung von Hochschulabsolventen im Bereich Innovation und Design in der Biotechnologie" beschrieben. Dieser Ansatz gewährleistet eine frühzeitige, abgestufte und wiederholte Prüfung aller Schlüsselelemente eines erfolgreichen Medizinprodukts: klinisch (Perspektiven des Gesundheitspersonals und der Patienten), kommerziell (regulatorische oder Compliance-Fragen, geistiges Eigentum), technisch (Prototyping und Tests) und organisatorisch (Mittelbeschaffung und Teammanagement). Darüber hinaus haben die spezifischen Bedürfnisse und Einschränkungen in ressourcenarmen Umgebungen zur Definition von Lehr- und Designmethoden geführt, die speziell auf Länder mit niedrigem und mittlerem Einkommen zugeschnitten sind, wie etwa der Frugal-Biodesign-Ansatz (Sivarasu, 2019).

Es ist jedoch zu beachten, dass die Situation im medizinischen Bereich komplexer ist als in anderen Industriesparten. Aufgrund der besonderen Qualitäts- und Sicherheitskriterien müssen bei der Entwicklung von Systemen, die mit dem menschlichen Körper interagieren, wichtige Anforderungen berücksichtigt werden. Zwei spezielle ISO-Normen werden vorgeschlagen, um diese Anforderungen zu erfüllen: 13485:2016 „Medical Devices – Quality Management Systems – Requirements for Regulatory Purposes" (ISO, 2016) und 14971:2017 „Medical Devices – Application of Risk Management to Medical Devices" (ISO, 2017). Diese Aspekte sind so wichtig, dass diese beiden Normen in die Liste der harmonisierten Normen aufgenommen wurden, mit denen Hersteller nachweisen können, dass ihre Produkte, Dienstleistungen oder Prozesse den EU-Rechtsvorschriften MDR 2017/745 zu Medizinprodukten (Europäisches Parlament, 2017a) und MDR 2017/746 zu Medizinprodukten für die In-vitro-Diagnostik (Europäisches Parlament, 2017b) entsprechen.

Was den Trend zur offenen Innovation betrifft, so wird Medizintechnik in vielen Fällen hinter verschlossenen Türen entwickelt, und die Bedürfnisse der Patienten oder des medizinischen Fachpersonals werden im Entscheidungsprozess, der derzeit unter dem Druck des Marketings und der sofortigen Amortisation steht, nur am Rande berücksichtigt (Fasterholdt et al., 2018). Das wirtschaftliche Wachstum von Medizintechnikentwicklern und -herstellern ist natürlich von grundlegender Bedeutung, um Patienten auf nachhaltige Weise zu erreichen.

Entscheidungen, die auf der Grundlage kurzfristiger Einnahmen getroffen werden, führen jedoch dazu, dass seltene Pathologien und klinische Bedürfnisse in ressourcenarmen Umgebungen unberücksichtigt bleiben und das Kreativitätspotenzial von Designern behindert wird (Rautenstrauch et al., 2002; Fogliatto & Da Silveira, 2011). Dies sind nur einige der Nachteile des derzeitigen Stands der Technik in der biomedizinischen Industrie.

Im Internet sind mehrere Beispiele für Open-Source-Technologien für das Gesundheitswesen aufgetaucht (Niezen et al., 2016), doch obwohl für ihren Einsatz in der klinischen Routine die Erfüllung der Sicherheits- und Wirksamkeitsanforderungen obligatorisch ist, wurden nur einige von ihnen so konzipiert, dass sie mit den Rechtsvorschriften für Medizinprodukte konform sind (Ferretti et al., 2017; Arcarisi et al., 2019).

Um sich als wirklich transformativ zu erweisen, müssen Open-Source-Medizinprodukte (Open-Source Medical Device; OSMD) und die erwarteten Ergebnisse ihres Designansatzes zusammen mit einem soliden Rahmen zur Gewährleistung von Sicherheit und Wirksamkeit angemessen definiert werden. Open-Source bedeutet, dass das Design, die Dokumentation, der Quellcode, die Entwürfe, die Ideen und die Ergebnisse der Öffentlichkeit in einem geeigneten Dateiformat zur Verfügung gestellt werden, um sie zu nutzen, zu untersuchen, zu verändern, zu verbessern und zum Design beizutragen (siehe Kap. 1).

Die Definition von OSMD weist darauf hin, dass kollaborative Onlineforschungs- und Entwicklungsumgebungen, die dazu beitragen, den medizinischen Bedarf und die technologischen Angebote aufeinander abzustimmen, der Schlüssel für ihre allgemeine Verbreitung sein könnten. Bei dem Versuch, diesen neuen Designansatz in den medizinischen Bereich einzubringen, ergeben sich in der Tat erhebliche Herausforderungen. Es müssen nicht nur die technischen Entwurfsmethoden entsprechend umformuliert werden, sondern die *Ingenieure müssen auch darin geschult werden, neue Methoden zur Herangehensweise und Lösung von Problemen zu übernehmen.*

Natürlich ist die Koordinierung mehrerer Akteure auch entscheidend für den Transfer einer Erfindung in eine wirtschaftlich vorteilhafte und marktfähige Innovation, die in verschiedenen Kontexten und Gebieten angepasst und übernommen werden kann (Bonaccorsi & Rossi, 2003; Malkin, 2007). Die Landschaft der Medizinprodukte verändert sich aufgrund des sozialen und demografischen Drucks sowie aufgrund von Entwicklungen und Fortschritten in der Technologie und unserem Zugang zu diesen Produkten.

In diesem Zusammenhang wurde die UBORA e-Plattform angeregt und entwickelt, die sichere Innovationen, Bildung und einen gleichberechtigten Zugang zu hochwertiger Medizintechnik ermöglicht (De Maria et al., 2018; Ahluwalia et al., 2018a).

In den nächsten Abschnitten erläutern wir die UBORA-Lern-/Lehr- und Projektentwicklungsmethodik, die diese einzigartige e-Infrastruktur unterstreicht und das nachhaltige Wachstum des entstehenden Bereichs der Open-Source-Medizinprodukte unterstützen kann.

2.3 Ausbildung einer neuen Generation von Biomediziningenieuren in der systematischen Entwicklung von OSMD durch projektbasierte Lernmethoden

Die Vorbereitung von Ingenieuren im Allgemeinen und biomedizinischen Ingenieuren im Besonderen auf die Arbeit in der medizinischen Industrie im Zusammenhang mit der Entwicklung von medizinischen Geräten ist ein anspruchsvoller Prozess. In der Tat sollte der Auszubildende einen breiten Überblick über den biomedizinischen Bereich und die Industrie, eine ausgewogene Kombination aus allgemeinem und spezifischem Wissen, je nach gewählter Spezialisierung, verschiedene technische Fähigkeiten in Verbindung mit modernen technischen Werkzeugen und beruflichen Fertigkeiten erwerben. Ausgehend von der Überlegung, dass die biomedizinische Technik, wenn sie angemessen für die Entwicklung gerechter Gesundheitstechnologien eingesetzt wird, eine grundlegende Ressource zur Erreichung einer globalen Gesundheitsversorgung darstellen kann (Ahluwalia et al., 2018a), sollten sich die Auszubildenden in Biomedical Engeneering (BME) ihrer sozialen Verantwortung bewusst sein, und ethische Fragen sollten im BME-Bereich und im Rahmen der Ausbildung stets berücksichtigt werden. Idealerweise sollte die Erfüllung der Agenda 2030 für nachhaltige Entwicklung (UN, 2015) – insbesondere im Hinblick auf die Ziele für nachhaltige Entwicklung (Sustainable Development Goals; SDGs) Nr. 3 zu „guter Gesundheit und Wohlbefinden“ und Nr. 4 zu „hochwertiger Bildung“ – zum treibenden Kontext für die Biomedizintechniker und die BME-Ausbilder der Zukunft werden.

Problembasiertes Lernen, projektbasiertes Lernen („project-based learning“; PBL), erfahrungsbasiertes Lernen, spielbasiertes Lernen, Lernen in kollaborativen Projekten und Umgebungen und andere sind nur verschiedene Versionen von hochgradig formativen und integrativen Lernerfahrungen, die die Studierenden in den Mittelpunkt des Lehr-Lern-Prozesses stellen, in Übereinstimmung mit dem Wunsch nach einer ganzheitlicheren Ausbildung für das 21. Jahrhundert, insbesondere in der Ingenieurausbildung (Larmer, 2014). Bei all diesen projektbezogenen Lehr-Lern-Methoden sehen sich die Studierendenteams mit einem realen (typischerweise technischen) Problem konfrontiert, das mehr oder weniger vereinfacht ist, und führen die Spezifikation, den Entwurf, das Prototyping und das Testen eines Produkts, eines Prozesses, eines Ereignisses oder allgemein eines Systems durch. In einigen Fällen erfolgen das Prototyping und die Erprobung nur virtuell, aber es gibt eine kritische Analyse der Ergebnisse, eine öffentliche Präsentation und eine anschließende Diskussion, um den Lernerfolg in den Gruppen von Studierenden, die an dem Kurs/den Kursen teilnehmen, zu steigern. Darüber hinaus werden Kreativität, Entscheidungsfindung und kritisches Denken gefördert und professionelle Werkzeuge für die technische Praxis (d. h. Entwurfs- und Simulationssoftware, Prototyping-Tools usw.) eingesetzt, um die Studierenden möglichst umfassend auf ihr berufliches und persönliches Leben vorzubereiten. Die Aneignung von Wissen ist notwendig, die Entwicklung spezifischer beruflicher Fertigkeiten und übergreifender Fähigkeiten, um das erworbene Wissen angemessener zur Lösung realer Herausforderungen einzusetzen, ist jedoch in der modernen Bildung von grundlegender Bedeutung (UNESCO, 1998). All dies steht im Zusammenhang mit dem, was die Akkreditierungsagenturen, d. h. Accreditation Board for Engineering and Technology (ABET) und European Network for Accreditation of Engineering Education (ENAEE), in den letzten Jahrzehnten vorgeschlagen haben. Diese auf Lernzielen und beruflichen Ergebnissen basierende Ausbildung ist auch für den inzwischen eingeführten europäischen Hochschulraum von wesentlicher Bedeutung und steht im Einklang mit der Weltdeklaration der UNESCO über die Hochschulbildung im 21. Jahrhundert (De Graaf & Kolmos, 2003).

Die verschiedenen Arten von PBL-Erfahrungen unterscheiden sich hauptsächlich in der Tiefe, in der das Projekt, das Produkt, der Prozess oder das System spezifiziert, entworfen, implementiert und verwaltet oder betrieben wird, sowie im vorgeschlagenen Kontext und dem gewünschten Realitätsgrad, der auch von der Zeit und den Ressourcen abhängt, die den Studierenden für die prägende Erfahrung zur Verfügung stehen. Der „Conceive-design-implement-operate"-Ansatz („CDIO"-Ansatz) für projektbasiertes Lernen umfasst alle oben genannten Arten von aktiven Lernerfahrungen (Crawley et al., 2007). Der vollständige CDIO-Zyklus umfasst den gesamten Lebenszyklus eines technischen Projekts oder Systems, von der Spezifikation und Planung über den Entwurf, die Konstruktion und den Bau bis hin zu Betrieb, Wartung und Ende der Nutzungsdauer.

Unter den neueren projektbasierten und aktiven Lernmodellen in der Ingenieurausbildung (Graham, 2018) ist auch das Modell „NEET" (New Engineering Education Transformation) des MIT hervorzuheben, dessen Hauptelemente sein projektorientierter Lehrplan und seine Organisation in „Threads" rund um eine Reihe von Projekten sind, die sich auf neue Maschinen und Systeme konzentrieren. Das NEET-Modell ähnelt dem CDIO-Modell, konzentriert sich aber auf hochinnovative Bereiche: digitale Städte, autonome Maschinen, lebende Maschinen, fortschrittliche Materialien oder erneuerbare Energien.

Die ständige Suche nach Bildungskontexten mit einem höheren Grad an Realismus (im Vergleich zu klassischeren projekt- und problembasierten Lernerfahrungen) und daher mit einer größeren sozialen Wirkung ist eines der Merkmale dieser PBL-Lernerfahrungen. In gewisser Weise verbindet dieser Aspekt PBL mit dem Service Learning, das von Jacobi als „eine Form der Erlebnispädagogik" definiert wird, „bei der sich Studierende in Aktivitäten engagieren, die sich mit menschlichen und gemeinschaftlichen Bedürfnissen befassen, zusammen mit strukturierten Gelegenheiten zur Reflexion, die anstreben, gewünschte Lernergebnisse zu erzielen" (Jacoby, 1996). Im Idealfall erreichen die entwickelten Lösungen die Gesellschaft und verändern sie. Dieses projektbasierte Service-Learning-Modell kann zu den zuvor aufgeführten Arten von aktiven und integrativen Lernerfahrungen hinzugefügt werden. Diese Hybridisierung zwischen Service Learning und PBL kann zusätzliche Auswirkungen haben, wenn auch Open-Source- und kollaborative Ansätze für das Ingenieurwesen und seine Ausbildung einbezogen und gefördert werden, wie die jüngsten internationalen „Express CDIO"-Lernerfahrungen gezeigt haben (Ahluwalia et al., 2018b).

Projektbasiertes Lernen, verbunden mit der Entwicklung realer medizinischer Geräte, ist wohl die beste Strategie für die Ausbildung von Ingenieuren aus einem breiten Spektrum von Umfeldern für eine erfolgreiche Berufspraxis in der medizinischen Industrie (Yock et al., 2015; Yazdi & Acharya, 2013; Sivarasu, 2019). PBL und herausforderungsbasierter Unterricht erweisen sich im Biomedical Engeneering als ausgesprochen geeignet, nicht nur für die Organisation einzelner Kurse und die Einführung in die medizinische Industrie und Medizintechnik, sondern auch für die adäquate Umsetzung und das Rückgrat ganzer Studiengänge und für die Karriereentwicklung, wie in einer ausgezeichneten Übersichtsarbeit dargestellt und diskutiert wurde (Abu-Faraj, 2008). Die Hybridisierung von PBL mit Service Learning und die Verbindung mit den Bedürfnissen der Entwicklungsländer kann die Lernergebnisse verbessern und den Studierenden einen geführten Übergang in die Berufspraxis ermöglichen, insbesondere wenn die Ergebnisse geteilt werden (Sienko et al., 2013; Ahluwalia et al., 2018a, b).

Dementsprechend wird im folgenden Abschnitt die UBORA-Methodik beschrieben, die systematische Konstruktionsmethoden mit dem CDIO-Ansatz und mit standardisierten Strategien für die Entwicklung medizinischer Geräte verwebt, wobei der Schwerpunkt auf den neueren Open-Source- und kollaborativen Paradigmen liegt.

2.4 Die UBORA e-Plattform: Werkzeuge und Methodik zur Harmonisierung des Designs von Open-Source-Medizinprodukten

UBORA ist die erste webbasierte Infrastruktur, die sich auf die gemeinsame Erstellung von Open-Source-Medizinproduktens konzentriert, die mit der EU-Medizinprodukteverordnung MDR 2017/745 konform sind, indem sie einen einzigartigen methodischen Ansatz für deren Design und Entwicklung bietet. Die UBORA-Methodik ist inspiriert vom „Conceive-Design-Implement-Operate"-Bildungsmodell, das durch die EN ISO 13485:2016 gestärkt wird, um Bedürfnisse, Risikoklassen und relevante Normen zu identifizieren.

Die UBORA e-Plattform wurde mit dem Ziel entwickelt, biomedizinische Ingenieure und Entwickler von Medizinprodukten in der technischen Konstruktion von OSMD auszubilden und zu betreuen, sowie für industrielle Innovationszwecke.

Diese e-Infrastruktur und ihre Projekte sind durch eine gemeinsame Metastruktur (eine Reihe von angeleiteten Arbeitspaketen und Aufgaben) gegliedert, die zur Harmonisierung des Entwicklungsprozesses der OSMD, zur Förderung der Sicherheit und zur Anwendung der einschlägigen Normen beitragen soll.

UBORA wurde entwickelt, um die Zusammenarbeit während des gesamten Entwicklungsprozesses innovativer OSMDs zu fördern, deren komplette Entwicklungsdetails, einschließlich Spezifikationen, Entwurfsprozess, Komponentenlisten, computergestützter Entwurfsdateien und Blaupausen neben anderen relevanten Aspekten mittels einer interaktiven und designerorientierten Struktur gemeinsam genutzt werden.

Die UBORA-Plattform umfasst alle Arten von Medizinprodukten (d. h. Diagnoseinstrumente, prothetische Gerätschaften, chirurgische Instrumente, Überwachungssysteme, therapeutische Geräte) und biotechnischen Systeme zur Unterstützung der medizinischen Praxis (d. h. unterstützende Laborausrüstung, mobile Apps und Software).

Andererseits hat UBORA dazu beigetragen, eine vielfältige und wahrhaft globale Gemeinschaft von Ingenieuren, Fachleuten des Gesundheitswesens, Patienten und Patientenverbänden, Mitgliedern der „Maker"-Bewegung, Hobbydesignern, Familien von Patienten und Bürgern im Allgemeinen zu bilden, um sie dabei zu unterstützen, ihre Bemühungen zu bündeln und ihre Ideen, Fähigkeiten und Ressourcen gemeinsam zu nutzen, um eine patientenorientierte biomedizinische und regulierungsgestützte technische Forschung voranzutreiben und gleichzeitig einen gerechten Zugang zur Gesundheitstechnologie zu verfolgen. Die Förderung offener Innovation, die Patienten und Fachkräfte des Gesundheitswesens in den Mittelpunkt der medizintechnischen Entwicklung zu stellen und technologische Angebote und Anforderungen aufeinander abzustimmen, ist daher eine der zentralen Stärken der elektronischen UBORA-Infrastruktur und ihrer Gemeinschaft.

UBORA ist so aufgebaut, dass alle Informationen (Konzepte, Konstruktionsdateien, Dokumentation, Quellcode, Blaupausen und Prototypen, Testergebnisse und alle gesammelten Daten) der medizinischen Geräte, die innerhalb der Grenzen von der wachsenden UBORA-Gemeinschaft entwickelt wurden, gemeinsam genutzt und leicht gefunden werden können, um ihre Reproduktion, Nutzung und potenzielle Produktion durch Hersteller zu ermöglichen. In diesem Sinne kann UBORA als ein Werkzeug für eine direktere Verbindung mit Unternehmen und der BME-Gemeinschaft betrachtet werden, das deren F&E-Strategien im biomedizinischen Bereich unterstützen kann. Die Projekte werden als eine Sammlung von biomedizintechnischen Ressourcen und medizinischen Geräten präsentiert, die in Form von anklickbaren Boxen mit einem repräsentativen Titel und Highlight-Bildern (siehe Abb. 2.1) zur schnellen Identifizierung aufgelistet sind. Suchwerkzeuge nach Schlüsselwörtern, die bei der anfänglichen Registrierung der Projekte als Ideen festgelegt werden, sorgen für eine reibungslose Interaktion mit der e-Infrastruktur und fördern die Auffindbarkeit von Projekten und Lösungen für verschiedene medizinische Disziplinen und unterschiedliche Pathologien.

2.4.1 *Die UBORA-Methodik*

In Bezug auf das CDIO-Standardmodell, das ihre Grundlage bildet, beginnt die UBORA-Methodik mit der Identifizierung des klinischen Bedarfs als explizitem Schritt im Entwurfsprozess und sieht Zwischenkontrollpunkte zur Bewertung der Übereinstimmung mit den ISO-Normen vor. Diese in Abb. 2.2 schematisch dargestellte Metastruktur für die Projektentwicklung leitet den Design-Workflow und

a)
b)

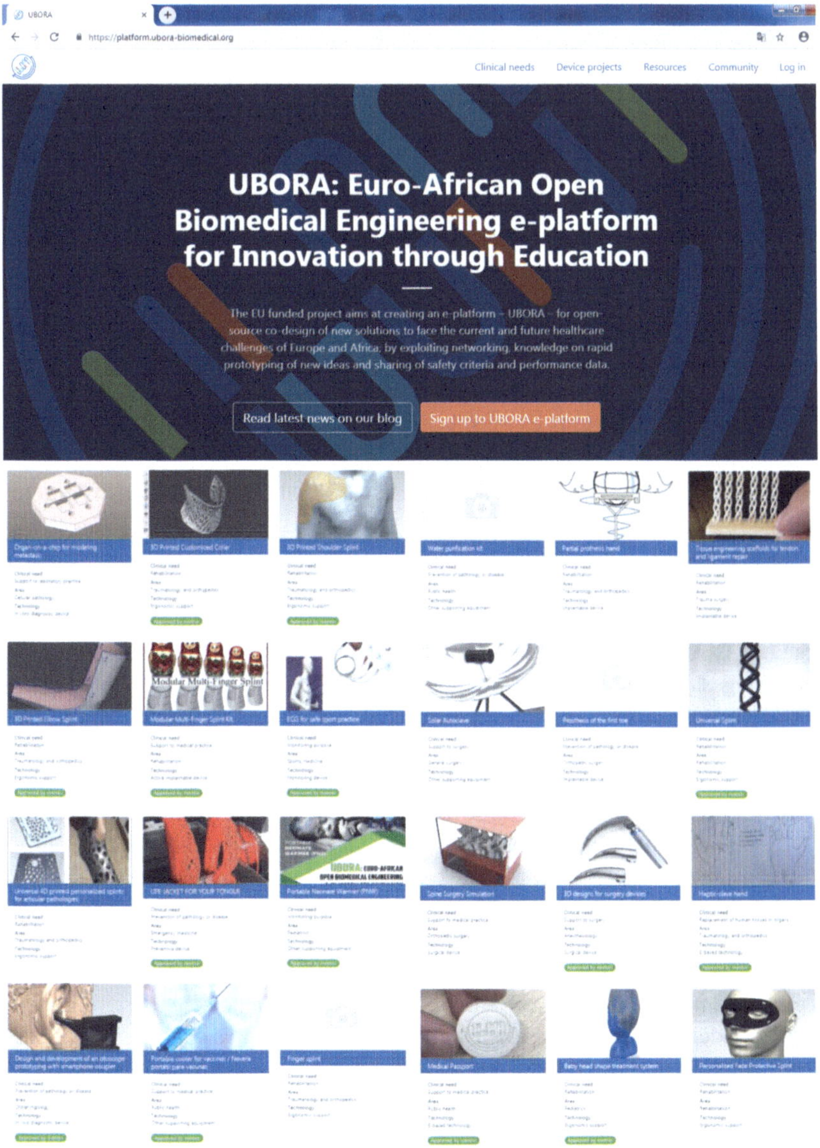

Abb. 2.1 UBORA e-Infrastruktur. (**a**) Landing Page. (**b**) Einige Beispiele für Projekte im Bereich der Medizintechnik, die anhand bestimmter Schlüsselwörter ausgewählt wurden

ermöglicht die Harmonisierung und Systematisierung der Methode, mit der medizinische Open-Source-Produkte entwickelt werden.

Der gesamte Prozess wird von Mentoren unterstützt, die den Projekten zugewiesen werden. Die Mentoren haben einen akademischen und/oder beruflichen Hintergrund und verfügen über ausgewiesene Erfahrung auf dem Gebiet der Entwicklung und Prüfung von Medizinprodukten. Durch ihre fachkundige Überprüfung

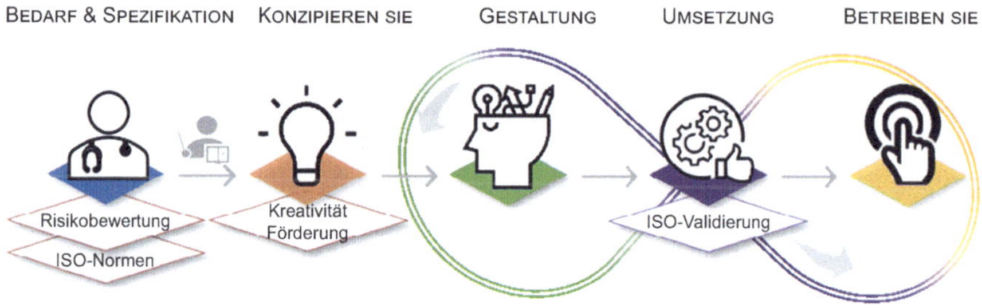

Abb. 2.2 Die Methodik der UBORA-Projektentwicklung

Tab. 2.1 Auswahl der für UBORA-Projekte vorgeschlagenen international anerkannten Normen

Standard	Beschreibung
EN ISO 13485:2016 (Deutsche Industrie-Norm und Europäische Norm für Internationale Organisation für Standardisierung)	Diese Norm legt Anforderungen für alle Stellen fest, die mit Medizinprodukten zu tun haben, und zwar in allen Phasen des Produktlebenszyklus: von der Auslegung über die Herstellung und Installation bis hin zur Entsorgung. Die e-Infrastruktur von UBORA ist so aufgebaut, dass sie einen Leitfaden für die Entwicklungstätigkeiten im Einklang mit dieser Norm darstellt.
EN ISO 14971:2012	Diese Norm legt Anforderungen für Konstrukteure und Hersteller von Medizinprodukten fest, um das Risiko des Produkts selbst zu minimieren. Es gibt kein „risikofreies" Produkt, aber es können viele Maßnahmen zur Risikominderung und zum Risikomanagement ergriffen werden. Diese Norm enthält nützliche Checklisten und auch Anleitungen zu Risikomanagementtechniken wie FMEA (Failure Mode and Effects Analysis).
MEDDEV 2.7.1 rev 4. Klinische Bewertung: Ein Leitfaden für Hersteller und benannte Stellen gemäß den Richtlinien 93/42/EWG und 90/385/EWG MEDical DEVices Documents.	Dieser Leitfaden enthält Informationen über Methoden zur Bewertung der klinischen Leistung und des klinischen Nutzens eines Medizinprodukts.
IEC 62366-1 (International Electrotechnical Commission)	Diese Norm bietet einen Leitfaden für den Umgang mit den menschlichen Faktoren bei der Entwicklung eines Medizinprodukts (Usability Engineering).
EN ISO 15223-1:2016	Diese Norm enthält eine Reihe von Symbolen, die auf Etiketten von Medizinprodukten verwendet werden können.

wird sichergestellt, dass die Konstrukteure alle Nutzer- und klinischen Anforderungen richtig erkennen, und sie helfen den Entwicklern, alle geltenden Sicherheitsstandards in die Konstruktionsanforderungen zu integrieren. Die Mentoren unterstützen die Entwickler, indem sie den Stand der Technik und die bekannten technischen Belastungen für das Projekt kommentieren und die Entwickler so zu einer effektiven Innovation leiten (Tab. 2.1).

2.4.2 UBORA-Projektmanagement-Metastruktur

Die UBORA-Methodik wurde in die Plattform implementiert, die 2 Hauptabschnitte für die Entwicklung von OSMD mit den Bezeichnungen „Klinischer Bedarf" und „Projektmanagement" sowie einen Abschnitt für die Schaffung und Stärkung der „Gemeinschaft" von Entwicklern, Mentoren und Interessenvertretern umfasst. Ein „*Ressourcenteil*" enthält ausgewählte Lehr- und Lernmaterialien über biomedizinische Technik sowie die Dokumentation und Videotutorials zur Nutzung und Weiterentwicklung der e-Infrastruktur, deren Quellcode am Ende des UBORA-Projekts als Open-Source-Information freigegeben wird. Der *Bereich für klinische Bedürfnisse* zielt darauf ab, biotechnische Designspezifikationen in Verbindung mit einem bestimmten klinischen Bedarf zu identifizieren. Der Bereich bietet eine einzigartige Umgebung für eine fruchtbare Diskussion zwischen Patienten, Gesundheitsdienstleistern und Ingenieuren, um sicherzustellen, dass klinische Bedürfnisse in sichere und erschwingliche Projekte umgesetzt werden.

Der *Bereich Projektmanagement* ist ein strukturierter Rahmen, der sich aus 6 Arbeitspaketen (WPs, Tab. 2.2) zusammensetzt und die gesamte UBORA-Methodik umfasst, indem er Werkzeuge für die Verwaltung computergestützter Modellierungsdateien und die Vorbereitung des Dossiers für die Vorproduktion eines Geräts bietet.

Das Arbeitspaket *WP1 oder „Medizinischer Bedarf und Produktspezifikation"* dient dazu, den klinischen Bedarf und den Anwendungsbereich des Medizinprodukts zu spezifizieren und die wichtigsten Produktanforderungen sowie den mit der Technologie verbundenen klinischen Bereich zu ermitteln. Es wird auch eine Liste mit vorgeschlagenen Schlüsselwörtern für die Indexierung der Projekte auf der Grundlage des ermittelten klinischen Bedarfs (z. B. Rehabilitation, Prävention usw.), des klinischen Fachgebiets (z. B. Kardiologie, Neurochirurgie usw.) und der Technologie (z. B. mobiles Gerät, ergonomische Unterstützung, aktives Medizinprodukt usw.) bereitgestellt: Dieses Schema ist eine der Strategien, die für ein FAIR-Datenmanagement[3] implementiert wurden, das die Auffindbarkeit, Zugänglichkeit, Interoperabilität und Wiederverwendbarkeit von Daten gewährleistet (Wilkinson et al., 2016). Darüber hinaus werden in WP1 die Risikoklasse und die geltenden Normen für das spezifische Design ermittelt. Die durch eine Checkliste strukturierte Geräteklassifizierung folgt den in Anhang VIII der MDR 2017/745 beschriebenen Regeln. Um die Benutzerfreundlichkeit zu verbessern und menschliche Fehler zu minimieren, sind die Regeln in Form eines Entscheidungsbaums angeordnet, der den Konstrukteur (oder die Konstrukteure) durch einen Algorithmus einfacher Fragen (hauptsächlich Ja/Nein-Fragen) führt.

Die UBORA stellt auch eine Liste von Fragen zur Medizintechnik zur Verfügung, um die grundlegenden Sicherheitsnormen (auch als horizontale Normen bezeichnet) auszuwählen, die in der Regel nur schwer über Schlüsselwörter in einer

[3] FAIR: „findable, accessible, interoperable, reusable" (auffindbar, zugänglich, interoperabel, wiederverwendbar).

Tab. 2.2 Die UBORA-Methode für die Entwicklung medizinischer Geräte, die durch die Projektmanagementmetastruktur umgesetzt wird

	Arbeitspakete (WPx.) und Aufgaben (Tx.y.)	Beschreibungen und Hauptzweck
Bedarf	*WP1.* – Medizinischer Bedarf und Produktspezifikation	Spezifizierung des klinischen Bedarfs und des Anwendungsbereichs des Medizinprodukts sowie Ermittlung der wichtigsten zu erfüllenden Produktanforderungen
	T.1.1. – Klinischer Bedarf	Beschreibung des medizinischen Bedarfs, der bedient werden soll
	T.1.2. – Bestehende Lösungen	Analyse von ähnlichen medizinischen Geräten und des Marktes
	T.1.3. – Vorgesehene Benutzer	Erläuterung zu Benutzern und Attributen
Konzeption	*WP2* T.1.4. – Produktanforderungen	Liste der zu erfüllenden Anforderungen.
	T.1.5. – Geräteklassifizierung	Einstufung durch e-Fragebogen
	T.1.6. – Checkliste für Vorschriften	Vorgeschlagene Standards für den Entwicklungsprozess
	T.1.7. – Formelle Überprüfung	Prüfung durch Mentoren der Klassifizierung und Spezifikationen
	WP.2. – Konzeptionelle Gestaltung	Anleitung von Konstrukteuren bei der Entwicklung verschiedener Ausführungsformen/Ideen desselben Medizinprodukts
	T.2.1. – Physikalische Grundlagen	Begründung für das Medizinprodukt
	T.2.2. – Abstimmen	Vorschlagen und Analysieren verschiedener Produktideen
	T.2.3. – Beschreibung des Konzepts	Beschreibung der besten Produktidee oder des besten Konzepts
	T.2.4. – Strukturierte Informationen über die Einrichtung	Grundlegende Informationen über Gerät, Benutzer und Umgebung
Gestaltung	*WP3.* – Entwurf und Prototyping	Unterstützung der Entwickler bei der Erstellung eines ersten Entwurfs und eines vorläufigen Funktionsprototyps des Medizinproduktkonzepts
	T.3.1. – Allgemeine Beschreibung des Produkts	Entwickelte und verwendete Hardware und Software
	T.3.2. – Entwurf für die Einhaltung der ISO-Prüfungen	Feinabstimmung des Entwurfs für Sicherheits- und Qualitätstests
	T.3.3. – Anleitung zur Herstellung von Prototypen	Beschreibung, wie der Prototyp des vorgeschlagenen Geräts aussehen soll

(Fortsetzung)

Tab. 2.2 (Fortsetzung)

	Arbeitspakete (WPx.) und Aufgaben (Tx.y.)	Beschreibungen und Hauptzweck
Implementierung	*WP4.* – Implementierung	Begleitung der Entwickler in der Testphase, um die Einhaltung der einschlägigen Normen nachzuweisen. Erstellung eines Vorproduktionsdokuments
	T.4.1. – Prototypen und Sicherheitsbewertung	Verbesserte Prototypen und Testinformationen
	T.4.2. – Qualitätskriterien	Qualitätskriterien für die Produktion
	T.4.3. – ISO-Konformität	Bewertung der Einhaltung von Normen
	T.4.4. – Ergebnisse aus vitro/vivo-Tests	Zusammenfassung der mit den Prototypen durchgeführten Tests
	T.4.5. – Strukturierte Informationen über die Einrichtung	Detaillierte Informationen über Gerät, Benutzer und Umgebung
	T.4.6. – Vorproduktionsdokument	Dossier für die Zusammenarbeit mit benannten Stellen
Betrieb	*WP5.* – Betrieb	Fertigstellung der technischen Dokumentation des Medizinprodukts, um eine erste Version des Projekts zum Herunterladen zu veröffentlichen. Annäherung an einen vorläufigen Geschäftsplan.
	T.5.1. – Technische Dokumentation	Verbesserte Produktdokumentation und Blaupausen
	T.5.2. – Lean Canvas und Geschäftsmodell	Geschäftsplan für Technologietransfer
	WP6. – Projektabschluss	Unterstützung der Entwickler bei der Erstellung von Werbevideos und Broschüren, bei Crowdfunding-Kampagnen und bei der Vermarktung nach entsprechender Zertifizierung. Technisches und wirtschaftliches Dossier für das Endprodukt.

Suchmaschine zu ermitteln sind. Tab. 2.1 zeigt eine Auswahl der international anerkannten Normen, die als Referenz verwendet und den Entwicklern vorgeschlagen werden.

Nach der Spezifikation und Planung beginnt der Entwurf: *WP2 oder das* Arbeitspaket „*Konzeptentwurf*" führt die Konstrukteure durch die Entwicklung verschiedener Ausführungsformen/Ideen desselben Medizinprodukts, die in einem Umfrageteil auf der Grundlage von Machbarkeit, Leistung, Benutzerfreundlichkeit und Sicherheitsaspekten analysiert und eingestuft werden. Nach der Identifizierung des vielversprechendsten Konzepts hilft die Infrastruktur bei der Strukturierung der Idee, indem sie z. B. Informationen über die Anforderungen an die Einrichtung, die geschätzte Lebensdauer, die Haltbarkeit und den Bedarf an Verbrauchsmaterialien abfragt.

Im Arbeitspaket *WP3 oder „Design und Prototyping*" erstellt der Konstrukteur Dokumente, die sich auf das im WP2 vorgeschlagene Konzept des Medizinprodukts beziehen: Das Projektmanagementsystem schlägt eine Gliederung in Unterabschnitte vor, die sich auf mechanische Komponenten, Elektronik/Firmware, Software und deren Integration beziehen.

Nach Abschluss des Arbeitspakets WP3 leitet das Arbeitspaket *WP4 oder „Implementierung"* die Entwickler in der Testphase an, um die Übereinstimmung mit den einschlägigen Normen nachzuweisen. Am Ende dieser Phase können die Entwickler das Dossier des vor der Serienreife gefertigten Geräts herunterladen, in dem die wichtigsten Ergebnisse der Projektentwicklung zusammengefasst sind.

Das Arbeitspaket *WP5 oder „Betrieb"* zielt auf die Fertigstellung der technischen Dokumentation des Geräts ab, um das Projekt zum Herunterladen zu veröffentlichen, und bietet ein schlankes Geschäftsmodell (Trimi & Berbegal-Mirabent, 2012), das auf OSMD zugeschnitten ist, um den potenziellen Transfer der Technologie in die Industrie zu unterstützen. Die e-Infrastruktur bietet Hilfestellung bei der Auswahl des am besten geeigneten Lizenzsystems und berät in rechtlichen Fragen im Zusammenhang mit der Nutzung der entwickelten Technologie.

Das Arbeitspaket *WP6 (Projektabschluss)* schließlich unterstützt die Entwickler bei der Erstellung von Werbevideos und Broschüren, bei Crowdfunding-Kampagnen und bei der Kommerzialisierung nach der erforderlichen Zertifizierung, für die eine (von UBORA in Form eines Dossiers bereitgestellte) vollständige Prozessdokumentation unerlässlich ist.

2.5 UBORA als Modell für die Ausbildung in der Biomedizintechnik

Das UBORA-Bildungsmodell wurde als Weiterentwicklung moderner PBL-Ansätze für die Ingenieurausbildung, einschließlich des CDIO-Modells, entwickelt, jedoch mit Unterstützung der UBORA e-Plattform, die der offenen Methodik folgt. Es ist wichtig, einige Hauptmerkmale dieses Modells zu erwähnen, um die Medizintechnikindustrie durch die kollaborative Entwicklung von OSMDs zu verändern:

1. *Fokus auf Open-Source-Geräte und kollaborative Methoden.* Projektbasiertes Lernen ist von Natur aus kollaborativ, da es sich in der Regel um Teams von Studierenden handelt, die für ein gemeinsames Ziel zusammenarbeiten. Das Konzept des „kollaborativen PBL" bezieht sich jedoch auf Erfahrungen, für die die UBORA ein bahnbrechendes Beispiel ist, und konzentriert sich insbesondere auf kollaborative Design- und Projektmanagementmethoden sowie auf Co-Creation Strategien unter Verwendung von Onlineressourcen unter Einbeziehung internationaler Teams (Díaz Lantada & De Maria, 2019). Die Projektentwicklungspipeline umfasst geregelte Kontrollpunkte und beinhaltet relevante Themen innerhalb des Open-Source-Paradigmas (Verwendung von FAIR-Datenprinzipien, Rückverfolgbarkeit der Designänderungen, Verbindung zu Fundraisingumgebungen), die den Studierenden mit UBORA klar präsentiert werden. Darüber hinaus bietet UBORA den Studierenden einen klaren Weg für eine unkomplizierte und nachhaltige Innovation von Medizinprodukten. Diese Methoden, die auch

im Zusammenhang mit den jüngsten Trendänderungen in der Produktentwicklung – von der Massenproduktion zur Massenpersonalisierung – stehen, sind von besonderer Bedeutung für medizinische Geräte und die Zukunft der biomedizinischen Industrie.

2. *Konzentration auf Vorschriften und Normen*. Die Relevanz von Vorschriften und der Entwicklung nach Normen wird bei PBL-Erfahrungen, die sich eher auf technische oder technologische Fragen konzentrieren, sehr oft ignoriert. Medizinische Geräte sollten aufgrund ihrer besonderen Ausrichtung auf den Menschen und die Gesundheit in einem stark regulierten Umfeld und unter Beachtung der einschlägigen harmonisierten oder international anerkannten Normen entwickelt werden. Bei den Geräten, die durch UBORA als Lehr- und Lerninstrument entwickelt werden, wird der Schwerpunkt auf Vorschriften und Normen gelegt. So kann die Plattform eingesetzt werden, um die Lernerfahrung in Bezug auf Themen zu verbessern, bei denen es in der Regel schwierig ist, Studierende zu beteiligen (Di Pietro et al., 2019).
3. *Grad der multidisziplinären und internationalen Komponente*. Die Bildungsangebote von UBORA sind für alle Arten von Hochschulstudenten offen. Obwohl das Standardprofil das von Studienrenden der Ingenieurwissenschaften ist, ist jeder Student, der sich auf biomedizinische Studien konzentriert, willkommen. In der Tat haben die vom UBORA-Konsortium durchgeführten Wettbewerbe und Schulen mit Studierenden aus einer Vielzahl von Ingenieurdisziplinen (z. B. Industrie, Maschinenbau, Chemie, Biomedizin, Elektrotechnik, Energie, Automatisierung und Robotik) sowie mit Medizinstudierenden gerechnet (Ahluwalia et al., 2018b). Sie alle konnten die Plattform nutzen und während der Entwicklung ihrer Projekte mit anderen Studierenden und Mentoren interagieren.
4. *Hybridisierung mit Service Learning*. Medizinische Geräte können auf der Grundlage der Zusammenarbeit mit Patientenverbänden, Krankenhäusern oder Fachleuten des Gesundheitswesens angeregt werden, um echte Lösungen für ausgewählte relevante medizinische Bedürfnisse zu liefern. Diese Lösungen, die über UBORA verbreitet werden, können die Gesellschaft erreichen und dazu beitragen, die medizinische Praxis und die biomedizinische Industrie weiterzuentwickeln und gleichzeitig einen Beitrag zur Schaffung von Wohlstand in Gebieten mit niedrigem und mittlerem Einkommen zu leisten.
5. *Langfristige Wirkung durch UBORA. Die* Ergebnisse von UBORA können sowohl als offenes Lehrmaterial für den Kapazitätsaufbau an Universitäten, die mit der Umsetzung ihrer BME-Programme beginnen, als auch als Studienbeispiele für OSMDs, die in jedem Designkurs für Medizinprodukte eingesetzt werden können, weitergegeben werden.

2.6 Schlussfolgerungen

Open-Source-Medizinprodukte sind ein neuer Trend, der das Potenzial hat, die Entwicklung von Medizinprodukten und die gesamte biomedizinische Industrie völlig zu verändern. Allerdings müssen noch einige Herausforderungen bewältigt werden, um die Leistungsfähigkeit von Open-Source- und kollaborativen Bioengineering-Design-Strategien für erschwingliche und gleichberechtigt zugängliche Gesundheitstechnologien zu nutzen. In dieser Richtung können sich Initiativen wie die UBORA e-Infrastruktur und die damit verbundenen internationalen und multidisziplinären Gemeinschaften, wie sie in dieser Perspektive ausführlich beschrieben werden, als wahrhaft transformative Ressourcen zur Unterstützung der Bemühungen um eine fundierte Zukunft für die Biomedizintechnik erweisen, die offener, kollaborativer und verteilungsgerechter sein wird.

Der Erfolg in diesem Bereich hängt von der angemessenen Erfassung und Erfüllung des tatsächlichen medizinischen Bedarfs sowie von der Sicherheit der entwickelten und an die Angehörigen der Gesundheitsfachberufe und Patienten gelieferten Medizinprodukte ab. Zu diesem Zweck bietet die UBORA e-Infrastruktur einen Rahmen für die Entwicklung ISO-konformer Medizinprodukte, ausgehend von den klinischen Bedürfnissen durch den Austausch von Ideen, Entwürfen und Daten. Bei ordnungsgemäßer Umsetzung sind die UBORA-Medizinprodukte von der Konzeption her an die MDR 2017/745 angepasst und bereit für das Screening und die Prüfung zur Zertifizierung. Kurz gesagt besteht das Ziel des Projekts darin, das Wohlergehen aller zu fördern, den Zugang zu Medizinprodukten zu verbessern und im Einklang mit der Agenda 2030 der Vereinten Nationen und den Zielen für nachhaltige Entwicklung für gesundheitliche Chancengleichheit zu sorgen.

***

Die medizinischen Geräte, die in diesem Handbuch als Studienfälle vorgestellt werden, folgen der erläuterten Methodik und werden als Open-Source-Medizinprodukte über die UBORA e-Infrastruktur entwickelt und verbreitet.

UBORA Euro-African Open
Biomedical Engineering
e-Plattform für Innovation
durch Bildung

Literatur

Abu-Faraj, Z. O. (2008). Bioengineering/biomedical engineering education and career development: Literature review, definitions and constructive recommendations. *International Journal of Engineering Education, 24*(5), 990–1011.

Ahluwalia, A., De Maria, C., & Díaz Lantada, A. (2018a). The Kahawa declaration: A manifesto for the democratization of medical technology. *Global Health Innovation, 1*(1), 1–4.

Ahluwalia, A., De Maria, C., Madete, J., Díaz Lantada, A., Makobore, P. N., Ravizza, A., Di Pietro, L., Mridha, M., Muñoz-Guijosa, J. M., ChacónTanarro, E., & Torop, J. (2018b). Biomedical engineering project based learning: Euro-African design school focused on medical devices. *International Journal of Engineering Education, 34*(5), 1709–1722.

Arcarisi, L., Pietro, L. D., Carbonaro, N., Tognetti, A., Ahluwalia, A., & De Maria, C. (2019). Palpreast – A new wearable device for breast self-examination. *Applied Sciences, 9*(3), 381.

Bonaccorsi, A., & Rossi, C. (2003). Why open source software can succeed. *Research policy, 32*(7), 1243–1258.

Crawley, E. F., Malmqvist, J., Östlund, S., & Brodeur, D. R. (2007). *Rethinking engineering education: The CDIO approach* (S. 1–286). Springer.

De Graaf, E., & Kolmos, A. (2003). Characteristics of problem-based learning. *International Journal of Engineering Education, 19*(5), 657–662.

De Maria, C., Di Pietro, L., Díaz Lantada, A., Madete, J., Makobore, P. N., Mridha, M., et al. (2018). Safe innovation: On medical device legislation in Europe and Africa. *Health Policy and Technology, 7*(2), 156–165.

Díaz Lantada, A., & De Maria, C. (2019, April). Towards open-source and collaborative project based learning in engineering education: Situation, resources and challenges. *International Journal of Engineering Education, 35*(5), 1279–1289.

Di Pietro, L., Botte, E., Granati, R., Moroni, S., Tomasi, M., Vozzi, G., & De Maria, C. (2019, July). Teaching design standards and regulations on medical devices through a collaborative project-based learning approach. *International Journal of Engineering Education, 35*(6), 1803–1815.

Droste, M. (2019). *Bauhaus. Aktualisierte Ausgabe*. Taschen.

Fasterholdt, I., Lee, A., Kidholm, K., Yderstraede, K. B., & Pedersen, K. M. (2018). A qualitative exploration of early assessment of innovative medical technologies. *BMC Health Services Research, 18*, 837.

Ferretti, J., Di Pietro, L., & De Maria, C. (2017). Open-source automated external defibrillator. *HardwareX, 2*, 61–70.

Fogliatto, F., & Da Silveira, G. (Hrsg.). (2011). *Mass customization* (Springer Series in Advanced Manufacturing). Springer.

Gao, J., & Bernard, A. (2017). An overview of knowledge sharing in new product development. *International Journal of Advanced Manufacturing Technology, 94*(5–8), 1545–1550.

Gausemeier, J., & Moehringer, S. (2002). VDI 2206: A new guideline for the design of mechatronic systems. *IFAC Proceedings, 35*(2), 785–790.

Gershenfeld, N. (2005). *Fab: the coming revolution on your desktop-from personal computers to personal fabrication*. Basic Books.

Graessler, E. (2017). *A new V-model for interdisciplinary product engineering*. 59th Ilmenau Scientific Colloquium, TU Ilmenau.

Graham, R. (2018). *The global state of the art in engineering education*. MIT Press.

Hansen, F. (1956). *Konstruktionssystematik*. VEB-Verlag Technik.

International Organization for Standardization. (2016). *ISO 13485:2016: Medical devices – Quality management systems – Requirements for regulatory purposes*. ISO.

International Organization for Standardization. (2017). *ISO 14971:2017: Medical devices – Application of risk management to medical devices*. ISO.

Jacoby, B. (1996). *Service-learning in higher education: Concepts and practices*. Jossey-Bass.

Kaiser, W., & König, W. (2006). *Geschichte des Ingenieurs. Ein Beruf in sechs Jahrtausenden.* Carl Hanser.

Kesselring, F. (1951). *Bewertung von Konstruktionen.* VDI Verlag.

Kesselring, F. (1954). *Technische Kompositionslehre.* Springer.

Kuhlenkamp, A. (1971). *Konstruktionslehre der Feinwerktechnik.* Hanser.

Larmer, J. (2014). *Project-based learning vs. Problem-based learning vs. X-BL.* Edutopia.

Lessig, L., Cusumano, M., & Shirky, C. (2005). *Perspectives on free and open source software.* MIT Press.

Malkin, R. A. (2007). Design of health care technologies for the developing world. *Annual Review of Biomedical Engineering, 9*, 567–587.

Matousek, R. (1957). *Konstruktionslehren des allgemeinen Maschinenbaus.* Springer.

Mushtaq, U., & Pearce, J. M. (2018). Open source appropriate nanotechnology. In *Nanotechnology and global sustainability* (S. 220–245). CRC Press.

Ng, P. K., & Jee, K. S. (2014). Concurrent knowledge sharing and its importance in product development. *Journal of Applied Sciences, 14*, 2978–2985.

Niemann, G. (1975). *Maschinenelemente.* Springer.

Niezen, G., Eslambolchilar, P., & Thimbleby, H. (2016). Open-source hardware for medical devices. *BMJ Innovations, 2*(2), 78–83.

Oberloier, S., & Pearce, J. (2018). General design procedure for free and open-source hardware for scientific equipment. *Designs, 2*(1), 2.

Pahl, G., & Beitz, W. (transl. & ed. Wallace, K.). (1988). *Engineering design: A systematic approach.* The Design Council/Springer.

Perilli, A. (2017, May 23). *From creative AI to open source sculpture: How tech is changing art.* It's Nice That. https://www.itsnicethat.com/. Zugegriffen im May 2019.

Rautenstrauch, C., Seelmann-Eggebert, R., & Turowski, K. (Hrsg.). (2002). *Moving into mass customization.* Springer.

Roozenburg, N., & Eeckels, J. (1995). *Product design: Fundamentals and methods.* Wiley.

Rosenfeld Halverson, E., & Sheridan, K. M. (2014). The maker movement in education. *Harvard Educational Review, 84*(4), 495–504.

Sarmah, B., & Rahman, Z. (2017). Transforming jewellery designing: Empowering customers through crowdsourcing in India. *Global Business Review, 18*(5), 1325–1344.

Sienko, K. H., Sarvestani, A. S., & Grafman, L. (2013). Medical device compendium for the developing world: A new approach in project and service-based learning for engineering graduate students. *Global Journal of Engineering Education, 15*(1), 13–20.

Sivarasu, S. (2019). Frugal biodesign: An approach for developing appropriate medical devices in low-resource settings. *Biomedical Engineering for Africa* (S. 46–54). UCT Libraries.

The European Parliament and the Council of the European Union. (2017a). Regulation (EU) 2017/745 on medical devices. https://eur-lex.europa.eu/legal-content/en/TXT/?uri=CELEX%3A32017R0745. Zugegriffen im January 2020.

The European Parliament and the Council of the European Union. (2017b). Regulation (EU) 2017/746 on in vitro diagnostic medical devices. https://eur-lex.europa.eu/legal-content/EN/TXT/?qid=1565171051278&uri=CELEX:32017R0746. Zugegriffen im January 2020.

Trimi, S., & Berbegal-Mirabent, J. (2012). Business model innovation in entrepreneurship. *International Entrepreneurship and Management Journal, 8*(4), 449–465.

Tschochner, H. (1954). *Konstruieren und Gestalten. Abrißeiner Konstruktions- und Gestaltungslehre unter besonderer Berücksichtigung von Maschinenbau und Feinmechanik.* Girardet.

Ulrich, K., & Eppinger, S. (2007). *Product design and development* (4. Aufl.). Mc-Graw Hill/Irwin.

UNESCO. World declaration on higher education for the twenty-first century: Vision and action, adopted by UNESCO's World Conference on Higher Education on 9 October 1998.

United Nations General Assembly. Transforming our world: The 2030 Agenda for Sustainable Development, on 21 October 2015, A/RES/70/1.

Verein DeutscherIngenieure. (2004). *VDI 2206: Design methodology for mechatronic systems.* VDI.

Wang, F. Y., Carley, K. M., Zeng, D., & Mao, W. (2007). Social computing: From social informatics to social intelligence. *IEEE Intelligent Systems, 22*(2), 79–83.

Wächtler, R. (1967). Beitrag zur Theorie des Entwickelns (Konstruierens). *Feinwerktechnik, 71*, 353–358.

Wilkinson, M. D., et al. (2016). Comment: The FAIR Guiding Principles for scientific data management and stewardship. *Scientific Data, 3*(160018), 1–9.

Wu, D., Rosen, D. W., Wang, L., & Schaefer, D. (2015). Cloud-based design and manufacturing: A new paradigm in digital manufacturing and design innovation. *Computer-Aided Design, 59*, 1–14.

Yazdi, Y., & Acharya, S. (2013). A new model for graduate education and innovation in medical technology. *Annals of Biomedical Engineering, 41*(9), 1822–1833.

Yock, P. G., et al. (2015). *Biodesign: The process of innovating medical technology* (2. Aufl., S. 1–952). Cambridge University Press.

Kapitel 3
Der Einstieg in ein Open-Source-Projekt für medizinische Geräte: Systematische Bedarfsermittlungstechniken für Bottom-up-Strategien

Philippa Ngaju Makobore, Andrés Díaz Lantada, Licia Di Pietro, Carmelo De Maria und Arti Ahluwalia

3.1 Bedarfsermittlung in der Open-Source- und kollaborativen Biomedizintechnik

Die traditionelle Produktentwicklung beginnt mit einer Produktplanungsphase, in der der Entscheidungsprozess in den vorbereitenden Phasen in der Regel Fragen wie die folgenden beinhaltet:

- Welches sind die Markttrends?
- Welches sind die rentabelsten Sektoren und Standorte für Investitionen?
- Welche Technologien sind derzeit besonders angesagt?
- Wurden die Investitionen in frühere Produkte aus dem Portfolio bereits ausgeglichen?
- Gibt es steuerliche Vorteile für Investitionen in bestimmte Sektoren und Produkte?

P. N. Makobore
Uganda Industrial Research Institute, Kampala, Uganda

A. Díaz Lantada (✉)
Mechanical Engineering Department, Universidad Politécnica de Madrid, Madrid, Spain
E-Mail: andres.diaz@upm.es

L. Di Pietro · C. De Maria · A. Ahluwalia
Research Center "E. Piaggio" and Department of Information Engineering, University of Pisa, Pisa, Italy
E-Mail: carmelo.demaria@unipi.it

A. Ahluwalia et al. (Hrsg.), *Entwicklung von Open-Source-Medizinprodukten*,
https://doi.org/10.1007/978-3-031-26028-5_3

In der medizinischen Industrie führt dies in vielen Fällen zu einer verzögerten Anwendung technologischer Durchbrüche. Darüber hinaus haben die Bedürfnisse der Patienten und der Angehörigen der Gesundheitsfachberufe nur einen geringen Einfluss auf die tatsächlichen Entscheidungen, neue Entwicklungen tatsächlich anzugehen. Schwerwiegendere Auswirkungen ergeben sich vor allem in ressourcenbeschränkten Umgebungen, in denen die Produktentwicklung an Designvorgaben gebunden ist und auf einen Endverbraucher in einem einzigartigen Gesundheitsumfeld ausgerichtet sein muss.

Im Paradigma der quelloffenen und kollaborativen Biomedizintechnik (Biomedical Engeneering; BME), wie es im „UBORA bioengineering design model" für die Innovation quelloffener medizinischer Geräte (Open-Source Medical Device; OSMD) zum Ausdruck kommt, beginnt die Produktplanung jedoch mit der Berücksichtigung der folgenden Aspekte:

- Welche Bedürfnisse haben die Patienten und die Patientenverbände, mit denen wir zu tun hatten?
- Was brauchen die Angehörigen der Gesundheitsfachberufe in unserem Umfeld?
- Welches sind die Prioritäten, auf die sich die WHO konzentrieren will?
- Gibt es seltene Pathologien, die mit unserem Fachgebiet zusammenhängen und die nicht angemessen behandelt werden?
- Gibt es relevante Technologien, die aus nichtmedizinischen Gründen noch nicht in die medizinische Praxis implementiert wurden?
- Gibt es Technologien, die Patienten und Gesundheitsdienstleister in Gebieten mit niedrigem/mittlerem Einkommen oder an abgelegenen Orten noch nicht erreichen?
- Könnten wir mit Partnern vor Ort zusammenarbeiten, um globale Gesundheitsprobleme effizienter und unkomplizierter anzugehen?

Die Entwickler von Medizintechnik, insbesondere von OSMD, sollten sich darüber im Klaren sein, dass die Interaktion mit den Endnutzern (Patienten und ihre Familien, Ärzte, Krankenpfleger, Chirurgen usw.) und ihre aktive Beteiligung an den Entscheidungen, die während des gesamten Innovations- und Entwicklungsprozesses getroffen werden, ein Schlüssel zum Erfolg ist.

Multidisziplinäre Teams sind bei kollaborativen und Open-Source-Konzepten für die Entwicklung von Medizintechnik wichtiger denn je. Internationale Onlinegemeinschaften von Technik- und Medizinexperten, aber auch von politischen Entscheidungsträgern, Sozialwissenschaftlern, Juristen und sogar Pädagogen, können die Zusammenstellung spezifischer Teams für die Entwicklung konkreter Medizintechnikprojekte unterstützen und so auf einer recht effizienten projektbasierten Grundlage arbeiten. Ihre Interaktion und Mitgestaltung durch spezielle e-Infrastrukturen für Innovation und Forschung ist ebenfalls ratsam, da sie dazu beitragen können, technologische Anforderungen und Angebote aufeinander abzustimmen und eine dezentrale Teamarbeit zu ermöglichen.

3.2 Strategien und Techniken zur systematischen Identifizierung und Prüfung medizinischer Bedürfnisse, die durch die gemeinsame Entwicklung medizinischer Technologien gelöst werden können

Der wahrscheinlich wichtigste Schritt des gesamten Innovationsprozesses, insbesondere im Bereich der OSMD, umfasst die angemessene Auswahl eines geeigneten medizinischen Bedarfs und die Erfassung der Wünsche und Erwartungen der Nutzer. Zu diesem Zweck ist es wichtig, systematisch nach den vorrangigen medizinischen Bedürfnissen und den Erwartungen der Nutzer an die Medizintechnik zu suchen und diese Informationen zusammen mit den Erfahrungen und Ansichten der Technologieentwickler zu berücksichtigen, die den wissenschaftlich-technischen Stand der Technik und dessen Potenziale besser kennen.

Verschiedene Ansätze und Techniken unterstützen diese systematische Ermittlung von Bedürfnissen und Erwartungen. Einige von ihnen decken sich mit den Instrumenten, die von Marketingabteilungen in den meisten technischen Sektoren zur Feinabstimmung der Produktplanung und -spezifikationen verwendet werden (u. a. Straßenumfragen, Onlinefragebögen, Beobachtung sozialer Netzwerke, Brainstorming mit Interessengruppen, Fokusgruppensitzungen). Bei der kollaborativen Produktentwicklung im biomedizinischen Bereich können jedoch persönliche Gespräche und Treffen mit den Endnutzern aufgrund der Bedeutung von Bottom-up-Entwicklungspfaden bevorzugt werden.

Auch hier sollte die Bedeutung von e-Infrastrukturen für Bildung, Innovation und Forschung hervorgehoben werden, über die Gemeinschaften von Forschern, künftigen Bioingenieuren, Entwicklern von Medizinprodukten und wichtigen Interessengruppen während des gesamten Entwicklungsprozesses interagieren.

Einige Techniken und Strategien haben sich bereits bei der Bedarfsermittlung für die Mitgestaltung und kollaborative Entwicklung innovativer OSMD oder für die Feinabstimmung auf die spezifischen Bedürfnisse konkreter Patienten, bestimmter Bevölkerungsgruppen oder Settings mit besonderen Randbedingungen bewährt. Tatsächlich eignet sich das Konzept OSMD sehr gut für die Förderung personalisierter Ansätze in der medizinischen Praxis, wie bereits berichtet (Ahluwalia et al., 2018a) und wie einige der folgenden Techniken und Beispiele verdeutlichen:

(a) *Motivationsfragebögen in Kombination mit Interviews*

Onlineumfragen erweisen sich für die technische Gestaltung neuer Produkte und Verfahren nicht immer als nützlich, wenn sie nicht in abschließenden persönlichen Treffen mit den relevanten Interessengruppen angemessen analysiert werden. Daher schlagen wir für die Ausweitung des OSMD-Bereichs und für die Ermittlung relevanter Gesundheitsthemen und klinischer Bedürfnisse, an denen gearbeitet werden soll, nach einem Bottom-up- und kollaborativen Verfahren die kombinierte Nutzung von Erhebungen mit Zusammenfassungssitzungen vor, an denen Fachkräfte des Gesundheitswesens, vor allem Ärzte und Krankenpflege, sowie Vertreter von Patientenverbänden teilnehmen. Politische Entscheidungsträger und Mitglieder des Managementteams von Krankenhäusern können ebenfalls teilnehmen, aber unserer Erfahrung nach ist die Interaktion mit den Fachleuten vor Ort, die tagtäglich mit den tatsächlichen gesundheitlichen Herausforderungen zu tun haben, am besten geeignet.

Während der Rekapitulationssitzungen ist es zielführend, einen angeleiteten Prozess durchzuführen, bei dem ein Sitzungsleiter die Rolle des „Kreativitätsförderers" übernimmt. Der Sitzungsleiter sollte die Umfrageergebnisse in einem Zeitfenster von etwa 10–15 min kurz vorstellen. Anschließend sollte eine geleitete Debatte geführt werden.

Kreativitätsfördernde Instrumente wie Brainstorming (am besten in schriftlicher Form als Brainwriting), Philips 6–6 oder Lotusblumen-Brainstorming auf der Grundlage der Ergebnisse eines ersten Brainstormings können u. a. für die Auflistung des medizinischen Bedarfs in verschiedenen Sektoren, Abteilungen oder Regionen in einer weiteren Phase oder einem Zeitfenster von etwa 20–30 min eingesetzt werden. Die Verknüpfung von Ideen durch eine geleitete Debatte von 20–30 min und eine endgültige Priorisierung und Auswahl der Bedarfe, für die OSMD umgesetzt werden sollen, wiederum in 20–30 min, kann zu einem entsprechenden Arbeitsplan führen.

Dieser erfolgreiche Ansatz wird durch die in Abschn. 3.3 vorgestellte Fallstudie veranschaulicht, die sich mit einem Bedarfsermittlungsprozess in ugandischen Krankenhäusern für die Entwicklung und Bereitstellung von Open-Source-Lösungen befasst.

(b) *Innovation durch Bildung*

„Innovation durch Bildung" ist eine weitere Schlüsselstrategie für den im Entstehen begriffenen Bereich der OSMD und für die BME-Zusammenarbeit (und auch das grundlegende Motto der UBORA-Gemeinschaft). Die interessantesten Veränderungen in der Hochschulbildung werden in den meisten Fällen durch den Wunsch der Studierenden motiviert, zu lernen und die Welt zu verändern, indem sie die Ergebnisse ihrer prägenden Erfahrungen anwenden. Eine Kohorte von Studierenden der Naturwissenschaften und der Technik, zukünftige Ingenieure, die in projektbasierte Lernaktivitäten („project-based learning"; PBL) eingebunden sind und angemessen angeleitet und motiviert werden, können transformative Lösungen und Durchbrüche für jede Ingenieursdisziplin, einschließlich BME, liefern, wie die internationalen UBORA-Wettbewerbe und Designschulen, neben vielen anderen relevanten Beispielen, bewiesen haben. Innovation durch Bildung eignet sich sehr gut und auf äußerst ressourcenschonende Weise für die schnelle Generierung hochinnovativer Konzepte, für die Analyse „verrückter Ideen" und für die Validierung unkonventioneller Lösungen. Außerdem ist diese Strategie besonders langfristig angelegt, da sie auf die Gewinnung von Talenten und die Bildung von Gemeinschaften mit gemeinsamen Ansichten über die Zukunft der Technologieentwicklung abzielt, die unserer Meinung nach auf Open-Source- und kollaborativen Paradigmen beruhen wird.

Dieser alternative Ansatz wird auch in Abschn. 3.4 dargestellt. In Abschn. 3.4 wird eine Lehr-Lern-Erfahrung vorgestellt, bei der PBL und Service-Learning in Verbindung mit der Innovation von medizinischen Geräten und Open-Source- und kollaborativen Ansätzen für globale Gesundheitsfragen kombiniert werden.

(c) *Onlineinfrastrukturen für den Abgleich von Nachfragen und Angeboten im OSMD-Bereich*

Eine weitere Möglichkeit zur Ermittlung der technologischen Nachfrage im Zusammenhang mit medizinischem Bedarfs, die jederzeit interessante Ideen für die Entwicklung liefern kann, besteht in der Nutzung von Onlineinfrastrukturen für Forschung und Innovation. Ein Vorteil dieses Verfahrens besteht darin, dass Lösungen für bestimmte Patienten und ihre Familien realisiert werden können, wodurch personalisierte Ansätze für die Entwicklung medizinischer Geräte und für die medizinische Praxis gefördert werden. Allerdings ist dieser Ansatz möglicherweise nicht der effizienteste oder derjenige, der bei begrenzten Ressourcen optimale gesellschaftliche Auswirkungen hat. In jedem Fall kann die gemeinsame Nutzung personalisierter Lösungen in Form von Open-Source-Projekten mit öffentlichen Entwürfen, die auf der Grundlage parametrischer Designressourcen erstellt wurden, dazu beitragen, ihre weitere Verwendbarkeit zu fördern, nachdem das Design an die Anforderungen von Patienten oder Benutzern mit ähnlichen Bedarfen angepasst wurde. Um ein Beispiel zu nennen: Die Enabling the Future Community (http://enablingthefuture.org/), die sich auf die Open-Source-Entwicklung von Handprothesen konzentriert, bietet einige technologische Lösungen (Handprothesen-Kits) zu sehr günstigen Preisen und mit Optionen zur Personalisierung von Design, Größe und Farbe an, um die Benutzererfahrung zu verbessern und die endgültigen Geräte ästhetischer oder ergonomischer zu gestalten, je nach den Vorlieben der Anwender. Diese alternative Option wird zusätzlich in Abschn. 3.5 dargestellt.

In Abschn. 3.5 werden die Ergebnisse der Bedarfsermittlung und die entsprechenden OSMD vorgestellt, die über die e-Infrastruktur der UBORA vorgeschlagen und entwickelt wurden.

3.3 Anwendungsfall: Bewertung klinischer und medizinischer Ausrüstungsprobleme in ugandischen Krankenhäusern, um bedarfsorientierte Open-Source-Projekte für medizinische Geräte zu starten

3.3.1 Bedarfsbeurteilung

Im Rahmen des UBORA-Projekts wurde in 5 regionalen Referenzkrankenhäusern und 3 Gesundheitszentren Level IV in Nord-, West- und Ostuganda eine Bewertung durchgeführt, um die erste Implementierung der UBORA e-Infrastruktur zu unterstützen und Beispiele für OSMD zu liefern, die nach systematischen Bedarfsermittlungsverfahren entwickelt wurden. Das ugandische Gesundheitssystem arbeitet auf Überweisungsbasis, beginnend mit der untersten Ebene, den Dorfgesundheitsteams, die für gemeindebasierte präventive und fördernde Dienste zuständig sind, und dem Gesundheitszentrum II, das präventive, fördernde und ambulante kurative Gesundheitsdienste sowie aufsuchende Pflege anbietet. Gesundheitszentrum III umfasst Entbindungs-, stationäre und Labordienste, und Gesundheitszentrum IV umfasst darüber hinaus Notfallchirurgie und Bluttransfusionsdienste (s. WHO-Dokument; (World Health Organization, Primary healthcare systems, case study from Uganda, 2017). Von einem Gesundheitszentrum IV aus werden die meisten Fälle an allgemeine Krankenhäuser, regionale Überweisungskrankenhäuser und das höchste und letzte nationale Überweisungskrankenhaus überwiesen.

Ziel der Studie war es, relevante klinische Bedarfe und dringende Herausforderungen mit der vorhandenen medizinischen Ausrüstung zu untersuchen und zu priorisieren. Die im Rahmen der Studie gesammelten Daten dienen als Grundlage für die e-Infrastruktur von UBORA zur Entwicklung von OSMD, insbesondere für Afrika südlich der Sahara und andere Länder mit niedrigem und mittlerem Einkommen. Es ist jedoch wichtig hervorzuheben, dass dieselbe Strategie, die im Rahmen dieser Fallstudie angewandt und validiert wurde, für jedes Projekt zur Entwicklung von Medizinprodukten, bei dem die Bedürfnisse der Patienten und des medizinischen Personals als Ausgangspunkt gelten, erfolgreich umgesetzt werden kann.

Die Studie wurde im März 2017 mit Schwerpunkt auf Pädiatrie, Geburtshilfe und Gynäkologie, Intensivstationen, Notaufnahme, Chirurgie und Laborabteilungen durchgeführt, und zwar in erster Linie in persönlichen Gesprächen mithilfe eines Fragebogens. Der Fragebogen wurde entwickelt, um die aktuellen klinischen Bedarfe angemessen zu erfassen und die Herausforderungen zu kommunizieren, mit denen Kliniker bei der Verwendung von medizinischen Geräten und Ausrüstungen konfrontiert sind.

Zusätzlich zum klinischen Status der Gesundheitseinrichtungen wurden Informationen von Biomedizintechnikern gesammelt, um die häufigsten Gründe für den Ausfall medizinischer Geräte und die Hürden bei deren Wartung und Reparatur zu verstehen. Eine ethische Prüfung war bei dieser Studie nicht erforderlich, da auf bereits öffentlich zugängliche Informationen zurückgegriffen werden konnte und diese gesammelt wurden. Es nahmen keine „Probanden" an der Studie teil, es wurden keine menschlichen Daten oder Materialien gesammelt und es wurden keine Eingriffe vorgenommen. Alle befragten Personen erklärten sich nach vorheriger Absprache im Rahmen ihrer beruflichen Verpflichtungen gegenüber den Krankenhäusern bereit, an dieser Studie teilzunehmen. Insgesamt wurden 27 Kliniker befragt, darunter 5 Ärzte, 3 medizinische Fachangestellte und 19 Krankenschwestern. Mindestens 4 biomedizinische Techniker wurden ebenfalls befragt (Abb. 3.1).

Die Ergebnisse der 8 untersuchten Gesundheitseinrichtungen deuten darauf hin, dass die Patienten auf Kinder- und Mütterstationen im Vergleich zu anderen Abteilungen wie der Chirurgie und der allgemeinen Ambulanz eine höhere Krankheitslast bzw. einen schwerer beeinträchtigten klinischen Zustand aufweisen. Abb. 3.2

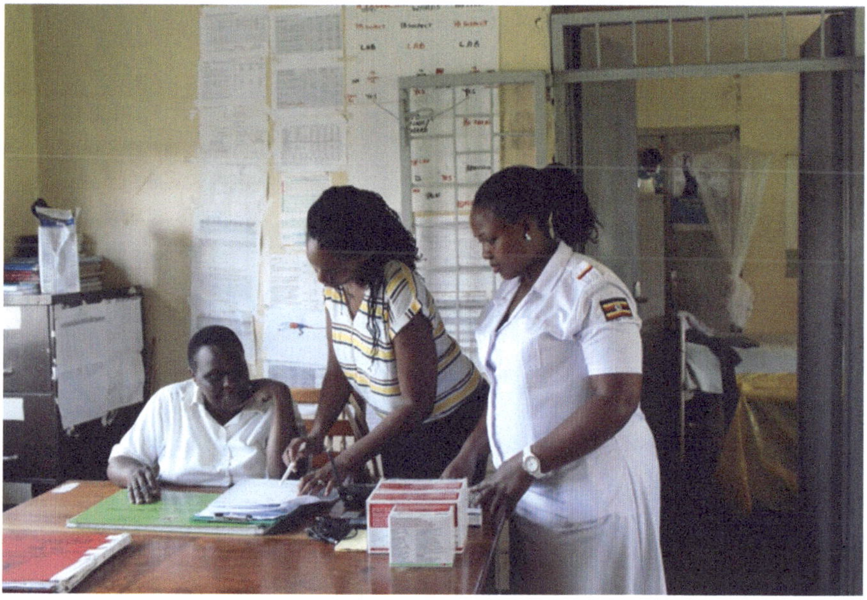

Abb. 3.1 Studie zur Bedarfsermittlung in der Tuberkulosestation des Fort Portal Regional Referal Hospital (RRH), (Fort Portal, Uganda)

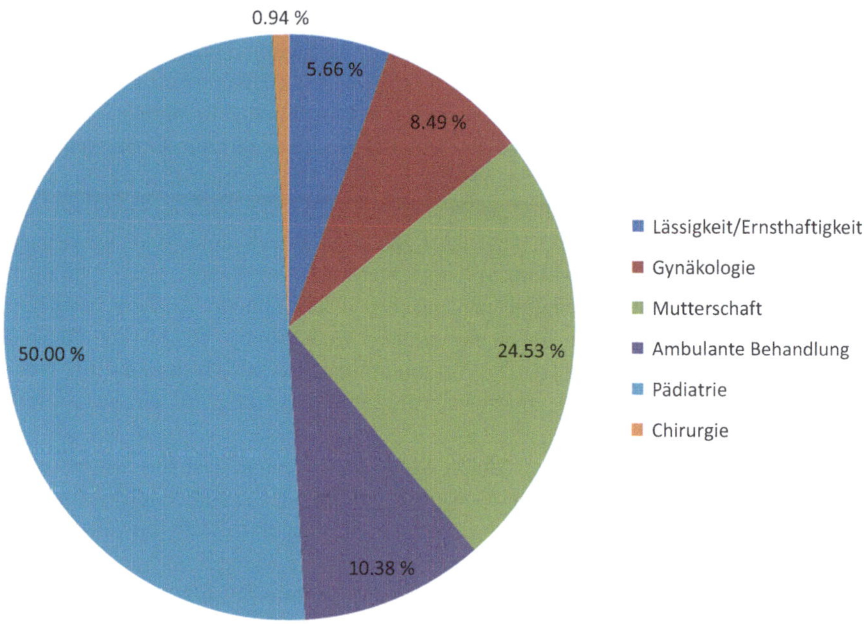

Abb. 3.2 Größte Krankheitslast/klinischer Zustand nach befragten Abteilungen/Stationen in 8 Gesundheitseinrichtungen

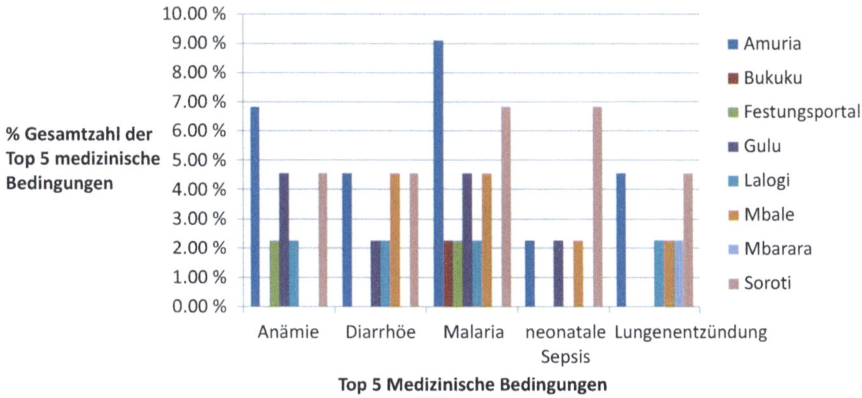

Abb. 3.3 Die 5 häufigsten pädiatrischen Krankheitsbilder nach Gesundheitseinrichtungen in Uganda. Die Ergebnisse der Erhebungen in verschiedenen ugandischen Krankenhäusern werden vorgestellt

zeigt eine Auflistung des unterschiedlichen klinischen Zustands nach Abteilung/Station, wobei die pädiatrischen und mütterlichen Abteilungen eine höhere Krankheitslast/einen schwerer beeinträchtigen klinische Zustand melden.

Zu den häufigen klinischen Erkrankungen in der Kinderheilkunde gehörten Komplikationen bei der Geburt wie Asphyxie, Malaria, Lungenentzündung, Anämie (meist durch Malaria ausgelöst), neonatale Sepsis und Diarrhö. Sichelzellenanämie war eine Erkrankung, die vorwiegend im östlichen Teil Ugandas auftrat, basierend auf Daten, die von Mbale Regional Referal Hospital und Amuria Gesundheitszentrum IV gesammelt wurden. Abb. 3.3 zeigt Statistiken nach Gesundheitseinrichtungen für die Prävalenz der 5 wichtigsten klinischen Erkrankungen bei Kindern. Die Versorgung von Frühgeborenen, Kindern mit niedrigem Geburtsgewicht und unterernährten Säuglingen mit Wärme ist eine Herausforderung, da sie in der Regel auf die Wärme ihrer Mütter angewiesen sind, die oft nicht ausreicht. Die Verfügbarkeit von Wasser ist knapp, was häufig zu vermehrten Krankenhausinfektionen führt. Neugeborenen und Kindern, die an Unterernährung leiden, werden je nach Gewicht intravenöse Medikamente verschrieben. Die manuelle Verabreichung von intravenösen Medikamenten ist fehleranfällig, was häufig zu Morbidität und Mortalität bei Säuglingen führt. Die Verabreichung von Medikamenten für Neugeborene und Kinder, die an Unterernährung leiden, ist eng mit ihrem Gewicht verbunden.

In den neonatologischen Abteilungen wurde festgehalten, dass die Kinder unter Umständen mehrere Wochen lang Sauerstoff benötigen, die Sauerstoffversorgung jedoch in der Regel unzureichend ist und keine Sauerstoffkonzentratoren zur Verfügung stehen. Die häufigste Todesursache war der Mangel an Sauerstoff und Blutprodukten für Transfusionen bei Kindern mit Anämie. Im Fort Portal Regional Referal Hospital (Westuganda) beispielsweise liegt die Anämieprävalenz bei Kindern bei über 85 %, wobei die meisten von ihnen Bluttransfusionen benötigen.

Leider sind Blutprodukte in der Regel Mangelware, sodass es in der Kinderstation im Durchschnitt 4 Todesfälle pro Tag gibt.

Zu den häufigsten klinischen Problemen im Bereich der Müttergesundheit gehören postpartale Blutungen (PPH), Komplikationen nach einem Schwangerschaftsabbruch, Präeklampsie, schwere Anämie, Gebärmutterrisse und Malaria während der Schwangerschaft, die zu vorzeitigen Wehen oder Fehlgeburten führt. Zusätzlich zu den klinischen Herausforderungen waren die Kliniker mit einem durchschnittlichen Verhältnis von Ärzten zu Patienten von 1:45 bis 1:60 auf täglicher Basis in allen Gesundheitseinrichtungen stark überlastet.

In allen 8 im Rahmen der Studie untersuchten Gesundheitseinrichtungen fehlte es an medizinischer Grundausstattung. In den untersuchten Gesundheitseinrichtungen im Norden, Osten und Westen Ugandas waren die Krankenhauswerkstätten mit einem Verhältnis von 2–3 biomedizinischen Technikern für bis zu 17 Gesundheitsabteilungen stark unterbesetzt. Gespendete Geräte waren besonders problematisch, da eine Betreuung durch den nicht vom Hersteller gegeben war, die Geräte nicht kalibriert waren und Ersatzteile und Verbrauchsmaterialien nur sehr schwer zu beschaffen waren.

Darüber hinaus wurden die Endnutzer nicht in der Verwendung der Geräte geschult. Die Krankenhauswerkstatt im Fort Portal RRH hatte Unterstützung von der japanischen Agentur für internationale Zusammenarbeit (JICA) erhalten, die biomedizinische Techniker ausbildete und das 5S-CQI-TQM-Qualitätsmanagementsystem einführte, was die Effizienz der Werkstatt trotz des erheblichen Personalmangels erheblich verbesserte. Die Werkstatt „Medizinische Ausrüstung" im Mbarara Regional Referal Hospital schien über das am besten strukturierte System für korrektive und präventive Wartung zu verfügen. Dort wurde die vorbeugende Instandhaltung alle 3 Monate durchgeführt, die korrektive Instandhaltung so oft, wie eben Ausfälle auftraten, und die Benutzerschulung wurde für jeden Zyklus neuer Praktikanten durchgeführt, normalerweise alle 3 Monate.

Abb. 3.4 zeigt, dass die größten Herausforderungen bei der Ausrüstung der allgemeine Mangel an geeigneten Geräten, Personalmangel, Beschaffungsengpässe und defekte Geräte sind. Die kritischsten medizinischen Geräte in den pädiatrischen Abteilungen waren Sauerstoffkonzentratoren, Pulsoxymeter für die Pneumoniediagnostik, Säuglingswärmer, Phototherapiegeräte, CPAP-Beatmungsgeräte (CPAP = „continuous positive airway pressure"), Thermometer und Spritzenpumpen.

Sauerstoffkonzentratoren waren sowohl für die pädiatrischen als auch für die Mütterabteilungen von entscheidender Bedeutung. Die meisten Krankenhäuser verwenden nachfüllbare Sauerstoffflaschen und geben den Sauerstoff dann an die Patienten ab. Es scheint ein kritischer Bedarf an einem sorgfältig regulierten Sauerstoffzufuhrsystem zu bestehen, das mehrere Patienten gleichzeitig versorgen kann. In den Entbindungsabteilungen gab es nur wenige Geburtshilfeinstrumente und eine begrenzte Anzahl von Autoklaven und Absauggeräten, um eine Lungenaspiration bei werdenden Müttern zu beheben, die durch eine Reihe von Faktoren wie eine verzögerte Magenentleerung verursacht wird. Außerdem bestand ein Bedarf an zusätzlichen Vakuumextraktoren für die Geburtshilfe.

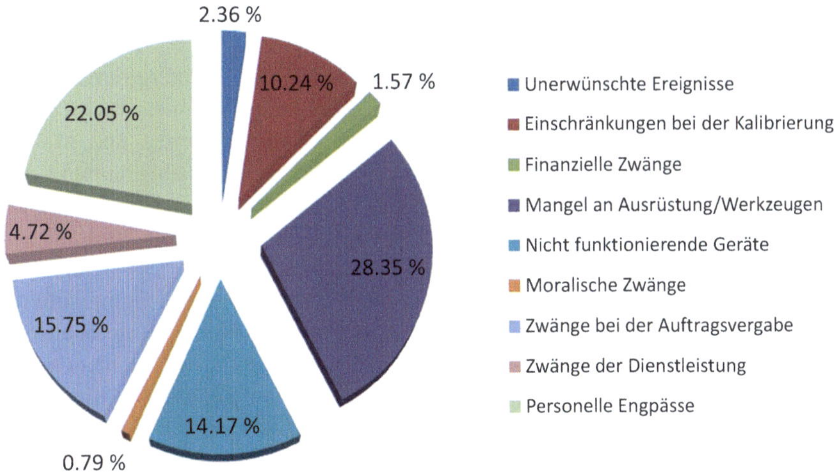

Abb. 3.4 Probleme mit der medizinischen Ausrüstung aller befragten Gesundheitseinrichtungen

Medizinische Bildgebung war für die meisten regionalen Referenzkrankenhäuser unzugänglich. Im Fort Portal Regional Referal Hospital fehlte ein Röntgengerät für Kinder, und im Gulu Regional Referal Hospital (Norduganda) gab es nur 2 Bildgebungszentren, die Röntgen- und Ultraschalluntersuchungen anboten, die darüber hinaus für durchschnittliche Patienten unerschwinglich waren. Im gesamten Distrikt Gulu gibt es keinen Computertomografen (CT), was bedeutet, dass die Patienten über 300 km nach Kampala fahren müssten, um diesen Service in Anspruch zu nehmen.

Darüber hinaus hat das Fehlen einer angemessenen und wirksamen Methode zur Infektionsbekämpfung zu Fehlfunktionen und Korrosion der Geräte beigetragen, was ein Risiko für die Patientensicherheit darstellt. Derzeit werden Bleichmittel zur Reinigung der Stationen und einiger medizinischer Instrumente verwendet, aber die Konzentration wird nicht sorgfältig überwacht, sodass es häufig zu schwerer Korrosion kommt.

Die Ergebnisse des methodischen Bedarfsermittlungsprozesses zeichneten ein klares Bild der klinischen und medizintechnischen Lücken in den staatlichen Gesundheitseinrichtungen Ugandas. Diese Statistiken lieferten nützliche Informationen für die Konzeption geeigneter bedarfsorientierter OSMD und den Start solcher Projekte mit Unterstützung des vereinheitlichten Entwicklungsprozesses der UBORA e-Infrastruktur. Was das Personal anbelangt, so war die Arbeitsbelastung für die Kliniker gravierend, wie das extrem hohe Verhältnis zwischen Patienten und Ärzten in allen 8 Gesundheitseinrichtungen zeigt. Neben den Ärzten litten auch die biomedizinischen Techniker unter einer ähnlichen Arbeitsbelastung, da es nur wenige von ihnen gab und sie medizinische Geräte in zahlreichen Bezirken reparieren und warten mussten. Abb. 3.5 und 3.6 veranschaulichen einige häufig festgestellte Probleme.

Abb. 3.5 Unbenutzte medizinische Ausrüstung in der Werkstatt des Regional Referal Hospital in Gulu

Abb. 3.6 Unzureichende Entsorgung stillgelegter Autoklaven im Gulu RRH

3.3.2 Anwendung auf ein Open-Source-Medizinprodukt: Tragbarer Neugeborenenwärmer

Auf der Grundlage der bei der Bedarfsermittlung gesammelten Informationen wurde ein tragbarer Neugeborenenwärmer („portable neonate warmer"; PNW) entwickelt, der auf die durch Unterkühlung bedingte Sterblichkeit in ländlichen Gemeinden mit niedrigem Einkommen und auf die zeitliche Latenz beim Aufsuchen medizinischer Versorgung in einer Gesundheitseinrichtung reagiert. Der PNW (Abb. 3.7 und 3.8) wurde entwickelt, um eine angemessene Wärmetherapie und Temperaturüberwachung für Neugeborene mit Unterkühlung während des Transports zu einer Gesundheitseinrichtung und während des Wartens auf medizinische Versorgung bei der Ankunft zu gewährleisten.

Der Mangel an Wärmeschutz ist immer noch ein großes Hemmnis für das Überleben von Neugeborenen in Entwicklungsländern. Obwohl Unterkühlung nur selten eine direkte Todesursache ist, trägt sie weltweit zu einem beträchtlichen Teil der Neugeborenensterblichkeit bei, meist als Begleiterscheinung von schweren Neugeboreneninfektionen, Frühgeburten und Asphyxie. Der tragbare Neugeborenenwärmer besteht aus vier verschiedenen Modulen: 1. Temperaturüberwachungs-

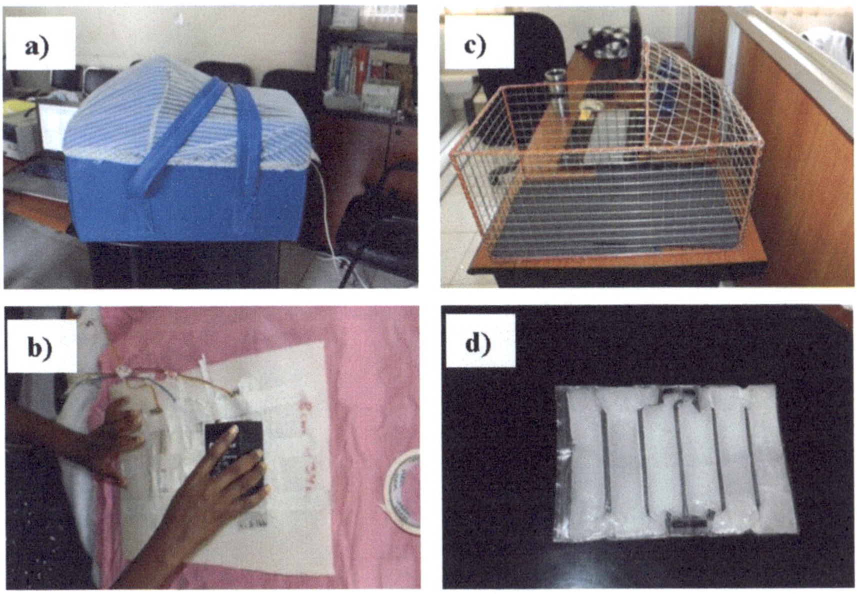

Abb. 3.7 Prototyp eines tragbaren Neugeborenenwärmers: (**a**) Gepolsterte Transporttrage für den Neugeborenenwärmer. (**b**) Drahtgitterrahmen der Transporttrage für den Neugeborenenwärmer. (**c**) Prüfung der Temperatursensoren bei der Simulation des Gewichts des Babys. (**d**) Natriumacetat-Heizkissen im festen Zustand vor Aktivierung

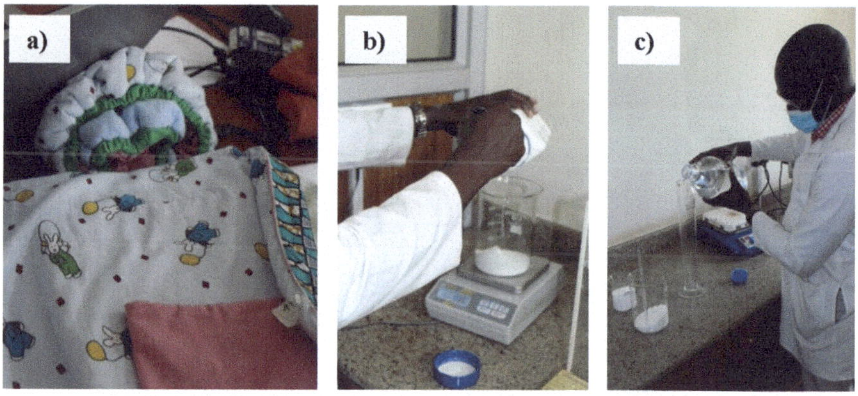

Abb. 3.8 Herstellung des tragbaren Neugeborenenwärmers: (**a**) Schlafsack mit verstellbarer Kapuze. (**b**) Messung von Natriumacetat für das Heizkissen. (**c**) Herstellung einer gekühlten Lösung von wasserfreiem Natriumacetat für das Heizkissen

einheit, 2. Schlafsack, 3. Transportträger und 4. Heizkissen. Der Schlafsack besteht aus biokompatiblen, wärmeabsorbierenden und widerstandsfähigen Materialien, darunter Polyester, Baumwolle und Polyethylenterephthalat. Der Schlafsack wurde so entworfen und genäht, dass er eine verstellbare Kapuze hat, um den Kopf des Neugeborenen oder Säuglings zu bedecken, sowie einen Schlitz an der Unterseite, in den das Heizkissen eingelegt werden kann, wie in Abb. 3.7a, b gezeigt. Die Natriumacetatkristalle werden gewogen und zur Herstellung einer unterkühlten Lösung von wasserfreiem Natriumacetat (C_2H_3 NaO_2) im Labor verwendet, wie in Abb. 3.7 (Bilder c und d) dargestellt.

Das Natriumacetat ist in einer Nylonhülle eingeschlossen, die so unterteilt ist, dass eine gleichmäßige Verteilung des Natriumacetats im Phasenwechselmaterial (PCM) gewährleistet ist (s. Abb. 3.3a). Ein Federaktivator aus rostfreiem Stahl mit einem 3D-gedruckten Gehäuse befindet sich in dem in das Natriumacetat eingebetteten Kissen. Das zylindrische Gehäuse wurde mit der Fused-Deposition-Modeling-Technologie (FDM-Technologie) unter Verwendung eines Polylactic-Acid-Filaments (PLA-Filaments) 3D-gedruckt, wie in Abb. 3.3b dargestellt. Jedes Heizkissen wurde auf gegenüberliegenden Seiten mit Aktivatoren ausgestattet, um einen effizienten Aktivierungsprozess zu ermöglichen (Abb. 3.9).

Das beschriebene Neugeborenenwärmer-Projekt kann in der e-Infrastruktur von UBORA (https://platform.ubora-biomedical.org/) eingesehen werden und ist offen für den Austausch mit Kollegen, Entwicklern von Medizintechnik, medizinischen Fachkräften, Verbänden, Patienten, Familien und sogar Sponsoren. Bitte besuchen Sie die folgende Website für weitere Informationen: https://platform.ubora-biomedical.org/projects/753b19aa-266f-4e63-bc8b-9488d220a36f.

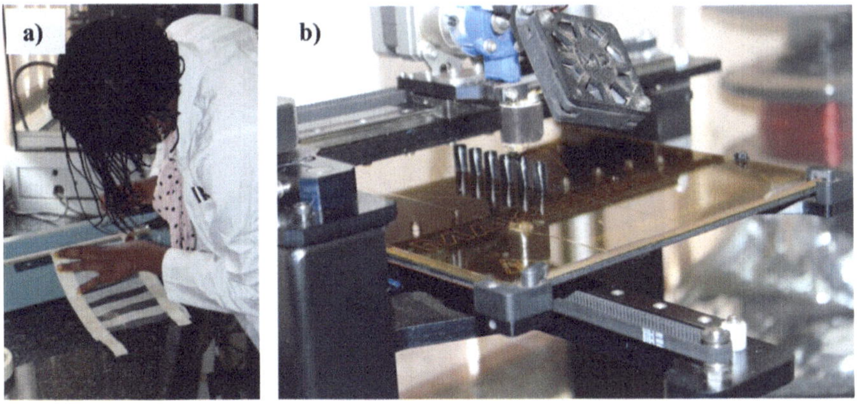

Abb. 3.9 Herstellung des tragbaren Neugeborenenwärmers: (**a**) Aufteilung des Heizkissens. (**b**) 3D-Druck des zylindrischen Gehäuses

3.4 Anwendungsfall: Projektbasierte Service-Learning-Erfahrung in Verbindung mit der Entwicklung von Open-Source-Medizinprodukten zur Lösung realer medizinischer Bedarfe

Bottom-up-Strategien für offene Innovation können auch von der Herstellung von Verbindungen zwischen Hochschulen, Industrie und Akteuren im Gesundheitswesen profitieren. Um dies zu veranschaulichen, wird ein weiterer Anwendungsfall im Zusammenhang mit projektbasierten Service-Learning-Aktivitäten vorgestellt:

Mehrere Kurse an der Universidad Politécnica de Madrid (UPM) – d. h. „Entwicklung von Medizinprodukten" im BSc in Biomedical Engineering, „Bioengineering" im MSc in Mechanical Engineering, „Bioengineering Design" im MSc in Industrial Engineering und „MedTech" im MSc in Organizational Engineering – befassen sich mit der Entwicklung von Medizintechnologie und führen die Studierenden durch den gesamten Lebenszyklus der Innovation von Medizinprodukten, wobei sie dem CDIO-Modell „conceive – design – implement – operate" folgen, wie kürzlich veröffentlicht wurde (Díaz Lantada et al., 2018). In den letzten Jahren haben diese Kurse etwa 1000 Studenten besucht, die an der Entwicklung von mehr als 250 Medizinproduktkonzepten beteiligt waren, von denen mehr als 100 ein Validierungsstadium in Form von funktionalen Prototypen erreicht haben, die mit Unterstützung des Produktentwicklungslabors der UPM hergestellt wurden.

Seit 2017 wurde dieses Modell, das industrielle Innovation mit Bildung verbindet, angepasst, um sich auf OSMD und kollaborative Designmethoden in Biomedical Engeneering (BME) zu konzentrieren, und die Interaktionen der Studierenden wurden über die UBORA e-Infrastruktur artikuliert. Diese einzigartige Onlineplattform hat auch dazu beigetragen, einen harmonisierten Ansatz für medizintechnische Innovationen zu fördern, Studenten durch die Klassifizierung von Medizinprodukten und die Anwendung von Normen zu führen und die erzielten Lösungen als Open-Source-Projekte mit herunterladbaren Dateien und Entwürfen zu teilen.

Außerdem wurde ein hybrides PBL- und Service-Learning-Modell gefördert, das die Studierenden zu Innovationen motiviert, indem es sich auf medizinische Bedürfnisse konzentriert, die durch Interaktionen mit relevanten Interessengruppen ausgewählt wurden. Obwohl die Studierenden in diesen Kursen selbst über die Bedürfnisse und die zu entwickelnden medizinischen Geräte entscheiden können, wurde die Bedeutung der Zusammenarbeit mit Patienten und medizinischem Fachpersonal in jedem medizintechnischen Projekt hervorgehoben, und es wurden zusätzliche Anstrengungen unternommen, um den Studierenden einen realistischeren Kontext zu bieten. Zu diesem Zweck wurde in der Phase der Bedarfsermittlung, in der die Themen für die von den Studententeams zu entwickelnden medizintechnischen Projekte ausgewählt werden, der Kontakt zu verschiedenen Patientenverbänden und klinischen Bereichen gefördert.

Darüber hinaus wurde die Verbindung zu offenen Innovationsansätzen in der Medizintechnik unterstützt, indem den Studierenden vorgeschlagen wurde, der UBORA-Community beizutreten, die UBORA e-Infrastruktur als Open-Source-Tool für die geführte Entwicklung von Medizintechnik zu nutzen und an den UBORA-Designwettbewerben teilzunehmen (Ahluwalia et al., 2018b). Des Weiterein wurde dank der Proaktivität und Motivation der Studierenden die Beteiligung eines Teams von klinisch tätigen Ärzten, die sich auf Organtransplantationen konzentrieren, von Allgemeinchirurgen und Geburtshelfern sowie von einigen Verbänden, die sich mit Behinderungen befassen, erreicht. Ein Seminar mit Teilnehmern aus Innovationsabteilungen von Krankenhäusern, mit Chirurgen als Anwendern fortschrittlicher medizinischer Geräte, mit Unternehmern aus dem Bereich der Medizintechnik und mit Sachverständigen von notifizierten Stellen hat die Studierenden für den komplexen Kontext der Medizinbranche sensibilisiert.

All dies hat zu einer sorgfältigeren Auswahl der medizinischen Bedarfe und zu dem daraus resultierenden Vorschlag sehr relevanter und innovativer medizinischer Technologien geführt, die während dieser Kurse entwickelt werden sollen. Die potenzielle Wirkung dieser Technologien wird erhöht, nicht nur, weil sie realistischere Bedarfe ansprechen, sondern auch, weil die beteiligten Patienten und Berufsverbände grundlegende Glieder der Kette für einen eventuellen Technologietransfer darstellen können, der über den zeitlichen Rahmen dieser Kurse hinausgehen und den Studenten somit auch einen Weg für ihre berufliche Entwicklung bietet.

Um die Auswirkungen und die Nachhaltigkeit über die Kurse hinaus zu fördern, tauschen die Studierenden ihre Entwicklungen über die UBORA e-Infrastruktur aus, die auch die Designer in ihrem Entscheidungsprozess für sicherere und EU-konforme Medizinprodukte unterstützt. Schließlich erwägen einige Teams die Gründung von Spin-offs, und alle Studierenden nehmen jährlich an den Actúa-UPM-Ideenwettbewerben für Technologieunternehmen und an den UBORA-Designwettbewerben teil.

Die kontinuierliche Weiterentwicklung der PBL-Erfahrungen hält sie lebendig und ist direkt mit den Qualitätsverbesserungszyklen verbunden. Als Ergebnis dieser kontinuierlichen Aktualisierung der PBL-Erfahrungen im Biomedical Engeneering haben sich die Motivation der Studierenden und die Lernergebnisse in den letzten Jahren deutlich verbessert, und die entwickelten medizinischen Geräte sind nun umfassender, professioneller, regelkonform und auf reale Bedürfnisse ausgerichtet. Als Beispiel für Innovation durch Bildung in den oben erwähnten Kursen wird das UBORA-Gerät „Lazarus Biotech Standing Frame“ in Bildern vorgestellt: Das Gerät ist eine Stehhilfe für Kinder mit Mobilitätsproblemen, die in Zusammenarbeit mit der Stiftung ASPADIR (Asociación de Padres y Amigos de Personas Discapacitadas) von einem Studententeam der Universidad Politécnica de Madrid unter der Leitung von Ing. Adrián Martínez (UBORA-Mentor) entwickelt wurde. Die Stiftung arbeitet mit Kindern mit körperlichen und sensorischen Behinderungen, und das entwickelte Gerät (s. Abb. 3.10) war Finalist des internationalen ABEC-UBORA-Designwettbewerbs 2019.

Normalerweise erweist sich ein ganzes akademisches Jahr mit einem Semester für die Bedarfsermittlung, die Produktplanung und das konzeptionelle Design und einem weiteren Semester für Design, Prototyping und Testen als sehr angemessen und äußerst prägend für diese Art von Erfahrungen. Es gibt jedoch auch Beispiele von einsemestrigen Kursen und sogar einwöchigen Schnellkursen oder Hackathons, die mit bemerkenswertem Erfolg OSMDs gewidmet sind (Ahluwalia et al., 2018b).

Der beschriebene Ansatz ist äußerst wirkungsvoll für die Umgestaltung des Bildungswesens und damit auch der biomedizinischen Industrie, da er mit dem Aufbau von Kapazitäten verbunden ist und mehrere Studierende am Ende den Wunsch haben, ihre medizinischen Geräte industriell weiterzuentwickeln. Die Einbeziehung von Fachkräften des Gesundheitswesens und Patientenverbänden in diese prägenden Erfahrungen ist einer der Schlüssel zum Erfolg bei der Lösung globaler Gesundheitsprobleme durch offene Innovation und durch moderne Ingenieurausbildung.

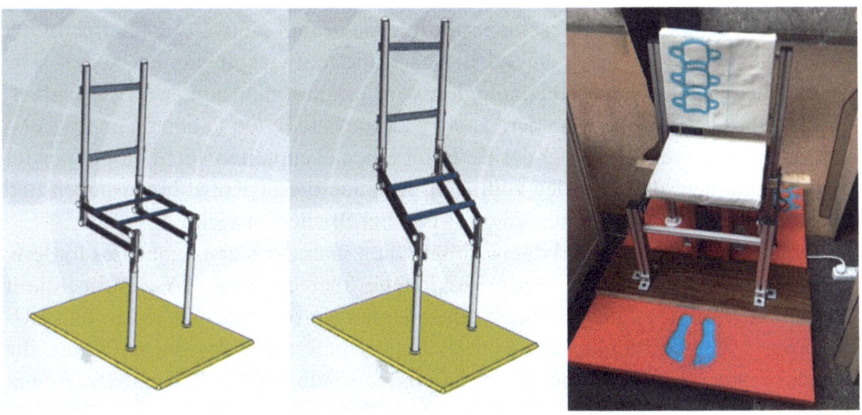

Abb. 3.10 UBORA-Gerät „Lazarus Biotech Standing Frame“, Entwurf und Prototyp. Danksagung an Ing. Adrián Martínez und Team

3.5 Anwendungsfall: Bedarfsermittlung online über die UBORA e-Infrastruktur

Die elektronische UBORA-Infrastruktur ist ein bemerkenswertes Beispiel für eine offene Innovationsplattform im biomedizinischen Bereich, die auch die Ermittlung relevanter Bedürfnisse für OSMD-Projekte unterstützt. Die Plattform zielt darauf ab, biotechnologische Lösungen in Verbindung mit spezifischen klinischen Bedürfnissen zu ermitteln, die einen angemessenen Ansatz für die Bereitstellung erschwinglicher Technologien für ressourcenarme und abgelegene Gebiete, für die Entwicklung innovativer Lösungen für seltene Krankheiten und für die Unterstützung einer stärker personalisierten medizinischen Praxis aus technologischer Sicht unterstützen können. Die UBORA-Gemeinschaft ist der Ansicht, dass gute biotechnologische Lösungen den Bedürfnissen der realen Welt entsprechen sollten: Sie sollten dem Patienten zugute kommen, technisch machbar und nachhaltig sein und die lokale Gemeinschaft stärken.

Um die von Patienten und Angehörigen der Gesundheitsfachberufe geäußerten Bedürfnisse zu ermitteln, verfügt UBORA über einen für alle Beteiligten zugänglichen Bereich zur Bedarfsermittlung, der viel Platz für Erklärungen bietet und auch den anschließenden Entwicklungsprozess und die Organisation innerhalb der e-Infrastruktur durch eine Reihe von Schlüsselwörtern und Identifizierungsressourcen vorbereitet (klinischer Bedarfstyp, Fachgebiet und Technologietyp werden aus verschiedensten fachspezifischen Listen ausgewählt). Diese Schlüsselwörter und Interessensgebiete sind sehr nützlich, um Bedürfnisse, Projekte, Entwickler und Mentoren zusammenzubringen und analoge Lösungen durch die e-Infrastruktur zu finden.

Es ist wichtig anzumerken, dass die Schlüsselwörter nach den FAIR-Prinzipien („findable, accessible, interoperable, reusable"; auffindbar, zugänglich, interoperabel, wiederverwendbar) für Daten (Wilkinson et al., 2016) ausgewählt wurden, die bei der Implementierung der UBORA e-Infrastruktur zugrunde gelegt wurden, um die Auffindbarkeit von Lösungen zu fördern. Tab. 3.1 enthält beispielsweise die vollständige Beschreibung einer Medizintechnik, eines Open-Source-Mehrzweck-Kits für Zellkultursysteme, das für die Lösung verschiedener Probleme in den Bereichen Zellularpathologie und Molekularbiologie eingesetzt werden könnte.

Darüber hinaus werden in Tab. 3.2 einige ausgewählte Beispiele für medizinische Bedarfe vorgestellt, die kürzlich in die e-Infrastruktur von UBORA aufgenommen wurden und darauf warten, dass Entwicklerteams für die Bereitstellung von Lösungen zusammengestellt werden. Diese können auch als Eingangsthemen für projektbasierte Lernaktivitäten in Biomedical Engeneering in Verbindung mit dem OSMD-Paradigma oder als Keimzelle für Forschungs- und Innovationsprojekte dienen, die idealerweise in Zusammenarbeit zwischen multidisziplinären und internationalen Teams durchgeführt werden. Die entwickelten Lösungen, die über UBORA ausgetauscht werden, können auch als Studienfälle für Bildungs- und Ausbildungszwecke dienen.

Tab. 3.1 Beispiel für Informationen, die zur Beschreibung einer technologischen Nachfrage oder eines medizinischen Bedarfs, in diesem Fall im Zusammenhang mit Zellkultursystemen, innerhalb der UBORA e-Infrastruktur bereitgestellt werden

Titel	Open-Source-Mehrzweck-Kit für Zellkultur
Beschreibung	Fortschritte im Tissue-Engineering und in der Biofabrikation beruhen auf innovativen mikrofluidischen Systemen (Labors und Organen auf Chips), die mit Zellen interagieren können und verschiedene Arten von Studien (Interaktionen zwischen Zellen und Materialien, Kommunikation zwischen Zellen, Reaktion auf Medikamente und externe Stimuli usw.) zur Feinabstimmung regenerativer Strategien ermöglichen. Normalerweise sind Zellkultur-Kits, Labs-on-Chips und Organs-on-Chips für das Studium von Zellen und die Nachahmung physiologischer Interaktionen in vitro hoch spezialisiert. Das Zählen mit einem Open-Source-Mehrzweck-Kit für Zellkultursysteme wäre eine interessante Alternative, um mehr Studien zu einem Bruchteil der Endkosten zu ermöglichen, und als Unterstützung für Bildungs- und Ausbildungszwecke
Art des klinischen Bedarfs	Unterstützung der Laborpraxis
Bereich	Zellularpathologie/Molekularbiologie
Technologie	In-vitro-Diagnostikum
Schlüsselwörter	Lab-on-a-chip, Organ-on-a-chip, Gewebezüchtung, Biofabrikation

Tab. 3.2 Ausgewählte Beispiele für medizinische Bedarfe, die vor Kurzem in die UBORA e-Infrastruktur aufgenommen wurden; einige davon warten darauf, dass Entwicklerteams für das Liefern von Lösungen zusammengestellt werden, andere sind bereits als Open-Source-Medizinprodukte über UBORA verfügbar

Erkannter Bedarf	Art des klinischen Bedarfs	Bereich	Technologie
Wundverband, der auf eine Infektion hinweist	Unterstützung der medizinischen Praxis	Klinische Mikrobiologie	Überwachungsgerät
Vorrichtung zur Verabreichung von Medikamenten an Kinder	Nichtchirurgische Therapie/ Verabreichung von Medikamenten	Pädiatrie	Andere Hilfsmittel
Vorrichtung zur Verhinderung eines Schlaganfalls	Überwachung	Kardiologie	Überwachungsgerät
Prothesen aus Verbundwerkstoffen	Rehabilitation	Rehabilitation	Andere Hilfsmittel
Augenlidreiniger	Rehabilitation	Dermatologie	Vorbeugende Maßnahme
Braille-Konverter	Rehabilitation	Rehabilitation/ Ophthalmologie	Andere Hilfsmittel
Mehrzweck-Kit für Zellkulturen	Unterstützung der Laborpraxis	Zelluläre Pathologie	In-vitro-Diagnostikum

(Fortsetzung)

Tab. 3.2 (Fortsetzung)

Erkannter Bedarf	Art des klinischen Bedarfs	Bereich	Technologie
Erschwingliches automatisches Dialysegerät	Unterstützung der medizinischen Praxis	Nephrologie	Andere Hilfsmittel
Navigator zur Unterstützung blinder Menschen	Rehabilitation	Rehabilitation/ Ophthalmologie	Andere Hilfsmittel
Gerät zur schnellen Diagnose von Sepsis	Prävention von Pathologie oder Krankheit	Klinische Immunologie/ Pädiatrie	In-vitro-Diagnostikum
App zur Überwachung der Schwangerschaft	Monitoring	Geburtshilfe und Gynäkologie	Mobilfunkbasierte Technologie
App zur Erkennung und Vorbeugung von Anämie	Fern- oder Selbstdiagnose	Hämatologie	Mobilfunkbasierte Technologie
Pflaster zur Glukoseüberwachung	Monitoring	Öffentliche Gesundheit	Überwachungsgerät

Einige der in Tab. 3.2 vorgeschlagenen Bedarfe werden bereits gelöst, wie z. B. die erschwingliche Braillezeile, dank der gemeinsamen Bemühungen der UBORA-Gemeinschaft, die bereits als öffentliches Projekt in UBORA publiziert ist. Weitere Bedarfe können im Abschnitt zur Bedarfsermittlung der UBORA e-Infrastruktur gefunden werden: https://platform.ubora-biomedical.org/clinical-needs.

3.6 Schlussfolgerungen und zukünftige Trends

Erfolgreiche Medizintechnologien beruhen auf der adäquaten Erkennung ungelöster oder teilweise gelöster gesellschaftlich relevanter medizinischer Herausforderungen oder Bedarfe, wie verschiedene bekannte Methoden für das Engineering von Medizinprodukten in den letzten Jahrzehnten hervorgehoben und im Detail erläutert haben (Kucklick, 2007; Yock et al., 2015). Die präzise Ermittlung der Bedarfe und die klare Spezifizierung der Produktanforderungen bilden die Planungsphase, die für den Erfolg aller in der Entwicklung befindlichen technischen Produkte, Prozesse oder Systeme von grundlegender Bedeutung ist. Im Bereich der Medizintechnik ist die Planungsphase sogar noch kritischer, da bei der Entwicklung von Medizinprodukten aufgrund ihrer Wechselwirkungen mit dem menschlichen Körper und ihrer Arbeitsumgebung ganz besondere Überlegungen anzustellen sind (Davis, 2003).

Auch wenn die traditionelleren technischen Designansätze in unserer sich ständig weiterentwickelnden Gesellschaft und der sich schnell verändernden Welt immer noch gültig sind, lässt sich in mehreren Designbereichen eine Trendwende erkennen, die nun von den kollaborativen Bemühungen der Mitgestalter und von

Bottom-up-Innovationsstrategien profitieren. Der traditionellen unternehmensinternen Innovation mangelt es nämlich im Vergleich zu neueren offenen Innovationsumgebungen an Dynamik, kreativer Kraft und Aufmerksamkeit für die Bedürfnisse der Endnutzer. In der Medizinbranche kann der neu entstehende Bereich der OSMD, der in Zusammenarbeit und gemeinsam mit Kollegen, medizinischen Fachkräften, Patienten und Patientenverbänden sowie Bürgern entwickelt wird, von der Anwendung systematischer, auf Bottom-up-Strategien ausgerichteter Bedarfsermittlungstechniken profitieren.

In diesem Kapitel haben wir versucht, einige Optionen für eine methodische Bedarfsermittlung vorzustellen, um den Einstieg in Open-Source-Projekte für medizinische Geräte zu erleichtern. Wir haben uns darauf konzentriert, solche Techniken anhand ausgewählter Studienfälle zu veranschaulichen, in denen die Möglichkeiten einer engen Zusammenarbeit mit medizinischen Fachkräften, Patienten und Patientenverbänden hervorgehoben wurden. Darüber hinaus wurde die Bedeutung der Überbrückung der Kluft zwischen Wissenschaft, Industrie, medizinischen Fachkräften und Patienten als Schlüssel für die Umwandlung der Medizinprodukteindustrie in ein gerechteres Verteilungsschema erörtert.

Unserer Meinung nach ist die Zukunft der Medizintechnikentwicklung kollaborativ, und die Bedürfnisse sollten nach Bottom-up-Ansätzen und in Interaktion mit den Endnutzern ermittelt werden. Die Medizintechnik sollte nicht nur marktorientiert sein, was wichtig ist, sondern stets auf den Nutzer ausgerichtet sein und auf gesellschaftlich relevante Fragen und neue Probleme im Gesundheitswesen reagieren.

UBORA Euro-African Open
Biomedical Engineering
e-Plattform für Innovation
durch Bildung

Literatur

Ahluwalia, A., De Maria, C., & Díaz Lantada, A. (2018a). The Kahawa Declaration: A manifesto for the democratization of medical technology. *Global Health Innovation, 1*(1), 1–4.

Ahluwalia, A., De Maria, C., Madete, J., Díaz Lantada, A., Makobore, P. N., Ravizza, A., Di Pietro, L., Mridha, M., Munoz-Guijosa, J. M., Chacón Tanarro, E., & Torop, J. (2018b). Biomedical engineering project based learning: Euro-African design school focused on medical devices. *International Journal of Engineering Education, 34*(5), 1709–1722.

Davis, J. R. (2003). *Handbook of materials for medical devices*. ASM International.

Díaz Lantada, A., Ballesteros Sánchez, L. I., Chacón Tanarro, E., Moreno Romero, A., Borge García, R., Peláez, M. A., Ramos, R., & Juan Ruíz, J. (2018). *Coordinated design and implementation of bioengineering design and MedTECH courses by means of CDIO projects linked to medical devices*. 14th International CDIO Conference, Kanazawa.

Enabling the future community. (o.J.). http://enablingthefuture.org/. Zugegriffen im December 2023.

Kucklick, T. R. (2007). *The medical device R&D handbook*. CRC Press.

UBORA platform for open source medical devices. (o.J.). https://platform.ubora-biomedical.org/. Zugegriffen im December 2023.

Wilkinson, M. D., et al. (2016). Comment: The FAIR guiding principles for scientific data management and stewardship. *Scientific Data, 3*(160018), 1–9.

World Health Organization. (2017). Primary healthcare systems, case study from Uganda, 2017.

World Health Organization. (o.J.-a). List of priority and medical devices. https://www.who.int/medical_devices/priority/en/. Zugegriffen im December 2023.

World Health Organization. (o.J.-b). Interagency list of medical devices for essential interventions for reproductive, maternal, newborn and child health. https://www.who.int/medical_devices/publications/interagency_med_dev_list/en/. Zugegriffen im December 2023.

Yock, P. G., et al. (2015). *Biodesign: The process of innovating medical technology* (2. Aufl., S. 1–952). Cambridge University Press.

Kapitel 4
Design von Open-Source-Medizinprodukten zur Verbesserung der Benutzerfreundlichkeit und Minimierung von Risiken

Alice Ravizza, Noemi Stuppia, Federico Sternini, Luis Ignacio Ballesteros Sánchez, Rocío Rodríguez-Rivero, Enrique Chacón Tanarro, Juan Manuel Munoz-Guijosa und Andrés Díaz Lantada

4.1 Einleitung

Der sichere Betrieb ist für jede medizinische Technologie, die biomedizinische Ingenieure und Technologieentwickler im Allgemeinen auf den Markt bringen möchten, von wesentlicher Bedeutung. Ohne eine sichere Anwendung und einen sicheren Betrieb ist die Technologie, mit einfachen Worten, nutzlos oder, noch schlimmer, gefährlich, was sowohl soziale als auch rechtliche Folgen für die Entwickler hat. Ein gesellschaftlicher Wandel kann nicht auf der Grundlage einer Technologie erreicht werden, die nicht für eine sichere Nutzung und einen sicheren Betrieb ausgelegt ist. Daher befassen sich mehrere Methoden, Techniken und internationale Normen mit der Analyse und Bewertung potenzieller Anwendungsfehler und Fehlfunktionen beim Betrieb von Gesundheitstechnologien sowie mit Strategien zur Erkennung und Minimierung der damit verbundenen Risiken.

A. Ravizza (✉) · N. Stuppia
USE-ME-D srl, I3P Politecnico di Torino, Torino, Italy
E-Mail: alice.ravizza@polito.it

F. Sternini
USE-ME-D srl, I3P Politecnico di Torino, Torino, Italy

DET, Politecnico di Torino, Torino, Italy

L. I. Ballesteros Sánchez · R. Rodríguez-Rivero ·
E. Chacón Tanarro · J. M. Munoz-Guijosa · A. Díaz Lantada (✉)
Mechanical Engineering Department, ETSI Industriales, Universidad Politécnica de Madrid, Madrid, Spain
E-Mail: andres.diaz@upm.es

A. Ahluwalia et al. (Hrsg.), *Entwicklung von Open-Source-Medizinprodukten*,
https://doi.org/10.1007/978-3-031-26028-5_4

Open-Source-Medizinprodukte (Open-Source Medical Device; OSMD) werden in der Regel in Zusammenarbeit mit wirklich internationalen und multikulturellen Entwicklungsteams entwickelt und folgen Entwicklungszyklen, in denen die Informationen innerhalb großer Gemeinschaften von „Machern“ ausgetauscht, bearbeitet und aktualisiert werden. Außerdem werden OSMD manchmal über noch unkonventionelle Lieferketten hergestellt und geliefert. So kann z. B. ein online geteiltes Design aus der Cloud heruntergeladen und in einer Reihe kollaborativer, dezentraler Labors – wie *Fablabs* – in der Nähe des Point-of-Care hergestellt werden, damit die Nutzer, vor allem Angehörige der Gesundheitsfachberufe und Patienten, in entlegenen Regionen leichter erreicht werden können. All dies bringt im Vergleich zu herkömmlichen Eigenentwicklungen neue Unsicherheiten und potenzielle Gefahren mit sich, wenn systematische Methoden zur Förderung der Benutzerfreundlichkeit und Minimierung von Risiken nicht angemessen in der Open-Source-Gemeinschaft verbreitet, angewendet und dokumentiert werden. Gleichzeitig sollte die Offenheit der Informationen während des gesamten Entwicklungsprozesses im Idealfall die gegenseitige Überprüfung der Entwürfe und die Erkennung von Fehlern in früheren Stadien fördern, wenn die Entwurfsgrundsätze für OSMD und ihre besonderen Merkmale richtig berücksichtigt werden.

Daher wurde dieses Kapitel mit der Absicht verfasst, die wichtigsten Techniken und Standards zur Förderung der Benutzerfreundlichkeit und Risikominimierung bei biomedizintechnischen Aufgaben im Zusammenhang mit der Entwicklung von Gesundheitstechnologien zusammenzustellen. Darüber hinaus soll eine innovative und unkomplizierte – benutzerfreundliche – Methodik für die Entwicklung eigensicherer medizinischer Technologien vorgestellt werden, die auf international anerkannten Techniken und Standards basiert und direkt auf Open-Source-Medizinprodukte anwendbar ist.

Dank der Veranschaulichung der verschiedenen Methoden, Techniken, Standards und der globalen Strategie anhand von Beispielen und Fallstudien kann das Kapitel auch als Bildungsressource für Kollegen dienen, die in ihren Kursen und Programmen zu Biomedical Engeneering (BME) Aspekte der Benutzerfreundlichkeit, des Risikomanagements und der Sicherheitsförderung einbeziehen möchten, und zwar sowohl im Zusammenhang mit OSMD als auch mit traditionelleren Ansätzen der Medizintechnikentwicklung.

Dieses Kapitel geht auf ein Positionspapier zurück, das von BME Alice Ravizza und Kollegen für die 12th International Joint Conference on Biomedical Engineering Systems and Technologies, BIOSTEC – Biodevices, 2019 mit dem Titel *Techniques for Usability Risk Assessment during Medical Device Design* erstellt wurde (Ravizza et al., 2019). Das Positionspapier stellte nach den Angaben der Konferenz „einen kurzen Bericht über laufende Arbeiten oder eine vertretbare Meinung zu einem Thema dar, in dem Ideen, Fakten, Situationen, Methoden, Verfahren oder Ergebnisse wissenschaftlicher Forschung erörtert werden“. In gewisser Weise wurde die Relevanz der Kombination von Methoden zur Verbesserung der Benutzerfreundlichkeit in Verbindung mit Risikominimierungstechniken erörtert und die wichtigsten Schritte einer möglichen Methodik vorgestellt. Im vorliegenden Kapitel wird die Methodik in ihrer vollständigen Form vorgestellt und mit dem Bereich der quelloffenen Medizinprodukte verknüpft, sodass sie angemessen an die besonderen Merkmale von OSMD angepasst ist, was anhand verschiedener Beispiele und Fallstudien veranschaulicht wird.

Grundlegende Definitionen: Nutzerbedürfnisse und Benutzerfreundlichkeit
Biomedizintechniker beziehen die Bedürfnisse der Nutzer routinemäßig in die Designanforderungen für medizinische Geräte ein. Aber was ist ein Benutzerbedarf? Natürlich nicht nur der klinische Zustand des Patienten. Es ist auch das Bedürfnis, ein Gerät zu erhalten, das den persönlichen Fähigkeiten, seiner Ausbildung und den Möglichkeiten des Nutzers entspricht und das von allen, die mit dem Gerät zu tun haben oder mit ihm interagieren, während dessen gesamten Lebenszyklus sicher verwendet werden kann.

Die internationale Norm IEC 62366 definiert die Gebrauchstauglichkeit als „die Eigenschaften oder Merkmale der Benutzeroberfläche, die die Nutzung und damit die Effektivität, Effizienz und Zufriedenheit der Nutzer in der vorgesehenen Nutzungsumgebung erleichtern" (Internationale Elektrotechnische Kommission [IEC], 2015). Es handelt sich folglich um ein wesentliches Konzept, das im Designprozess eines jeden Medizinprodukts verstanden und systematisch berücksichtigt werden muss, zum Nutzen der medizinischen Fachkräfte, Patienten und aller relevanten Interessengruppen. Grundlegende Designentscheidungen können nicht nur von der Leistung, den Kosten oder den Umweltauswirkungen des Geräts abhängen, sondern auch von den ergonomischen Aspekten und der Anwendererfahrung in Verbindung mit der Benutzerfreundlichkeit, der Sicherheit und der Benutzererfahrung, wie dies in verschiedenen Branchen der Fall ist und wie wir in den folgenden Abschnitten untersuchen und diskutieren werden.

Warum ist Benutzerfreundlichkeit im Biomedical Engeneering wichtig?
Gebrauchstauglichkeitstests sind Teil eines technischen Prozesses, bei dem ein Team von Experten aus dem jeweiligen medizinischen Bereich (Ärzte, Krankenschwestern, medizinisches Fachpersonal), klinische und biomedizinische Ingenieure und Produktdesigner zusammenarbeiten. Die Tests umfassen die Analyse früherer unerwünschter Ereignisse im Zusammenhang mit der Verwendung des Geräts, die Konzeption von Geräten in Übereinstimmung mit den sich wiederholenden und wiederholbaren mentalen Mustern des menschlichen Anwenders, Überlegungen zur Erfahrung und zum technischen Wissen verschiedener Benutzertypen (Laien oder Fachleute) und die Anwendung ergonomischer Grundsätze bei der Konzeption der Geräte.

Inadäquate Handhabung und geringe Intuitivität der Schnittstelle können nicht nur zu Unbehagen und Schmerzen beim Benutzer führen, sondern auch die Ursache für verschiedene Arten von Fehlern sein. Die häufigsten fallen unter anderem in die Kategorien Verletzung des Verfahrens, falsche Interpretation der vom Gerät gelieferten Informationen und falsche Einstellung der Betriebsparameter des Geräts.

Daraus ergibt sich die Notwendigkeit, bei der Entwicklung medizinischer Geräte ein besonderes Augenmerk auf die Bedürfnisse, Erwartungen und das technische

Niveau des Endnutzers zu legen und die physische Schnittstelle im Hinblick auf die spezifischen Eigenschaften des Körpers oder die spezifischen Erwartungen des Nutzers an die Software-Benutzer-Schnittstelle zu personalisieren.

Die klassischen Techniken des Human Factors Engineering bieten wichtige Vorteile bei der Systematisierung des Designs von Medizinprodukten mit Blick auf die Benutzerfreundlichkeit, da sie es ermöglichen, die verschiedenen Benutzertypen zu beschreiben und um sie herum eine personalisierte Schnittstelle aufzubauen. Der gesamte Prozess der Bewertung und Förderung der Benutzerfreundlichkeit ermöglicht es, den Patienten und seine Bedürfnisse in den Mittelpunkt des Designs von Medizinprodukten zu stellen, um die Gesundheitsversorgung zu verbessern.

4.2 Einschlägige Vorschriften und Normen

In der neuen Medizinprodukteverordnung EU 2017/745 (Europäisches Parlament und Rat der Europäischen Union, 2017) kommt der Gebrauchstauglichkeit von Medizinprodukten im Rahmen des Zertifizierungsprozesses eine große Bedeutung zu. So heißt es in der grundlegenden Anforderung 5, der Hersteller soll bei der Beseitigung oder Verringerung von Risiken im Zusammenhang mit Anwendungsfehlern (EU 2017/745):

(a) die Risiken im Zusammenhang mit den ergonomischen Merkmalen des Produkts und der Umgebung, in der das Produkt verwendet werden soll, so weit wie möglich zu verringern (Auslegung für die Patientensicherheit), und
(b) die technischen Kenntnisse, die Erfahrung, die Ausbildung, die Schulung und gegebenenfalls das Nutzungsumfeld sowie die medizinischen und physischen Bedingungen der vorgesehenen Nutzer berücksichtigen (Gestaltung für Laien, Fachleute, Behinderte oder andere Nutzer).

Die Gebrauchstauglichkeit wird auch in anderen führenden Vorschriften als entscheidender Risikofaktor betrachtet. So taucht der Begriff „Gebrauchstauglichkeit" auch in den Richtlinien der FDA auf (US Food and Drug Administration, 2016). Außerdem ist die Bewertung der Gebrauchstauglichkeit mit dem gesamten Design- und Entwicklungsprozess jedes Medizinprodukts (vom Prototyp bis zu den Bewertungen nach der Markteinführung) einschließlich SaMD (d. h. „software as medical devide"; Software als Medizinprodukt) verwoben. Usability-zentriertes Design zielt darauf ab, menschliche Anwendungsfehler zu verhindern, zu beseitigen und/oder zu reduzieren.

Was die einschlägigen Normen betrifft, so beschreibt die ISO (International Organization for Standardization) 13485 das Management von Designaktivitäten durch die Definition von Inputs, die anschließende Definition von Outputs und deren Überprüfung. Das Ergebnis dieses Prozesses ist eine fertige Lösung, die einer Validierung unterzogen werden kann, um den Nachweis zu erbringen, dass sie alle Anforderungen erfüllt.

In diesem Entwurfs- und Entwicklungsprozess wird der Benutzerschnittstelle besondere Aufmerksamkeit gewidmet, die definiert ist als „Mittel, mit dem der Benutzer und das Medizinprodukt interagiert“ (IEC 62366, 2015), was alle Elemente des Produkts, mit denen der Benutzer interagiert, und alle Informationsquellen, die durch das Gerät übertragen werden, umfasst. Aspekte der Schnittstelle, die die Benutzerfreundlichkeit sicherstellen, die Wahrscheinlichkeit menschlicher Fehler verringern und eine effiziente Nutzungserfahrung bieten, sind daher wichtige Inputs für die erste Phase des Designkontrollprozesses. Zu den Anforderungen an die Benutzerfreundlichkeit gehören Mittel zur Sicherstellung der Mensch-Maschine-Kommunikation, eine Liste von Aktionen, die vom Menschen, und andere, die vom System ausgeführt werden sollten, sowie Mittel, die sicherstellen, dass das System mit den Erfahrungen und Erwartungen der realen Welt harmoniert.

Die Eingaben umfassen z. B. die Definition, wie das System zu bedienen und zu transportieren ist: ein Knopf oder ein Audio-Befehl? Ein Griff oder Räder? Darüber hinaus können die Eingaben festlegen, welche Aktionen automatisiert werden sollen: Soll das System verlangen, dass der Benutzer ein Passwort eingibt, um einen Alarm zum Schweigen zu bringen, oder soll das System den Alarm nach einer bestimmten Zeit selbstständig stummschalten? Und schließlich: Wie sollten die Designer versuchen, die Erwartungen der Benutzer in Bezug auf Farbkodierung, Aussehen und Bedeutung der Symbole usw. zu erfüllen? Müssen wir die „Start/Stop“-Taste wirklich individuell gestalten oder sollten wir das international bekannte Symbol verwenden?

In der Welt des kollaborativen Open-Source-Designs ist die Möglichkeit, auf bestehende Projekte zurückzugreifen, daher eine große Bereicherung für die Fähigkeit der Designer, korrekte und effiziente Lösungen für die Bedürfnisse der Nutzer zu finden.

Sobald die Benutzeranforderungen ermittelt und Entwurfsvarianten vorgeschlagen wurden, sollten diese überprüft werden. Die Gebrauchstauglichkeit wird daher zu einer Prüfanforderung für die Sicherheit, zusammen mit den üblichen Standardtests der Industrie, die bei jeder Entwurfsprüfung entsprechend der spezifischen Medizintechnik ausgewählt werden. Die Gebrauchstauglichkeit wird auf der gleichen Ebene der Entwurfsprüfung geprüft wie die Biokompatibilität, die Hämokompatibilität, die elektrische Sicherheit und die Sterilität. Sie ist auch in den Anforderungen an Sicherheit, Wirksamkeit und Qualitätssicherung enthalten, die für die Einhaltung von Vorschriften erforderlich sind.

Darüber hinaus bietet die ISO 14971 für das Risikomanagement auch wichtige Verbindungen zu den Schritten der Gebrauchstauglichkeitsgestaltung. Die wichtigste Anwendung der ISO 14971 auf die Gebrauchstauglichkeit ist die Bereitstellung von Werkzeugen zur Identifizierung und Bewertung potenziell gefährlicher Situationen.

Zu diesem Zweck enthält die Norm in Anhang A von ISO/TR 24971:2020 einige Fragen, die sich speziell auf die Gebrauchstauglichkeit beziehen. Diese Fragen zielen nämlich darauf ab, die Modalitäten zu untersuchen, durch die der vorgesehene Benutzer das Medizinprodukt nutzen und Informationen daraus gewinnen kann. Die Bedeutung der Gebrauchstauglichkeit wird sowohl in direkter Weise erwähnt, indem die Begriffe Gebrauchstauglichkeit und Benutzerfehler genannt werden, als auch in indirekter Weise, indem gefragt wird, ob das Medizinprodukt beispielsweise über ein Menü verfügt oder ob es Informationen anzeigt, die alle Elemente enthalten, die den Benutzer über den Status und die Funktionalität des Produkts informieren. Es folgt eine Beispielantwort auf Frage A.2.31 für ein MRT-Gerät.

Frage	Mögliche Antwort
A.2.31: „Ist die erfolgreiche Anwendung des Medizinprodukts von der Benutzerfreundlichkeit der Benutzerschnittstelle abhängig?"	Der erfolgreiche Einsatz des Medizinprodukts hängt in hohem Maße von menschlichen Faktoren ab, da die Qualität des erzeugten Bildes von der korrekten Positionierung des Patienten in der magnetischen Gantry durch den vorgesehenen Benutzer abhängt.

4.3 Definition, Identifizierung und Bewertung von Fehlern

4.3.1 Was ist ein Benutzerfehler?

Benutzerfehler sind alle Fehler, die der Benutzer bei der Interaktion mit einem Gerät macht, d. h. jede vom Benutzer verursachte Situation, die zu einer vom Hersteller nicht beabsichtigten Nutzung des Geräts führt. Es gibt zwei verschiedene Arten von Fehlern: Nutzungsfehler und anormale Nutzung, wie weiter unten erläutert.

Abnormale Verwendung
Eine anormale Nutzung ist eine „*bewusste, absichtliche Handlung oder das absichtliche Unterlassen einer Handlung, die der normalen Nutzung zuwiderläuft oder gegen diese verstößt und auch über alle weiteren angemessenen Mittel zur Risikokontrolle durch den Hersteller in Bezug auf die Benutzerschnittstelle hinausgeht*" (IEC 62366, 2015). Zwei Beispiele sind Krankenschwestern, die den Alarm des Geräts stummschalten, indem sie die Sirene mit Stoff ausstopfen, um den Patienten nicht zu stören, und die absichtliche Nichtabmeldung in einer Software, die für die Verwaltung der Zugänge und der Patientenakten in einer Notaufnahme vorgesehen ist, um eine kürzere Triagephase zu ermöglichen. Ein Beispiel aus der Erfahrung von USE-ME-D sind die Ärzte, die einen zentralen Venenkatheter (ZVK), der gewechselt werden sollte, nicht entfernen und ihn stattdessen durchschneiden, um das Einsetzen des neuen ZVK zu erleichtern und die Auswirkungen auf das Gewebe und die Organe des Patienten zu minimieren.

Anwendungsfehler
Ein Anwendungsfehler ist „eine Handlung oder Unterlassung des Anwenders bei der Verwendung des Medizinprodukts, die zu einem anderen Ergebnis führt als vom Hersteller beabsichtigt oder vom Anwender erwartet" (IEC, 2015, S. 11). Das Handling unterscheidet sich von der anormalen Verwendung, da es nicht beabsichtigt ist und Teil der normalen Verwendung ist. Zwei Beispiele sind Benutzer, die nicht auf die Aufforderung des Geräts zur Eingabe ihres Passworts reagieren, weil sie nicht wissen, wie man Buchstaben statt Zahlen in das Tastenfeld eingibt, und Benutzer, die das Gewicht eines Patienten in Pfund statt in Kilogramm eingeben. Nach den Erfahrungen aus der von USE-ME-D durchgeführten Forschung sind verschiedene Arten von Bedienungsfehlern zu nennen:

Medizinisches Gerät	Anwendungsfehler	Beispiel
Software als Medizinprodukte (SaMDs)	Ein Benutzer, der in einer Software für die Notaufnahmeverwaltung nicht auf die Suchfunktion für Patienten zugreifen kann, weil er das Symbol nicht erkennt.	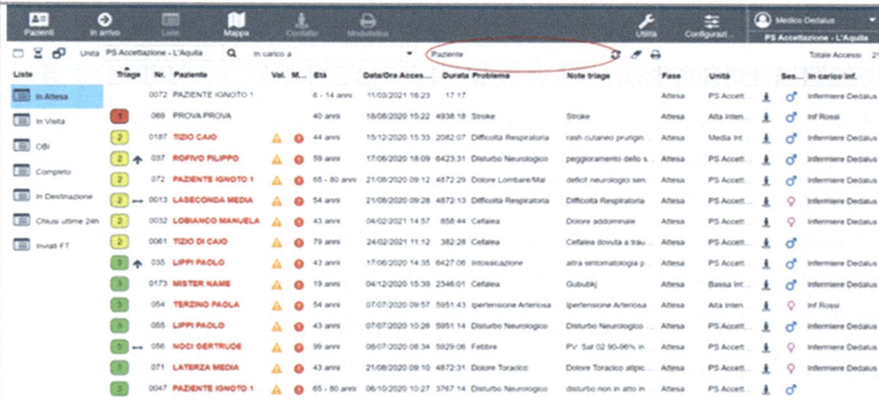
Serologischer IVD-Test („in vitro diagnostic product"), der eine Kapillarentnahme erfordert	Bei der Kapillarprobenentnahme muss der Benutzer die Kapillarspitze auf das Blut aufsetzen, und beim Kapillarprinzip wird das Blut in die Probenkammer gezogen. Ein vorhersehbarer Anwendungsfehler besteht darin, dass ein Benutzer, der mit dem Funktionsprinzip der Kapillare nicht vertraut ist, das Bauteil der Kapillare demontiert und sie dadurch unbrauchbar macht.	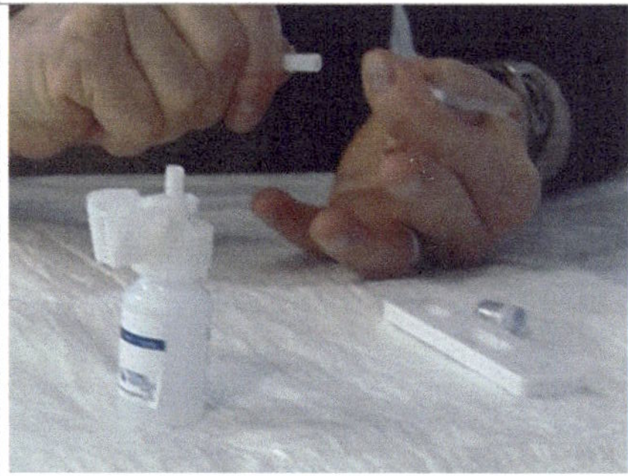

4.3.2 Die zwei Schritte der Bewertung der Benutzerfreundlichkeit

Die Gebrauchstauglichkeit ist komplex und ihre Bewertung kann und sollte nicht mit einem einzigen einfachen Test durchgeführt werden. Bewertungen der Gebrauchstauglichkeit beginnen früh während des Entwurfs und werden iterativ durchgeführt, um das Wissen über die Bedürfnisse und Erwartungen der Nutzer, über Schnittstellenlösungen, die diesen Bedürfnissen besser entsprechen, sowie über Risiken und deren Abhilfemaßnahmen zu erweitern (Abb. 4.1).

Die internationale Norm definiert zwei Hauptschritte der Bewertung der Benutzerfreundlichkeit: eine formative (typischerweise iterative) Phase, die in die Entwicklung integriert ist und weitere Iterationen der Schnittstelle anleitet, und eine summative Phase, die der Validierung und dem objektiven Nachweis der Sicherheit der letzten (genehmigten) Iteration des Schnittstellendesigns dient.

Schritt 1: formative Bewertung
Die formative Evaluation ist eine „Evaluation der Benutzerschnittstelle, die mit der Absicht durchgeführt wird, die Stärken und Schwächen des Designs der Benutzerschnittstelle sowie unvorhergesehene Nutzungsfehler zu untersuchen" (IEC 62366, 2015) (Abb. 4.2).

Die formative Evaluation ist im Allgemeinen iterativ und sollte so lange durchgeführt werden, bis der Hersteller sicher ist, dass die Akzeptanzkriterien bei der summativen Evaluation erfüllt werden. Die formative Evaluation verbessert die Gestaltung der Benutzeroberfläche, indem sie Probleme bei der vorläufigen Analyse erkennt und sich auf diese konzentriert. Während der formativen Iterationen kann es nützlich sein, *Studien in der frühen* und solche in der *späten Phase zu* identifizieren.

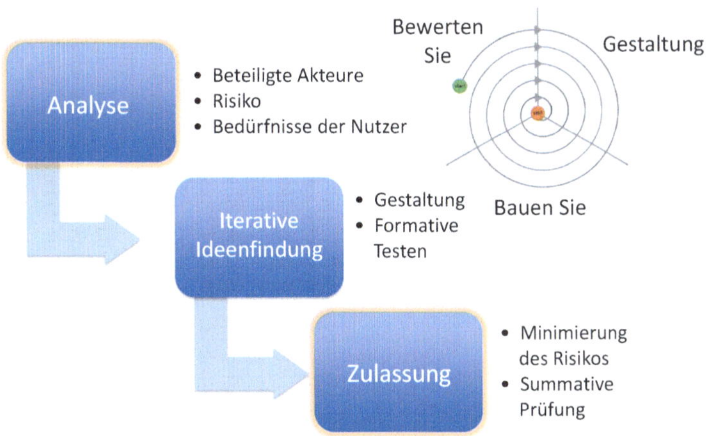

Abb. 4.1 Arbeitsablauf des Usability Engineering (Bewertungen der Gebrauchstauglichkeit)

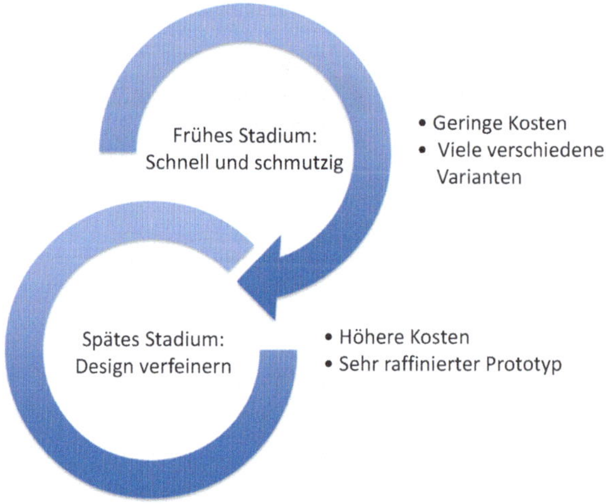

Abb. 4.2 Schritte zur formativen Evaluation

Studien in der Frühphase sind durch eine größere Unsicherheit bei den möglichen Gerätevarianten gekennzeichnet, da viele Spezifikationen noch nicht vollständig definiert sind. In diesem Stadium stehen noch viele Prototypen zur Verfügung, die sich radikal voneinander unterscheiden können. Daher erweist sich der Einsatz von schnellen und kostengünstigen Prototypingtechniken (z. B. 3D-Druck, Kartonmodellierung) für erste konzeptionelle Bewertungen als sehr vorteilhaft, wie im Beispiel der weiter unten dargestellten Schutzschiene gezeigt wird.

In der Anfangsphase sollte der Schwerpunkt auf der Identifizierung der wahrscheinlichsten menschlichen Fehler und auf der Definition von Safe-by-Design-Lösungen für die Benutzerschnittstelle liegen, um solche Fehler zu vermeiden (Abb. 4.3).

Das Ergebnis dieser Phase ist ein grober Prototyp, der sich auf die Minderung kritischer Risiken konzentriert und Kernmerkmale und -funktionen enthält, die auf ihre Wirksamkeit getestet werden sollten.

Studien in der späten Phase zeichnen sich durch einem besser definierten Katalog von Anforderungen und Spezifikationen aus, was zu einer kleineren Liste von Gerätevarianten mit möglicherweise kleinen, aber sehr bedeutenden Unterschieden führt.

Das Ergebnis dieser Phase ist das fertige Gerät, das in der Regel in einem kleinen Maßstab oder im Labor hergestellt wird. Das fertige Produkt weist alle in den früheren Entwicklungsphasen ermittelten Maßnahmen zur sicheren Auslegung auf, ist mit allen erforderlichen Alarmen und Schutzvorrichtungen ausgestattet und wird von einem endgültigen Entwurf der Gebrauchsanweisung für die sichere Anwendung begleitet. In Abb. 4.4 sind beispielhaft die Unterschiede zwischen der frühen und der späten Phase der Visualisierung einer Software als Medizinprodukt dargestellt.

Abb. 4.3 Zwei Design-Iterationen desselben medizinischen Geräts, das für schwierige Intubationen vorgesehen ist. Die Prototypen werden durch additive Fertigung hergestellt

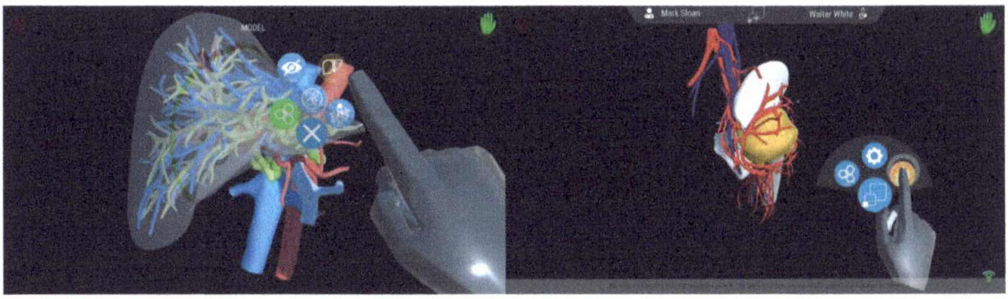

Abb. 4.4 Ergebnis der Spätphasenstudie einer Software für die intraoperative Visualisierung von patientenspezifischen Organmodellen. In der Abbildung rechts ist die Verbesserung der Visualisierung des Menüs und der auf dem Bildschirm angezeigten Informationen zu erkennen, die sich aus dem Feedback ergibt, das während der Spätphase durch eine Fokusgruppe gesammelt wurde. (Sternini et al., 2021)

Schritt 2: summative Bewertung

Die summative Evaluation ist gemäß der Definition in IEC 62366-1 (IEC, 2015) „eine Evaluation der Benutzerschnittstelle, die am Ende der Entwicklung an der fertiggestellten Benutzerschnittstelle durchgeführt wird, um einen objektiven Nachweis zu erhalten, dass die Benutzerschnittstelle sicher verwendet werden kann".

Diese Definition besagt, dass die Hersteller eine abschließende Bewertung eines Medizinprodukts durchführen müssen, um festzustellen, ob die Benutzerschnittstelle unter dem Gesichtspunkt der Benutzerfreundlichkeit ein akzeptables Nutzen-

Risiko-Profil aufweist oder nicht, und um die erwartete Wirksamkeit und gegebenenfalls den klinischen Nutzen zu ermitteln und zu bestätigen, wobei die Endpunkte durch Benutzerfreundlichkeitstests gemessen werden können. Dies gilt insbesondere für Endpunkte, die sich auf die wahrgenommene Lebensqualität beziehen, und für Endpunkte der Gesundheitstechnologiebewertung, wenn sie in Form der Effizienz der Produktnutzung ausgedrückt werden.

Da die summative Bewertung alle oben genannten Aspekte des Medizinprodukts bestätigen soll, sollte die Studie so angelegt sein, dass sie alle relevanten Benutzerkategorien, Umgebungen und Anwendungsszenarien abdeckt.

Beispiel(e)
Bei der Planung einer summativen Evaluierung eines Medizinprodukts wie eines serologischen Testkits, das für nicht-professionelle Anwender bestimmt ist, sollte die Gebrauchstauglichkeitsprüfung mehrere Nutzergruppen umfassen, die nach Alter und Bildungsniveau klassifiziert sind, da vorhersehbar ist, dass die Gebrauchstauglichkeitsleistungen und das Risikoprofil je nach manueller Geschicklichkeit und der Fähigkeit, die Gebrauchsinformationen zu verstehen, variieren können. Bei der Bewertung der Benutzerfreundlichkeit eines serologischen Tests zeigte sich, dass junge Erwachsene (19–24 Jahre) deutlich weniger Schwierigkeiten bei der Nutzung des Geräts hatten, sowohl was die Testdurchführungszeit als auch die Anzahl der zur Durchführung des Tests erforderlichen Komponenten betrifft.

Nach dem primären Endpunkt der Bewertung des Risikoprofils der Gebrauchstauglichkeit ist daher ein weiterer Endpunkt, der mithilfe von Skalen und Methoden zur Gebrauchstauglichkeit gemessen werden kann, derjenige, der sich auf die Zeiteffizienz der Nutzung des Geräts bezieht; darüber hinaus fließt in die kommerzielle Bewertung der Nutzung die Anzahl der Komponenten ein, die zur erfolgreichen Durchführung des Tests erforderlich sind (Abb. 4.5).

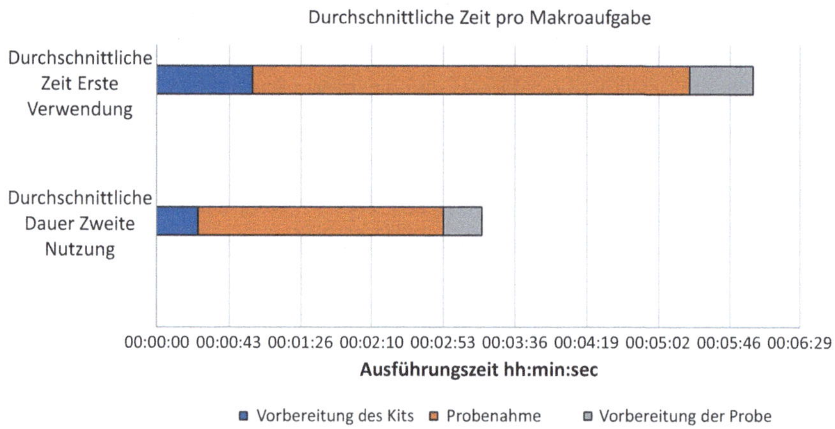

Abb. 4.5 Vergleich zwischen der 1. und 2. Testdurchführungszeit für einen serologischen Test. Die aufgezeichnete Zeit für den ersten Anwendungsversuch betrug durchschnittlich 6 min, und beim zweiten Versuch sank sie auf 3 min und 16 s

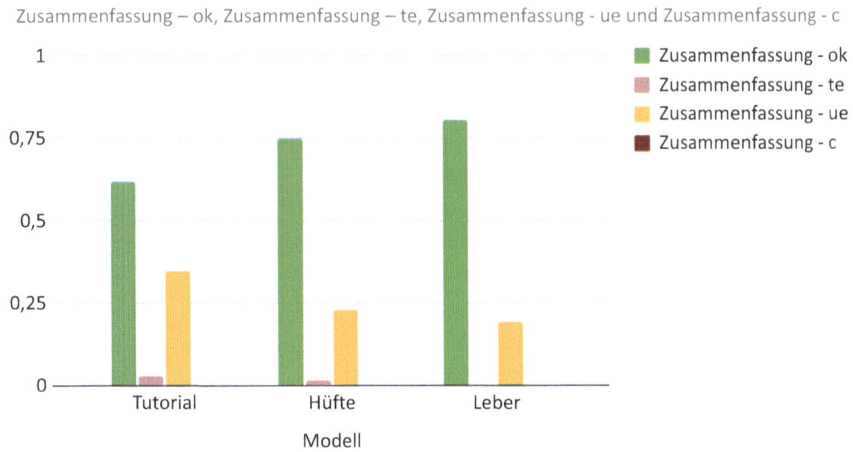

Abb. 4.6 Das Balkendiagramm zeigt die Zusammenfassung der Leistung der Benutzer für jede Makroaufgabe nach einem Datenbereinigungsprozess. Während des Benutzertests wurde jede vom Benutzer ausgeführte Aufgabe mit „ok“ gekennzeichnet, wenn sie ordnungsgemäß ausgeführt wurde, mit „te“, wenn sie durch einen technischen Fehler beeinträchtigt wurde, mit „ue“ bei Anwendungsfehlern und mit „c“ im Falle kritischer Fehler. Die hier präsentierte Zusammenfassung zeigt die Verbesserung der durchschnittlichen Leistung der Nutzer während der Nutzung des Geräts, in Bezug auf die Verringerung der Prävalenz der Nutzungsfehler und in Bezug auf die Erhöhung der Prävalenz der korrekt erledigten Aufgaben. (Sternini et al., 2021)

Eine weitere Methode zur Bewertung der Lernkurve des Benutzers ist es, dessen Leistung anhand der Ergebnisse der Aufgabenanalyse nachzuverfolgen und zu analysieren. Bei der Bewertung der Benutzerfreundlichkeit der bereits erwähnten intraoperativen Software wurde die simulierte Anwendung so gestaltet, dass die Benutzer 3 Möglichkeiten hatten, mit dem Gerät zu interagieren: erstens durch einen Tutorialabschnitt, zweitens mit einem Hüftmodell und schließlich mit einem Lebermodell. Die mit der Anwendung verbundene Aufgabe blieb identisch, und durch den Vergleich der Anzahl der korrekt ausgeführten Aufgaben und der Anwendungsfehler konnte die Lernkurve des Geräts untersucht werden (Abb. 4.6).

4.3.3 Methoden und Techniken zur Bewertung der Gebrauchstauglichkeit in IEC 62366

Für die Entwicklung und Bewertung von Medizinprodukten mit dem Ziel, Sicherheit und Benutzerfreundlichkeit zu gewährleisten, schlagen wir den folgenden Prozess der „Bewertung menschlicher Fehler“ vor.

Nutzungsspezifikation
Es handelt sich um eine Analyse der Hauptnutzer und der Szenarien, in denen das Gerät eingesetzt werden soll. Die Hauptfunktionen und Unterfunktionen des Geräts

sollten genau definiert und verstanden werden. Darüber hinaus sollten alle Elemente, aus denen sich die Benutzeroberfläche zusammensetzt, identifiziert werden, einschließlich des Informationsmaterials, der Daten, die vom Gerät dargestellt werden, und der Komponenten, die manipuliert oder zusammengesetzt werden müssen.

Die Nutzungsspezifikation für Medizinprodukte ist ein von der IEC 62366-1 Abschn. 5.1 vorgeschriebenes Dokument mit einer genauen Struktur, die, wenn sie befolgt wird, die Einhaltung der Vorschriften verbessert. Sie ist die Grundlage für die Definition und Gestaltung der Benutzeroberfläche des Geräts; die Nutzungsspezifikation ermöglicht die Identifizierung der bekannten und vorhersehbaren Gefahren und gefährlichen Situationen im Zusammenhang mit der Benutzeroberfläche.

In diesem frühen Anfangsstadium enthält er einige notwendige Informationen:

- die Benutzergruppen,
- die Nutzungsumgebung,
- die vorgesehenen medizinischen Indikationen des Produkts.

Die Nutzungsspezifikation wird im Laufe der Zeit verfeinert, auch in der Phase nach der Markteinführung, während durch die Nutzerforschung mehr Wissen gewonnen wird und ihr Detailgrad und ihre Genauigkeit zunehmen. Während der Nutzerforschung können neue Nutzergruppen entdeckt werden. Wenn dies der Fall ist, werden sie in die Nutzungsspezifikation aufgenommen und können neue Nutzerforschungsaktivitäten auslösen.

Gemäß IEC 62366-1 (2015) muss die Nutzungsspezifikation eines Medizinprodukts mindestens die folgenden Elemente enthalten:

- beabsichtigte medizinische Indikation, d. h. Zustand oder Krankheit(en), die untersucht, überwacht, behandelt, diagnostiziert oder verhindert werden sollen,
- vorgesehene Patientengruppe,
- vorgesehener Körperteil oder Gewebetyp, auf den die Behandlung angewendet wird oder mit dem interagiert wird,
- angestrebtes Nutzerprofil,
- vorgesehenes Einsatzsetting,
- Funktionsweise des Geräts.

Zusätzliche Informationen können vorhanden sein, da diese für die Unterstützung nachfolgender Usability-Engineering-Aktivitäten hilfreich sein können. Sie lauten wie folgt:

- voraussichtliche Aufgaben der Anwender beim Betrieb des Medizinprodukts,
- aus der voraussichtlichen Aufgabe abgeleiteter Nutzerbedarf.

Ein Großteil oder die gesamte Nutzungsspezifikation ist wahrscheinlich ein wichtiger Beitrag zum Design und zur Entwicklung des Geräts, insbesondere der Benutzeroberfläche. Darüber hinaus sollte die Nutzungsspezifikation im Laufe des Entwicklungsprozesses der Benutzerschnittstelle überprüft und bei Bedarf aktualisiert werden.

Nutzerprofil und Umgebungsprofil
Mensch und Maschine sind die eigentlichen Akteure des Human Factors Engineering (HR-Engineering). Daher ist es wichtig, ihre Eigenschaften zu verstehen und die Aufmerksamkeit des gesamten Engineering-Prozesses auf diese beiden Hauptakteure zu richten.

Die Maschine, auch wenn sie komplex ist, hat eine technische Beschreibung, die vom Hersteller bereitgestellt und geliefert wird und daher verfügbar ist. Der Mensch hingegen kann aufgrund seiner Besonderheit sehr unterschiedliche Eigenschaften aufweisen, und zwar in physischer Hinsicht (Größe, körperliche Abmessungen, Kraft, Ausdauer, Geschicklichkeit, Koordination), in sensorischer Hinsicht (visuelle, auditive und taktile Sensibilität, Fähigkeiten, die oft auf das Alter zurückzuführen sind) und in kognitiver Hinsicht (Sprachkenntnisse, Gesundheitskompetenz und Bildungsniveau, Gedächtnis, emotionaler Zustand) sowie in Bezug auf seinen Gesundheitszustand, seine Bereitschaft, Motivation und Fähigkeit, zu lernen und sich an ein neues medizinisches Gerät anzupassen.

Die zu bewertende menschliche Schnittstelle kann entweder von der Person genutzt werden, die den klinischen Nutzen aus der Verwendung des Medizinprodukts zieht, d. h. dem Patienten, oder von der Person, die mit dem Medizinprodukt in den verschiedenen Phasen des Lebenszyklus des Produkts interagiert, d. h. es handhabt und bedient. Bei den Anwendern wird zwischen dem Hauptanwender und anderen Anwendern unterschieden, z. B. Personen, die mit Transport, Installation, Wartung, Reinigung und Entsorgung befasst sind.

Bei der Untersuchung der Gebrauchstauglichkeit von Medizinprodukten besteht ein zentraler Schritt des HF-Engineering-Prozesses darin, die Merkmale des primären Nutzers des Medizinprodukts zu definieren, zu verstehen, zu analysieren und zu beschreiben, d. h. des Nutzers, für den das Produkt bestimmt ist, wobei auf diese Weise das Nutzerprofil definiert wird. Ein Nutzerprofil (wie in IEC 62366-1:2015, 3,29 definiert) beschreibt und fasst typischerweise die Merkmale einer einzelnen, eindeutigen Benutzergruppe zusammen, die definiert werden kann, wenn die Nutzer gemeinsame Merkmale (mentale, kulturelle, physische und demografische Eigenschaften zusätzlich zu den Fachkenntnissen und der Art der Interaktion mit dem jeweiligen Medizinprodukt) haben, die die Benutzerfreundlichkeit beeinflussen können. Nutzerprofile helfen bei der Bewertung der allgemeinen Kenntnisse des Benutzers über das zu bewertende Medizinprodukt und über ähnliche Arten von Medizinprodukten sowie bei der Bewertung von Lernfähigkeit und Lernstil.

Benutzerprofile liefern den Designern Informationen, mit denen sie die Benutzeroberfläche eines Medizinprodukts so gestalten können, dass sie die effektive Nutzung des Medizinprodukts durch die Personen, die es nutzen sollen, erleichtert.

Aufgabenanalyse
Die Aufgabenanalyse erweitert die Systembeschreibung, indem sie alle relevanten menschlichen Eingriffe bei der Verwendung des Geräts und die Stellen, an denen Fehler auftreten können, identifiziert. Sie definiert auch die Funktionen des automatisierten Systems in Bezug auf ihre Eingaben und Ausgaben. Ihr Ziel ist es, die

Aufgaben, die der Mensch bei der Nutzung des Geräts ausführt, zu verstehen und in organisierter Form darzustellen. Die Aufgabenanalyse kann eine Analyse der kognitiven Prozesse und der leistungsbestimmenden Faktoren (individuell, sozial und ergonomisch) umfassen, die sich auf die Nutzung des Geräts auswirken. Einige Methoden für diesen Zweck werden in Techniken zur „Aufgabendatenerfassung" und „Techniken zur Aufgabenbeschreibung" unterteilt (Kirwan & Ainsworth, 1992).

Techniken zur Aufgabendatenerfassung sind Techniken, die in erster Linie zur Erfassung von Daten über Mensch-System-Interaktionen eingesetzt werden und die dann in andere Techniken einfließen. Einige dieser Techniken sind Walk-Through, Talk-Through, Critical-Incident-Technik, Beobachtung, Fragebögen und strukturierte Interviews.

Techniken zur Aufgabenbeschreibung stellen die gesammelten Informationen dar und strukturieren sie in einem systematischen Format, das als Referenzmaterial für andere Techniken dient, die bei der Risikoermittlung eingesetzt werden. Einige dieser Techniken sind die hierarchische Aufgabenanalyse, die tabellarische Aufgabenanalyse, die Zeitplananalyse und das Entscheidungs-Aktions-Diagramm.

Analyse menschlicher Fehler

Einschließlich der Identifizierung möglicher menschlicher Fehler auf der Grundlage einer vorherigen Aufgabenanalyse. Menschliche Fehler können auf zwei Ebenen analysiert werden: externe Fehler (Aktionen) oder interne Fehler (kognitiv). Einige Techniken, die die Identifizierung menschlicher Fehler ermöglichen, sind Gefahren- und Betriebsfähigkeitsstudien [„HAZard and Oerability"; HAZOP]. Die Analyse von Vorfällen oder die Verwendung von Taxonomien und Checklisten möglicher allgemeiner menschlicher Fehler können bei der Benutzung jedes beliebigen Geräts auftreten. Die Analyse menschlicher Fehler umfasst die Bewertung der Wahrscheinlichkeit und des Schweregrads jedes identifizierten Fehlers, sodass das damit verbundene Risiko bewertet und nach Wichtigkeit priorisiert werden kann. In der Medizinprodukteindustrie ist es nicht immer möglich, die Wahrscheinlichkeit des Auftretens mit quantitativen Daten zu begründen, wie es z. B. in der Luftfahrtindustrie der Fall ist, wo es Statistiken gibt, um das Auftreten von Fehlern in einem Bauteil zu bewerten. In Situationen, in denen die Eintrittswahrscheinlichkeit zu komplex ist, um sie zu definieren, ist es am besten, einfach die Schweregradkriterien zu verwenden.

Reduktion und Abschwächung menschlicher Fehler

Auf der Grundlage der vorangegangenen Phasen wird eine Reihe von Empfehlungen und Anforderungen für die Gestaltung des Geräts vorgeschlagen, um menschliche Fehler zu reduzieren und abzumildern und so die Sicherheit zu gewährleisten und die Benutzerfreundlichkeit zu verbessern. Durch die Kombination der zuvor analysierten Aspekte ist es möglich, Prioritäten zu setzen und Strategien für die Reduzierung menschlicher Fehler vorzuschlagen.

Die Europäische Medizinprodukteverordnung legt in der 4. allgemeinen Sicherheits- und Leistungsanforderung die angemessene Reihenfolge für die Umsetzung der Risikokontrollmaßnahmen fest und räumt dabei den Maßnahmen zur Risikokontrolle nach dem Grundsatz der Konstruktionssicherheit Vorrang ein, d. h. die Hersteller werden aufgefordert, Risiken so weit wie möglich zu beseitigen oder zu verringern. Nach diesem ersten Schritt verlangt die Verordnung von den Herstellern, geeignete Schutzmaßnahmen, einschließlich Alarme, zu ergreifen, um die Risiken, die nicht beseitigt werden können, zu abzuschwächen. Das letzte Mittel, das die Verordnung vorsieht, ist die Bereitstellung von Informationen zur sicheren Verwendung und die Schulung der Nutzer.

Die Reihenfolge der Risikokontrollmaßnahmen ist in Studien zur Gebrauchstauglichkeit von besonderer Bedeutung, da Informationen zur sicheren Verwendung in der Regel in Form von Gebrauchsanweisungen, Beipackzetteln und Etiketten bereitgestellt werden. Es ist allgemein bekannt, dass professionelle Anwender keine Zeit für das Lesen von Etiketten und Handbüchern aufwenden (Mayberry, 2007). Die befragten medizinischen Fachkräfte, die komplexe medizinische Geräte wie laparoskopische Säulen verwenden, gaben an, dass das Benutzerhandbuch nur bei Problemen zurate gezogen wird, während die klinischen Fachkräfte, die an den Gebrauchstauglichkeitstests der oben erwähnten intraoperativen Software teilnahmen, das Benutzerhandbuch nicht öffneten, selbst wenn es ihnen in der simulierten Umgebung zur Verfügung gestellt wurde, und es vorzogen, den Moderatoren Fragen zu stellen. Bei Gebrauchstauglichkeitstests von Geräten, die einen hohen Informationsgehalt der Gebrauchsanweisung erfordern, sind die Moderatoren darauf trainiert, die Teilnehmer aufzufordern, die Gebrauchsanweisung zu lesen, da wir davon ausgehen, dass sie sich sonst nicht auf das Informationsmaterial beziehen würden.

Aus diesem Grund sollte die Bereitstellung von Informationen, die für die Patienten- und Anwendersicherheit von entscheidender Bedeutung sind, sorgfältig konzipiert und, falls erforderlich, in die grafische Benutzeroberfläche des Medizinprodukts integriert werden. Darüber hinaus sollte eine Bewertung hinsichtlich der Klarheit und Aussagekraft der Informationen für den Anwender durchgeführt werden, da die Übereinstimmung der den Anwendern zur Verfügung gestellten Informationen mit den Stärken und Problemen des Produkts in der klinischen Praxis die Wahrnehmung der Angemessenheit der Sicherheitsinformationen stärkt und so die Vertrauenswürdigkeit des Medizinprodukts erhöht und Abweichungen von der Zweckbestimmung verringert.

Ein herausragendes Beispielszenario, bei dem die Gestaltung des Informationsmaterials ein Element der Analyse im Rahmen der Gebrauchstauglichkeitsbewertung sein muss, ist der Fall, dass ein Medizinprodukt eine Änderung des vorgesehenen Benutzerkreises erfährt: z. B. von der ausschließlichen Verwendung durch Fachleute zu einer Verwendung durch Laien. Die Bedeutung der Bewertung der Klarheit, Vollständigkeit und Konsistenz des Informationsmaterials für Anwender, die keinen gesundheitswissenschaftlichen Hintergrund haben, erhält bei der Risikobewertung eine neue Bedeutung. Daher muss die Gestaltung des Informationsmaterials entsprechend dem Bildungsstand und den körperlichen Fähigkeiten des Nutzers sowie unter Berücksichtigung des Feedbacks des Nutzers erfolgen. Beispielsweise wird im Falle eines serologischen Testkits eine einseitige Broschüre als angemessenes Informationsmaterial angesehen, aber wenn die vorgesehenen Nutzer auch Personen umfassen, die nicht im Gesundheitswesen tätig sind, kann eine Anpassung notwendig werden. Darin werden Informationen für eine sichere Verwendung besser vermittelt sowie eine Überarbeitung des sprachlichen Niveaus und Vereinfachungen des Textes vorgenommen, z. B. bei der Gestaltung von informativen Symbolen, die das Verfahren beschreiben. Darüber hinaus kann das Informationsmaterial durch die Entwicklung einer Kurzanleitung oder eines Erklärungsvideos ergänzt werden.

Die Techniken zur Risikominderung werden in Abschn. 4.4 näher analysiert. In Abschn. 4.5 wird eine Fallstudie zur Risikominderung vorgestellt, die sich auf ein Open-Source-Medizinprodukt konzentriert.

4.3.3.1 Welche Technik für welche Phase?

Die internationale Norm IEC 62366 (IEC, 2016) stellt eine Reihe von Techniken für die Bewertung von Gebrauchstauglichkeitsmerkmalen vor. Jede Technik wurde im Hinblick auf ihre Anwendbarkeit auf die folgenden Schritte der Benutzerfreundlichkeit bewertet:

- frühzeitige Prägung,
- späte Prägung,
- summativ.

Wir haben die Iterationen, die bei der Entwicklung üblicherweise zu erwarten sind, nach unserer Erfahrung in diese 3 Schritte unterteilt, da sie durch sehr unterschiedliche Ansätze gekennzeichnet sind. In der frühen Gestaltungsphase wird ein Quick-and-Dirty-Ansatz bevorzugt, der als „Fail early, fail often, fail forward"-Ansatz beschrieben werden kann, um die beste Schnittstelle zu ermitteln. In der späten Durchführbarkeitsphase kann dann ein strukturierterer Ansatz helfen, die Schnittstelle zu verfeinern. Schließlich wird in der abschließenden Phase eine eingefrorene Version der Schnittstelle validiert, um ihr Risiko-/Nutzenprofil zu bestätigen.

Zu den Kriterien für die Auswahl der am besten geeigneten Technik(en) für jede Phase gehören:

- Notwendigkeit der Einbeziehung von Experten in die Technologie,
- Notwendigkeit, echte Nutzer einzubeziehen,
- Zeitaufwand für die Beurteilung und Zeitaufwand für die Berichterstattung,
- qualitative Ergebnisse (Meinungen) im Vergleich zu quantitativen Ergebnissen (Bewertungen der Benutzerfreundlichkeit),
- Analysetiefe.

Als Ergebnis dieser Analyse haben wir einige Techniken ermittelt, die wir für jeden Schritt der Bewertung der Benutzerfreundlichkeit für besonders geeignet halten. Eine detaillierte Liste der Bewertungstechniken ist in den Tab. 4.1 und 4.2 enthalten.

Techniken zur Beurteilung der Benutzerfreundlichkeit erfordern in der Regel das Vorhandensein einer Art Prototyp. Skizzen und Zeichnungen sind zwar in den sehr

Tab. 4.1 Bewertung der einzelnen Bewertungsmethoden nach vordefinierten Kriterien

Verfahren gemäß Tabelle E.1 der IEC 62366-2:2016	Notwendigkeit der Einbeziehung von Experten in die Technologie	Echte(r) Nutzer muss einbezogen werden	Erforderliche Zeit für die Bewertung	Erforderliche Zeit für die Meldung	Qualitative Ergebnisse (Meinungen)	Quantitative Ergebnisse (Bewertungen der Benutzerfreundlichkeit)	Tiefe der Analyse
Überprüfungen durch das Beratungsgremium	Ja	Nein	Mittel	Niedrig	Ja	Nein	Niedrig
Brainstorming und Einsatzszenarien	Ja	Nein	Niedrig	Niedrig	Ja	Nein	Niedrig
Kognitive Walkthroughs	Ja	Nein	Niedrig	Niedrig	Ja	Nein	Mittel
Expertenbewertungen	Ja	Nein	Niedrig	Niedrig	Ja	Nein	Niedrig
FMEA (Fehlermöglichkeits- und Einflussanalyse) und FTA (Fehlerbaumanalyse), gekoppelt mit Aufgabenanalysen/Funktionsanalysen	Ja	Ja	Hoch	Hoch	Nein	Ja	Hoch
Schwerpunktgruppen	Nein	Nein	Niedrig	Niedrig	Ja	Nein	Niedrig
Funktionelle Analysen	Ja	Nein	Mittel	Niedrig	Ja	Ja	Hoch
Heuristische Analyse	Ja	Nein	Mittel	Mittel	Ja	Ja	Hoch
Beobachtungen	Nein	Ja	Mittel	Mittel	Ja	Ja	Mittel
Persönliche Gespräche	Nein	Ja	Mittel	Mittel	Ja	Nein	Mittel
Partizipative Entwürfe	Ja	Ja	Mittel	Mittel	Ja	keine	Mittel
PCA (Principal Component Analysis; Hauptkomponentenanalyse)	Ja	Ja	Hoch	Hoch	Ja	Ja	Hoch
Simulationen	Ja	Ja	Hoch	Hoch	Ja	Ja	Hoch
Normenprüfungen	Ja	Nein	Niedrig	Niedrig	Ja	Ja	Mittel
Erhebungen	Nein	Ja	Niedrig	Niedrig	Ja	Ja	Niedrig
Aufgabenanalysen	Ja	Ja	Hoch	Hoch	Ja	Ja	Hoch
Zeit- und Bewegungsstudien	Nein	Ja	Mittel	Mittel	Ja	Ja	Mittel
Tests zur Benutzerfreundlichkeit	Ja	Ja	Hoch	Hoch	Ja	Ja	Hoch
Bewertung der Arbeitsbelastung	Nein	Ja	Hoch	Hoch	Ja	Nein	Mittel

Tab. 4.2 Bewertung der einzelnen Evaluierungstechniken in der Phase des eigentlichen Usability Engineering

Verfahren gemäß Tabelle E.1 der IEC 62366-2:2016	Ausreichend für Schritt
Überprüfungen durch das Beratungsgremium	Frühzeitige Prägung
Brainstorming und Einsatzszenarien	Frühzeitige Prägung
Kognitive Walkthroughs	Frühzeitige Prägung
Expertenbewertungen	Frühzeitige formative und summative Prägung
FMEA (Fehlermöglichkeits- und Einflussanalyse) und FTA (Fehlerbaumanalyse), gekoppelt mit Aufgabenanalysen/Funktionsanalysen	Späte Prägung
Schwerpunktgruppen	Frühe und späte Prägung
Funktionelle Analysen	Frühzeitige Prägung
Heuristische Analysen	Späte Prägung
Beobachtungen	Frühzeitige Prägung
Persönliche Gespräche	Frühe und späte Prägung
Partizipatives Design	Späte Prägung
PCA (Principal Component Analysis; Hauptkomponentenanalyse)	Späte Prägung
Simulationen	Späte formative und summative Prägung
Normenprüfungen	Frühzeitige Prägung
Erhebungen	Späte formative und summative Prägung
Aufgabenanalysen	Späte formative und summative Prägung
Zeit- und Bewegungsstudien	Späte formative und summative Prägung
Tests zur Benutzerfreundlichkeit	Späte formative und summative Prägung
Bewertung der Arbeitsbelastung	Späte fo Prägungrmative und summative

frühen Entwicklungsphasen sehr nützlich, können aber ein physisches Modell oder eine vollständige Softwareschnittstelle nicht ersetzen.

Es ist wichtig, darauf hinzuweisen, dass der Einsatz von Rapid-Prototyping- und Rapid-Tooling-Techniken, einschließlich gängiger 3D-Drucker, Laser-Stereolithografiesysteme, selektiver Lasersintermaschinen, Mock-ups für das Softwaredesign und kostengünstiger Replikationswerkzeuge wie Softmolds, für kurze Testreihen interessant ist, um auf einfache Weise physische Modelle zu erstellen, die zur Unterstützung der meisten der oben genannten Techniken für die Bewertung der Benutzerfreundlichkeit verwendet werden können.

Diese Prototypen oder Modelle können die Entscheidungsfindung bei der Auswahl verschiedener Produktideen auf der Grundlage von Ergonomie, Ästhetik, grundlegender Leistung, allgemeiner Nutzbarkeit und Sicherheit unterstützen, um das Gerätekonzept in den ersten Phasen des Entwicklungsprozesses zu erreichen. Sie können auch bei der Schaffung eines ersten minimal realisierbaren Produkts für die Interaktion mit Fachleuten des Gesundheitswesens, Patienten, Familien und Bürgern unter verschiedenen Arten von Nutzern helfen, um die Designmerkmale zu analysieren und zu verbessern. Schließlich ist ihre Anwendung zur Erstellung von Kurzserien der konzeptionellen oder sogar der endgültigen Entwürfe entscheidend für die Durchführung von Benchmarkingstudien, bevor in die Marktfähigkeit und die Produktion investiert wird.

Prototypen nach verschiedenen Designiterationen, die sich aus den verschiedenen Entscheidungen zur Risikominderung und zur Verbesserung der Benutzerfreundlichkeit ergeben, können folglich die gesamte Methodik und den Ansatz, den wir hier vorschlagen, unterstützen.

Diese Bewertung hat gezeigt, dass ein risikobasierter Ansatz leicht an einen ressourcenorientierten Ansatz angepasst werden kann, wie weiter unten beschrieben wird.

Während der frühen Entwicklungsphase können ressourcenschonende Überprüfungsmethoden wie Expertenüberprüfungen, Standardanalysen und kognitive Durchgänge leicht anhand der Dokumentation und von Designexperten durchgeführt werden. Sie erfordern weder die Teilnahme einer großen Anzahl echter Nutzer noch die Verfügbarkeit eines fertigen Prototyps, während kostengünstige Replikationswerkzeuge wirkungsvolle Beispiele zur Förderung der Diskussion liefern können.

Spätere Phasen der formativen Bewertung können von strukturierteren Techniken profitieren, wie z. B. einer detaillierten Aufgabenanalyse, die mit der FMEA-Technik (FMEA = Fehlermöglichkeits- und Einflussanalyse) zur Identifizierung von Risiken verbunden ist. Nutzertests mit 5–10 Nutzern können für spätere formative Schritte geplant werden, um eine Verfeinerung zu ermöglichen.

4.3.3.2 Welche Technik für welches Gerät?

Medizinprodukte gehören in Bezug auf Technologie, Verwendungszweck, vorgesehene Nutzer (Laien oder Fachleute), Invasivität im menschlichen Körper oder erwartete Nutzungsdauer zu unterschiedlichen Kategorien, die sich auf Designentscheidungen im Zusammenhang mit Benutzerfreundlichkeit und Sicherheit auswirken. Aus diesem Grund haben wir auch jede Technik, die in der Norm IEC 62366 (IEC, 2016) vorgestellt wird, im Hinblick auf ihre Eignung für verschiedene Arten von Geräten bewertet.

Eine ausführliche Bewertung der Techniken und Geräte ist in Tab. 4.3 dargestellt, in der ein und dieselbe Technik für Geräte, die vom Standpunkt der Benutzerfreundlichkeit aus gesehen sehr ähnlich sein können, als angemessen oder unangemessen bewertet wird. Bei genauerem Hinsehen erklärt sich dies jedoch durch die technischen Unterschiede des Geräts. Betrachten wir als Beispiel die Technik der „Standardüberprüfung“, die sich für sehr unterschiedliche Geräte wie Herzklappen und nasogastrische Schläuche als „angemessen“ erweist, aber für Software als Medizinprodukt (SaMD) als „angemessen mit Vorbehalt“ betrachtet wird. Dies ist auf die geringe Standardisierung zurückzuführen, die im SaMD-Sektor immer noch besteht, während herkömmliche Geräte anhand sehr einheitlicher und vollständiger internationaler Normen und Richtlinien bewertet werden können.

Man denke beispielsweise auch an die Technik des „partizipativen Designs“, die für traditionelle elektromedizinische Geräte für Laien, etwa Pulsoxymeter, als

Tab. 4.3 Bewertung der einzelnen Bewertungsmethoden in Bezug auf die Geräteart

Verfahren gemäß Tabelle E.1 der IEC 62366-2:2016	Implantierbar, elektro-medizinisch, z. B. implantierbarer Defibrillator	Implantierbar, nicht elektro-medizinisch, z. B. Herzklappe	Elektro-medizinische Geräte für den professionellen Einsatz, z. B. EKG	Elektro-medizinische Geräte zur Verwendung durch Laien, z. B. Heimthermometer	SaMD für den professionellen Einsatz, z. B. bei der Operationsplanung	SaMD zur Nutzung durch Laien, z. B. App zur Kontrolle der Therapietreue	Nicht-aktives Gerät zur professionellen Verwendung, z. B. nasogastrale Sonde	Nicht-aktives Gerät zur Verwendung durch Laien, z. B. Kontaktlinsen
Überprüfungen durch das Beratungsgremium	Ja	Ja	Ja	Ja	Ja	Ja	Ja	Ja
Brainstorming, Einsatz von Szenarien	Ja	Ja	Ja	Ja	Ja	Ja	Ja	Ja
Kognitiver Durchgang	Ja	Ja	Ja	Ja	Ja	Ja	Ja	Ja
Expertenbewertungen	Ja	Ja	Ja	Ja	Ja	Ja	Ja	Ja
FMEA (Fehlermöglichkeits- und Einflussanalyse)	Ja	Ja	Ja	Ja	Ja	Ja	Ja	Ja
Schwerpunktgruppen	Ja	Ja	Ja	Vielleicht	Ja	Vielleicht	Ja	Vielleicht
Funktionsanalyse	Ja	Vielleicht	Ja	Ja	Ja	Nein	Nein	Nein
Heuristische Analyse	Ja	Ja	Ja	Ja	Ja	Ja	Ja	Ja
Beobachtung	Nein	Nein	Ja	Ja	Ja	Nein	Ja	Nein
Persönliche Gespräche	Ja	Ja	Ja	Nein	Ja	Ja	Ja	Nein
Partizipatives Design	Vielleicht	Vielleicht	Ja	Vielleicht	Ja	Vielleicht	Ja	Vielleicht

(Fortsetzung)

Tab. 4.3 (Fortsetzung)

Verfahren gemäß Tabelle E.1 der IEC 62366-2:2016	Implantierbar, elektromedizinisch, z. B. implantierbarer Defibrillator	Implantierbar, nicht elektromedizinisch, z. B. Herzklappe	Elektromedizinische Geräte für den professionellen Einsatz, z. B. EKG	Elektromedizinische Geräte zur Verwendung durch Laien, z. B. Heimthermometer	SaMD für den professionellen Einsatz, z. B. bei der Operationsplanung	SaMD zur Nutzung durch Laien, z. B. App zur Kontrolle der Therapietreue	Nicht-aktives Gerät zur professionellen Verwendung, z. B. nasogastrale Sonde	Nicht-aktives Gerät zur Verwendung durch Laien, z. B. Kontaktlinsen
PCA (Principal Component Analysis; Hauptkomponentenanalyse)	Ja	Vielleicht	Ja	Ja	Ja	Ja	Nein	Nein
Simulation	Ja	Ja	Ja	Ja	Ja	Ja	Ja	Ja
Normenprüfungen	Ja	Ja	Ja	Ja	Vielleicht	Vielleicht	Ja	Ja
Erhebungen	Nein	Nein	Nein	Vielleicht	Nein	Vielleicht	Nein	Vielleicht
Analyse der Aufgaben	Ja	Ja	Ja	Ja	Ja	Ja	Ja	Ja
Zeit- und Bewegungsstudien	Nein	Vielleicht	Ja	Vielleicht	Vielleicht	Vielleicht	Vielleicht	Vielleicht
Tests zur Benutzerfreundlichkeit	Nein	Vielleicht	Ja	Ja	Ja	Ja	Ja	Ja
Bewertung der Arbeitsbelastung	Nein	Nein	Vielleicht	Nein	Vielleicht	Nein	Vielleicht	Nein

„nicht geeignet“ gilt, für SaMD und Apps für Laien hingegen „angemessen“ ist. Dies wiederum wird durch die Tatsache gerechtfertigt, dass Software in unserem Leben von Tag zu Tag allgegenwärtiger wird und Laien mehr Möglichkeiten haben, Vertrauen in solche Instrumente zu gewinnen. Daher kann das partizipative Design es den Designern ermöglichen, die medizinische App auf die Erwartungen der Nutzer abzustimmen, indem sie den Nutzern die Möglichkeit geben, eine intuitive und benutzerfreundliche App mit einer Benutzeroberfläche zu entwerfen, die einer Verbraucher-App so ähnlich wie möglich ist.

4.3.3.3 Wie viele Benutzer?

Ein Benutzertest muss eine angemessene Wahrscheinlichkeit für die Beobachtung eines durch einen Konstruktionsfehler verursachten Benutzungsfehlers aufweisen, und diese Wahrscheinlichkeit ist von der Anzahl der Testteilnehmer abhängig.

Eine von der AAMI HE75:2009, Human Factors Engineering – Design of Medical Devices, vorgeschlagene und auch in der ISO 62366-2 wieder aufgegriffene Methodik stellt Empfehlungen für die Auswahl der Stichprobengröße bei Gebrauchstauglichkeitstests dar, indem sie eine Korrelation zwischen der Anzahl der im Test verwendeten Teilnehmer, Stichprobengröße genannt, und der Beobachtungswahrscheinlichkeit erklärt. Nach dieser Methodik ist die Wahrscheinlichkeit kumulativ, d. h. sie berücksichtigt die Wahrscheinlichkeiten der einzelnen Benutzer, einen Bedienungsfehler zu begehen, entsprechend einer exponentiellen Beziehung. Folglich steigt das Vertrauen in die Testergebnisse zur Angemessenheit einer Benutzerschnittstelle, wenn der Stichprobenumfang erhöht wird, da auch die kumulative Wahrscheinlichkeit eines Benutzungsfehlers steigt. Die Methodik legt auch nahe, dass große Stichprobengrößen von 100 für Usability-Tests nicht immer erforderlich sind, sondern dass es bei der Verwendung verschiedener Stichprobengrößen Kompromisse gibt, die berücksichtigt werden müssen.

Bei der Bestimmung der angemessenen Stichprobengröße ist es außerdem wichtig, dass der Hersteller die potenziellen Folgen von Anwendungsfehlern, die Komplexität des Designs und den Grad der Ähnlichkeit mit bestehenden Medizinprodukten sowie die erwartete Heterogenität jeder Benutzergruppe berücksichtigt, d. h. die für den Benutzertest verwendete Benutzergruppe sollte für alle Benutzer repräsentativ sein und daher Benutzer umfassen, die sich hinsichtlich ihres beruflichen Hintergrunds, ihres erwarteten Wissens- und Fähigkeitsniveaus und ihres Verwendungsmusters von Medizinprodukten unterscheiden.

Diese Methodik wird in der ISO 62366-2 sowohl in grafischer als auch in tabellarischer Form dargestellt.

Abbildung K.1 der ISO 62366-2 zeigt die exponentielle Abnahme der kumulativen Wahrscheinlichkeit der entdeckten Probleme mit zunehmender Teilnehmerzahl, wenn der Stichprobenumfang größer als 10 ist. Sie ergibt sich aus der folgenden Gleichung (Gl. K.1 der ISO 62366-2):

$$R = 1 - (1 - P)\ N$$

R ist die kumulative Wahrscheinlichkeit, ein Usability-Problem zu entdecken.

P ist die Wahrscheinlichkeit, dass ein einzelner Testteilnehmer ein Usability-Problem hat (oder die zugrunde liegende Usability-Fehlerwahrscheinlichkeit).

N ist die Anzahl der Testteilnehmer in der Evaluierung.

Abbildung K.1 der ISO-Norm 62366-2 veranschaulicht die Wahrscheinlichkeit der Beobachtung mindestens eines Anwendungsfehlers als Funktion des Stichprobenumfangs und der zugrunde liegenden Fehlerquote der Grundgesamtheit. Es ist wichtig zu betonen, dass die zugrunde liegende Fehlerquote der Grundgesamtheit nie bekannt sein kann und abgeschätzt werden muss.

Tabelle K.1 der ISO-Norm 62366-2 veranschaulicht, wie kleine Stichprobengrößen zufriedenstellend zur Identifizierung von Usability-Mängeln eingesetzt werden können. Sie zeigt die kumulative Wahrscheinlichkeit, dass ein Usability-Mangel in einem Usability-Test entdeckt wird, angesichts der zugrunde liegenden Wahrscheinlichkeit, dass ein einzelner Testteilnehmer ein bestimmtes Problem bei einer bestimmten Aufgabe zeigt. Diese Tabelle gilt für alle Arten von Populationen und Arten von Usability-Tests. Wenn die zugrunde liegende Wahrscheinlichkeit (angenommener wahrer Populationswert), dass ein einzelner Testteilnehmer ein Usability-Problem hat, beispielsweise 0,25 beträgt, dann ist die kumulative Entdeckungswahrscheinlichkeit bei 6 Testteilnehmern 0,82, so die Tabelle. Zusammenfassend lässt sich sagen, dass, wie in Abbildung K.1 und Tabelle K.1 dargestellt, viele Usability-Mängel mit Stichprobengrößen im Bereich von 5–8 Teilnehmern entdeckt werden können. Darüber hinaus kann empfohlen werden, mindestens 15 Teilnehmer pro Benutzergruppe in einen Usability-Test einzubeziehen, was der in ISO 62366-2 vorgeschlagenen Methodik entspricht.

4.3.4 Verknüpfung von Benutzerfreundlichkeit und Risikoermittlung

Jede Technik zur Bewertung der Benutzerfreundlichkeit ermöglicht es den Designern, Risiken und potenziell gefährliche Situationen zu identifizieren. Wir beschreiben hier einige der oben genannten Techniken im Hinblick auf die Fähigkeit der Bewertung, unproblematisch mit einer formalen Risikoanalyse gemäß ISO 14971 vernetzt zu werden.

Die bevorzugten Methoden für eine frühzeitige Durchführbarkeit helfen den Planern, die Hauptrisiken in allgemeiner Form zu ermitteln. Ein Quick-and-Dirty-Ansatz identifiziert in der Regel die Hauptrisikobereiche und ist möglicherweise geeignet, den Schweregrad des Risikos im Sinne der schlimmsten Folgen des Risikoszenarios zu bestimmen. In einem sehr frühen Stadium der Entwicklung eines elektromedizinischen Geräts, das in Notfällen eingesetzt werden soll (z. B. ein

Defibrillator), sind sich die Konstrukteure möglicherweise bereits bewusst, wie wichtig eine gute Sichtbarkeit und Hörbarkeit des Geräts ist, da es in lauten, dunklen und unübersichtlichen Umgebungen eingesetzt werden soll. Die Folgen, die sich ergeben, wenn ein Defibrillator nicht eingeschaltet werden kann, nur weil der Startknopf im Dunkeln nicht sichtbar ist, lassen sich bereits in einem frühen Stadium leicht vorstellen. Auch wenn die Abschätzung der Wahrscheinlichkeit in der frühen Phase der Durchführbarkeit nicht einfach ist, sollte dies die Entwickler nicht beunruhigen, da sie sich nur auf die Hauptrisiken konzentrieren sollten.

Bei der späten Durchführbarkeit schlagen wir den Konstrukteuren vor, eine strukturiertere Methode anzuwenden, nämlich die FMEA-Technik (Fehlermöglichkeits- und Einflussanalyse). Die Anwendung der FMEA-Technik führt zu den besten Ergebnissen, wenn die Frage „Was passiert, wenn ...“ bei jedem Anwendungsschritt oder jeder Phase gestellt wird. Aus diesem Grund schlagen wir vor, die Risiken mit einer integrierten Technik zu bewerten: Die Konstrukteure können zunächst die Verwendung des Geräts sehr detailliert beschreiben und dann die FMEA-Technik auf jeden Schritt anwenden. Wir schlagen vor, dass die Beschreibung der Geräteverwendung durch eine sehr detaillierte Aufgabenanalyse und ggf. auch durch eine Funktionsanalyse oder ein Verwendungsablaufdiagramm definiert wird. Die Beschreibung der Verwendungsschnittstelle mithilfe eines Flussdiagramms ist besonders für Software für medizinische Geräte geeignet; dies gilt sowohl für eigenständige als auch für in ein elektromedizinisches Gerät integrierte Software.

Die Anwendung dieser integrierten Methode ermöglicht eine sehr genaue Bewertung der Schwere des Risikos, auch dank der Möglichkeit, eine Beschreibung der Kette von Ereignissen zu bekommen, die sich aus einer gefährlichen Situation ergeben, z. B. durch Brainstorming oder gezielte Expertenbewertungen. Wenn die Konstrukteure nicht über genügend Daten aus der Vergangenheit oder erfahrungsbasierte Schätzungen verfügen, um die risikobezogene Wahrscheinlichkeit zu bestimmen, kann ein Benutzertest sehr nützlich sein, um die Wahrscheinlichkeit der einzelnen Gefahren abzuschätzen. Wenn der Benutzertest in dieser Phase geplant wird, werden die Aufgabenliste und das Verwendungsablaufdiagramm, die den Konstrukteuren bereits aus der FMEA-Aktivität zur Verfügung stehen, zur Planung und Aufzeichnung der Benutzertests verwendet. Für jeden Anwendungsfehler oder jede Anwendungsunsicherheit, die während der Benutzertests beobachtet werden, können die Konstrukteure den Schweregrad bestimmen und die Wahrscheinlichkeit abschätzen.

In der späten Phase der Machbarkeit können Benutzertests auch in andere Techniken integriert werden, um den Designern zu helfen, eine neue und verfeinerte Iteration der Geräteschnittstelle zu erreichen. Aus diesem Grund ermutigen wir die Designer, nach den Benutzertests zusätzliche Sitzungen mit den Nutzern zu planen, um Informationen durch Interviews, SUS-Fragebögen (SUS = System Usability Scale) (Brooke, 1996) und offene Fragen zu sammeln, die das partizipative Design fördern sollen. Diese interaktiven Sitzungen mit den Endnutzern sind auch sehr gut geeignet, Informationen über die erwartete Wahrscheinlichkeit eines jeden aufgetretenen Fehlers oder einer Unsicherheit zu sammeln.

Beispielsweise können späte Durchführbarkeitsstudien für ein chirurgisch-invasives Gerät für den professionellen Einsatz, z. B. einen Katheter für die Angioplastie, die Definition einer Aufgabenliste auf der Grundlage von Standardübersichten, Leitlinien, dem Stand der Technik und Interviews umfassen. Für jede Aufgabe können die Konstrukteure potenzielle Gefahrensituationen und deren Folgen ermitteln. Anschließend können Benutzertests an einem Simulator oder Dummy die geschätzte Risikoliste bestätigen oder verfeinern; dieselben Nutzer können nach dem Test einbezogen werden, um ihre Fehler zu besprechen, die Ursachen zu ermitteln und Verbesserungen der Katheterform, der Biegsamkeit oder der Zubehörliste vorzuschlagen.

Bei Benutzertests in der formativen Phase, bei Bewertungen und Integrationen in Berichte ist die Wahrnehmungs-Kognitions-Handlungs-Technik (PCA) ebenfalls sehr verbreitet und nützlich; die Nutzer können auch aufgefordert werden, ihre Gedanken und Eindrücke verbal zu äußern, während sie die Aufgaben ausführen, bis hin zu Kommentaren als Teil des partizipativen Designs.

Eine ausführliche Beschreibung des Einsatzes der verschiedenen Techniken findet sich in Tab. 4.4.

Tab. 4.4 Risikoermittlung im Zusammenhang mit jeder Bewertungstechnik

Verfahren gemäß Tabelle E.1 der IEC 62366-2:2016	Identifizierung von Risiken
Überprüfungen durch das Beratungsgremium	Durch Brainstorming und Überprüfung früherer Erfahrungen können die Gremien potenzielle Gefahrensituationen identifizieren, Wahrscheinlichkeit und Schweregrad einschätzen und die Maßnahmen zur Risikominimierung nach dem Stand der Technik beschreiben.
Brainstorming und Einsatzszenarien	Die am Brainstorming beteiligten Designer können Benutzerfehler und Missbrauch/abnormale Nutzung identifizieren; die Designer können auch Maßnahmen zur Risikokontrolle identifizieren.
Kognitive Walkthroughs	Die am Brainstorming beteiligten Designer können Fallstricke in der Benutzerfreundlichkeit des Entwurfs aufzeigen und die möglicherweise auftretenden Gefahrensituationen beschreiben; die Designer können auch Maßnahmen zur Risikokontrolle festlegen.
Expertenbewertungen	Experten können während ihrer Überprüfung auf Stärken und Schwächen der Benutzerfreundlichkeit hinweisen. Fallstricke der Benutzerfreundlichkeit können dann mit den möglicherweise auftretenden Gefahrensituationen in Verbindung gebracht werden; die Designer können auch Maßnahmen zur Risikokontrolle identifizieren. Wir empfehlen, dass die Experten die in der ISO 14971 Anhang C aufgeführten Fragen beantworten.
FMEA (Fehlermöglichkeits- und Einflussanalyse) und FTA (Fehlerbaumanalyse)	Die FMEA-Technik ist eine ausgesprochen gründliche Methode zur Identifizierung von Risiken. Wir empfehlen, diese Methode in Verbindung mit einer sehr detaillierten Aufgabenanalyse anzuwenden.

(Fortsetzung)

Tab. 4.4 (Fortsetzung)

Verfahren gemäß Tabelle E.1 der IEC 62366-2:2016	Identifizierung von Risiken
Schwerpunktgruppen	Während einer Fokusgruppe können Designer und Usability-Experten die Diskussionen mit den Nutzern leiten, die zur Identifizierung von Usability-Fallen im Design führen und die gefährlichen Situationen beschreiben, die entstehen können; Designer können auch Maßnahmen zur Risikokontrolle identifizieren und die Teilnehmer der Fokusgruppe auffordern, die vorgeschlagenen Maßnahmen zu kommentieren.
Funktionelle Analysen	Ein funktionelles Flussdiagramm, kommentiert mit der Identifizierung von Maschinenfunktionen und Benutzerfunktionen, kann in Verbindung mit einer FMEA-Technik für eine gründliche Identifizierung von Risiken verwendet werden.
Heuristische Analysen	Während einer heuristischen Analyse können Usability-Experten heuristische Prinzipien anwenden, um Usability-Fallen zu identifizieren und zu bewerten. Sie können die gefährlichen Situationen beschreiben, die auftreten können; Designer können auch Maßnahmen zur Risikokontrolle identifizieren und Experten, die an der heuristischen Überprüfung teilnehmen, bitten, die vorgeschlagenen Maßnahmen zu kommentieren und ihre Fähigkeit, das Risiko zu verringern, zu bewerten.
Beobachtungen	Während der Beobachtung können die Konstrukteure Unsicherheiten oder Fehler der Benutzer feststellen; die Ursachen sollten mit den Benutzern besprochen werden, um sicherzustellen, dass die gefährliche Situation von den Konstrukteuren gut verstanden wird; wir glauben, dass die Beobachtung allein keine ausreichenden Informationen über das Risiko liefern kann und dass sie durch Interviews oder Umfragen als De-Briefing-Aktivität unterstützt werden sollte.
Persönliche Gespräche	Interviews sind ein sehr leistungsfähiges Instrument, wenn sie in Verbindung mit Techniken eingesetzt werden, bei denen die Benutzer tatsächliche Aufgaben auf dem Gerät ausführen, von der Beobachtung über kognitive Durchgänge bis hin zu Gebrauchstauglichkeitstests. Interviews eignen sich am besten als De-Briefing-Aktivitäten, da sie es ermöglichen, nicht nur die gefährlichen Situationen, sondern auch deren Ursachen zu identifizieren.
Partizipative Entwürfe	Partizipatives Design ist ein sehr leistungsfähiges Werkzeug, wenn es in Verbindung mit Techniken eingesetzt wird, bei denen die Nutzer tatsächliche Aufgaben mit dem Gerät ausführen, von der Beobachtung über die kognitive Begehung bis hin zu Usability-Tests. Das partizipative Design sollte sich darauf konzentrieren, Maßnahmen zur Risikominderung im Hinblick auf ihre wahrgenommene Wirksamkeit zu definieren.
PCA (Principal Component Analyses; Hauptkomponentenanalysen)	PCA-Analysen können in die Aufgabenanalyse und damit in die FMEA-Analyse integriert werden, um eine vollständige Risikobewertung zu erhalten; sie ist am besten für komplexe Aufgaben und/ oder komplexe Schnittstellen geeignet.

(Fortsetzung)

Tab. 4.4 (Fortsetzung)

Verfahren gemäß Tabelle E.1 der IEC 62366-2:2016	Identifizierung von Risiken
Simulationen	Wir glauben, dass Simulationen zu den wichtigsten Techniken gehören, da sie dank der Verwendung von Attrappen, Dummys, Tiermodellen und anderen simulierten Umgebungen leicht an alle Geräte angepasst werden können. Dies ermöglicht die Planung aller Aktivitäten zur Bewertung der Benutzerfreundlichkeit auf kosteneffiziente und ethische Weise.
Normenprüfungen	Wir sind der Meinung, dass die Überprüfung von Normen immer dann angewandt werden sollte, wenn ein international anerkanntes Dokument vorliegt, sei es eine ISO-Norm, ein Leitfaden einer wissenschaftlichen Gesellschaft oder ein lokales Verfahren. Die Nichterfüllung von Normanforderungen ist eine potenzielle Quelle für erhebliche Risiken.
Erhebungen	Erhebungen sind nützliche Instrumente in einigen Situationen, in denen die Verwendung des Medizinprodukts schwer zu beobachten ist, typischerweise wenn es von Laien in ihrer privaten Umgebung verwendet wird (Kontaktlinsen, In-vitro-Tests für die Schwangerschaft usw.). Erhebungen sind nicht geeignet, um die Ursachen von Gefahrensituationen zu untersuchen. Wenn diese Untersuchungen richtig konzipiert sind, können sie dazu beitragen, zusätzliche Merkmale der Gebrauchstauglichkeit des Medizinprodukts zu ermitteln, auch im Hinblick auf die Übereinstimmung mit heuristischen Prinzipien, ohne dass die Anwender die heuristischen Prinzipien vorher kennen müssen.
Aufgabenanalysen	Aufgabenanalysen sind die leistungsfähigsten Werkzeuge für die Verknüpfung von Gebrauchstauglichkeitsbewertung und Risikomanagement. Sie eignen sich am besten als Input für die FMEA-Technik, können aber auch während der vorbereitenden Schritte des Geräteentwurfs verwendet werden, um die Benutzerbedürfnisse und die daraus folgenden prüfbaren technischen Anforderungen zu ermitteln. Die Nichterfüllung einer dieser Anforderungen ist als erhebliches Risiko zu betrachten.
Zeit- und Bewegungsstudien	Wir sind der Ansicht, dass Zeit- und Bewegungsstudien am besten geeignet sind, um das Risiko von Produkten zu bewerten, bei denen die Dauer der Ausführung eine Risikokontrollmaßnahme darstellt, z. B. wenn eine schnelle Ausführung die Patientensicherheit verbessert (z. B. Verringerung der Gefahr einer bakteriellen Kontamination oder Verbesserung der Heilungschancen des Patienten).
Tests zur Benutzerfreundlichkeit	Usability-Tests sind ein sehr leistungsfähiges Instrument, um die Risiken zu ermitteln, die von den Designern nicht identifiziert werden, indem sie Techniken verwenden, die die Nutzer nicht direkt einbeziehen (wie Brainstorming, Standardüberprüfungen usw.). Usability-Tests ermöglichen es, die Wahrscheinlichkeit einer angenommenen Gefahrensituation abzuschätzen; sie erlauben es den Designern auch, die Aufgabenliste zu konsolidieren.
Bewertung der Arbeitsbelastung	Wir glauben, dass diese Technik am besten geeignet ist, wenn es sich um professionelle Nutzer handelt, da diese anfälliger für Burnout sind und sich der Auswirkungen von Überlastung auf ihre Arbeitsleistung stärker bewusst sind.

4.3.5 *Besondere Erwägungen für Open-Source Medical Devices*

Ein integrierter Ansatz für Gebrauchstauglichkeit und Risikomanagement ist zwar generell komplex, aber typischerweise eine Teamarbeit, die die Beteiligung verschiedener Interessengruppen an der Ermittlung der wichtigsten Gebrauchstauglichkeitsrisiken einschließt, z. B. Gebrauchstauglichkeitsexperten, Patienten und professionelle Nutzer. Ein heterogenes Team liefert wertvolle Beiträge, vor allem in der formativen Phase, in der z. B. die klinische Sichtweise eines klinischen Experten aufschlussreiche Überlegungen während des Prozesses der Bewertung der Gebrauchstauglichkeitsrisiken liefern kann. Das Team arbeitet dann gemeinsam an der Definition verschiedener Prototypen, die vom Ingenieur entworfen und von den Interessengruppen getestet werden. Jede Technik zur Bewertung der Gebrauchstauglichkeit kann je nach den verfügbaren Ressourcen ausgewählt und an die Designphase, die Art des zu bewertenden Geräts und die Fähigkeiten des Teams angepasst werden. Designern sollte ein kompletter Werkzeugkasten für die Gebrauchstauglichkeit zur Verfügung stehen, und sie sollten in der Lage sein, für jeden ihrer Entwürfe die geeigneten Werkzeuge auszuwählen.

Gerade quelloffene Geräte können von einem kollaborativen Ansatz in den Phasen der Identifizierung der wichtigsten Risiken, der Auswahl der wirksamsten Risikokontrollmaßnahmen, der Ausarbeitung einer lesbaren und verständlichen Gebrauchsanweisung, der Ausarbeitung wirksamer Informationen für die sichere Nutzung und der Ermittlung des richtigen Nutzerprofils für die Nutzertests profitieren. Darüber hinaus kann ein offener Ansatz für formative Tests (insbesondere für ein Gerät, das für Laien bestimmt ist) die Teilnahme einer beträchtlichen Anzahl verschiedener Nutzer mit den unterschiedlichsten Hintergründen beinhalten, wodurch die Wahrscheinlichkeit erhöht wird, dass ein zentrales Usability-Risiko in den frühen Phasen des iterativen Designs erkannt wird. Die Integration von Gebrauchstauglichkeitsbewertungen in das umfassendere Risikomanagement führt zu sichereren und intuitiveren Medizinprodukten, die sowohl den Patienten als auch den professionellen Nutzern zugute kommen.

Das Open-Source-Design ermöglicht es den Designern, ihre Schnittstelleniteration mit einem großen Pool potenzieller Nutzer zu testen, die die Bevölkerung in Bezug auf Alter, Bildungsniveau, medizinische Kenntnisse, Geschicklichkeit und andere körperliche Fähigkeiten repräsentieren. Die Einbeziehung von medizinischem Fachpersonal und Patientenvertretern in die Open-Source-Gemeinschaft ermöglicht einen einfachen Austausch über die verschiedenen Bedarfe und Schwierigkeiten im Zusammenhang mit der Verwendung von medizinischen Geräten. Die Einbeziehung dieser Akteure in den Entwicklungsprozess eines Open-Source-Medizinprodukts ermöglicht es, in einem transparenten und reproduzierbaren Prozess die Anforderungen und Bedarfe der Interessengruppen, die das Medizinprodukt schließlich nutzen werden, zu berücksichtigen und so die Entwicklung von Medizinprodukten zu ermöglichen, die diesen Anforderungen gerecht werden. Auf ähnliche Weise können die Interessengruppen die gemeinsamen

Probleme, die sie bei der Verwendung des Geräts erleben, austauschen, was den Konstrukteuren die Möglichkeit gibt, eine größere Anzahl von Gefahrensituationen und eine größere Anzahl von Beispielen für vorhersehbaren Missbrauch zu berücksichtigen, was zu einer größeren Tiefe und Erweiterung der Risikoanalyse führt, die schließlich zu sichereren Geräten und zur Definition guter Herstellungspraktiken führen wird.

Open-Source-Projekte für Medizinprodukte profitieren von Methoden zum einfachen Informationsaustausch und zur Erfassung oder Zusammenfassung relevanter Designentscheidungen und Inputs, da diese von einer Vielzahl von Mitarbeitern mit unterschiedlichem Hintergrund, aus verschiedenen Ländern, Kulturen und regulatorischen Umgebungen stammen können, die gemeinsam an der Entwicklung innovativer medizinischer Technologien arbeiten. Zu diesem Zweck stellen Co-Creation-Plattformen wie die UBORA e-Infrastruktur den Designern ad hoc implementierte Tools oder geführte Designverfahren zur Verfügung, die u. a. dabei helfen, Informationen über geltende Vorschriften und Normen, technische und wirtschaftliche Spezifikationen und nutzungsbezogene Überlegungen zu organisieren. Zur Ergänzung dieser geführten Entwurfsprozesse für den Bereich der Open-Source Medical Devices (OSMD) und für Gesundheitstechnologien im Allgemeinen könnte sich die Verwendung von Übersichtstabellen (wie Tab. 4.5) als interessant erweisen. Diese können dazu beitragen, potenzielle menschliche Fehler bei der Interaktion mit den Medizinprodukten zusammenzufassen und Aspekte wie die Bedingungen für die Benutzerfreundlichkeit, die damit verbundenen Aufgaben, den Fehlermodus, den Schweregrad und die Wahrscheinlichkeit verschiedener Fehler und damit verbundener Ausfälle sowie Strategien und Maßnahmen zur Risikominderung detailliert darzustellen.

4.4 Risikominderungstechniken

4.4.1 Maßnahmen zur Risikokontrolle bei der Benutzerfreundlichkeit

Die regulatorischen Anforderungen (z. B. Medizinprodukteverordnung EU 2017/745 für Medizinprodukte in Europa, Anhang I) zur Risikominimierung geben eine klare Reihenfolge bei der Identifizierung und Auswahl von Risikominimierungsmaßnahmen vor. Safe-by-Design-Lösungen sind zu bevorzugen, und wenn sie nicht verfügbar sind oder nicht ausreichen, sind andere Maßnahmen in Form von Schutz- und Alarmvorrichtungen hinzuzufügen. Darüber hinaus sind Informationen zur sicheren Verwendung bereitzustellen.

Die Konstrukteure müssen bereits in einem sehr frühen Stadium des Entwurfs die schwerwiegendsten Risiken durch „Safe-by-Design"-Lösungen beseitigen. Um mit dem Beispiel des Defibrillators fortzufahren, das für die frühe Durchführbarkeit angeführt wurde, können die Konstrukteure beschließen, alle Schnittstellenbefehle

Tab. 4.5 Beispiel für eine typische Vorlage zur Integration von Informationen aus dem in Abschn. 4.3.4 beschriebenen Prozess für einen verbesserten Informationsaustausch in OSMD-Projekten

Externe Fehler	Benutzer/ Szenario	Aufgaben	Interner Fehler (kognitiv)	Leistungsgestaltender Faktor	Schweregrad	Wahrscheinlichkeit	Anforderungen an Fehlerreduzierung und Benutzerfreundlichkeit
Menschliches Versagen 1							
Menschliches Versagen 2							
…							
Menschliches Versagen N							

auf derselben (Vorder-)Seite des Geräts zu platzieren und Standards für Farben und Symbole in einer ersten Phase der Ideenfindung zu überprüfen. Alarme und Schutzvorrichtungen können in allen Iterationen der Entwurfsphase einbezogen werden, sogar als Ergänzung zu den Maßnahmen des sicheren Designs.

Bei der Entwicklung einer Softwareschnittstelle für ein elektromedizinisches Gerät können die Entwickler beispielsweise nur einem „Admin"-Benutzer (z. B. einem qualifizierten Mediziner) die Einstellung von Leistungsparametern in einem vordefinierten Intervall gestatten, das sich an den neuesten klinischen Leitlinien orientiert. Dann können die Entwickler geeignete Bildschirme für die Passworteingabe als Schutzmaßnahmen für den „Admin"-Zugang einrichten. Darüber hinaus können die Designer für alle Schnittstellenbildschirme Informationen für eine sichere Nutzung in Form von Hinweisen auf das zulässige Intervall für klinische Parameter, Tipps für den nächsten klinisch relevanten Schritt der Therapie usw. bereitstellen.

Es sollte auch darauf hingewiesen werden, dass Benutzerhandbücher und Etiketten als wesentliches Modul der Schnittstelle und als Hauptinformationsquelle für die sichere Verwendung ein integraler Bestandteil der Risikoanalyse während der späten formativen Iterationen sein müssen.

Beispiele

Während eines Usability-Tests eines SaMD, das in der Verwaltung der Notaufnahme eingesetzt wird, entdeckte eine Pflegekraft einen kritischen Fehler in der Registerkarte „Therapieverabreichung". Die Benutzerin weigerte sich, eine Aufgabe im Zusammenhang mit der Verabreichung eines Medikaments auszuführen, weil der Zeitbezug fehlte. Bei dem betreffenden Medikament handelte es sich um ein Antibiotikum. Obwohl es ein Arbeitsplanfenster gab, in dem die Zeitangaben für einige Medikamente aufgeführt waren, fehlte die Angabe für das Antibiotikum, da es fälschlicherweise als zeitlich nicht limitierte Therapie eingestuft wurde. Da die Wirksamkeit der Antibiotikatherapie von der korrekten Verabreichungszeit abhängt, wurde dieses Merkmal der Benutzeroberfläche als kritisch angesehen und erforderte eine Risikokontrollmaßnahme (s. Abb. 4.7).

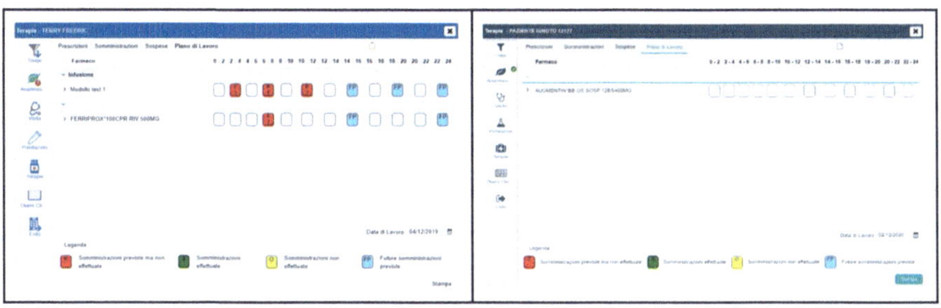

Abb. 4.7 Beispiel für eine „Safe-by-Design"-Risikokontrollmaßnahme. Links ein Screenshot, bei dem die Medikamentenreferenz fehlte, rechts die geänderte Version, bei der die Medikamentenverabreichungszeit korrekt angegeben wird

Abb. 4.8 Auf dem linken Bild ist das Symbol für einen Patienten mit einer Allergie zu sehen, die besondere Vorsichtsmaßnahme ist mit einem roten Ausrufezeichen gekennzeichnet. Im mittleren Szenario wurde das Allergie-Screening des Benutzers noch nicht durchgeführt, sodass die Allergieanamnese unbekannt ist; das rote Ausrufezeichen ist neben dem Symbol nicht mehr vorhanden. In der Abbildung rechts ist das Allergiesymbol mit einem grünen Häkchen versehen, das anzeigt, dass der Patient keine Allergien hat. Durch die Bereitstellung eines informativen Textfeldes haben wir zwei Risiken minimiert: das Allergiesymbol nicht zu erkennen und über den Allergieanamnesestatus in die Irre geführt zu werden

Eine weitere typische Fehlerquelle bei der Nutzung eines SaMD ist die irreführende Wahl eines digitalen Symbols. Während des Usability-Tests für ein und dieselbe Software wurde eine beträchtliche Anzahl von Nutzern sowohl durch die Form des Allergiesymbols (ein grünes Blatt, wie in Abb. 4.8 zu sehen) als auch durch den damit verbundenen Texthinweis in die Irre geführt. Wenn nämlich das grüne Blattsymbol mit einem roten Ausrufezeichen kombiniert wurde, bedeutete dies, dass keine Allergien gemeldet wurden. Diese Designentscheidung führte zu einer gewissen Verwirrung bei den Nutzern, da dies in der italienischen Übersetzung entweder bedeuten konnte, dass der Nutzer keine Allergien hat oder dass noch keine Allergien gemeldet wurden. Diese Verwirrung könnte sich möglicherweise kritisch auf den Gesundheitszustand des Patienten auswirken und wurde daher durch die Einführung eines anderen Texthinweises geändert, der klar zwischen allen möglichen Szenarien unterscheidet (Abb. 4.8).

Eine weitere Safe-by-Design-Beispiellösung kann für ein medizinisches Sterilisationsgerät veranschaulicht werden. Während des normalen Betriebsablaufs ist eine der kritischsten Aufgaben das sichere und effektive Schließen der Tür des Sterilisators. Um gefährliche Szenarien mit eingeklemmten Gliedmaßen zu vermeiden, wurde die digitale Benutzerschnittstelle mit einer Safe-by-Design-Lösung versehen, bei der beide Hände während des Schließens auf dem Bildschirm sein müssen (siehe Abb. 4.9).

4.4.2 Summativ als Teil der Gerätevalidierung

Ziel der Produktvalidierung ist es, festzustellen, ob das Produkt für seine Zweckbestimmung geeignet ist, und sein approximativ ermitteltes Nutzen-Risiko-Profil zu bestätigen. In dieser Phase sind keine größeren Änderungen zu erwarten.

Auch wenn nicht alle Teile der Schnittstelle einer summativen Bewertung unterzogen werden müssen, sollten die Konstrukteure die Validierung der meisten, einschließlich aller kritischen Teile, vorsehen. So ist beispielsweise eine summative

Abb. 4.9 **Ein** Beispiel für die Positionierung des Türschließers mit zwei gleichzeitig zu betätigenden Tasten wurde als angemessene Risikokontrollmaßnahme für die Sicherheit angesehen. Außerdem ist der Schließmechanismus der Tür nicht ausreichend, um Hände zu verletzen. Dabei wurden keine zusätzlichen Risiken oder Unsicherheiten festgestellt

Bewertung der Schnittstelle für das Hilfs- und Wartungspersonal eines elektromedizinischen Geräts nicht unbedingt erforderlich, wenn das Personal direkt vom Hersteller des Geräts geschult wird.

Die Entscheidung, welche Teile der Geräteschnittstelle getestet und welche Benutzer einbezogen werden sollen, basiert auf einer Risikobewertung und sollte klar begründet werden. In einem Beispiel aus unserem Team, der Bewertung der Benutzerfreundlichkeit von Kits für die Hämodialyse, werden verschiedene Aspekte der Geräte bewertet, um die kritischsten Komponenten zu ermitteln. Im Einzelnen sind dies:

- Komplexität des Bausatzes in Bezug auf die Anzahl der Pumpen und Leitungen,
- Konfiguration des Kits in Abhängigkeit von der Therapie in Bezug auf die Anzahl der Klemmen, Beutel, Taschen, kritischen Aufgaben während des normalen Gebrauchs, Aufgaben für die Kit-Montage und Filter, die auf dem Kit montiert werden müssen,
- Schweregrad der Ausfallarten im Anwendungsszenario, definiert durch die Umgebung, den Benutzer und den Zustand des Patienten.

Der Entscheidungsprozess wurde wie folgt strukturiert:

1. Die komplexesten Kits werden ermittelt und als Kandidaten für die Bewertung der Benutzerfreundlichkeit ausgewählt, wobei sichergestellt wird, dass alle möglichen Therapien abgedeckt werden.
2. Für jede Therapie wird das Worst-Case-Szenario ausgewählt, wobei das komplexeste für die jeweilige Therapie verfügbare Kit verwendet wird.

Schließlich wird die Angemessenheit des ausgewählten Worst-Case-Szenarios überprüft, um sicherzustellen, dass die Nutzungsszenarien alle Umgebungen und Nutzer angemessen abdecken. Durch die Einbeziehung der beiden Krankheitszustände der Patienten soll die Bewertung der Benutzerfreundlichkeit auch etwaige Unterschiede in der Nutzungserfahrung für Patienten mit akuten und chronischen Erkrankungen untersuchen. Wir schlagen vor, die summative Bewertung so zu planen, dass sie die Aktivitäten des späten formativen Schritts in der letzten und eingefrorenen Iteration der Schnittstelle widerspiegelt. Aus diesem Grund sollte eine vollständige Aufgabenanalyse vorliegen und auf Übereinstimmung mit dem Benutzerhandbuch oder der Gebrauchsanweisung geprüft werden. Darüber hinaus sollte, falls für die Art des Geräts zutreffend, auch ein vollständiges Flussdiagramm für die Nutzung verfügbar sein.

Die summative Bewertung sollte mit echten Nutzern und in einer sehr gut simulierten oder realen Nutzungsumgebung durchgeführt werden, je nach Art des Geräts und abhängig von ethischen Erwägungen.

Bei Benutzertests können zusätzliche Techniken eingesetzt werden, um die für jede Aufgabe benötigte Zeit (durch Zeit- und Bewegungsstudien) und die Arbeitsbelastung des Benutzers zu ermitteln.

Es ist anzumerken, dass die Nutzungszeit und die Bewertung der Arbeitsbelastung bei formativen Tests nicht einfach zu beurteilen sind, obwohl sie für summative Aktivitäten sehr gut geeignet sind. Die Schnittstelle befindet sich noch in der Entwicklung, und es kommt häufiger vor, dass die Aufgaben für Klarstellungen und Kommentare der Benutzer unterbrochen werden. Dies ist vor allem dann der Fall, wenn die am Benutzertest teilnehmenden Anwender wissen, dass sich das Gerät in der Entwicklung und nicht in der Validierung befindet: Die meisten Anwender sind sehr daran interessiert, ihr Feedback und ihre Meinung im Rahmen von partizipativen Designaktivitäten zu äußern. Unterbrochene und kommentierte Aufgaben stören die Bewertung des Arbeitsaufwands und die Einschätzung der dafür benötigten Zeit.

Das Ergebnis des abschließenden Schritts ist die Bestätigung aller Teile der Geräteschnittstelle, einschließlich der Informationen zur sicheren Anwendung. Es sollten keine zusätzlichen Risiken auftreten, und alle vorhersehbaren Risiken sollten in Bezug auf Schweregrad und Wahrscheinlichkeit bestätigt werden. Die Risikokontrollmaßnahmen sollten formell auf ihre endgültige Umsetzung und Wirksamkeit überprüft werden, und das Nutzen-Risiko-Profil sollte bestätigt werden.

Die gebräuchlichste Technik zur summativen Bewertung ist der Benutzertest unter realen oder simulierten Bedingungen. Die Simulation wird unter den repräsentativsten verfügbaren Umgebungsbedingungen durchgeführt. Echte Patienten werden jedoch in der Regel nicht einbezogen, da es unethisch wäre, Menschen zu involvieren und sie somit durch ein Gerät, das sich noch in der technischen Validierung befindet, Risiken auszusetzen.

Die Moderatoren sollten darin geschult sein, mögliche Fehler und gefährliche Situationen zu erkennen, während sie die Benutzer bei der Durchführung von Aufgaben mit dem Medizinprodukt beobachten. Normalerweise bitten die Moderatoren die Testteilnehmer, laut zu denken, um den kognitiven Prozess, der jeder Benutzeraktion zugrunde liegt, durch Anwendung der PCA-Technik besser zu verstehen. Dennoch sollten die Moderatoren während der Durchführung des Tests völlig unparteiisch sein und keine Ratschläge, Korrekturen oder zusätzliche Informationen zum Gerät und seine Verwendung geben, da dies die Durchführung des Tests beeinflussen würde. Der Benutzer wird versucht sein, den Moderatoren Fragen zu stellen, da er das Gerät während des Usability-Tests zum ersten Mal sieht. Der Moderator sollte in der Lage sein, die Schwierigkeiten des Benutzers einzuschätzen und zu verstehen, ob es sich um blockierende Probleme handelt oder nicht. Im letzteren Fall kann der Moderator dem Benutzer helfen, den Gebrauchstauglichkeitstest abzuschließen, während im Falle einer einfachen Unsicherheit des Benutzers keine Ratschläge oder Hilfe gegeben werden sollten.

Alle vom Nutzer gestellten Fragen sollten erst nach der vollständigen Durchführung des Tests beantwortet werden und von zusätzlichen Fragen des Moderators begleitet sein, die darauf abzielen, die Ursachen für die Unsicherheiten und Fehler des Nutzers besser zu verstehen. Die Fragen dürfen niemals die Meinung oder Wahrnehmung des Moderators enthalten, sondern sollten den Anwender lediglich dazu auffordern, seine Gedanken und Gefühle zu äußern.

Diese unstrukturierten Interviews könnten auch dazu dienen, Kommentare und zusätzliche Vorschläge für künftige Verbesserungen zu sammeln, während strukturiertere Fragebögen den Nutzern zur Verfügung gestellt werden könnten, um deren Wahrnehmung in Bezug auf einen bestimmten Aspekt der Benutzeroberfläche zu beurteilen und zu bewerten.

***

Um zu veranschaulichen, wie kombinierte Risikoidentifizierungstechniken angewandt werden können, um Konstruktionsiterationen zur Risikominimierung zu generieren, die auf sichere Konstruktionslösungen abzielen, wird im folgenden Abschnitt eine Fallstudie vorgestellt, in der erläutert wird, wie FMEA- und Finite-Elemente-Methode (FEM)-Simulationen synergetisch angewandt werden, um Risiken zu erkennen und zu vermeiden.

4.5 Fallstudie: Risikominderung in einer Open-Source-Gesichtsschutzschiene

Kap. 9 dieses Handbuchs befasst sich mit dem personalisierten Design von OSMDs und stellt in Abschn. 9.3 als Fallstudie die personalisierten Designmethoden und -ressourcen für die Erstellung einer konzeptionellen Gesichtsschutzschiene vor, einem medizinischen Hilfsmittel für die sichere Ausübung von Sport während der Genesung einer gebrochenen Nase. Diese Hilfsmittel werden in der Regel speziell für Sportler (z. B. Fußball-/Basketballspieler) entwickelt, können aber von Open-Source-Methoden profitieren, um eine größere Anzahl von Benutzern zu erreichen. Nun wird ein solches Konzept unter dem Gesichtspunkt der Benutzerfreundlichkeit und Risikominimierung analysiert und entsprechend umgestaltet, um einige der in diesem Kapitel vorgestellten Techniken zu veranschaulichen: FMEA und Finite-Elemente-Methode (FEM)-Simulationen werden synergetisch eingesetzt.

Zur Förderung der Sicherheit bei der Entwicklung von Medizinprodukten erweist sich der Einsatz der Technik der Fehler- und Einflussanalyse und verwandter Methoden als interessant für Re-Engineering-Zwecke, wie bereits in den vorangegangenen Abschnitten beschrieben. Die Technik arbeitet nach einem „Was passiert, wenn …“-Ansatz, der sich auf die Funktionen konzentriert, die die Medizinprodukte erfüllen sollen, und auf die damit verbundenen möglichen Fehler aufgrund von fehlerhaftem Design, Verarbeitung, Leistung und Benutzerfreundlichkeit. Für jeden möglichen Fehler und jede damit verbundene Auswirkung wird ein Prioritäts-Risiko-Index (PRI) berechnet, indem die Wahrscheinlichkeit (P), die Erkennbarkeit (D) und der Schweregrad (S) des Fehlers multipliziert werden. Wahrscheinlichere, schwerwiegendere und schwieriger zu erkennende falsche Betriebsbedingungen oder Ausfälle erhalten höhere Werte, typischerweise auf einer Skala von 1–10. Sobald die PRI-Werte berechnet sind, werden Entscheidungen zur Neugestaltung oder zum Re-Engineering vorgeschlagen, und die PRIs werden für die neue Situation berechnet.

Die Methodik wurde auf die vorliegende Gesichtsschutzschiene angewendet, und die Ergebnisse der FMEA-Analyse sind in Abb. 4.10 zusammengefasst. Wir haben uns auf die wichtigsten Fehler entsprechend ihrem PRI konzentriert und ver-

OPERATION (p-process) or FUNCTION d-design)	Failure №	POTENTIAL FAILURES			INITIAL STATE				RE-DESIGN AND IMPROVED STATE (aiming at all PRIs below 30)				
		FAILURE MODE	EFFECTS	REASONS FOR THE FAILURE MODE	P	S	D	PRI	DESCRIPTION	P	S	D	PRI
1. Comfort: composite fabrics in contact with skin (d)	1.1	Roughness	Uncomfort, potential skin irritation	Fabric degradation (d)	5	6	10	300	Polishing, quality control step and textile cover (d & p)	2	5	1	10
	1.2	Sharp edges (p)	Cuts	Inadequate cut and polishing(p)	3	10	5	150	Polishing, quality control step and textile cover (d & p)	2	10	1	20
	1.3	Lack of space between fabric and face / lack of elasticity	Sweat, smell	Debris and dirt (d)	8	6	0	0	Washable textile cover (d)	3	1	0	0
				Excessive contact pressure (d)	7	7	10	490	Protective flexible pads (d)	2	2	5	20
2. Protection agains frontal impact (d)	2.1	Fibre breakage	Part of the impact absorbed by injured part of face / Eventual cut with composite fibres	Wrong resin curing (p)	3	8	8	192	Improvement of heating and cooling system with sensorized quality control (p)	1	6	4	24
				Wrong resin quantity (p)	2	8	7	112	Quality control supported by active thermography (p)	1	6	3	18
				Incorrect fibre alignment (p)	3	8	3	72	Quality control supported by active thermography (p)	1	6	1	6
	2.2	Mask impacts the ocular region	Eventual lid or face injury or cut	Wrong geometry and lack of visibility promotes impact (d)	7	10	5	350	Redesign splint with a larger clearance in ocular region for enhanced visibility, use protective flexible pads (d)	2	7	2	28
	2.3	Excesive deformation wihout break	Part of the impact absorbed by injured part of face	Defective material (p)	3	6	7	126	Quality control testing random probes from suppliers (p)	1	6	3	18
				Inadequate design (d)	2	6	3	36	Incorporate reinforcements, embed in PDMS, add flexible protetive pads (d)	1	3	3	9
3. Splint location and fixation (d)	3.1	Lack of pressure from the supporting strips	Spint movement leading to uncomfort and wrong performance	Loosened supporting strips (d)	7	2	8	112	Use of prestressed strip fixation (d)	3	2	5	30
4. Splint manufacture (multi-step process) (p)	4.1	Loss of geometrical quality	Wrong adjustment of splint upon face	Wear (p)	3	7	7	147	Change mold used for lamination every three splints (p)	1	5	5	25

Abb. 4.10 Ergebnisse der FMEA-Analyse und Vorschläge zur Neugestaltung oder Wiederaufbereitung. Wahrscheinlichkeit (P), Entdeckbarkeit (D) und Schweregrad (S) werden auf einer Skala von 1–10 bewertet, und der Prioritäts-Risiko-Index (PRI) wird berechnet PRI = P–D–I. Die Auswirkungen von Verbesserungen werden quantifiziert

sucht, Situationen zu erreichen, in denen der Gesamt-PRI unter 30 liegt, einem Wert, der von uns als geringes Risiko angesehen wird. Von den vorgeschlagenen Änderungen am ursprünglichen Konzept und den vorläufigen Prototypen in Bezug auf Design und Verarbeitung (Herstellung und Nachbearbeitung) sind folgende hervorzuheben: 1. Der freie Bereich um die Augen wurde vergrößert, um potenzielle Schäden zu vermeiden. 2. Der Einbau flexibler Pads in den Bereich, der mit der Stirn und den Wangen in Berührung kommt, wurde vorgeschlagen, um einen direkten Hautkontakt sowie eventuellen Abrieb zu vermeiden und eine bessere Schutzfunktion im Fall eines Aufpralls zu gewährleisten. 3. Es wird eine Nachbehandlung nach dem Autoklavieren gefordert, die zu weicheren Außenflächen des Verbundlaminats führt, und es wird eine Qualitätskontrolle mit randomisierten Versuchen vorgeschlagen. 4. In besonderen Fällen kommt eine Textil- oder Polydimethylsiloxan (PDMS)-Abdeckung zum Einsatz, die auf die gesamte Schiene aufgetragen wird, um sie vollständig zu zu umhüllen. Die Gesamtstruktur der umgestalteten Schiene ist in Abb. 4.11 dargestellt.

NX 8.5 (Siemens PLM Solutions) wird sowohl als CAD-Modellierungssoftware als auch für die FEM-Simulationen verwendet, die auf eine solche Geometrieoptimierung abzielen (hauptsächlich Dickenoptimierung in Bezug auf die Anzahl der verwendeten Lagen für eine verbesserte Produktion bei gleichzeitiger Einhaltung der gewünschten mechanischen Leistung). Der NX Nastran Structural Solver des erweiterten Simulationsmoduls von NX-8.5 wurde für die Durchführung der in Abb. 4.12 und 4.13 dargestellten mechanisch-statischen Analysen verwendet. Das endgültige Design der Schiene, das auf der Laminierung von 4 Lagen, 6 Lagen und 8 Lagen vorimprägnierter Kohlefasermatten basiert, wurde bewertet.

In allen Fällen wurde aufgrund der laminaren Geometrie ein zweidimensionales Netz verwendet, das auch für die Definition der Eigenschaften der verschiedenen Lagen und für die Anwendung und Untersuchung der Auswirkungen der Lagenzahl

Abb. 4.11 Vorgeschlagenes Design nach FMEA-Analyse: Verbesserter Komfort und bessere Sicht bei gleichzeitiger Minimierung der Risiken für die Augen

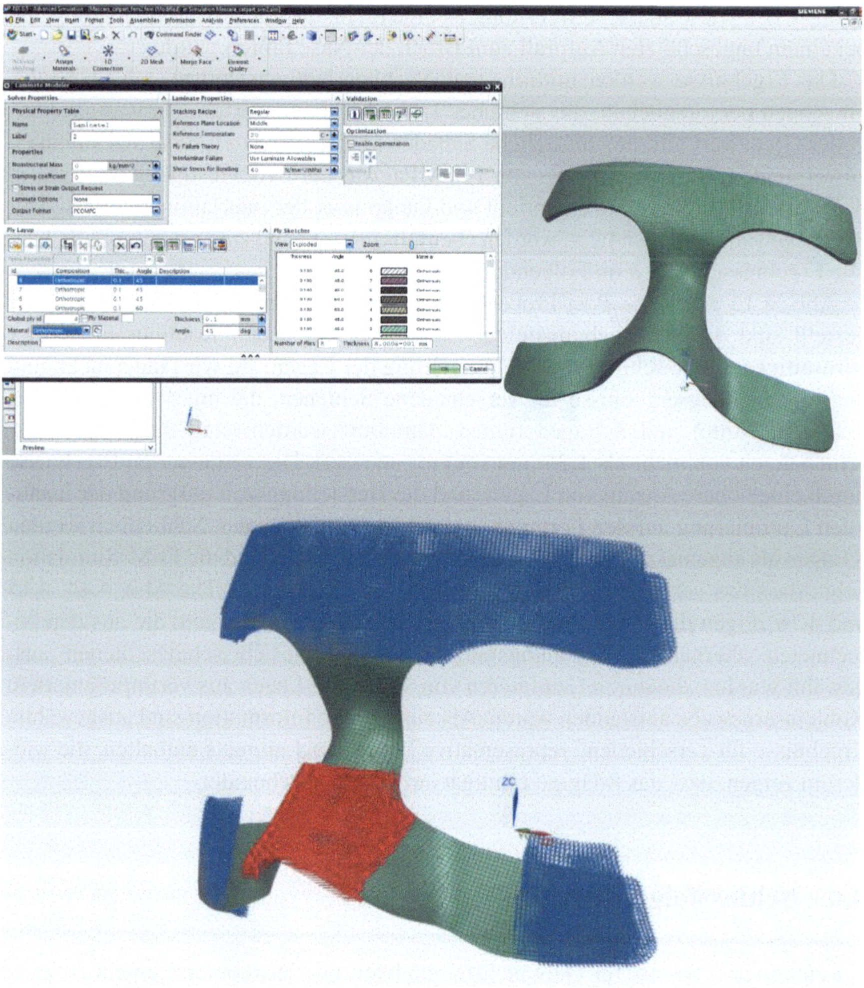

Abb. 4.12 Vorbearbeitungsschritt für die Finite-Elemente-Modellierung der Gesichtsschutzschiene. Zunächst wird ein 2D-Netz angelegt und das Verbundmateriallaminat definiert, indem die Eigenschaften der verschiedenen Lagen eingeführt werden, die nacheinander laminiert und schließlich autoklaviert werden, um das endgültige Laminat oder die Verbundschiene zu erhalten. Dann wird der Kontakt mit der Stirn und den Wangen sowie eine Kraft von 200 N auf den Nasenbereich als Rand- und Belastungsbedingungen angenommen

auf die endgültige Leistung geeignet ist. Die Materialeigenschaften wurden auf die Lagen gemäß den Herstellerangaben und den üblichen CFK-Datenblättern (kohlenstofffaserverstärkte Polymere) übertragen, als Schätzung für nicht verfügbare Daten. Jede Lage wird als orthotropes Material mit $E_x = E_y = 130$ GPa, $G_{xy} = 4{,}2$ GPa, Poisson-Verhältnissen von 0,25 und einer spezifischen Masse von 1500 kg/m^3 simuliert. Es werden Randbedingungen zur Darstellung des Kontakts mit der Stirn und den Wangen und eine Last von 200 N senkrecht zur Nasenregion angenommen

(Abb. 4.12). Diese statische Belastung ist eine recht anspruchsvolle Bedingung, die bei einem ungeschützten Aufprall zum Bruch der Nase führen würde.

Die Ergebnisse werden mithilfe von Nachbearbeitungswerkzeugen überprüft, um Zonen hervorzuheben, die sich über 1,25 mm hinaus verformen, was als sinnvoller Grenzwert gilt, um zusätzliche Schäden an der verletzten Nase des Patienten zu vermeiden. Bereiche jenseits von 140 MPa, was der Druckfestigkeit der Lage in der schwächsten Richtung entspricht und knapp über der interlaminaren Festigkeit der ausgewählten Lagen liegt, werden ebenfalls erkannt und sind rot hervorgehoben. Die Ergebnisse werden im Folgenden diskutiert.

Abb. 4.13 zeigt das Post-Processing der durchgeführten FEM-Analyse. Dargestellt sind die Verschiebungsfelder für die verschiedenen Konfigurationen der stirnseitigen Schutzschienen. Die Optimierung der Lagenzahl wird untersucht, und die Verschiebungsergebnisse für verschiedene Schienen, die mit 4 Lagen (oben), 6 Lagen (Mitte) und 8 Lagen (unten) laminiert wurden, sind dargestellt. Verschiebungen von mehr als 1,25 mm sind rot markiert. Die verbesserten Ergebnisse durch eine höhere Anzahl von Lagen (und die Herstellungszeit aufgrund der manuellen Laminierung auf den Formen) sind deutlich zu erkennen. Schließlich werden 8 Lagen als angemessen für die Ausschreibung angesehen, und die FEM-Simulation zeigt, dass das verbesserte Design von Abb. 4.12 korrekt ist. Die Abb. 4.14, 4.15 und 4.16 zeigen die Ergebnisse der maximalen Hauptspannungen, die aus den berechneten alternativen Spannungsfeldern für die Gesichtsschutzschienen ausgewählt wurden, die durch Laminieren von 4, 6 und 8 Lagen aus vorimprägniertem Kohlefasergewebe entstanden waren. Als zusätzliche Information sind ausgewählte Ergebnisse für verschiedene repräsentative Lagen des Laminats enthalten, die wiederum zeigen, dass das 8-lagige Laminat am besten abschneidet.

4.6 Schlussfolgerungen

Ein integrierter Ansatz für Gebrauchstauglichkeit und Risikomanagement ist zwar generell komplex, lässt sich aber leicht an den Entwurfsschritt, die Art des zu bewertenden Medizinprodukts und die verfügbaren Ressourcen anpassen. Die Konstrukteure sollten über einen vollständigen Werkzeugkasten für die Gebrauchstauglichkeit verfügen und in der Lage sein, für jede ihrer Konstruktionen geeignete Werkzeuge auszuwählen. Die Integration von Gebrauchstauglichkeitsbewertungen in das umfassendere Risikomanagement führt zu sichereren und intuitiveren Medizinprodukten, was sowohl den Patienten als auch den professionellen Anwendern zugute kommt. Unsere Gruppe hat diese Methode zwar in mehreren Fällen getestet, wir würden uns jedoch wünschen, dass sie auf breiter Basis angewendet wird. Mit zunehmender Erfahrung kann diese Methode verfeinert, an unterschiedliche kulturelle Gegebenheiten und verschiedene technische Fertigkeiten angepasst und mit gerätespezifischen Tools aktualisiert werden. Außerdem können diese Techniken in die Maßnahmen zur Risikominderung integriert werden, die für eine angemessene Verwaltung und den Schutz von Patientendaten erforderlich sind.

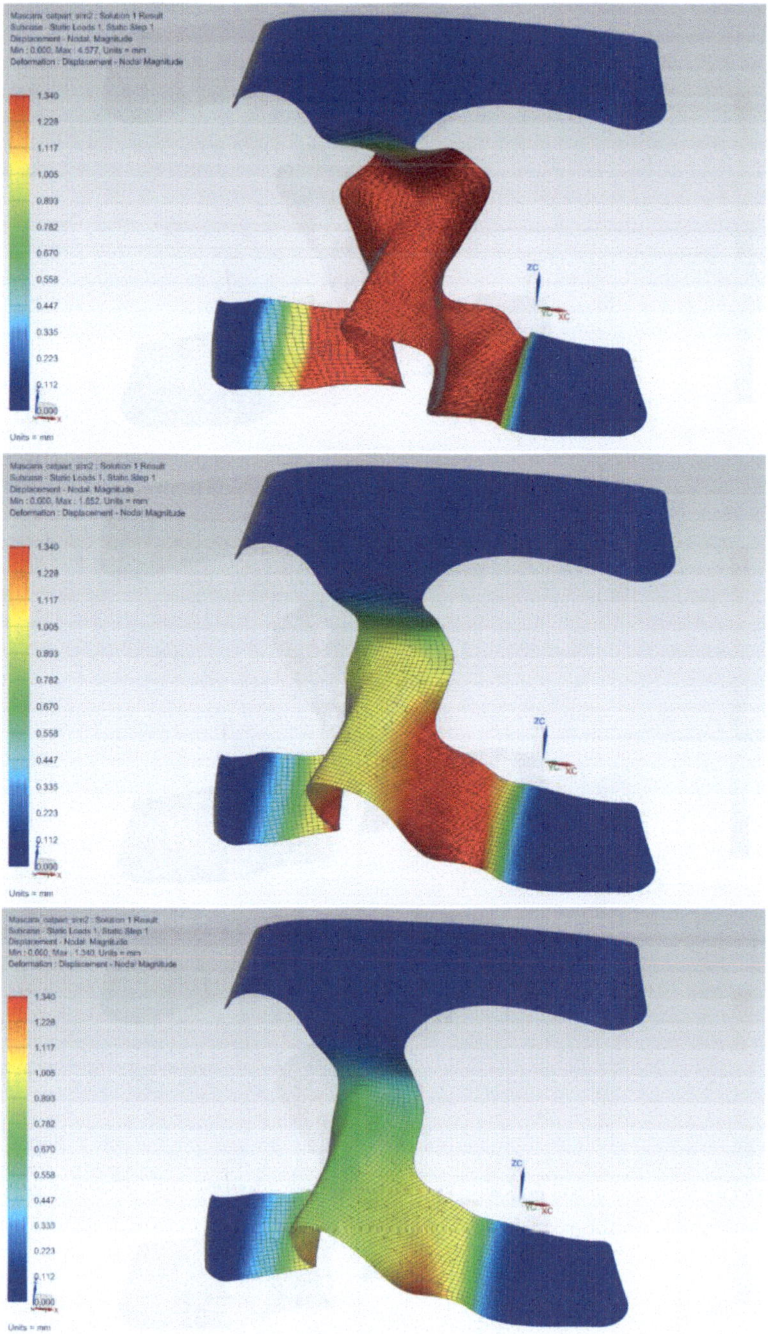

Abb. 4.13 Post-Processing der FEM-Analyse: Verschiebungsfelder für verschiedene Konfigurationen von Gesichtsschutzschienen. Optimierung der Lagenzahl und Verschiebungsergebnisse für Schienen, die mit 4 Lagen (oben), 6 Lagen (Mitte) und 8 Lagen (unten) laminiert wurden. Verschiebungen von mehr als 1,25 mm sind rot markiert. Es wird deutlich, dass sich die Ergebnisse durch eine höhere Anzahl von Lagen verbessern; 8 Lagen werden für die Ausschreibung als ausreichend angesehen

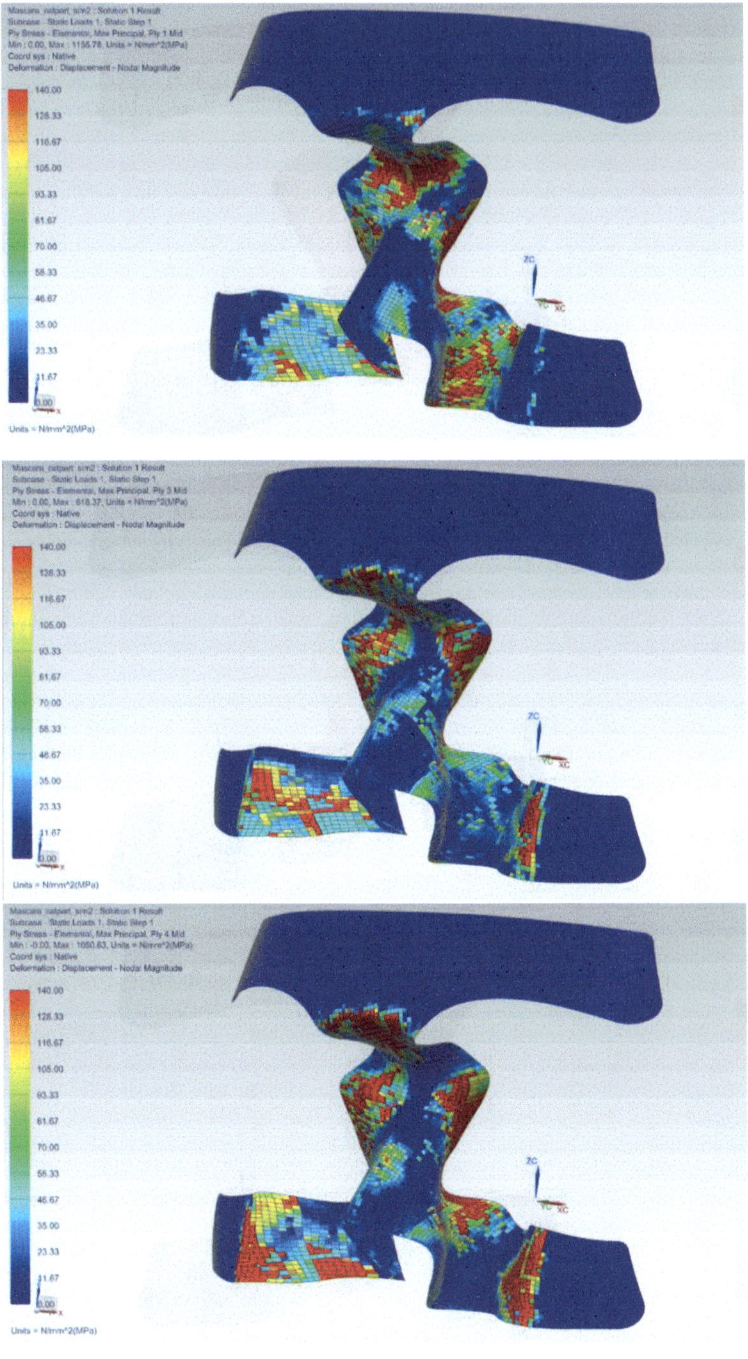

Abb. 4.14 Post-Processing der FEM-Analyse: Ergebnis der maximalen Hauptspannung für eine Gesichtsschutzschiene, die durch Laminieren von 4 Lagen eines vorimprägnierten Kohlefasergewebes entstanden war. Auswahl der Ergebnisse für verschiedene repräsentative Lagen des Laminats: Äußere Lage (oberes Bild), mittlere Lage (mittleres Bild) und innere Lage (unteres Bild)

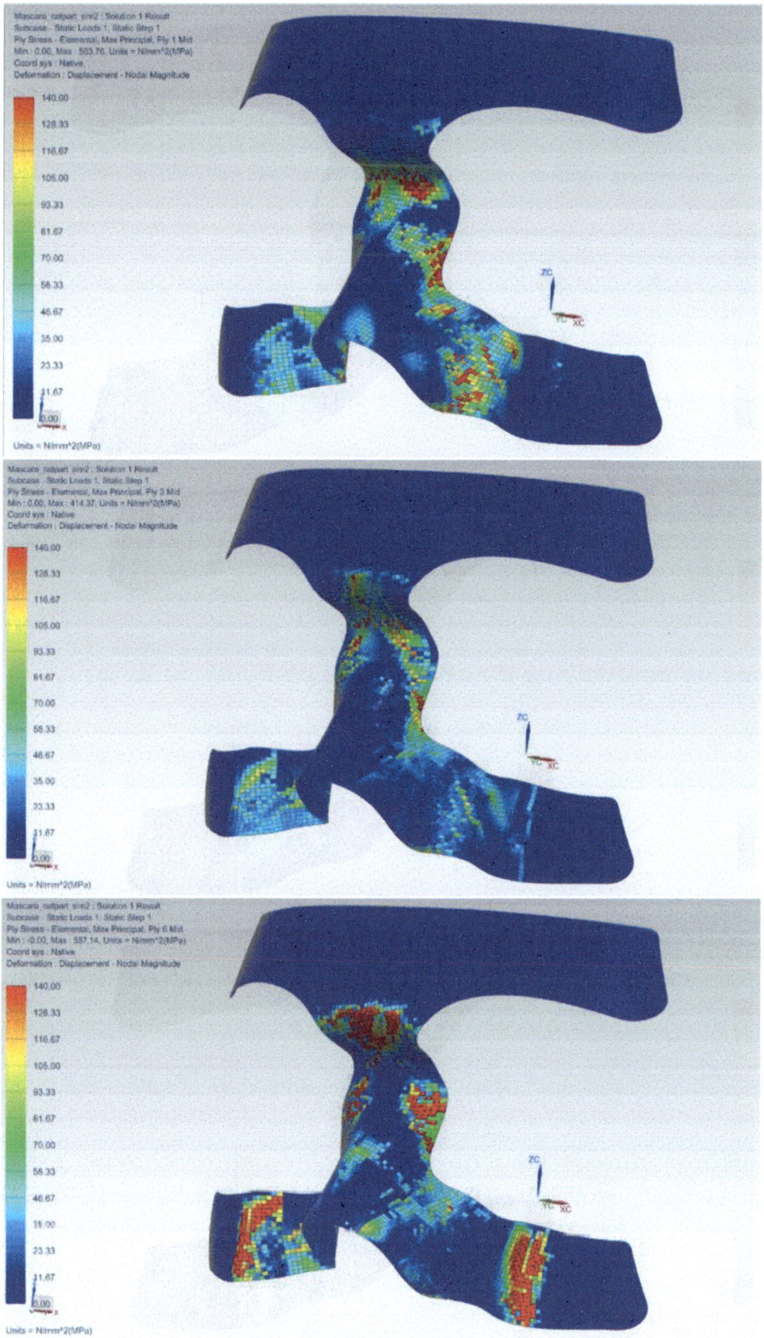

Abb. 4.15 Post-Processing der FEM-Analyse: Ergebnis der maximalen Hauptspannung für eine Gesichtsschutzschiene, die durch Laminieren von 6 Lagen eines vorimprägnierten Kohlefasergewebes entstanden war. Auswahl der Ergebnisse für verschiedene repräsentative Lagen des Laminats: Äußere Lage (oberes Bild), mittlere Lage (mittleres Bild) und innere Lage (unteres Bild)

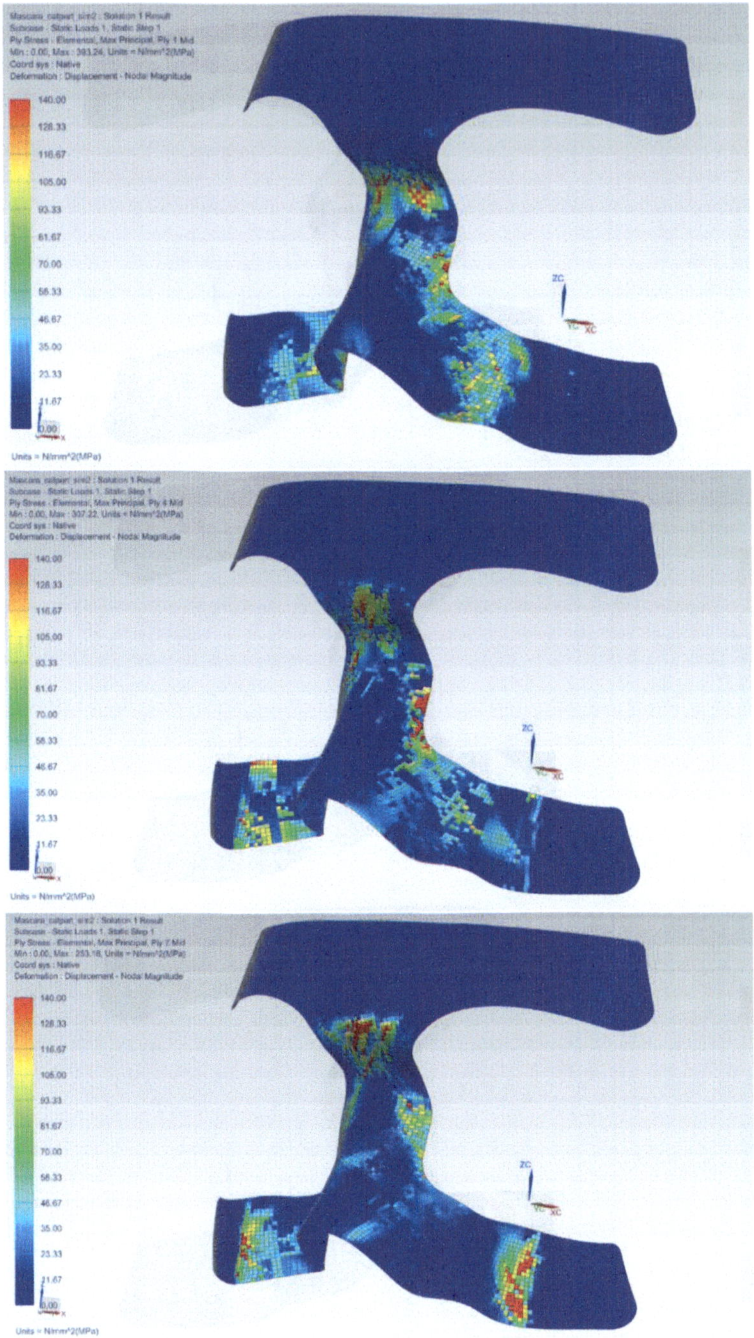

Abb. 4.16 Post-Processing der FEM-Analyse: Ergebnis der maximalen Hauptspannung für eine Gesichtsschutzschiene, die durch Laminieren von 4 Lagen eines vorimprägnierten Kohlefasergewebes entstanden war. Auswahl der Ergebnisse für verschiedene repräsentative Lagen des Laminats: Äußere Lage (oberes Bild), mittlere Lage (mittleres Bild) und innere Lage (unteres Bild)

Zur Veranschaulichung der beschriebenen Methoden und Techniken wurden mehrere Fallstudien für elektromedizinische Geräte, invasive Geräte, eigenständige Software und Schutzschienen u. a. vorgestellt. Diese Beispiele können dazu dienen, die Flexibilität und Skalierbarkeit dieser Methode unter Beweis zu stellen. Außerdem wurden einige Schlüsselaspekte im Zusammenhang mit der Anwendung dieser Methoden auf Projekte, die aus offenen Innovationsprogrammen hervorgehen und als Open-Source-Medizinprodukte und -Technologien bereitgestellt werden, dargelegt. Interessanterweise bieten OSMDs die Möglichkeit, ein breiteres Spektrum potenzieller Nutzer in die Schritte des partizipativen Designs und der Iterationstests einzubeziehen. Nach Ansicht der Autoren lassen sich die Methoden der OSMD dank ihres iterativen Ansatzes leicht in den Usability-Design-Prozess integrieren.

Danksagung Die Autoren danken den Verantwortlichen des UBORA-Projekts „Euro-African Open Biomedical Engineering e-Platform for Innovation through Education", das im Rahmen des Forschungs- und Innovationsprogramms „Horizon 2020" der Europäischen Union unter der Fördervereinbarung Nr. 731053 finanziert wird.

Adrián Martínez Cendrero und Rodrigo Zapata Martínez danken wir für ihre Unterstützung bei den personalisierten Designverfahren im Zusammenhang mit der Fallstudie über die Gesichtsschiene.

Literatur

Brooke, J. (1996, September). SUS – A quick and dirty usability scale. *Usability Evaluation in Industry, 189*, 4–7.

Council of the European Communities. (1993, July 12). COUNCIL DIRECTIVE 93/42/EEC of 14 June 1993 concerning medical devices – ANNEX I. *Official Journal of the European Communities, 36*, 13–18.

European Parliament and Council of the European Union. (2017, May 5). Regulation 2017/745 on medical devices, amending Directive 2001/83/EC, Regulation (EC) No 178/2002 and Regulation (EC) No 1223/2009 and repealing Council Directives 90/385/EEC and 93/42/EEC. *Official Journal of the European Union*, 1–175.

International Electrotechnical Commission. (2015). *IEC 62366-1:2015 Medical devices – Part 1: Application of usability engineering to medical devices* (1. Aufl.). International Electrotechnical Commission.

International Electrotechnical Commission. (2016). *IEC TR 62366-2:2016 Medical devices – Part 2: Guidance on the application of usability engineering to medical devices* (1. Aufl.). International Electrotechnical Commission.

International Organization for Standardization. (2007). *ISO 14971:2007 Medical devices – Application of risk management to medical devices* (2. Aufl.). International Organization for Standardization.

International Organization for Standardization. (2016). *ISO 13485:2016 Medical devices – Quality management systems – Requirements for regulatory purposes* (3. Aufl.). International Organization for Standardization.

Kirwan, B., & Ainsworth, L. (1992). *A guide to task analysis: The task analysis working group*. Taylor & Francis.

Mayberry, J. F. (2007). The design and application of effective written instructional material: A review of published work. *Postgraduate medical journal, 83*(983), 596–598. https://doi.org/10.1136/pgmj.2006.053538

Ravizza, A., Díaz Lantada, A., Ballesteros Sánchez, L., Sternini, F., & Bignardi, C. (2019). Techniques for usability risk assessment during medical device design. In *Proceedings of the 12th international joint conference on biomedical engineering systems and technologies – Volume 1: Biodevices* (S. 207–214). isbn:978-989-758-353-7. https://doi.org/10.5220/0007483102070214

Sternini, F., et al. (2021). *Usability assessment of an intraoperative planning software*. In Proceedings of the 14th International Joint Conference on Biomedical Engineering Systems and Technologies (S. 483–492). SCITEPRESS – Science and Technology Publications. https://doi.org/10.5220/0010252904830492

U.S. Food & Drug Administration. (2016, February 3). Applying human factors and usability engineering to medical devices. *Guidance for Industry and Food and Drug Administration staff.* https://www.fda.gov/downloads/medicaldevices/.../ucm259760.pdf. Zugegriffen im December 2021.

Kapitel 5
Human-Centered-Design-Prinzipien für Open-Source-Medizinprodukte

Elizabeth Johansen, Mark Fisher, Andrés Díaz Lantada, Carmelo De Maria und Arti Ahluwalia

5.1 Einleitung

Laut ISO 9241-210:2019 ist „menschzentriertes Design (HCD) ein Ansatz für die Entwicklung interaktiver Systeme, der darauf abzielt, Systeme nützlich und anwendbar zu machen, indem man sich auf die Benutzer, ihre Bedürfnisse und Anforderungen konzentriert und menschliche Faktoren/Ergonomie sowie Usability-Wissen und -Techniken einsetzt. Dieser Ansatz erhöht die Effektivität und Effizienz, verbessert das menschliche Wohlbefinden, die Benutzerzufriedenheit, die Zugänglichkeit und die Nachhaltigkeit und wirkt möglichen negativen Auswirkungen der Nutzung auf die menschliche Gesundheit, Sicherheit und Leistung entgegen."

In gewisser Weise integriert und transzendiert das menschenzentrierte Design jedoch die Konzepte der Benutzerfreundlichkeit, Sicherheit und Ergonomie und dringt in den Bereich von Hedonismus gepaart mit Ökonomie ein, indem es be-

E. Johansen (✉)
Spark Health Design, Hanover, USA

Design that Matters, Redmond, USA
E-Mail: elizabeth@sparkhealthdesign.com

M. Fisher
Department of Biomedical Engineering, Northwestern University, Evanston, USA

Mission Product Development, Highland Park, USA

A. Díaz Lantada
Mechanical Engineering Department, Universidad Politécnica de Madrid, Madrid, Spain
E-Mail: andres.diaz@upm.es

C. De Maria · A. Ahluwalia
Research Center "E. Piaggio" and Department of Information Engineering, University of Pisa, Pisa, Italy
E-Mail: carmelo.demaria@unipi.it

A. Ahluwalia et al. (Hrsg.), *Entwicklung von Open-Source-Medizinprodukten*,
https://doi.org/10.1007/978-3-031-26028-5_5

friedigenderen Benutzererfahrungen anstrebt und menschliche Wünsche und soziokulturelle Aspekte als untrennbar mit einer erfolgreichen Produktentwicklung verbunden betrachtet. Medizinische Geräte sind aufgrund ihrer engen Interaktion mit dem menschlichen Körper, ihrer kombinierten physischen und psychologischen Wirkungen und ihrer extremen Bedeutung für Gesundheit und Wohlbefinden ganz besondere Produkte, für die die Anwendung der Prinzipien des menschenzentrierten Designs von besonderer Bedeutung ist. Darüber hinaus ist HCD im Wesentlichen mit Zuverlässigkeit verbunden: Medizinische Geräte müssen nicht nur benutzbar, sicher und anwenderfreundlich sein, sondern auch in einer bestimmten Umgebung, bei einem bestimmten Arbeitsablauf und mit bestimmten Fähigkeiten zuverlässig funktionieren. Die Fähigkeit, sich an die Bedürfnisse der Nutzer in sehr unterschiedlichen Umgebungen anzupassen, ist entscheidend dafür, dass sich medizinische Technologien in den meisten Teilen der Welt durchsetzen und eine wirklich globale Wirkung entfalten können.

Um einige Beispiele zu nennen: Das Bedürfnis nach Privatsphäre kann sich auf die äußere Form eines Geräts auswirken, um es weniger sichtbar zu machen und potenzielle Stigmata zu minimieren (TED Talk von Krista Donaldson (2013) über D-Rev); kulturelle Unterschiede können die Nutzung beeinflussen und sogar zu unerwarteten Risiken führen, sodass für internationale Märkte unterschiedliche Konfigurationen erforderlich sein können. Gesundheitstechnologien, die für Kinder entwickelt wurden, können von einer verbesserten Bespielbarkeit, benutzerfreundlicheren Schnittstellen und Hilfsmitteln zur Erklärung von Verfahren durch Rollenspiele profitieren (Beispiel: Philips MRT für Kinder); oder der Wunsch nach Personalisierung, auch aus ergonomischen und ästhetischen Gründen, kann sich radikal auf die ausgewählten Fertigungstechnologien auswirken und somit die Lieferkette neu konfigurieren.

Das vorliegende Kapitel ergänzt die in Kap. 3 dargelegten Aspekte, in dem es um die Einbeziehung von Patienten, Angehörigen der Gesundheitsfachberufe und Anwendern im Allgemeinen ging, um den medizinischen Bedarf zu ermitteln, der als Ausgangspunkt für die Entwicklung relevanter Medizinprodukte dient. Die Themen dieses Kapitels stehen auch im Zusammenhang mit denjenigen von Kap. 4, in dem innovative Ansätze für sicherere Medizinprodukte vorgestellt wurden, indem Techniken zur Verbesserung der Benutzerfreundlichkeit mit Methoden zur Risikominimierung vernetzt wurden. Die hier erläuterten menschenzentrierten Strategien knüpfen an diese Themen an, erläutern jedoch ausführlicher, wie menschliche Faktoren bei der Entwicklung neuartiger Medizinprodukte zum Tragen kommen und wie sie eng mit dem gesamten Lebenszyklus von Gesundheitstechnologien verwoben sind.

Im Verlauf des Kapitels werden die wichtigsten international anerkannten Normen, Grundsätze und Methoden im Zusammenhang mit HCD detailliert beschrieben, zusammen mit speziellen Überlegungen und Methoden/Techniken für ihre Anwendung auf Medizinprodukte. Diese Grundsätze, Methoden und Techniken werden anhand eines Arbeitsablaufs für die Entwicklung von Medizinprodukten beschrieben, der zuverlässigen Konstruktionsmethoden gemeinsam ist und Schritte umfasst, die eng mit den in ISO 13485 und im UBORA-CDIO-Modell für Open-Source-Medizinprodukte beschriebenen Schritten verwandt sind (siehe Kap. 2). Im Wesentlichen werden die Phasen Teambildung, Erkennung von Nutzerbedarfen,

Synthese, Ideenfindung, Prototyping, Bewertung und detaillierter Entwurf durch die Anwendung von HCD-Strategien abgedeckt und verbessert.

Die Vorteile von HCD für die Entwicklung medizinischer Geräte werden anhand einer Fallstudie veranschaulicht, die die vollständige Entwicklung eines Phototherapiegeräts zur Behandlung von Gelbsucht in unterversorgten Gebieten in den meisten Ländern der Welt beschreibt.[1,2] Das Firefly-Gerät wurde gemeinsam mit der East Meets West Foundation, MTTS, und Design that Matters (DtM) im Rahmen einer Vereinbarung entwickelt, in der auf jegliche Vertraulichkeit verzichtet wurde und die es den Parteien ermöglichte, das daraus resultierende geistige Eigentum uneingeschränkt zu nutzen. Herkömmliche Rahmenregelungen für Vertraulichkeit, Produktlizenzen und Lizenzgebühren waren unvereinbar mit einem offenen, kollaborativen Entwicklungsprozess, an dem Hunderte von Studenten und professionellen Freiwilligen, Dutzende von Fachleuten in den USA und in Schwellenländern beteiligt waren und bei dem der Schwerpunkt des Projekts auf den globalen Auswirkungen auf die Gesundheit lag. Im Jahr 2020 kündigte MTTS eine Vereinbarung mit Africa Health Supplies an, um die Herstellung des kompletten MTTS-Gelbsucht-Kits in Ghana zu erweitern, einschließlich der Firefly-Phototherapie. Da das Design nicht durch Patente geschützt ist, kann es nachgebaut werden, ohne eine Vertragsstrafe befürchten zu müssen.

Es ist wichtig zu betonen, dass die HCD-Prinzipien universell sind und für alle Bereiche der Produktentwicklung und für alle Arten von medizinischen Innovationen gelten. Die positiven Synergien zwischen menschenzentrierten und Open-Source-Ansätzen für die Entwicklung zugänglicher und gesellschaftlich relevanter Gesundheitstechnologien werden ebenfalls diskutiert.

5.2 Prinzipien und Auswirkungen von Human-Centered Design und verwandten Methoden

Das Wort *Design* ruft oft Bilder von Mode und Kunst hervor. Im HCD bezeichnet das Wort *Design* den Akt der beabsichtigten Schaffung von etwas Sinnvollem. Die branchenüblichen Praktiken der Human Factors, der Gebrauchstauglichkeitstechnik und der Benutzererfahrung sind in der HCD enthalten (Harte et al., 2014). HCD erweitert jedoch den Fokus über den unmittelbaren Nutzer hinaus, um die Motivationen, Präferenzen und Standpunkte aller Interessengruppen zu erforschen, die

---

[1] Die Grundsätze des menschenzentrierten Designs und die Fallstudie wurden bereits als Open-Source-Artikel unter einer Creative Commons CC-BY-Lizenz veröffentlicht: Fisher, M. und Johansen, E. „Human centered design of medical devices and diagnostics in global health", Global Health Innovation 3(1), 1–15, 2020. Der Artikel ist hier zur Veranschaulichung der Abschnitte 2, 3 und 5 mit Genehmigung der Zeitschrift abgedruckt, da die Strategien der menschenzentrierten Gestaltung für alle Arten von Gesundheitstechnologien gelten, auch für OSMD.

[2] Der Begriff „Mehrheitswelt" bezieht sich auf die 80 % der Menschheit, die von 10 Dollar oder weniger pro Tag leben.

sich auf den Vertrieb, die Akzeptanz und die Auswirkungen eines Produkts auswirken werden. Im Kontext der Medizintechnik (Medtech) kann das Spektrum der Stakeholder sehr breit gefächert sein.

In ihrer wirkungsvollsten Form fordert HCD die Praktiker auf, über die Frage hinauszugehen, ob ein Produkt sicher, wirksam und verkäuflich ist, und zu fragen, ob es die beabsichtigte Wirkung in den Gemeinschaften entfalten wird. Manche nennen die Anwendung von HCD auf positive soziale Auswirkungen „Design for Social Impact". Die Autoren schlagen vor, dass der Aufbau auf dem Wissen und der Wahrnehmung der Gemeinschaften, die die Produkte annehmen werden, von entscheidender Bedeutung ist, um eine signifikante positive Wirkung zu erzielen. Mit Medizintechnik, die für bestimmte Kontexte und spezifische Nutzer konzipiert ist, lassen sich die seit langem bestehenden globalen Gesundheitsprobleme verbessern – von der Verringerung der Kindersterblichkeit durch Lungenentzündung bis hin zum Umgang mit chronischen Krankheiten wie Diabetes mellitus. Die Autoren haben die Erfahrung gemacht, dass HCD eine Reihe leistungsfähiger Methoden und Denkweisen enthält, um das Ziel einer wirkungsvollen Technologie zu erreichen. Mit HCD können Teams:

- die wesentlichen Bedürfnisse der verschiedenen Interessengruppen ermitteln, die am Erfolg der Medizintechnik für die globale Gesundheit beteiligt sind,
- kreative Lösungen generieren,
- schnell und effektiv Produktalternativen bewerten ohne monatelange Tests,
- schnell zu einer optimalen Lösung gelangen, die den kritischen Bedürfnissen der direkten Nutzer und anderer Beteiligter gerecht wird.

Die in diesem Kapitel beschriebenen HCD-Methoden haben ihre Wurzeln in mehreren Designtraditionen, die von Giacomin (2014) gut beschrieben werden, insbesondere in den Traditionen der Ethnografie, des partizipativen Designs, des Co-Designs, des kontextuellen Designs und des empathischen Designs, die von Steen (2011) vorgestellt und beschrieben werden.

Die HCD-Praxis wurde in den 1980er- und 1990er-Jahren von Unternehmen wie IDEO, Frog, Continuum und anderen an die Wirtschaft angepasst (Szczepanska, 2017). Seitdem wurden die Methoden von Organisationen wie dem Gesundheitssystem Kaiser Permanente (Kachirskaia & Mate, 2018), den Medizintechnikunternehmen Johnson & Johnson und Roche Diabetes Care (Nilsson & Sheppard, 2018) und globalen Gesundheitsförderern wie USAID und der Bill and Melinda Gates Foundation (Cheney, 2018) weitgehend übernommen. Darüber hinaus werden der HCD-Ansatz und einige seiner Methoden von der International Standards Organization (ISO) 13407: „Human centered design processes for interactive systems" sowie in ISO 241–210: „Ergonomics of human-system interaction-Human-centered design for interactive systems" anerkannt, um nur einige Beispiele zu nennen (siehe ISO, 1999, 2019). Der Nachweis von Human Factors und Usability Engineering wird zunehmend für die behördliche Zulassung von Medizinprodukten verlangt, einschließlich der Zulassung durch die US-amerikanische FDA (Food and Drug Administration) und der internationalen CE-Kennzeichnung (ANSI/AAMI [Association for the Advancement of Medical Instrumentation], 2018; US FDA, 2016; ISO/IEC, 2015).

5.2.1 *Die Auswirkungen von Human-Centered Design*

Viele Fachleute aus dem Bereich der globalen Gesundheit suchen nach Beweisen dafür, dass HCD zu einer größeren positiven Wirkung für unterversorgte Gemeinschaften führen wird. Bazzano et al. (2017) analysierten 21 Publikationen aus begutachteten und grauen Literaturquellen, die ausgewählt wurden, weil sie Aspekte von HCD im Zusammenhang mit Gesundheitsergebnissen diskutierten. Eine ihrer Schlussfolgerungen war, dass in den vorhandenen Veröffentlichungen der Zusammenhang zwischen HCD und gesundheitlichen Ergebnissen nicht quantitativ untersucht wird. Bazzano et al. (2017) wiesen auch auf weitere Lücken in der vorhandenen Literatur hin, darunter ein Mangel an Publikationen, die einen vollständigen Projektzyklus beschreiben, eine lückenhafte Beschreibung der verwendeten HCD-Methoden und das Fehlen der Erfassung von Stakeholder-Feedback im Kontext. Die 21 ausgewählten Publikationen konzentrierten sich auf Softwareanwendungen, klinische Entscheidungshilfen und Websites, die im Bereich der globalen Gesundheit eingesetzt werden, jedoch nicht auf medizinische Geräte oder Diagnostika.

In diesem Kapitel stellen wir Quellen vor, die die Auswirkungen von HCD in verschiedenen Bereichen illustrieren, die auch als relevant für die Auswirkungen auf die Gesundheit angesehen werden können. Es gibt Analysen, die darauf hindeuten, dass User-Experience-Design und Human Factors Engineering Auswirkungen auf den finanziellen Erfolg von Produkten haben. Das Hauptargument ist, dass eine geringe Investition von Zeit und Geld in die frühzeitige Anwendung von HCD zu überproportionalen Einsparungen im späteren Verlauf der Entwicklung führt (Mantei & Teorey, 1988; Bias & Mayhew, 2005; Rajanen, 2003; Conklin & Yakemovic, 1991; Karat, 1993; Mauro, 1994). Karat (1993) verweist beispielsweise auf eine Studie über ein Softwareprodukt, bei dem 20.700 US-$, die für die Benutzerfreundlichkeit ausgegeben wurden, am ersten Tag der Implementierung der Verbesserungen eine Rendite von 47.700 US-$ erbrachten, während bei einem anderen System 68.000 US-$, die für die Benutzerfreundlichkeit ausgegeben wurden, im ersten Jahr zu einer Rendite von 6.800.000 US-$ führten. Darüber hinaus untersuchte die US-amerikanische Regulierungsbehörde für Medizinprodukte (FDA) die Auswirkungen von Human Factors Engineering auf die Entwicklung von Medizinprodukten und gab die folgende Erklärung ab (US FDA, 2011):

> Mit großer Sicherheit sinkt die Wahrscheinlichkeit, dass Ihnen Kosten im Zusammenhang mit Produktrückrufen oder Haftungsansprüchen entstehen. Wenn Human Factors Engineering/Usability Engineering-Ansätze bei der Entwicklung von Geräten zum Einsatz kommen, kann gleichzeitig die allgemeine Benutzerfreundlichkeit und Attraktivität eines Geräts verbessert werden, insbesondere wenn der Blickwinkel der Benutzer berücksichtigt wird.

Diese Analysen befassen sich vor allem mit dem finanziellen Erfolg eines Produkts und nicht mit den positiven Auswirkungen für die Gemeinschaft. Der finanzielle Erfolg eines Produkts korreliert nicht immer mit den positiven Auswirkungen auf das Gemeinwesen (und kann sogar im umgekehrten Verhältnis stehen) (Jewett,

2019). Die Erfahrung der Autoren zeigt jedoch, dass die Entwicklung von Produkten gemeinsam mit den Gemeinschaften Zeit und Geld für kostspielige Umgestaltungen spart – ein äußerst wichtiger Vorteil für unterfinanzierte globale Gesundheitsinitiativen, die es oft nicht vom Prototyp zum Endprodukt schaffen (Johansen, 2018).

Mithilfe von HCD können nämlich mehrere Konzepte für Medizinprodukte und Diagnostika entwickelt werden, um schneller zu einer Lösung zu gelangen, die von den Beteiligten gewünscht wird. Für sichere und wirksame Gesundheitstechnologien sind sowohl eine korrekte Anwendung als auch eine positive Produktwahrnehmung erforderlich. Wir glauben, dass HCD die Chancen auf eine positive Wirkung erhöht, da die Designkonzepte bereits in einem frühen Stadium des Designprozesses besser auf die Bedürfnisse der Interessengruppen abgestimmt werden können.

5.2.2 Der Human-Centered-Design-Prozess

Wenn HCD richtig umgesetzt wird, durchdringt es alle Phasen der Produktentwicklung und bezieht eine Vielzahl von Fähigkeiten mit ein. Von der Zusammenstellung des richtigen Teams bis hin zur Produkteinführung erhöht HCD die Chancen auf eine erfolgreiche Produktübernahme im Gesundheitswesen. Wie in Abb. 5.1 dargestellt, beginnt HCD mit der Überlegung, was für die Beteiligten wünschens-

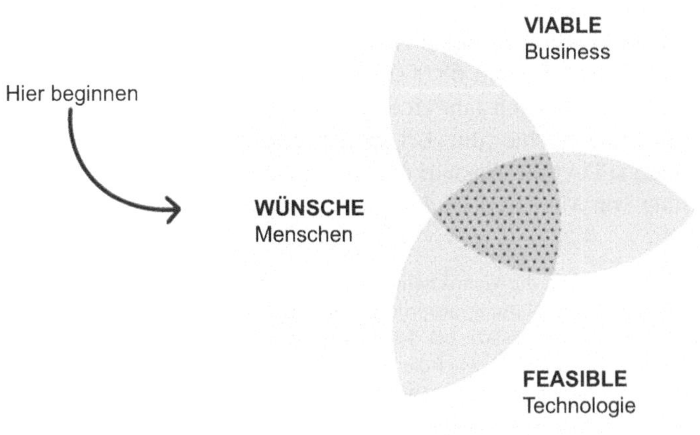

Abb. 5.1 Der menschenzentrierte Designansatz. (Ideo.org, 2015)

wert ist. Dann muss das Team Möglichkeiten an der Schnittstelle zwischen lebensfähigen Unternehmen und machbaren Technologien finden. Die technische Durchführbarkeit und die wirtschaftliche Lebensfähigkeit werden in diesem Papier nicht im Detail erörtert, aber Ingenieure und Wissenschaftler wissen in der Regel, wie man die technische Durchführbarkeit, jedoch nicht, wie es sich mit der wirtschaftlichen Lebensfähigkeit verhält. Teams, die von Ingenieuren und Wissenschaftlern gegründet werden, sollten zu Beginn des Prozesses auch Wirtschaftsexperten als Berater oder Mitglieder ihres Teams einbeziehen.

Eine Lösung zu finden, die wünschenswert, durchführbar und lebensfähig ist, ist entscheidend für den Erfolg eines jeden Produkts für medizinische oder Verbraucherzwecke. Der HCD-Prozess trägt dazu bei, dass alle Nutzerbedürfnisse ermittelt und berücksichtigt werden, bevor der langwierige und teure Prozess der Detailentwicklung beginnt. Abb. 5.2 zeigt einen vereinfachten Gesamtprozess der Produktentwicklung. Die grau unterlegten Punkte beschreiben Schritte, die HCD-Prozesse beinhalten, die im Folgenden detailliert beschrieben werden.

Als Praktiker mit Erfahrung in der Anwendung von HCD bei mehr als 20 globalen medizintechnischen Projekten, die auf unterversorgte Gemeinschaften abzielen, liefern wir dokumentarische Beweise für den Wert von HCD. Die Methoden und Vorteile von HCD werden anhand der Fallstudie der Firefly-Phototherapie von Design that Matters zur Behandlung des Neugeborenenikterus sowie anhand von kurzen Beispielen aus anderen Projekten erläutert. Elizabeth Johansen war während der Firefly-Entwicklung Leiterin der Produktentwicklung bei Design that Matters. Mark Fisher war Director of Engineering bei der Northwestern Global Health Foundation und konzentrierte sich auf die Entwicklung von Point-of-Care (POC)-HIV-Antigentests für Säuglinge und ein molekulares POC-Plattformprodukt für die Viruslast von HIV (humanes Immundefizienzvirus), mTB (Tuberkuloseerreger) und Hepatitis C.

Neben medizinischen Geräten kann HCD auch für die Entwicklung von Diagnostika eingesetzt werden (Johansen, 2018; Linnes et al., 2017), und es kann für die Generierung immaterieller Innovationen wie Systeme, Dienstleistungen und Pro-

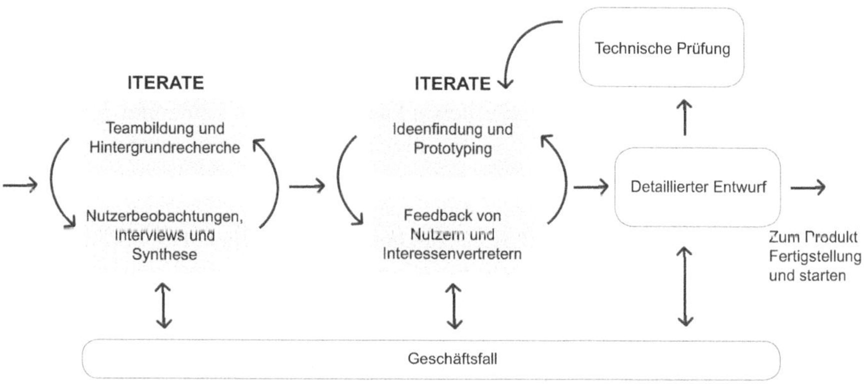

Abb. 5.2 Menschenzentrierter Designprozess und seine Integration in die Produktentwicklung

zesse im Bereich der globalen Gesundheit verwendet werden (USAID, 2019). Die in diesem Beitrag empfohlenen Methoden sind insbesondere auf die Gestaltung von medizinischen Geräten und Diagnostika für die globale Gesundheit ausgerichtet.

5.3 Human-Centered Design von Gesundheitstechnologien und die Fallstudie von Design That Matters' Firefly-Phototherapie für Neugeborenenikterus

Weltweit sterben jedes Jahr mehr als 100.000 Neugeborene, und mehr als 50.000 Kinder bleiben aufgrund von Gelbsucht dauerhaft behindert. Die Belastung durch Tod und Behinderung aufgrund von Gelbsucht ist hauptsächlich in Afrika südlich der Sahara und in Südasien lokalisiert (Olusanya et al., 2018). Schätzungsweise 10 % aller Neugeborenen weltweit benötigen eine phototherapeutische Behandlung, um die negativen Auswirkungen der Gelbsucht zu verhindern (Bhutani et al., 2013). Die Phototherapie ist eine minimalinvasive Behandlung, bei der so viel blaues Licht wie möglich auf die Haut des Neugeborenen gestrahlt wird. Dadurch können Neugeborene überschüssiges Bilirubin sicher über Urin und Stuhl ausscheiden, sodass es die Blut-Hirn-Schranke nicht überwinden kann (Maisels & McDonagh, 2008). Die gemeinnützige Organisation Design that Matters (DtM) hat die Firefly-Phototherapie in Zusammenarbeit mit Medical Technology Transfer and Services (MTTS) und der East Meets West Foundation entwickelt, um den Bedarf an besseren Hilfsmitteln für die Behandlung des Neugeborenenikterus in unterversorgten Krankenhäusern zu decken (Johansen, 2018). Derzeit hat Firefly schätzungsweise über 200.000 Neugeborene mit Gelbsucht in über 20 Ländern der Dritten Welt in Afrika, Asien und der Karibik behandelt.

5.3.1 Teambildung und Hintergrundrecherche

Wie aus Abb. 5.2 ersichtlich, ist die Ermittlung des richtigen Fachwissens eines der wichtigsten Elemente bei der Entwicklung eines erfolgreichen Produkts; hier setzt der HCD-Prozess an. Zu den erforderlichen Fachkenntnissen gehören u. a. Design, klinische, wissenschaftliche, technische, logistische, verfahrens- und fertigungstechnische, behördliche, qualitätsbezogene und geschäftliche Fachkenntnisse. Alle Teammitglieder müssen das Problem mit einem offenen Blick für die zugrunde liegenden Bedürfnisse und Herausforderungen der Nutzer angehen. Das optimale Produkt erfordert Zusammenarbeit; kein Einzelner verfügt über alle Erfahrungen und Fachkenntnisse, die für die Entwicklung des bestmöglichen Produkts erforderlich sind.

Um HCD in den Entwicklungsprozess zu integrieren, müssen alle Teammitglieder ein Bewusstsein für HCD haben, und mindestens ein Teammitglied muss ein HCD-

Champion werden, der die HCD-Praktiken beherrscht. Human-Factors-Ingenieure, Usability-Ingenieure, Industriedesigner, User-Experience-Designer und Produktdesigner sind Fachleute, die wahrscheinlich bereits Erfahrung mit HCD-Techniken haben, wie sie bei medizinischen Geräten angewendet werden. Der HCD-Champion kann jedoch aus jeder Disziplin kommen: Wissenschaftler, Ingenieure, Kliniker, Geschäftsleute oder andere. Der HCD-Champion muss den Prozess leiten, wann und wie die Interessengruppen in das iterative Feedback einbezogen werden und wie diese Feedbackschleifen in die Produktentwicklung einfließen.

Human-centered Design ist der wissenschaftlichen Methode sehr ähnlich und umfasst die Schritte der Entwicklung eines grundlegenden Verständnisses (Sekundärforschung, Nutzerforschung, Beobachtungen), der Bildung einer Hypothese (Produktkonzept), des Testens der Hypothese (Nutzertests), der Analyse der Ergebnisse (Synthese, Entwurfsrahmen), der Überarbeitung der Hypothese (Iteration des Entwurfs) und des erneuten Testens nach Bedarf (Newton, 1686). Ein wesentlicher Unterschied zwischen HCD und der wissenschaftlichen Methode besteht darin, dass letztere eher qualitative als quantitative Techniken zur Prüfung von Hypothesen einsetzt. Die Anwendung von HCD bei der Entwicklung von Medizinprodukten erfordert daher, dass Ingenieure und Wissenschaftler Fähigkeiten zur Sammlung und Analyse qualitativer Daten entwickeln. Während sich das Team formiert, bildet die Hintergrundforschung die Grundlage für den Projektplanungsprozess und hilft dem Team, die geeigneten Teammitglieder, Anwender, Interessengruppen, verfügbaren Technologien und bereits bestehenden Ansätze zu identifizieren.

5.3.1.1 Teambildung und Hintergrundforschung: Projekt Firefly

Um die Firefly-Phototherapie für Neugeborene von der Idee zur Verwirklichung zu bringen, stellte DtM ein vielfältiges Team zusammen. Dem Unternehmen gehörten Ingenieure und Designer an. Der leitende Ingenieur mit umfassender HCD-Erfahrung leitete den HCD-Prozess. Experten des Herstellungs- und Vermarktungspartners MTTS Asia lieferten Einblicke in die Erfolge und Herausforderungen der bestehenden Neugeborenengeräte und bereiteten die Fertigstellung des Produktdesigns und die Markteinführung der Technologie vor. Experten für die Umsetzung von Gesundheitsprogrammen für Neugeborene bei der Nichtregierungsorganisation East Meets West Foundation ermöglichten den Zugang zu Ärzten, Krankenpflegepersonal und Wartungstechnikern in mehreren Krankenhäusern für Interviews und bereiteten die Integration des Geräts in ihre Gesundheitsprogramme für Neugeborene vor. Mehr als 100 Freiwillige aus Wissenschaft und Industrie aus den Bereichen Technik, Design, Wirtschaft und Gesundheitswesen trugen zu Interviews mit Interessenvertretern, zu Brainstormingsitzungen, Designprüfungen und Konzepterkundungen bei. Für den detaillierten Entwurf wurden preisgünstige technische Berater mit Erfahrung im Bereich Design for Manufacture engagiert. Während der anfänglichen Hintergrundrecherche identifizierte das Team eine Reihe bestehender Ansätze für die Behandlung von Gelbsucht, darunter traditionelle Überkopf-Phototherapielampen und flexible Phototherapiedecken.

5.3.2 Beobachtungen und Interviews mit Interessenvertretern

Bei der Betrachtung der Bandbreite der Nutzerbedürfnisse muss das Team zunächst die Bandbreite der Beteiligten ermitteln. Betrachten wir zum Beispiel einen einfachen diagnostischen Schnelltest wie einen HIV-Schnelltest. Zu den Interessengruppen gehören sicherlich Patienten und ihre Familien, Labortechniker und Krankenpflegepersonal. Aber auch Gesundheitsministerien, Zentrallabors, Einkaufsorganisationen, die Logistik (Tests und zugehörige Artikel wie Lanzetten, Handschuhe), Personen, die die Ergebnisse melden, und andere gehören dazu. Ein guter Entwurf wird die Bedürfnisse aller Beteiligten berücksichtigen. Wenn es kein bestehendes Produkt oder Verfahren gibt, sollten mit ähnliche Anwendungsschritten in Betracht gezogen werden. Bei der Entwicklung eines neuen molekularen Point-of-Care-Diagnoseverfahrens für Tuberkulose hat das Entwicklungsteam beispielsweise ein modernes und komplexes bestehendes System wie GeneXpert, das für zentralisierte Tests verwendet wird, sowie die Abstrichmikroskopie, die derzeitige Point-of-Care-Lösung für Kulturen, berücksichtigt. Das Team berücksichtigte alle Phasen der Diagnose von der Bereitstellung einer Probe bis zum Vorliegen des Ergebnisses (Doerfler et al., 2018; Fisher et al., 2017).

Die Nutzerbeobachtung ist ein qualitativer Ansatz. Das Ziel besteht nicht darin, ein statistisch signifikantes Ergebnis zu erhalten, sondern vielmehr darin, mit einer begrenzten Anzahl von Beobachtungen die Bandbreite wichtiger, unausgesprochener Bedürfnisse aufzudecken. Die HCD-Forschung ist daher so strukturiert, dass sie eine Reihe von Interessengruppen und Kontexten einbezieht, die den Kauf, die Nutzung und die Wartung medizinischer Technologien beeinflussen könnten. Bei HCD konzentrieren sich die Designer auf mehr als nur auf die Identifizierung von Usability-Problemen. Ein hilfreicher Richtwert für die Anzahl der einzubeziehenden Interessengruppen stammt jedoch von Virzi (1992) und Nielsen & Landauer (1993). Sie fanden heraus, dass bei Evaluierungen mit nur 5 Benutzern 80 % der Probleme hinsichtlich der Benutzerfreundlichkeit einer einfachen Software ermittelt werden können.

Die Erfahrung der Autoren hat gezeigt, dass 5–10 Beobachtungen an verschiedenen Standorten normalerweise ausreichen, wenn die Standorte so ausgewählt werden, dass sie Extreme repräsentieren (z. B. Standorte, die von ländlich bis städtisch, von geschäftig bis langsam und von groß bis klein reichen). Auch das Gespräch mit 5–10 Beteiligten an jedem Standort, die unterschiedliche Rollen und Erfahrungsstufen repräsentieren, vermittelt in der Regel ein ausreichendes Bild der wichtigsten Bedürfnisse, die mit dem Produkt befriedigt werden sollen. Ziel ist es, die meisten Bedarfe effizient zu ermitteln, indem man eine Reihe von Nutzern und Interessengruppen mit einer überschaubaren Anzahl erhobener Daten abdeckt.

Oft kommen die wichtigsten Informationen aus Fragen, die man nicht zu stellen bedenkt. Aus diesem Grund werden bei den Besuchen in der Regel Beobachtungen mit offenen Interviews kombiniert. Die Besuche sollten nach Möglichkeit am Ort der geplanten Produktverwendung durchgeführt werden. Zu den Beobachtungen gehören das Verständnis von Arbeitsabläufen, Übergabepunkten und detaillierten Prozessen. Die aussagekräftigste Methode zur Dokumentation von Beobachtungen ist die Verwendung von Fotos und Videos, sofern die Patienten und die Mitarbeiter des Gesundheitswesens damit einverstanden sind. Wenn Fotos und Videos nicht möglich sind, können die Beobachtungen in Notizen dokumentiert werden. Auf diese Weise können die Informationen während des mehrjährigen Entwicklungsprozesses des Geräts effektiv mit anderen Teammitgliedern und Partnern geteilt werden.

Für die Interviews ist es wichtig, sich auf mögliche Fragen vorzubereiten, aber das Gespräch sollte nicht einem starren Skript folgen. Die aufschlussreichsten Interviews sind dialogorientiert und beginnen in der Regel mit sehr offenen Fragen (z. B. „Beschreiben Sie Ihren Arbeitsablauf", „Beschreiben Sie einen typischen Tag", „Was ist das größte Problem in Ihrem Prozess?"). Bei der Durchführung von Nutzerbesuchen geht es immer darum, die grundlegenden Bedürfnisse herauszufinden, anstatt einfach nur eine Antwort auf eine Frage zu notieren. Folgefragen wie „Warum tun Sie das?" können unerwartete Antworten liefern. Der Interviewer sollte auch die Möglichkeit haben, spontane Fragen zu stellen, die sich aus dem Gespräch ergeben. Ein 30-minütiges Gespräch liefert oft alle gewünschten Informationen und mehr, wenn man mit nur 3 oder 4 offenen Fragen beginnt.

5.3.2.1 Beobachtungen und Interviews mit Interessenvertretern: Projekt Firefly

Um umfassende Informationen zu sammeln, die für die Entwicklung der Firefly-Phototherapie relevant sind, identifizierte DtM die wichtigsten Interessengruppen durch Hintergrundrecherche und Interviews mit den Partnern MTTS und East Meets West Foundation. Zu den Endnutzern des Geräts gehörten Neugeborene mit Gelbsucht, ihre Eltern und Großeltern, die sich in der Nähe des Geräts aufhalten und es während der Stillpausen ein- und ausschalten können, Krankenschwestern, die das Gerät bedienen und reinigen, Ärzte, die Behandlungsprotokolle unter Verwendung des Geräts empfehlen und entwickeln, sowie biomedizinische Techniker, die das Gerät überprüfen, reparieren und reinigen können. Zu den weiteren Beteiligten gehörten Käufer wie Gesundheitsministerien, Nichtregierungsorganisationen sowie öffentliche und private Krankenhäuser, Hersteller, lokale Aufsichtsbehörden in den Zielländern und internationale Aufsichtsbehörden zur Erlangung der CE-Kennzeichnung.

Diese Fallstudie konzentriert sich auf Beobachtungen von Endnutzern. Um mehr über die Bedürfnisse und Nutzungsmuster der Endnutzer zu erfahren, führte DtM Beobachtungen in einer Reihe von Krankenhäusern der Primär-, Sekundär- und Tertiärstufe in Südostasien durch, die Neugeborene behandeln. Im Folgenden sind einige Beispiele für Beobachtungen zu finden, die DtM durchgeführt hat und die wichtige Erkenntnisse für die Produktentwicklung lieferten.

In einigen Krankenhäusern beobachtete DtM, dass Neugeborene mit einer Decke zugedeckt wurden, weil das Pflegepersonal oder die Eltern nicht wussten, dass es wichtig ist, dass das Licht der Phototherapie so viel Haut wie möglich erreicht (Abb. 5.3). In einem Krankenhaus stellte DtM fest, dass Neugeborene mit einem weißen Beobachtungslicht behandelt wurden, das in das Phototherapiegerät eingebaut war, weil dem Krankenhauspersonal nicht bewusst war, dass das weiße Licht keine Phototherapie ermöglichte. In vielen Krankenhäusern wurde die Intensität der Phototherapie auf Standardniveau statt auf intensive Helligkeit eingestellt, obwohl die meisten Patienten eine starke Gelbsucht hatten. Damit wollte man Strom sparen und die Lebensdauer der Leuchtstoffröhren verlängern, die in der Regel nur einen Monat lang halten.

Bei einem Besuch in einem Universitätskrankenhaus auf den Philippinen beobachtete das DtM-Team Neugeborene mit Gelbsucht, die in überfüllten Betten eine begrenzte Überkopf-Phototherapie erhielten (Abb. 5.4). Diese Überkopf-Phototherapielampen sind so hell, dass nur ein Neugeborenes in der Mitte des Lichtfeldes behandelt werden kann. Neugeborene, die sich am Rande des Lichtfelds befinden, erhalten möglicherweise keine wirksame Phototherapie. In den Gesprächen mit den medizinischen Fachkräften wurde dieses Problem nicht angesprochen, weil das Personal nicht wusste, dass das Phototherapielicht am Rand des Lichtfeldes zu schwach ist.

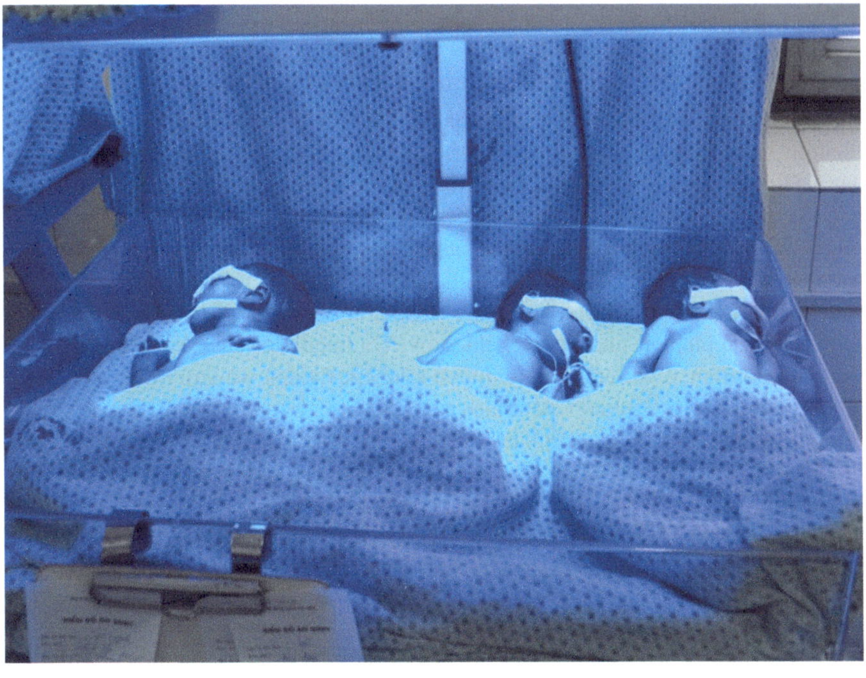

Abb. 5.3 Ein Überkopf-Phototherapiegerät behandelt Neugeborene in einem Krankenhaus in Vietnam. (Foto CC BY-SA 4.0 Design that Matters)

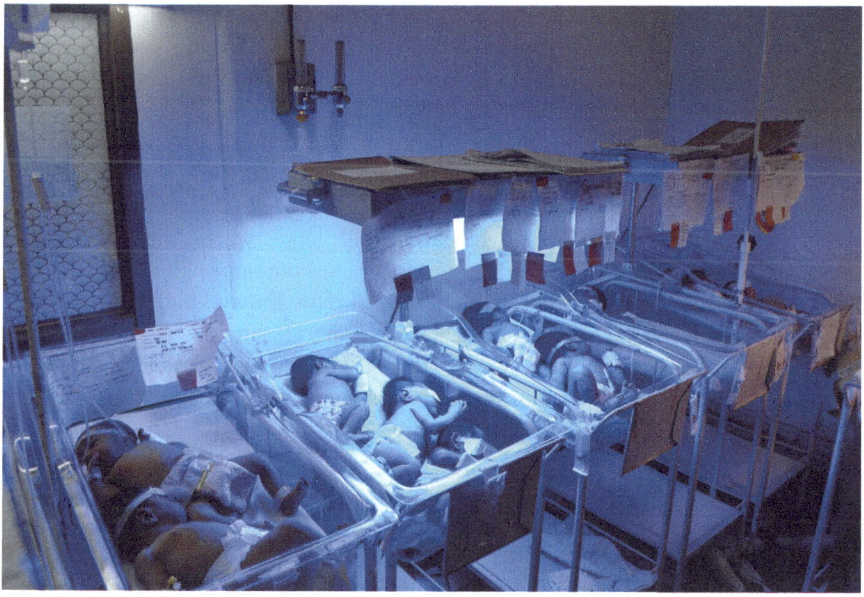

Abb. 5.4 Mit einem Überkopf-Phototherapiegeräte behandelte Neugeborene in einem Tertiärkrankenhaus auf den Philippinen. (Foto CC BY-SA 4.0 Design that Matters)

5.3.3 *Synthese*

Nach Abschluss einer Beobachtungs- und Befragungsrunde besteht der nächste Schritt darin, die Beobachtungsdaten, die Informationen aus der Literaturrecherche und die Informationen über die Angebote der Wettbewerber in einer Reihe von zusammenfassenden Rahmen und Produktanforderungen zu konsolidieren, die den Entwicklungsprozess am besten leiten, um positive Auswirkungen zu erzielen. Beispiele für nützliche Rahmenwerke sind Designprinzipien, Patienten- und Gesundheitsdienstleister-Journey-Maps, Stakeholder-Maps und User- oder Stakeholder-Personas. Ein Beispiel für Designprinzipien findet sich in der Fallstudie; die anderen gängigen Rahmenwerke werden im Design Kit von Ideo.org (2015) ausführlich dargestellt.

Bei dem Produktanforderungsdokument kann es sich um ein formelleres Dokument für ein reguliertes Medizinprodukt handeln oder einfach um eine Reihe von Aufzählungspunkten, die beschreiben, welche Anforderungen das Produkt erfüllen soll. Ein einfacher und gängiger Ansatz besteht darin, eine Reihe von einzeiligen oder einsilbigen Anforderungen zu erstellen, die aus den Beobachtungen und Interviews stammen. Diese Bedürfnisse werden zusammen mit den Anforderungen aus internationalen Normen zu einem Produktanforderungsdokument und einem Marktanforderungsdokument zusammengefasst (ISO, 2016).

In den frühen Phasen der Entwicklung besteht das Ziel des Produktanforderungsdokuments darin, nur das Wesentliche dessen zu beschreiben, was das Endprodukt leisten soll, ohne jedoch eine spezifische Lösung im Detail zu auszuführen. Wenn das Team beispielsweise eine bessere Methode zur Übermittlung von Testergebnissen aus einem Zentrallabor an die Patienten entwickelt, wäre eine generative Anforderung „Übermittlung des Ergebnisses innerhalb von 7 Tagen nach der Probenentnahme". Eine zu spezifische Anforderung wäre „der Patient erhält innerhalb von 7 Tagen nach der Vollblutentnahme eine Textnachricht". Wenn das Team die zweite Anforderung erfüllen würde, würde das Produkt/Verfahren nur für Patienten mit einem Mobiltelefon entwickeln, die dort leben, wo es einen Mobilfunkdienst gibt, und Vollblut wäre die einzige in Frage kommende Probenart. In der Anfangsphase sollten die Produktanforderungen dem Entwicklungsteam so viel Flexibilität wie möglich geben, wobei der Umfang nur dort reduziert werden sollte, wo Optionen bewusst in Betracht gezogen und ausgeschlossen wurden. Im weiteren Verlauf der Entwicklung können die Anforderungen immer spezifischer werden, wenn eine führende Designlösung ausgewählt und weiterverfolgt wird.

5.3.3.1 Synthese: Projekt Firefly

Nach Abschluss der ersten Nutzer- und Interessengruppenforschung in 7 Dritte-Welt-Ländern in Südostasien erstellte DtM eine Reihe von übergeordneten Designprinzipien und eine Reihe von detaillierten Produktanforderungen, die das Design leiten sollten. Im Folgenden sind die 4 Designprinzipien aufgeführt, die die Entwicklung von Firefly-Phototherapie inspirierten.

- *Effektiv*: Das Gerät sollte nicht nur eine intensive Phototherapie bieten, sondern auch so aussehen, als ob es eine intensive Phototherapie bieten könnte. Die Wahrnehmung der Wirksamkeit ist für die Akzeptanz durch die Betroffenen ebenso wichtig wie die tatsächliche Wirksamkeit.
- *Komfortabel*: Der Leiter der Neonatologie eines Bezirkskrankenhauses in Vietnam inspirierte das Team, das Gerät wie ein „Hightech-Vogelnest" zu gestalten, das sich an das Neugeborene anschmiegt – wie ein Nest für Babyvögel – und gleichzeitig zeigt, dass es hochtechnologisch und effektiv ist.
- *Wartungsfreundlich*: Die Notwendigkeit einer über die Reinigung hinausgehenden Wartung sollte durch eine auf Langlebigkeit ausgelegte Konstruktion ausgeschlossen werden. In den Zielumgebungen von Firefly bedeutet „leicht zu reinigen", dass es mit Isopropylalkohol und anderen Desinfektionsmitteln abwischbar ist, um Infektionen zu vermeiden. Die Haltbarkeit wurde durch den Verzicht auf bewegliche Teile erhöht, die sich leicht abnutzen würden.
- *Benutzerfreundlich (schwer falsch zu bedienen)*: Das Design sollte gewährleisten, dass sich überlastetes Gesundheitspersonal in Krankenhäusern auf Bezirksebene sicher im Umgang mit Firefly fühlt. Das Gerät sollte nicht nur einfach zu bedienen sein, sondern auch für vielbeschäftigte Fachkräfte schwer falsch zu bedienen sein.

Das DtM-Team erstellte außerdem ein Produktanforderungsdokument, das Elemente aus den internationalen Normen für Phototherapiegeräte für Neugeborene enthielt, die in einer Weise ausgedrückt wurden, die die Designprinzipien widerspiegelte (IEC, 2009). Damit Firefly nicht falsch verwendet werden kann, bestand eine Anforderung darin, nur intensive Phototherapie zu ermöglichen. Mit dem Aufkommen von Hochleistungs-LEDs mit langer Lebensdauer, die wenig Strom verbrauchen, und dem Wissen, dass eine Überdosierung der Phototherapie nicht möglich ist, sah DtM die Möglichkeit, die Bedienelemente zu vereinfachen und zu verhindern, dass vielbeschäftigte medizinische Fachkräfte eine zu niedrige Einstellung wählen. Darüber hinaus stellte DtM über die internationalen Normen hinausgehende Anforderungen an das Produkt, die das Prinzip des „Hard to uUse wrong"-Designs widerspiegeln. Ein Beispiel war die Größe des Geräts, sodass nur ein Neugeborenes direkt mittig unter den hellsten Teil des Beleuchtungsfeldes passen würde.

5.3.4 Ideenfindung und Prototyping

Sobald das Team die Erkenntnisse aus der Feldforschung zusammengefasst und die Anforderungen aktualisiert hat, besteht der nächste Schritt darin, eine Reihe von Konzepten oder Ansätzen zur Erreichung des Ziels zu entwickeln. In dieser Phase geht es nicht darum, die beste Einzellösung zu finden, sondern vielmehr darum, eine Reihe möglicher Lösungen in Betracht zu ziehen. Der endgültige Entwurf kann eine dieser Ideen sein, wahrscheinlicher ist jedoch, dass es sich um eine Kombination von Ideen handelt, die um weitere Merkmale ergänzt werden, wenn das Team mehr über die Entwürfe erfährt.

Ein Brainstorming ist ein Ansatz zur Entwicklung einer breiten Palette von Ideen, die in Betracht gezogen werden können. Es gibt viele Ansätze für ein effektives Brainstorming (siehe Kap. 8 zur Kreativitätsförderung für OSMD), und dieses Kapitel beschreibt ergänzend den von IDEO.org (2015) verwendeten Ansatz. Das IDEO.org-Design-Kit enthält die folgende Liste von Brainstormingregeln und eine Beschreibung, was sie bedeuten:

- Schieben Sie die Urteilsfindung auf – für die Dauer des Brainstormings ist alles möglich.
- Ermutigen Sie zu wilden Ideen – in verrückten Ideen steckt oft ein Nugget einer großartigen Idee.
- Bauen Sie auf den Ideen der anderen auf – seien Sie positiv und ermutigend.
- Bleiben Sie beim Thema – es ist sehr leicht, in einem wilden Brainstorming vom Thema abzuschweifen.
- Führen Sie ein Gespräch nach dem anderen – es ist wichtig, jeden anzuhören, um sich gemeinsam inspirieren zu lassen.
- Seien Sie visuell – Skizzen erzählen eine Geschichte besser als Worte.
- Setzen Sie auf Quantität – machen Sie sich keine Gedanken über Perfektion.

Ein gutes Brainstorming dauert 15 min bis 1 h und kann 35–100 Ideen hervorbringen, von denen vielleicht die Hälfte realisierbar ist und 5–10 zu soliden Ansätzen führen können. In dieser Phase sollten so viele Ideen wie möglich produziert werden, unabhängig von ihrer Qualität. In einem Brainstorming ist jede Idee willkommen; die Beurteilung erfolgt später. Im Allgemeinen sind 5–8 Personen eine gute Anzahl für ein effektives Brainstorming. Die Gruppe sollte aus dem erweiterten Team und vielleicht 1 oder 2 externen Personen bestehen, die über Fachwissen in einem für das Projekt relevanten Bereich verfügen. Die Ideen sollten auf Zetteln festgehalten und im Raum ausgehängt werden. Skizzen sind sehr zu empfehlen. Nach dem Brainstorming sollten die Ideen in Themen sortiert werden. Themen sind Lösungen, die etwas gemeinsam haben und vom Team definiert wurden.

Nach dem Brainstorming geht es darum, schnell und kostengünstig kritische Annahmen über den Wunsch der Stakeholder, die technische Machbarkeit und die wirtschaftliche Tragfähigkeit zu testen. Das Team sollte auf der Grundlage des Brainstormings 3–5 Grobkonzepte entwickeln. Bei diesen Konzepten handelt es sich höchstwahrscheinlich um Kombinationen aus Brainstormingideen und neuen Ideen. Diese Konzepte sollten auf eine schnelle und grobe Art und Weise umgesetzt werden, um kritische Annahmen zu testen. In einigen Fällen kann eine zweidimensionale Skizze oder ein fotorealistisches Produktbild helfen, Aspekte des Konzepts zu erkunden. So kann beispielsweise eine mobile Anwendung durch einige skizzierte Bildschirme, die als Wireframe bezeichnet werden, dargestellt werden. In anderen Fällen kann ein dreidimensionaler Prototyp gerechtfertigt sein. Auch einfache Darstellungen der Idee aus Pappe und Klebeband können nützlich sein. Das Ziel dieser frühen Prototypen besteht nicht darin, das echte Produkt herzustellen oder alle Anforderungen in einem Prototyp zu erfüllen, sondern vielmehr darin, gezielte Annahmen zu testen, die die Wünsche der Interessengruppen, die technische Machbarkeit und die geschäftliche Rentabilität betreffen.

Konzeptskizzen, Bilder und Prototypen sind äußerst hilfreich, um das Feedback der Interessengruppen einzuholen. Die Assets müssen ausreichend genau sein, um die Idee den Stakeholdern zu vermitteln, die mit dem Produktdesignprozess nicht vertraut sind, sie müssen aber nicht technisch einwandfrei sein. Anhand dieser Elemente kann das Team überprüfen, ob die Innovation den in den Befragungen und Beobachtungen der Interessengruppen ermittelten Bedürfnissen entspricht. Das Team kann Bilder und Prototypen verwenden, um eine Vorschau auf die Produktarchitektur zu erhalten, Feedback zu den Optionen der Benutzeroberfläche zu sammeln und Reaktionen auf verschiedene ästhetische Aspekte zu erkunden, noch bevor die technischen Herausforderungen des Produkts gelöst werden.

Der Wert des schnellen, iterativen Prototypingprozesses besteht darin, dass mögliche Fehler frühzeitig im Entwicklungsprozess entdeckt und behoben werden, bevor es zu teuer wird, sie zu korrigieren. Ein gutes Design ergibt sich viel schneller aus einer Reihe weniger verfeinerter Prototypen als aus einem einzelnen, detailliert entwickelten Prototyp.

5.3.4.1 Ideenfindung und Prototyping: Projekt Firefly

In einer der ersten Brainstormingsitzungen für Firefly überlegte DtM die beste Produktarchitektur für eine Erschwernis in der Handhabung bei falscher Anwendung der Phototherapie. Als Grundlage für das Brainstorming untersuchte das

Team verschiedene Arten von Beleuchtungstechnologien wie LEDs, transparente Materialien wie Kunststoff und Glas sowie Kunststofflichtleiter, die LED-Licht von einem Ende zum anderen übertragen. Zu den Brainstormingideen gehörten eine Lichtleitervorrichtung, die es Müttern ermöglichen könnte, ihre Neugeborenen während der Therapie zu halten, Konfigurationen mit transparenten Materialien, die eine Phototherapie von unten ermöglichen, und verschiedene Möglichkeiten, ein Säuglingsbett in Einheitsgröße einzubauen.

Nach dem Brainstorming kombinierte das Team die Ideen, die die Designprinzipien und Produktanforderungen am besten repräsentierten, zu Renderingkonzepten in Fotoqualität (siehe Abb. 5.5). Die Renderings waren ausreichend detailliert, um die Idee für ein frühes Stakeholder-Feedback klar zum Ausdruck zu bringen, bevor alle technischen Details der Funktionsweise jedes Konzepts gelöst wurden. Der DtM-Partner, die East Meets West Foundation, zeigte diese Konzepte 88 Fachleuten aus dem Gesundheitswesen auf einer Ikterus-Schulungskonferenz in Vietnam. Das Ergebnis: Ideen wie der „Kokon" oben links in Abb. 5.5, bei dem das Pflegepersonal das Gerät in den Armen halten müsste, wurden sofort verworfen. Mütter sind nicht in der Lage, ihre Babys den ganzen Tag zu halten, und die Krankenschwestern haben angesichts des angespannten Verhältnisses von Pflegepersonal zu Patienten keine Zeit dafür. Die bevorzugte Architektur war der Lampenschirm, da er in überfüllten Krankenhäusern auf engem Raum Platz fand und zuverlässig und vertraut wirkte.

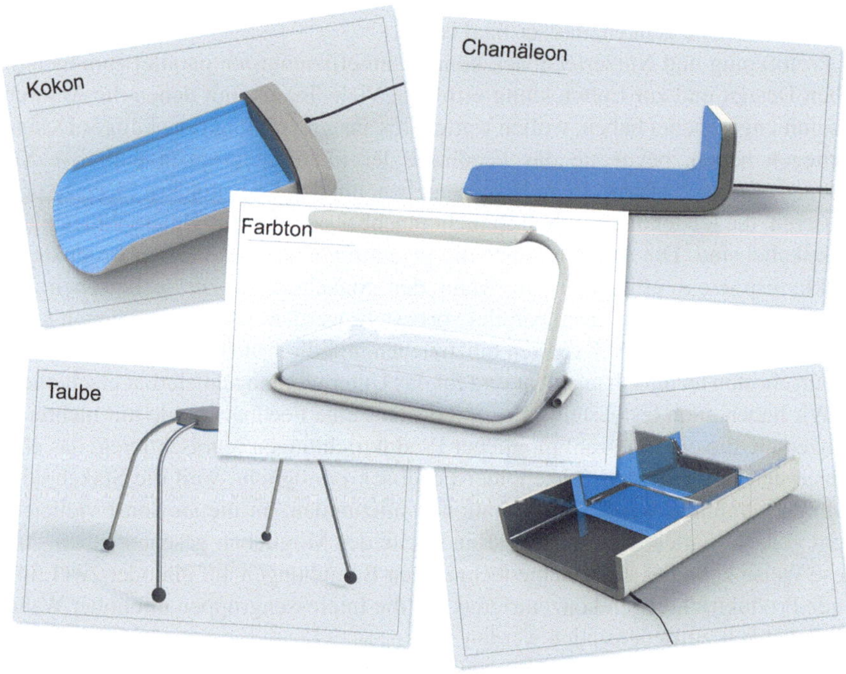

Abb. 5.5 Frühe Konzepte für Phototherapiegeräte. (Bild CC BY-SA 4.0 Design that Matters)

5.3.5 *Feedback von Nutzern und Stakeholdern*

Wenn das Team für weitere Feedbackrunden in die Praxis zusammenkommt, kann es eine Reihe von Nutzern besuchen, ähnlich denen, die bei den ersten Feldstudien und Interviews besucht wurden. Es kann von Vorteil sein, dieselben Stakeholder während der Produktentwicklung mehrmals aufzusuchen, wenn sie eine bewährte Quelle für aussagekräftiges Feedback sind. Darüber hinaus kann ein erneuter Besuch dazu beitragen, Partner zu finden, die bei der Einführung der Technologie helfen, wenn diese erst fertig ist. Es ist auch von Vorteil, neue Interessengruppen einzubeziehen, die noch nie mit der Idee in Berührung gekommen sind.

Um die Meinung der Nutzer einzuholen, besuchen idealerweise mindestens 2 Teammitglieder die Nutzer, bei denen das Produkt eingesetzt werden könnte. Während des Besuchs wird die Idee des Prototyps kurz erläutert, und der Benutzer wird gebeten, den Prozess, in dem er mit dem Prototyp zu arbeiten gedenkt, schrittweise zu durchlaufen, idealerweise an dem Ort, an dem er ihn einsetzen würde. Wenn das Produkt oder der Prozess im Regelfall Anleitungen enthält, sollten diese ebenfalls prototypisch erstellt und beigefügt werden. In einer realen Anwendungsumgebung wird der Benutzer wahrscheinlich nicht viel mehr als das Produkt und die Anleitung haben. Auf diese Weise kann das Team besser verstehen, welche Teile des Prozesses schwer zu verstehen sind oder leicht missverstanden werden könnten. Darüber hinaus sollte dem Benutzer mitgeteilt werden, dass sich das Team mitten im Entwurfsprozess befindet und sein Feedback benötigt wird, um es in den endgültigen Entwurf einfließen zu lassen. Menschen zögern oft, einen Entwurf zu kritisieren, wenn sie denken, dass er final ist.

Prototyping und Nutzerfeedback können am effizientesten parallel zum technischen Design und zur Entwicklung erfolgen. Viele Teams, mit denen die Autoren zusammengearbeitet haben, wollen warten, bis sie ein voll funktionsfähiges Design vorliegen haben, bevor sie das Feedback der Interessengruppen einholen. Sie scheuen oft davor zurück, Budgets auszugeben, um den Stakeholdern Ideen zu präsentieren, die letztendlich technisch nicht machbar oder für das Unternehmen nicht praktikabel sind. Die Autoren haben die Erfahrung gemacht, dass der Produktentwicklungsprozess effizienter ist, wenn den Stakeholdern zur technischen Erkundung mehrere frühe Ideen parallel vorgestellt werden. Die Teams können technische und geschäftliche Experten hinzuziehen, um die frühen Ideen auszuwählen, die am ehesten technisch machbar und für das Unternehmen realisierbar erscheinen.

Wir haben auch festgestellt, dass mindestens eine Feedbackrunde mit mehreren Konzepten, die eine Vielzahl möglicher Produktrichtungen repräsentieren, das ehrlichste und umfassendste Stakeholder-Feedback ermöglicht, weil die Stakeholder dadurch veranlasst werden, Informationen mitzuteilen, an die sie sonst vielleicht nicht gedacht hätten, bevor sie die Bandbreite des Möglichen gesehen haben. Auf diese Weise kann das Team seine technischen Bemühungen auf ein oder zwei führende Produktrichtungen konzentrieren, die die Interessengruppen mit hoher Wahrscheinlichkeit zufriedenstellen werden.

Wenn ein voll funktionsfähiger Entwurf erstmal erstellt wurde, ist es sehr viel kostspieliger, ihn aufgrund des Feedbacks der Interessengruppen zu ändern. Außerdem ist das Team weniger bereit, den Entwurf zu ändern, wenn erst einmal ein einziger voll funktionsfähiger Prototyp erstellt wurde, weil es psychologisch stärker in den Entwurf investiert hat. Um ein erfolgreiches Produkt zu entwickeln, müssen die Wünsche der Interessengruppen, die technische Machbarkeit und die wirtschaftliche Tragfähigkeit berücksichtigt werden. Langfristig können Zeit und Geld gespart werden, wenn diese Zyklen des Stakeholder-Feedbacks in den Entwicklungsprozess integriert werden.

5.3.5.1 Rückmeldungen von Nutzern und Interessenvertretern: Projekt Firefly

Nachdem das DtM-Team das Feedback von Neonatologen und Neugeborenenschwestern in Vietnam zu mehreren frühen Konzepten eingeholt hatte, entschied es sich, einen Prototyp zu bauen, der „aussieht wie ..." und „interagiert wie ...", um den Krankenhäusern in Vietnam das Konzept des „Lampenschirms" zu vermitteln. Auf der Grundlage von Rückmeldungen und früheren Feldbeobachtungen fügte DtM eine Beleuchtung unter dem Bett des Säuglings hinzu, „in der Hoffnung, dass dies das Gerät effektiver machen würde und es schwer wäre, es falsch zu benutzen". Der Prototyp verwendete blaue Low-Power-LEDs aus der Hobbyelektronik und ein lackiertes Gehäuse aus mitteldichter Faserplatte, um die Erfahrung zu simulieren, wie es sein könnte, mit dem Produkt zu interagieren. DtM hatte die technische Herausforderung, eine gleichmäßige, intensive blaue Beleuchtung von oben und unten zu erzeugen, noch nicht gelöst, aber die Technikexperten im Team waren der Meinung, dass es möglich sein könnte. Indem DtM dieses detailliertere „interaktionsähnliche" Modell einbrachte, bevor eine wesentliche technische Entwicklung stattgefunden hatte, gewann DtM unschätzbare Erkenntnisse darüber, wie das Gerät benutzt werden würde, was wiederum in die technische Entwicklung einfloss.

Das DtM-Team bat die Krankenschwestern, anhand des Prototyps und einer Babypuppe zu zeigen, wie sie das Gerät auf der Neugeborenen-Intensivstation aufstellen würden. Eine Krankenschwester schlug vor, ein Laken über das Gerät zu legen, um Umstehende vor dem störenden blauen Licht abzuschirmen. Da das Interview im Krankenhaus stattfand, konnte die Krankenschwester das Material, das sie idealerweise verwenden würde, mitnehmen und dem Team zeigen, wie sie es über das Gerät drapieren würde (siehe Abb. 5.6). Die Möglichkeit, ein Laken über das Oberlicht zu drapieren, wurde zu einer Produktanforderung. Diese Anforderung zwang das Team dazu, technische Herausforderungen zu meistern, um sicherzustellen, dass sich das Oberlicht in warmen Krankenhäusern nicht überhitzt, selbst wenn es mit einem Laken bedeckt ist.

Der „interaktive" Prototyp von DtM war auch bei der Bestimmung der geeigneten Größe des Firefly-Bettchens hilfreich. Das Ziel des Teams war es, einen Korb zu entwickeln, der klein genug ist, um nur *ein* Neugeborenes aufzunehmen. Damit sollte eine Kreuzinfektion oder eine Beeinträchtigung der Therapiewirksamkeit vermieden werden, wenn sich mehrere Säuglinge ein Phototherapiegerät teilen. Das Team stützte sich bei der Größe des Prototyps auf ergonomische Daten über

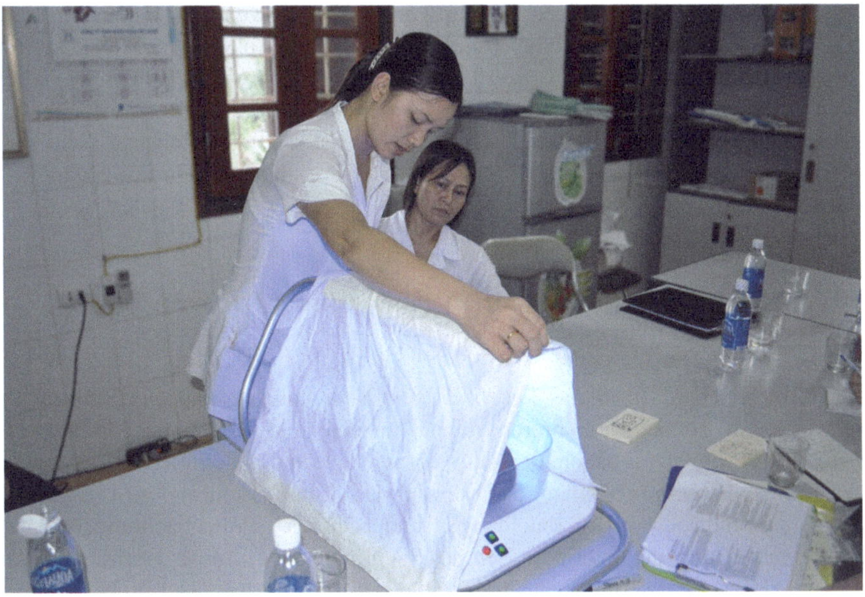

Abb. 5.6 Unerwartete Entdeckung bei der Nutzung in Vietnam. (Foto CC BY-SA 4.0 Design that Matters)

den Größenbereich typischer Neugeborener. Obwohl die Größe für ein Neugeborenes geeignet sein könnte, half ein physischer Prototyp zu Beginn der Entwicklung, Aspekte der Gerätenutzung zu erforschen, die in Ergonomietabellen nicht verfügbar waren. Zu diesen Aktivitäten gehören das Einsetzen des Babys in das Bett und die Blutentnahme beim Baby im Bett.

Während der Benutzereingabesitzung war ein besonders großer Säugling im Krankenhaus (Abb. 5.7). Mit dem Einverständnis der Mutter setzten die Ärzte das Kind in den Stubenwagen und führten pantomimisch verschiedene Vorgänge wie eine Blutentnahme vor, um die geeignete Stubenwagengröße zu ermitteln. Der Prototyp war zu klein, um praktisch zu sein, was zu Produktanforderungen in Bezug auf die Höhe und den Winkel der Seitenwände des Stubenwagens führte, die auch die Gesamtgröße des Geräts bestimmten.

5.3.6 Detaillierter Entwurf

Auf eine ausführliche Beschreibung des detaillierten Entwurfsprozesses eines medizinischen oder diagnostischen Geräts wird hier verzichtet, da dieser Prozess bereits in vielen Büchern, Zeitschriften und internationalen Normen beschrieben ist. Was die HCD betrifft, so sollte das iterative Feedback der Interessengruppen auch in der Phase des Feinentwurfs fortgesetzt werden. Diese Bewertungen erfolgen in

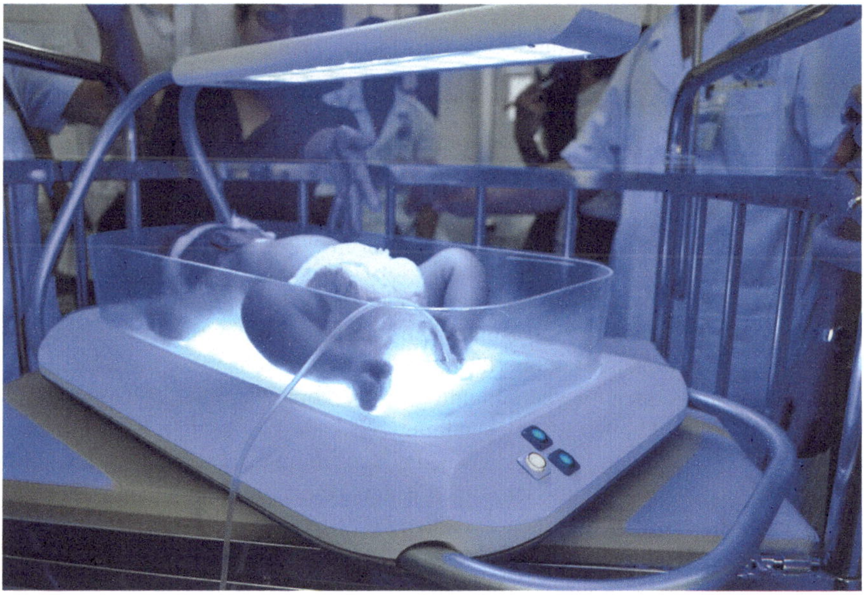

Abb. 5.7 Beobachtungen in Vietnam zur Bestimmung der geeigneten Gerätegröße. (Foto CC BY-SA 4.0 Design that Matters)

Form von formativen und summativen Human Factors Tests, die sich auf die korrekte und effektive Nutzung eines detaillierten Entwurfs konzentrieren. Formative und summative Human Factors Tests sind in der IEC 62366 (IEC, 2015) beschrieben. Der Prozess des detaillierten Entwurfs und das Tempo des iterativen Feedbacks variieren je nach Art der Innovation. Größere Änderungen sind zu diesem Zeitpunkt nicht einfach. Die fortgesetzte Einbindung von Interessengruppen bietet die Möglichkeit, Prototypen von Schulungs- und Kommunikationsmaterialien zu entwickeln. Sie gibt auch Aufschluss darüber, wie das Produkt in der Praxis eingeführt werden kann.

5.3.6.1 Endgültiger Entwurf: Projekt Firefly

Das endgültige Firefly-Design ist in Abb. 5.8 dargestellt. Von den frühesten Phasen des Projekts bis zur Lizenzvergabe an MTTS Vietnam hat DtM über 100 medizinische Fachkräfte und Eltern in 7 Ländern der Dritten Welt durch iteratives Stakeholder-Feedback eingebunden. Durch die frühzeitige Festlegung der idealen Produktanforderungen war das DtM-Team in der Lage, das detaillierte Design abzuschließen und die Geräte für die klinische Bewertung in Vietnam in nur 5 Monaten zu bauen. Durch das sehr frühe Feedback der Interessengruppen wurde das Gerät gleich beim ersten Mal in der richtigen Größe entworfen. Das Team vermied es, teure Kunststoff-Spritzgusswerkzeuge für den Stubenwagen und das Basisgehäuse zu entwickeln; diese hätten verschrottet, neu entworfen und umgerüstet werden müssen. Die frühzeitige Erkenntnis, dass Fachleute das Oberlicht mit einem Laken abdecken, hat dazu geführt, dass MTTS in den 7 Jahren seines Einsatzes keine Berichte über Probleme mit Überhitzung des Firefly-Oberlichts erhalten hat.

Das Endprodukt ist „schwer falsch zu benutzen", sodass es auch von den schwer beschäftigten Fachkräften in den abgelegensten Krankenhäusern sicher und effektiv eingesetzt werden kann. Das Design umfasst eine kleine Bettgröße, um Kreuzinfektionen zu reduzieren und eine effektive Behandlung zu fördern, indem die Verwendung auf ein einzelnes Kind beschränkt wird (Abb. 5.8). Der Stubenwagen lässt sich in einem Sockel einrasten, um das Neugeborene bei intensiver Beleuchtung von oben und unten zentriert zu halten. Die intensive Beleuchtung von oben und unten erreicht eine größere Hautoberfläche und erhöht die Behandlungsgeschwindigkeit um 45 % im Vergleich zu herkömmlichen Überkopf-Phototherapielampen (Arnolda et al., 2018). Die kürzere Behandlungszeit kann kostspielige Krankenhausaufenthalte verkürzen und es ermöglichen, das Neugeborene früher in die behagliche häusliche Umgebung zu entlassen, um mit der Mutter und der Familie die Beziehungen aufzubauen. Durch den iterativen HCD-Prozess wurden schon früh im Designprozess Möglichkeiten identifiziert, die einen direkten Weg zu einer neu gestalteten Phototherapieerfahrung ebneten, die besser in ein unterfinanziertes Umfeld passt. Das Team war in der Lage, die Kluft zwischen Prototyp und Markteinführung zu überbrücken, indem es die notwendigen Produktanforderungen frühzeitig identifizierte und so die technischen Entwicklungszyklen verkürzte.

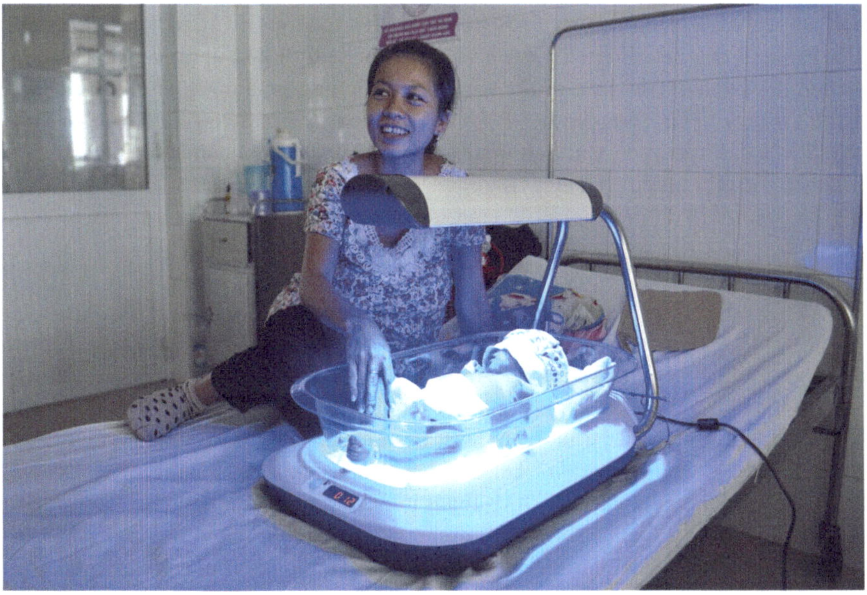

Abb. 5.8 Das endgültige Firefly-Phototherapiegerät, hergestellt und verkauft von MTTS Asia. (Foto CC BY-SA 4.0 Design that Matters)

5.4 Synergien zwischen Human-Centered Design und Open-Source-Medizinprodukten

HCD ist ein wesentlicher Bestandteil von Open-Source-Konzepten für Gesundheitstechnologien. Vom Teambuilding über die Spezifikation und den konzeptionellen Entwurf bis hin zu Prototyping, Tests und Produkteinführung sind der Informationsaustausch während des Lebenszyklus von OSMD und die Förderung einer aktiven Beteiligung von Patienten, Patientenverbänden, Angehörigen der Gesundheitsfachberufe, potenziellen Nutzern und Bürgern im Allgemeinen von grundlegender Bedeutung, wenn die Entwicklung nach systematischen Methoden erfolgt (siehe Kap. 2).

Idealerweise besteht einer der wichtigsten Vorteile der OSMD für die Umgestaltung des Gesundheitswesens in einem besseren Verständnis der Nutzerbedürfnisse, was zu benutzerfreundlicheren, aufgrund umfangreicherer Überprüfung sichereren und gerechter verteilten Medizinprodukten führen kann, da alle potenziellen Nutzer unabhängig von ihrem sozialen Status, ihrem Herkunftsland, ihrer ethnischen Zugehörigkeit, ihrer Religion, ihren politischen Ansichten, ihrem Geschlecht, ihrer sexuellen Orientierung oder der Art ihrer Pathologie als relevant betrachtet werden.

HCD setzt sich durch, wenn z. B. die Entscheidung, ein medizinisches Gerät zur Lösung einer seltenen Krankheit zu entwickeln oder eine personalisierte Lösung zu entwerfen, nicht durch scheinbare Schranken einer Marktnische behindert wird. HCD zeichnet sich auch durch das Bestreben aus, mit den Nutzern weit über die Kommerzialisierungsphase hinaus zu interagieren, indem diese gemeinsam mit den Designern kreativ werden und sich emotional am zukünftigen Erfolg der menschenzentrierten Initiative beteiligen können. Es ist wichtig festzustellen, dass sich Gemeinschaften von „Machern“, die sich mit OSMD beschäftigen, genau auf diese Art von Herausforderungen konzentrieren, um unterrepräsentierten Bevölkerungsgruppen eine Stimme zu geben und den Zugang zu Gesundheitstechnologien gerechter zu gestalten. Zu diesem Zweck sind in den letzten Jahren mehrere Gemeinschaften, Plattformen und Websites entstanden, die dazu beitragen, den Entwicklungsprozess von Medizinprodukten zu öffnen, Menschen zu vernetzen und HCD-Strategien anzuwenden (siehe Kap. 1).

In gewisser Weise verlieren geschlossene Strategien zum Schutz des geistigen Eigentums ihren Sinn, wenn HCD-Methoden angewandt werden, da wirklich erfolgreiche Innovation ein ununterbrochener Prozess ist, der durch kontinuierliche Interaktion mit den Nutzern gestärkt wird. Mit dieser Perspektive können Open-Source und menschenzentrierte Ansätze unschlagbar werden, nicht nur aus der Perspektive der sozialen Auswirkungen und der Verteilungsgerechtigkeit, sondern auch im Hinblick auf die langfristige wirtschaftliche Nachhaltigkeit. Die Unterstützung von HCD-Strategien mit Open-Source-Ansätzen kann sich positiv auswirken, indem die Kosten weiter gesenkt werden (z. B. durch Minimierung der Reisekosten für Vor-Ort-Besuche) und zusätzliches und unerwartetes Feedback geliefert wird, das zu neuen Arten der Nutzung von Technologien oder zu innovativen Anwendungen für bestimmte Teilsysteme von Medizinprodukten führen kann.

Unter den bemerkenswerten und bahnbrechenden Beispielen im Open-Source-Bereich, in denen sich Nutzer- und HCD-Methoden bereits als transformativ erwiesen haben, sticht das medizinische Gebiet als eines der vielversprechendsten hervor. So hat Enabling the Future neue Horizonte im Bereich der Prothesen eröffnet, indem es die Nutzer und ihre Familien in die Personalisierung ihrer Open-Source-Handprothesen einbezog, die nun Tausende von Kindern erreichen und ständig neu erfunden werden, indem zusätzliche, von der Nutzergemeinschaft vorgeschlagene Funktionen integriert werden. Die erzielten Lösungen zeichnen sich dadurch aus, dass sie benutzerfreundlicher, erschwinglicher und individueller sind.

Patient Innovation, eine weitere revolutionäre Initiative, die sich auf den Austausch von Lösungen und Erfahrungen von Patienten in Bezug auf Gesundheitsfragen konzentriert, zeigt ebenfalls einige Beispiele für medizinische Geräte, die eindeutig nach HCD-Methoden entwickelt wurden, wie den „Ostom-i Alert Sensor“, ein vernetztes medizinisches Gerät für die Stomaversorgung, oder das „Shower Shirt™“, ein Hemd, das Brustkrebspatientinnen das Duschen erleichtert.

Innerhalb der UBORA-Gemeinschaft sind einige Lösungen nicht nur aus ästhetischer Sicht interessant, sondern haben auch einen Bezug zu Hedonomismus, indem sie sich auf ein angenehmeres Benutzererlebnis konzentrieren. Dazu gehören der Med-Pass von UBORA, ein Open-Source-Medizinpass, der so konzipiert ist, dass er in eine juwelenähnliche Struktur wie eine Halskette, ein Armband oder eine Brosche eingepasst werden kann, und die Babyschnuller von UBORA zur Verabreichung von Medikamenten und zur Minimierung des „sudden infant death syndrome“ (plötzlicher Säuglingstod).

Andere Beispiele aus der UBORA-Gemeinschaft folgen den Prinzipien der sparsamen Technik, die ebenfalls mit HCD zusammenhängen, für die Neukonfiguration medizinischer Geräte, die für die reicheren Volkswirtschaften entwickelt wurden, mit dem Ziel, sie auch in der Mehrheit der Welt erfolgreich zu machen, in der die Arbeits- und Umweltbedingungen schwieriger sein können (aufgrund von Stromschwankungen, hohen Temperaturen, hoher Luftfeuchtigkeit, Staub, Insekteninfiltration, schlechter Verfügbarkeit von Ersatzteilen, teurem Verbrauchsmaterial und niedrigem Personal-Patienten-Verhältnis, wie in der Zusammenfassung vorgestellt). Unter den interessanten Lösungen, die für die meisten Länder der Welt entwickelt wurden, sind der Ventconnect-Ventilator-Splitter von UBORA oder das UBORA-Hilfssystem für die Bauchlagerung von Patienten mit akutem Atemnotsyndrom hervorzuheben, um nur einige zu nennen.

Zu den neueren Beispielen, bei denen die OSMD eindeutig die HCD-Methoden einsetzen, gehören die meisten Open-Source-Lösungen, die von den Herstellern im Frühjahr 2020 in dem Bestreben entwickelt wurden, präventive, schützende, diagnostische, überwachende und therapeutische medizinische Geräte zur Bekämpfung der COVID-19-Pandemie bereitzustellen. Mehrere dieser Lösungen werden als Open-Source-Medizinprodukte gemeinsam genutzt, darunter etwa 25 UBORA-

Konzepte und -Geräte (z. B. Gesichtsschutz, Schutzmasken, Beatmungsgeräte, Desinfektionssysteme, Diagnosesensoren, Apps zur Unterstützung von Patienten, Familien und der allgemeinen Bevölkerung usw.), die in Zusammenarbeit mit den Nutzern und unter Einhaltung der einschlägigen Vorschriften und Standards entwickelt wurden.

Tab. 5.1 enthält eine abschließende Zusammenfassung der gegenseitigen Synergien zwischen HCD-Prinzipien und innovativen Ansätzen aus dem Bereich der aufstrebenden Open-Source-Medizinprodukte. Sie werden entsprechend den wichtigsten Phasen des Lebenszyklus der Entwicklung von Medizinprodukten dargestellt.

Tab. 5.1 Zusammenfassung der gegenseitigen Synergien zwischen „Human-centered Design" (HCD)-Prinzipien und innovativen Ansätzen aus dem aufstrebenden Bereich der Open-Source-Medizinprodukte. (*OS* „open-source")

Entwicklungsphase des Medizinprodukts	HCD-Grundsätze werden durch Open-Source-Entwicklungsprogramme positiv beeinflusst	Open-Source-Medizinprodukte, die durch die Anwendung von HCD-Prinzipien verbessert wurden
Teambuilding	OSMD entstehen dank internationaler Gemeinschaften von Designern, „Machern", Patienten und Verbänden, Fachleuten des Gesundheitswesens und gemeinnützigen Organisationen mit wirklich multidisziplinärem Hintergrund. Durch die Zusammenarbeit innerhalb dieser Gemeinschaften können schnell Teams mit dem notwendigen Fachwissen und den lokalen Verbindungen für eine langfristige Erfolgsförderung zusammengestellt werden.	Die Auswahl eines HCD-Champions zu Beginn eines OSMD-Projekts wird zu einer besseren Anwendung der HCD-Prinzipien während der Entwicklung führen. Die HCD-Prinzipien sollten in den Mittelpunkt der Lehr- und Lernaktivitäten der OS-Gemeinschaften gestellt werden, und alle Teammitglieder sollten eine Grundausbildung in HCD-Methoden erhalten.
Bedarfsermittlung und -spezifikation	Die Informationen, die durch Interaktionen mit den relevanten Akteuren und durch Besuche bei ländlichen und städtischen Krankenhäusern, potenziellen Herstellern und Lieferanten, Verbänden, benannten Stellen und Gesundheitsministerien u. a. gesammelt werden, können durch Onlineumfragen innerhalb der e-Infrastrukturen und Gemeinschaften, die sich auf OSMD konzentrieren, ergänzt werden.	Die systematische Einbeziehung unterschiedlicher Fachkenntnisse und Nutzertypen durch HCD-Methoden führt zu gut identifizierten medizinischen Bedürfnissen und zu angemessen spezifizierten Produkten. Dies kann eine sinnvolle Ergänzung zu anderen Methoden der Bedarfsermittlung sein, die in OS-Communities üblich sind, wie z. B. die Veröffentlichung von persönlichen Bedürfnissen im Internet oder die Interaktion in Onlineforen.

(Fortsetzung)

Tab. 5.1 (Fortsetzung)

Entwicklungsphase des Medizinprodukts	HCD-Grundsätze werden durch Open-Source-Entwicklungsprogramme positiv beeinflusst	Open-Source-Medizinprodukte, die durch die Anwendung von HCD-Prinzipien verbessert wurden
Konzeptionelle Gestaltung Basic Engineering und Prototyping	Durch die Anwendung der HCD-Prinzipien werden Ideenfindung und Prototyping gefördert, indem Ideen, Entwürfe und Prototypen gemeinsam mit Endnutzern und wichtigen Interessengruppen entwickelt und vorab getestet werden. Teams, die nach dem HCD-Prinzip arbeiten, sind multidisziplinär und erfahren. Dennoch können sie von bestehenden OS-Lösungen profitieren, die online zur Verfügung stehen, insbesondere für die unkomplizierte Implementierung verschiedener Teilsysteme in den ersten Entwurfs- und Prototypingphasen.	Die OSMD sollten von den bestehenden medizinischen Bedürfnissen ausgehen und gemeinsam mit den Nutzern spezifiziert werden, um den Erfolg zu verbessern. In den meisten Fällen folgen die online verbreiteten Betriebssystemtechnologien jedoch nicht den systematischen Grundsätzen des technischen Designs, was dazu führt, dass für Technologien nach Nutzern gesucht wird, anstatt die Technologien gemeinsam mit den Nutzern zu entwickeln. Die Förderung von HCD innerhalb der OS-Gemeinschaften ist notwendig.
Detaillierte Technik Lebensdauer des Produkts	Medizinische Technologien, die nach HCD-Grundsätzen entwickelt wurden, können nicht nur durch ständige Interaktion mit den Hauptakteuren, sondern auch durch ergänzende Teilsysteme, die von den Nutzern entwickelt und über OSMD-Plattformen und e-Infrastrukturen gemeinsam genutzt werden, ständig aktualisiert und verbessert werden, auch durch die Aufnahme neuer Funktionen. Durch die gemeinsame Nutzung von OSMD können die durch die Anwendung von HCD entwickelten Technologien darüber hinaus mehr Endnutzer erreichen.	In vielen Fällen finden sich in Online-Repositories für Open-Source-Technologien – GitHub, UBORA – Lösungen, die einen interessanten Entwicklungsstand erreicht haben, aber nicht in angemessener Weise an die Endnutzer weitergegeben werden (z. B. Projekte, die aus der Bildungspraxis resultieren und zu denen die Entwickler nach Abschluss des Kurses den Kontakt verlieren). Die systematische Anwendung von HCD kann die Einbeziehung von Partnern aus der Industrie unterstützen und langfristig die wirtschaftliche Lebensfähigkeit und die sozialen Auswirkungen fördern.

5.5 Schlussfolgerungen

Brauchbare und wirtschaftlich nachhaltige medizinische Geräte und Diagnostika sind für den weltweiten Fortschritt der Gesundheitsversorgung von entscheidender Bedeutung, aber die meisten bestehenden Technologien sind nicht für die Mehrheit der Weltbevölkerung konzipiert, was eine gerechte Gesundheitsversorgung verhindert. Human-centered Design (HCD) kann Wissenschaftlern, Klinikern, Ingenieuren, Gesundheitsministerien und politischen Entscheidungsträgern die Instrumente an die Hand geben, um die Kluft zwischen vielversprechenden Prototypen und der Markteinführung von Produkten zu überbrücken, indem die Bedürfnisse der Interessengruppen frühzeitig in den Prozess einbezogen werden. Unserer Erfahrung nach kann das Einholen von Erkenntnissen der Interessengruppen zu einem Zeitpunkt, an dem die Kosten für Veränderungen noch gering sind, die Wahrscheinlichkeit erhöhen, dass dringend benötigte globale Gesundheitsinnovationen den Markt erreichen.

Obwohl HCD-Aktivitäten zu Beginn des Projekts einen bescheidenen Kosten- und Zeitaufwand verursachen können, haben Studien außerhalb des Bereichs der globalen Gesundheit gezeigt, dass sich die Vorabinvestition in HCD langfristig um das Zehnfache rentieren kann (Bias & Mayhew, 2005). Zu den Vorteilen gehören die bessere Akzeptanz von Medizinprodukten bei den Beteiligten und die Vermeidung von teuren Umgestaltungen und Rückrufaktionen. Aus diesen Gründen integrieren viele Geldgeber im Gesundheitswesen, bei medizinischen Geräten und im Bereich der globalen Gesundheit HCD in ihre Organisationen. Die Integration von HCD in einen Produktentwicklungsprozess erfordert mehr als nur die Lektüre dieses Handbuchs, obwohl die Autoren davon ausgehen, dass es in einigen Fällen ein guter Ausgangspunkt sein kann. Darüber hinaus empfehlen wir, kurzfristig auf die Referenzen zuzugreifen und Gelegenheiten zu suchen, mit erfahrenen HCD-Champions zusammenzuarbeiten, um aus der Praxis zu lernen. Langfristig empfehlen wir nachdrücklich die Integration der HCD-Prinzipien in die grundlegenden Lehrprogramme für biomedizinische Ingenieure, damit sie für jeden Entwickler von Medizinprodukten zur zweiten Natur werden.

Während die Beziehung zwischen HCD und positiven Auswirkungen auf die Gesundheit in Gemeinschaften noch weiter untersucht werden kann, sind wir der Meinung, dass es genügend Beweise dafür gibt, einen iterativen Ansatz für die Einbeziehung von Interessenvertretern in jedes biomedizintechnische Programm aufzunehmen, um die Medizintechnikentwickler der Zukunft auszubilden, insbesondere wenn positive Auswirkungen auf die Gesundheit das Endziel sind, und in Übereinstimmung mit den Zielen für nachhaltige Entwicklung der Vereinten Nationen. Darüber hinaus schlagen wir vor, die positiven Synergien zwischen HCD-Strategien und Open-Source-Ansätzen für medizinische Geräte eingehender zu erforschen und weiterzuentwickeln.

Literatur

ANSI/AA MI. (2018). *HE75:2009 R2018: Human factors engineering – Design of medical devices*. https://webstore.ansi.org/Standards/AAMI/ANSIAAMIHE752009R2018. Zugegriffen im December 2023.

Arnolda, G., Chien, T. D., Hayen, A., Hoi, N. T. X., Maningas, K., Joe, P., Cavallin, F., Trevisanuto, D., & Moccia, L. (2018). A comparison of the effectiveness of three LED phototherapy machines, single-and double-sided, for treating neonatal jaundice in a low resource setting. *PLOS ONE, 13*(10), e0205432. https://doi.org/10.1371/journal.pone.0205432

Bazzano, A., Martin, J., Hicks, E., Faughnan, M., & Murphy, L. (2017). Human-centered design in global health: A scoping review of applications and contexts. *PLOS ONE*. https://doi.org/10.1371/journal.pone.0186744

Bhutani, V., Zipursky, A., Blencowe, H., Khanna, R., Sgro, M., Ebbesen, F., Bell, J., Mori, R., Slusher, T., Fahmy, N., Paul, V., Du, L., Okolo, A., Almeida, M., Olusanya, B., Kumar, P., Cousens, S., & Lawn, J. (2013). Neonatal hyperbilirubinemia and rhesus disease of the newborn: Incidence and impairment estimates for 2010 at regional and global levels. *Pediatric Research, 74*(1), 86–100. https://doi.org/10.1038/pr.2013.208

Bias, R., & Mayhew, D. (Hrsg.). (2005). *Cost-justifying usability: An update for the Internet age*. Elsevier.

Cheney, C. (2018). Gates Foundation and USAID team up to bring design to health. *Devex*. https://www.devex.com/news/sponsored/gates-foundation-and-usaid-team-up-to-bring-design-to-health-92084. Zugegriffen im December 2023.

Conklin, E., & Yakemovic, K. (1991). A process-oriented approach to design rationale. *Human-Computer Interaction, 6*(3), 357–391. https://doi.org/10.1207/s15327051hci0603&4_6

Doerfler, M. D., Truitt, K., Fisher, M., Theron, G., & McFall, S. (2018). A novel collection cup for tuberculosis sputum in South Africa: engineering design and user testing considerations. *Global Health Innovation, 1*(2). https://doi.org/10.15641/ghi.v1i2.642

Donaldson, K. (2013). The 80-dollar knee prosthesis that's changing lives. *TED Talk*.

Fisher, M., & Johansen, E. (2020). Human centered design of medical devices and diagnostics in global health. *Global Health Innovation, 3*(1), 1–15.

Fisher, M., Dolby, T., Surtie, S., Omar, G., Hapeela, N., Basu, D., DeWalt, A., Kelso, D., Nicol, M., & McFall, S. (2017). Improved method for collection of sputum for tuberculosis testing to ensure adequate sample volumes for molecular diagnostic testing. *Journal of Microbiological Methods, 135*, 35–40.

Giacomin, J. (2014). What is human centred design? *The Design Journal, 17*(4), 606–623. https://doi.org/10.2752/175630614X14056185480186

Harte, R., Glynn, L., Broderick, B., Rodriguez-Molinero, A., Baker, P., McGuiness, B., O'Sullivan, L., Diaz, M., Quinlan, L., & ÓLaighin, G. (2014). Human centred design considerations for connected health devices for the older adult. *Journal of Personal Medicine, 4*, 245–281. https://doi.org/10.3390/jpm4020245

IEC 62366-1:2015: https://www.iso.org/standard/63179.html

IDEO.org. (2015). *The field guide to human-centered design: Design kit*. https://www.designkit.org. Zugegriffen im December 2023.

International Electrotechnical Commission (IEC). (2009). *IEC 60101-2-50:2009 Medical electrical equipment – Part 2–50: Particular requirements for the basic safety and essential performance of infant phototherapy equipment*. https://webstore.iec.ch/publication/2669. Zugegriffen im December 2023.

International Organization for Standardization (ISO). (1999). *ISO 13407:1999 Human-centred design processes for interactive systems*. https://www.iso.org/standard/21197.html. Zugegriffen im December 2023.

International Organization for Standardization (ISO). (2015). *ISO/IEC 62366-1:2015: Medical devices – Part 1: Application of usability engineering to medical devices*. https://www.iso.org/standard/63179.html. Zugegriffen im December 2023.

International Organization for Standardization (ISO). (2016). *ISO 13485:2016 Medical devices – Quality management systems – Requirements for regulatory purposes*. https://www.iso.org/standard/59752.html. Zugegriffen im December 2023.

International Organization for Standardization (ISO). (2019). *ISO 9241-210 Ergonomics of human-system interaction – Part 210: Human-centred design for interactive systems*. https://www.iso.org/standard/77520.html. Zugegriffen im December 2023.

Jewett, C. (2019). *Hidden FDA reports detail harm caused by scores of medical devices*. Kaiser Health News. https://khn.org/news/hidden-fda-database-medical-device-injuries-malfunctions/. Zugegriffen im December 2023.

Johansen, E. (2018). Making human factors affordable for medical device and global health startups. *International Symposium on Human Factors and Ergonomics in Health Care* (Boston, MA, USA, March 26–28, 2018), *7*(1), 140–147.

Kachirskaia, I., & Mate, K. (2018). Human-centered design and performance improvement: Better together. *New England Journal of Medicine Catalyst*. https://catalyst.nejm.org/hcd-human-centered-design-performance-improvement/. Zugegriffen im December 2023.

Karat, C. (1993). *Cost benefit and business case analysis of usability engineering*. In ACM SIGCHI Conference on Human Factors in Computing Systems, New Orleans, LA, April 1993.

Linnes, J., Johansen, E., & Kumar, A. (2017). Incorporating the needs of users into the development of diagnostics for global health: A framework and two case studies. In F. Piraino & S. Seliović (Hrsg.), *Diagnostic devices with microfluidics* (S. 219–250). CRC Press.

Maisels, M., & McDonagh, A. (2008). Phototherapy for neonatal jaundice. *New England Journal of Medicine, 358*(9), 920–928. https://doi.org/10.1056/NEJMct0708376

Mantei, M., & Teorey, T. (1988). Cost/benefit analysis for incorporating human factors in the software lifecycle. *Communications of the ACM, 31*(4), 428–439. https://doi.org/10.1145/42404.42408

Mauro, C. (1994). Cost-justifying usability in a contractor company. In *Cost-justifying usability* (S. 123–142). Academic.

Newton, I. (1686). *Philosophiae Naturalis Principia Mathematica*. University of Cambridge.

Nielsen, J., & Landauer, T. K. (1993). *A mathematical model of the finding of usability problems*. In Proceedings of ACM INTERCHI Conference, Amsterdam, The Netherlands, 24–29 April, 1993, S. 206–213. https://doi.org/10.1145/169059.169166

Nilsson, T., & Sheppard, B. (2018). The changing face of medical device design. *McKinsey Insights*. https://www.mckinsey.com/industries/pharmaceuticals-and-medical-products/our-insights/the-changing-face-of-medical-device-design#. Zugegriffen im December 2023.

Olusanya, B., Teeple, S., & Kassebaum, N. (2018). The contribution of neonatal jaundice to global newborn mortality: Findings from the GBD 2016 study. *Pediatrics, 141*(2), e20171471. https://doi.org/10.1542/peds.2017-1471

Rajanen, M. (2003). *Usability cost-benefit models–different approaches to usability benefit analysis*. In Proceedings of the 26th information systems research seminar in Scandinavia (IRIS26), Haikko, Finland.

Steen, M. (2011). Tensions in human-centred design. *CoDesign, 7*(1), 45–60. https://doi.org/10.1080/15710882.2011.563314

Szczepanska, J. (2017). Design thinking origin story plus some of the people who made it all happen. *Medium*. http://www.medium.com/@szczpanks/design-thinking-where-it-came-from-and-the-type-of-people-who-made-it-all-happen-dc3a05411e53. Zugegriffen im December 2023.

US Food and Drug Administration (FDA). (2011). *Applying human factors and usability engineering to optimize medical device design*. FDA Center for Devices and Radiological Health.

US Food and Drug Administration (FDA). (2016). *Applying human factors and usability engineering to medical devices: Guidance for industry and food and drug administration staff*. https://www.fda.gov/media/80481/download. Zugegriffen im December 2023.

USAID, Bill and Melinda Gates Foundation. (2019). *Design for health*. https://www.designforhealth.org/. Zugegriffen im December 2023.

Virzi, R. (1992). Refining the test phase of usability evaluation: How many subjects is enough? *Human Factors: The Journal of the Human Factors and Ergonomics Society, 34*(4), 457–468. https://doi.org/10.1177/001872089203400407

Kapitel 6
Zertifizierungspfade für Open-Source-Medizinprodukte

Licia Di Pietro, Carmelo De Maria, Andrés Díaz Lantada, Alice Ravizza und Arti Ahluwalia

6.1 Einleitung

Medizinprodukte tragen dazu bei, dass der Einzelne den höchsten Gesundheitsstandard erreicht. Im Mai 2007 nahm die Weltgesundheitsversammlung (World Health Assambly) eine Resolution über Gesundheitstechnologien (WHA 60.29) an, die den Rahmen für Medizinprodukte absteckte. Die WHO hatte insbesondere den Auftrag, „die Mitgliedstaaten zu ermutigen, nationale oder regionale Leitlinien für gute Herstellungs- und Regulierungspraktiken zu erarbeiten, Überwachungssysteme und andere Maßnahmen zur Gewährleistung der Qualität, Sicherheit und Wirksamkeit von Medizinprodukten einzurichten und sich gegebenenfalls an der internationalen Harmonisierung zu beteiligen“ (World Health Organization, 2007). Darüber hinaus betonten sie auf der 67. WHA im Jahr 2014, wie wichtig die Regulierung von Medizinprodukten ist, um den Zugang zu sicheren, und um wirksame und hochwertige Medizinprodukte zu gewährleisten.

Die Analyse der aktuellen Situation zeigt, dass die Regulierung von Medizinprodukten weltweit sehr unterschiedlich gehandhabt wird und von umfassend bis schlecht reicht. Laut einer aktuellen Studie, die 2017 von der WHO veröffentlicht

L. Di Pietro · C. De Maria (✉) · A. Ahluwalia
Research Center "E. Piaggio" and Department of Information Engineering, University of Pisa, Pisa, Italy
E-Mail: carmelo.demaria@unipi.it

A. Díaz Lantada
Mechanical Engineering Department, Universidad Politécnica de Madrid, Madrid, Spain
E-Mail: andres.diaz@upm.es

A. Ravizza
USE-ME-D srl, I3P Politecnico di Torino, Turin, Italy
E-Mail: alice.ravizza@polito.it

A. Ahluwalia et al. (Hrsg.), *Entwicklung von Open-Source-Medizinprodukten*,
https://doi.org/10.1007/978-3-031-26028-5_6

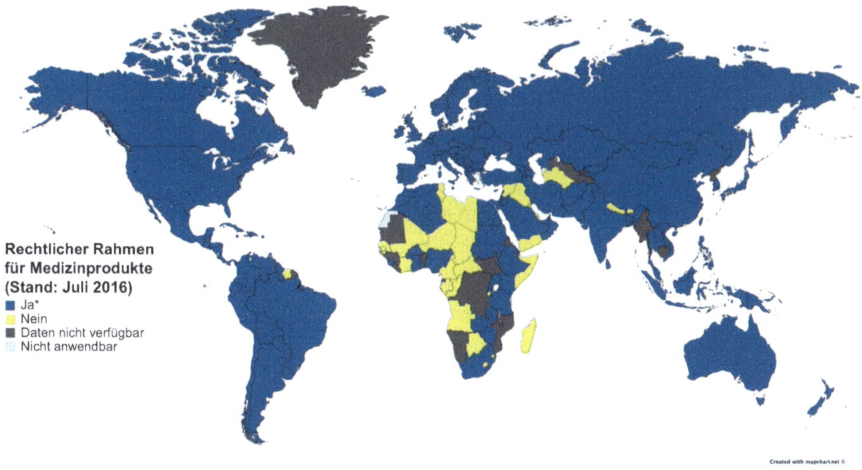

Abb. 6.1 Globaler aktueller Stand der gesetzlichen Regelungen hinsichtlich Medizinprodukten; Existenz eines nationalen Rechtsrahmens für Medizinprodukte, World Health Organization Weltgesundheitsorganisation (2017). Global atlas of medical devices. *Yes umfasst Länder, unabhängig davon, wie begrenzt die Abdeckung des Rechtsrahmens für Medizinprodukte war. https://apps.who.int/medicinedocs/en/m/abstract/Js23215en/

wurde (World Health Organization, 2017), zeigt das in Abb. 6.1 dargestellte globale Bild des aktuellen Stands der Regulierung von Medizinprodukten deutlich, dass es den Entwicklungsländern an einer angemessenen Gesetzgebung für Medizinprodukte fehlt. Darüber hinaus verfügen diese Länder weder über die finanziellen Ressourcen noch über das technische Fachwissen, um den Übergang von einem unregulierten Markt zu einer umfassenden Medizinproduktegesetzgebung in einem einzigen Programm oder einer einzigen strategischen Maßnahme erfolgreich zu vollziehen.

Aufgrund des Mangels an einer angemessenen Regulierungslandschaft orientieren sich mehrere Länder auf der ganzen Welt, insbesondere in ressourcenarmen Gebieten, bei ihren Regulierungsverfahren am europäischen System, das mit der jüngsten Medizinprodukteverordnung 745/2017 aktualisiert wird.

Die Regulierung von Medizinprodukten ist ein notwendiges Mittel, um Patienten und Nutzer des Gesundheitswesens vor unsicheren oder unwirksamen Produkten zu schützen und so den Zugang zu einer hochwertigen Gesundheitsversorgung zu gewährleisten. Bei ordnungsgemäßer Umsetzung trägt die Regulierung zu einer Verbesserung der öffentlichen Gesundheit bei, indem sie auf eine universelle Gesundheitsversorgung für die gesamte Bevölkerung drängt, die als verbindende Plattform für Fortschritte bei der Verwirklichung des dritten Ziels für nachhaltige Entwicklung (Sustainable Development Goal; SDG) im Bereich Gesundheit anerkannt ist (United Nations, 2015).

Die Notwendigkeit, die Sicherheit und Wirksamkeit von Medizinprodukten zu gewährleisten, hat zu strengen Normen für die Kontrolle jedes einzelnen Schrittes im langen Lebenszyklus einer MD geführt (Entwurf, Prototyping, Installation, Betrieb, Wartung, Reparatur und Entsorgung), was zu einem Anstieg der Kosten führt.

Außerdem zwingt die fehlende Harmonisierung zwischen den Ländern die Hersteller dazu, für jedes Land ein anderes Dossier zu erstellen. Dies ist ein langwieriger und kostspieliger Prozess, der die Innovation einschränkt, von Investitionen und Handel abhält und letztlich den Zugang zu hochwertigen Geräten begrenzt.

Open-Source-Medizinprodukte (OSMD) haben das Potenzial, die medizinische Industrie umzugestalten und unsere Herangehensweise an die Gesundheitsversorgung zu überdenken, indem sie durch einen gerechteren Zugang zu Technologien für Gesundheit und Wohlbefinden zu einer allgemeinen Gesundheitsversorgung beitragen. Pionierbeispiele haben gezeigt, dass Open-Source-Medizinprodukte durch innovative Konzepte für das Lieferkettenmanagement auch Patienten in entlegenen Gebieten mit niedrigem und mittlerem Einkommen erreichen können. In einigen Fällen wird die Produktion am Ort der Behandlung ermöglicht, indem direkt an in der Cloud freigegebenen Entwürfen gearbeitet wird.

In den meisten Fällen wurden jedoch erste Erfahrungen mit quelloffenen Medizintechnologien gemacht, ohne die rechtlichen Rahmenbedingungen angemessen zu berücksichtigen und ohne die Zertifizierungswege zu analysieren, was Patienten gefährden und die Entwicklung von quelloffenen Medizinprodukten als zuverlässige und nachhaltige Alternativen behindern kann. Die vielversprechende Zukunft von Open-Source-Technologien, insbesondere im Zusammenhang mit der Gesundheitsfürsorge, hängt davon ab, dass sie im Einklang mit den einschlägigen Rechtsvorschriften und international anerkannten Standards entwickelt werden, wie im Folgenden analysiert wird.

Es ist wichtig hervorzuheben, dass die Verfügbarkeit eines Medizinprodukts unter einer Open-Source-Lizenz zusammen mit der gemeinsamen Nutzung von Sicherheitskriterien und Leistungsdaten es jedem ermöglicht, zumDesign des Medizinprodukts beizutragen, wodurch das Gerät einfacher zu reparieren und zu warten ist, sowie die Herstellung kompatibler Ersatzteile und Verbrauchsmaterialien ermöglicht und seine Sicherheit und Robustheit erhöht werden (Lessig et al., 2005; De Maria et al., 2018).

Um als sichere und wirksame Medizinprodukte gelten zu können, müssen diese Produkte den geltenden Rechtsvorschriften entsprechen. In Anbetracht der zu Beginn dieses Kapitels dargestellten Landschaft dient die europäische EU-Verordnung als Bezugspunkt für die folgende Analyse.

Sobald die Übereinstimmung mit den Rechtsvorschriften der Europäischen Gemeinschaft nachgewiesen ist, kann das Medizinprodukt die CE-Kennzeichnung erhalten, und das Gerät kann auf dem EU-Markt in Verkehr gebracht werden.

Im Internet sind mehrere Beispiele für quelloffene Medizinprodukte (OSMD) zu finden (Niezen et al., 2016; Alves et al., 2006; Witchurch, 2020), doch trotz der gesetzlichen Verpflichtung zur Herstellung sicherer und wirksamer Produkte wurden nur einige von ihnen so konzipiert, dass sie den geltenden Vorschriften entsprechen (Ferretti et al., 2017; Arcarisi et al., 2019).

In Anbetracht des derzeitigen Stands der Technik für OSMD, für die es keinen angemessenen Rechtsrahmen gibt, sollten OSMD angemessen definiert werden, um einen echten Einfluss auf die medizinische Industrie und die Gesundheitssysteme zu haben. Aus diesem Grund hat das UBORA-Konsortium die Definition von OSMD vorgeschlagen, die offiziell bei der Weltgesundheitsorganisation für die ICD-11 eingereicht wurde (Iadanza, 2020 zit. nach De Maria et al., 2020).

Durch die Bereitstellung von Umgebungen wie der UBORA-Plattform (UBORA Platform, 2020), die einen geführten und systematischen Entwicklungsprozess für die Entwicklung von Medizinprodukten bieten, die mit der EU-Verordnung und den harmonisierten Normen konform sind, können diese Produkte in Krankenhäusern und am Patienten verwendet werden, wenn sie ordnungsgemäß implementiert werden, was durch autorisierte benannte Stellen garantiert wird.

6.2 OSMDs im Kontext der europäischen Verordnung über Medizinprodukte

Fast jeder Mensch wird im Laufe seines Lebens mit einem Medizinprodukt in Berührung kommen. Aus diesem Grund hat die EU einen modernisierten und robusteren Rechtsrahmen geschaffen, um einen besseren Schutz der öffentlichen Gesundheit und der Patientensicherheit zu gewährleisten. In diesem Zusammenhang trat in Europa im Mai 2017 die Medizinprodukteverordnung (MDR) 2017/745 in Kraft, um die Sicherheit und Wirksamkeit von Medizinprodukten zu gewährleisten.

Nach den von der WHO vorgeschlagenen Leitlinien sollte die Einhaltung der Verordnung in allen Phasen der Lebensdauer des Produkts erfolgen (Abb. 6.2), wobei drei Phasen unterschieden werden können:

- *Kontrolle vor dem Inverkehrbringen*: Sie wird am Produkt durchgeführt, um sicherzustellen, dass das Produkt, das auf den Markt gebracht werden soll, den gesetzlichen Anforderungen entspricht. Sie umfasst:
  - Definition eines Medizinprodukts,
  - Risikoklassifizierung,
  - Grundlegende Prinzipien der Sicherheitsanforderungen.
- *Kontrolle des Inverkehrbringens*: Zur Gewährleistung der Registrierung der Einrichtung, der Auflistung der Produkte und der Verpflichtungen nach dem Verkauf.
- *Kontrolle nach dem Inverkehrbringen*: Sie soll sicherstellen, dass das eingesetzte Produkt weiterhin sicher und wirksam ist.

Die Harmonisierung der Vorschriften für Medizinprodukte wird als ein grundlegendes Instrument zur Gewährleistung der Sicherheit von Patienten und Gesundheitsdienstleistern angesehen, abgesehen von einem fairen Wettbewerb innerhalb der Gesundheitsindustrie. Um Harmonisierungsstrategien im Bereich der Medizinprodukte zu fördern, hat das UBORA-Konsortium nicht nur Netzwerke und den Aufbau von Kapazitäten im Bereich der Biomedizintechnik geschaffen, sondern

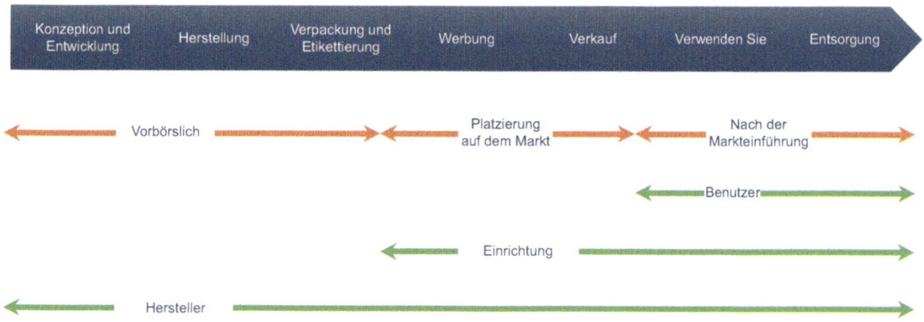

Abb. 6.2 Phasen im Lebenszyklus von Medizinprodukten (blauer Pfeil) mit zugehöriger Regulierungskontrolle (orangefarbene Pfeile) und Personen, die die verschiedenen Phasen direkt verwalten (grüne Pfeile)

auch kollaborative und Open-Source-Ansätze, wie z. B. ein Design-Tool und eine Methodik, um durch die Anwendung harmonisierter Normen Medizinprodukte zu entwickeln, die mit der EU-MDR konform sind.

Die Aktivitätsphasen in Abb. 6.2 sind vereinfacht dargestellt. Die Entwicklungsphase umfasst beispielsweise die Entwicklung und Planung, die Überprüfung und Validierung des Designs und die Prüfung des Prototyps. Der Hersteller verwaltet in der Regel die ersten 3 Phasen der Lebensdauer des Medizinprodukts, in denen es möglich ist, dieses zu bearbeiten, um ein vorschriftenkonformes Medizinprodukt zu erhalten.

Im Vergleich zu den traditionellen Entwurfsmethoden kann der quelloffene und kollaborative Ansatz eine mögliche Alternative darstellen. In der Phase vor der Markteinführung kann der Open-Source-Ansatz beispielsweise zu einem besseren Entwurf führen, der die Sicherheit und Zuverlässigkeit erhöht und die Kosten senkt. In der Phase des Inverkehrbringens erleichtert der Open-Source-Ansatz den Nachweis der Einhaltung der in der MDR festgelegten Anforderungen.

In einem Kontext, in dem Lieferanten und Hersteller von Medizinprodukten in vielen Fällen, in denen es um Ersatzteile geht, keine zufriedenstellende Lösung haben (z. B. kein Kundendienst mehr für noch funktionierende alte Medizinprodukte, Verkauf kompletter Kits anstelle einzelner Ersatzteile, überhöhte Preise für Ersatzteile) und in Anbetracht der Beschränkungen von Wartungswerkstätten in Krankenhäusern (z. B. begrenzte Lagerkapazität und lange Lieferzeiten), kann die Verfügbarkeit von Blaupausen unter Open-Source-Lizenz eine wertvolle Lösung für biomedizinische Wartungsteams in der Phase „nach der Markteinführung" sein.

6.2.1 *Kontrolle vor dem Inverkehrbringen*

Die Kontrolle vor dem Inverkehrbringen umfasst alle Schritte, die erforderlich sind, um ein Medizinproduktzu entwickeln und herzustellen, das den Vorschriften entspricht.

Der Open-Source-Ansatz in der Phase vor der Markteinführung ermöglicht es jedem, das Gerät zu prüfen und zu verbessern, was im Vergleich zu herkömmlichen

Methoden zu sehr schnellen Innovationen führt. Die Bereitstellung des Geräts unter einer Open-Source-Lizenz ermöglicht es, das Design auch für andere Zwecke als die Erhöhung der Sicherheit und Robustheit zu verändern.

Wie bereits erwähnt, ist der Designprozess von grundlegender Bedeutung, um ein sicheres und wirksames Medizinprodukt zu erhalten. Mit dem von UBORA vorgeschlagenen Open-Source-Ansatz („UBORA bioengineering design model"), der sich auf die gemeinsame Erstellung von OSMDs konzentriert, die mit der MDR 2017/745 konform sind, ist es möglich, die Sicherheitsstandards von Beginn der Entwicklung an unter Berücksichtigung der wichtigsten Produktanforderungen anzuwenden. Durch die Führung des Konstrukteurs/der Konstrukteurinnen durch die Arbeitsabläufe und die Bereitstellung kostenloser Tools zur korrekten Identifizierung der Risikoklasse und der anwendbaren Normen für ein bestimmtes Produkt ist es möglich, die menschlichen Fehler im Zusammenhang mit dem Konstruktionsprozess zu minimieren.

Bei der Kontrolle vor dem Inverkehrbringen sind 3 wichtige Aspekte von grundlegender Bedeutung, die im Folgenden beschrieben werden.

6.2.1.1 Definition von Medizinprodukten

Gemäß der MDR 2017/745 ist die Definition der Zweckbestimmung des Produkts der Ausgangspunkt für alle Entscheidungen, einschließlich der Entscheidung, ob das Produkt ein Medizinprodukt ist oder nicht. Wenn die Zweckbestimmung ordnungsgemäß dokumentiert ist, enthält sie folgende Angaben:

- die Bestätigung, ob das betreffende Produkt der Definition eines „Medizinprodukts" entspricht und somit die Verordnung anwendbar ist oder nicht,
- die Grundlage für die Einstufung des geplanten Produkts in eine der 4 Klassen von Produkten gemäß Art. 51,
- Kerntext, der für die künftige Etikettierung, Anleitungen, Werbe- oder Verkaufsmaterialien, die klinische Bewertung und die technische Dokumentation benötigt wird.

Die Zweckbestimmung ist in Art. 2 (12) definiert und bedeutet: „die Verwendung, für die ein Produkt gemäß den vom Hersteller auf dem Etikett, in der Gebrauchsanweisung oder in Werbe- oder Verkaufsunterlagen oder -erklärungen gemachten Angaben und gemäß den Angaben des Herstellers in der klinischen Bewertung bestimmt ist".

Die Zweckbestimmung ist in der Regel eine kurze Erklärung von 2 oder 3 Sätzen, die sich darauf konzentriert, wofür das Produkt verwendet werden soll. Sie ist ein obligatorischer Bestandteil der technischen Dokumentation (Anhang II, 1.1). Es ist erforderlich, dass die Zweckbestimmung der Definition eines Medizinprodukts in Art. 2 (1) entspricht:

> „Medizinprodukt“: Instrumente, Apparate, Vorrichtungen, Software, Implantate, Reagenzien, Stoffe oder andere Gegenstände, die vom Hersteller dazu bestimmt sind, einzeln oder in Kombination für einen oder mehrere der folgenden spezifischen medizinischen Zwecke beim Menschen verwendet zu werden:

- Diagnose, Prävention, Überwachung, Vorhersage, Prognose, Behandlung oder Linderung von Krankheiten,
- Diagnose, Überwachung, Behandlung, Linderung oder Entschädigung für eine Verletzung oder Behinderung,
- Untersuchung, Ersatz oder Veränderung der Anatomie oder eines physiologischen oder pathologischen Prozesses oder Zustands,
- Bereitstellung von Informationen durch die In-vitro-Untersuchung von Proben aus dem menschlichen Körper, einschließlich Organ-, Blut- und Gewebespenden,

die ihre bestimmungsgemäße Hauptwirkung nicht auf pharmakologischem, immunologischem oder metabolischem Wege im oder am menschlichen Körper erzielen, die aber in ihrer Funktion durch solche Mittel unterstützt werden können. Die Definition der OSMD (Kap. 1) umfasst die Beschreibung von Art. 2 und geht darüber hinaus, indem sie sich auf die gemeinsame Nutzung und die Rechenschaftspflicht konzentriert, die dem Open-Source-Ansatz eigen sind.

Um den OSMD-Rechtsrahmen zu konkretisieren, hat das UBORA-Konsortium die in Kap. 1 beschriebene Definition formuliert.

6.2.1.2 Risikoklassifizierung

Wenn das Produkt die oben genannte Definition erfüllt, müssen gemäß Art. 51 der MDR 2017/745 alle Medizinprodukte in 1 von 4 Klassen eingestuft werden. Anhang VIII enthält die 22 Regeln zur Bestimmung der Klassifizierung des Produkts. Bei der Klassifizierung handelt es sich um ein „risikobasiertes“ System, das auf der Anfälligkeit des menschlichen Körpers basiert und die mit dem Produkt verbundenen potenziellen Risiken berücksichtigt. Die Produkte werden je nach ihrer Zweckbestimmung in die Klassen I, IIA, IIB und III eingeteilt.

Für die Einstufung eines Medizinprodukts gemäß der geltenden MDR sind die in Anhang VIII aufgeführten Regeln zu beachten. Bevor mit der Einstufung begonnen wird, ist es wichtig, die Dauer der Anwendung zu definieren und festzustellen, ob das Produkt als invasiv oder als aktiv eingestuft wird. Die Definitionen, die in Kap. 1 von Anhang VIII beschrieben sind, lauten wie folgt:

- Dauer der Nutzung:
  - „*Vorübergehend*“ bedeutet, dass die Nutzung normalerweise für eine ununterbrochene Verwendung von weniger als 60 min vorgesehen sind.
  - „*Kurzfristig*“ bedeutet, dass die Nutzung normalerweise für eine ununterbrochene Verwendung zwischen 60 min und 30 Tagen vorgesehen sind.
  - „*Langfristig*“ bedeutet, dass die Nutzung normalerweise für eine ununterbrochene Verwendung von mehr als 30 Tagen vorgesehen ist.

- Invasive und aktive Geräte:
  - *„Chirurgisch invasives Gerät"* bedeutet:

    ein invasives Produkt, das mithilfe eines chirurgischen Eingriffs oder im Rahmen eines chirurgischen Eingriffs durch die Körperoberfläche, einschließlich der Schleimhäute von Körperöffnungen, in den Körper eindringt; und

    ein Gerät, das eine andere Penetration als durch eine Körperöffnung bewirkt.
  - *„Wiederverwendbares chirurgisches Instrument":* Ein Instrument, das für chirurgische Zwecke zum Schneiden, Bohren, Sägen, Kratzen, Schaben, Klemmen, Zurückziehen, Kürzen oder für ähnliche Verfahren bestimmt ist, ohne Verbindung zu einem aktiven Gerät, und das vom Hersteller dazu bestimmt ist, nach Durchführung geeigneter Verfahren wie Reinigung, Desinfektion und Sterilisation wiederverwendet zu werden.
  - *„Aktives therapeutisches Produkt":* Jedes aktive Produkt, das allein oder in Kombination mit anderen Produkten verwendet wird, um biologische Funktionen oder Strukturen zu unterstützen, zu verändern, zu ersetzen oder wiederherzustellen mit dem Ziel, eine Krankheit, Verletzung oder Behinderung zu behandeln oder zu lindern.
  - *„Aktives Produkt zur Diagnose und Überwachung":* Jedes aktive Produkt, das allein oder in Verbindung mit anderen Produkten verwendet wird, um Informationen zur Feststellung, Diagnose, Überwachung oder Behandlung von physiologischen Zuständen, Gesundheitszuständen, Krankheiten oder angeborenen Missbildungen zu liefern.

Die in Anhang VIII Kap. III aufgeführten Klassifizierungsregeln lauten wie folgt:

- *Regeln 1–4: Nicht-invasive Produkte*
  Diese Geräte berühren den Patienten entweder gar nicht oder nur auf intakter Haut.
- *Regeln 5–8: Invasive Geräte*
  Ein invasives Produkt ist jedes Medizinprodukt, das in den Körper eingeführt wird, entweder durch einen Hautschnitt oder eine Öffnung im Körper.
- *Regeln 9–13: Aktive Geräte*
  Ein aktives medizinisches Gerät ist ein Gerät, das auf eine elektrische Energiequelle oder eine andere Energiequelle als die direkt vom menschlichen Körper oder durch die Schwerkraft erzeugte Energie angewiesen ist.
- *Regeln 13–22: Sonderregeln*
  Es handelt sich um Regeln, die sich nicht in die anderen oben genannten Gruppen einordnen lassen.

Es ist wichtig, die Entscheidung über die Einstufung und die entsprechenden Informationen zu dokumentieren. Dies ist ein weiterer erforderlicher Punkt in der technischen Dokumentation (Anhang II, 1.1). Die Klassifizierung bestimmt den Weg

Abb. 6.3 Klassifizierung von Medizinprodukten nach MDR 2017/745

der Konformitätsbewertung für das Produkt. Wie in Abb. 6.3 dargestellt, hat es Auswirkungen auf die benannte Stelle, wenn das Produkt in die Klassen IIA, IIB oder III fällt.

Die UBORA-Plattform, die auf dem „UBORA bioengineering design model" basiert und von der ISO 13485 gestützt wird, bietet einen geführten Fragebogen, der die Entwickler zur Identifizierung der Medizinproduktklasse (I, IIa, IIb, III) auf der Grundlage von Anhang VIII der MDR 2017/745 führt.

6.2.1.3 Einhaltung der allgemeinen Sicherheits- und Leistungsanforderungen

Wie in der MDR festgelegt, ist die Einhaltung von Anhang I – General Safety and Performance Requirements (GSPR) (Allgemeine Sicherheits- und Leistungsanforderungen) die wichtigste Voraussetzung für das Inverkehrbringen eines Medizinprodukts in der EU. Bei den Anforderungen handelt es sich um eine Reihe von Produktmerkmalen, die gewährleisten, dass jedes neue Produkt sicher ist und während seiner gesamten Lebensdauer wie vorgesehen arbeitet.

Die Hersteller müssen gegenüber der Aufsichtsbehörde nachweisen können, dass ihre Produkte den GSPR entsprechen und so konzipiert und hergestellt wurden, dass ein hohes Maß an Sicherheit und Leistung sichergestellt ist. Die GSPR gelten für alle Medizinprodukte und umfassen die folgenden Kapitel:

- Kap. 1: Allgemeine Anforderungen,
- Kap. 2: Anforderungen an Konstruktion und Fertigung,
- Kap. 3: Anforderungen an die mit dem Gerät gelieferten Informationen.

Der Nachweis der Konformität eines Medizinprodukts mit allen GSPR liegt in der Verantwortung des Herstellers. Der in der technischen Dokumentation aufgezeichnete Konformitätsnachweis kann von der Aufsichtsbehörde überprüft werden, die je nach Klasse des Produkts in unterschiedlichem Maße beteiligt ist. In vielen Fällen ist es am einfachsten, diese Anforderungen zu erfüllen, indem man sicherstellt, dass das Produkt mit einer anwendbaren harmonisierten europäischen Norm (Standard) konform ist.

In jüngster Zeit sind mehrere Beispiele für OSMD im Internet aufgetaucht, von denen jedoch nur einige so gestaltet wurden, dass sie den geltenden Vorschriften entsprechen. Es ist von entscheidender Bedeutung, die GSPR der Medizintechnik zu gewährleisten. Aus diesem Grund müssen bei der Verwendung des Open-Source-Ansatzes die geltenden harmonisierten Normen für die Entwicklung von Medizinprodukten für den Markt berücksichtigt werden.

Zu diesem Zweck wurde innerhalb der UBORA-Plattform ein weiteres interessantes Instrument zur Unterstützung der Entwicklung vorschriftsmäßiger und sicherer OSMDs implementiert, nämlich der Entscheidungsbaum zur Identifizierung der für ein bestimmtes Gerät geltenden Normen. Dazu gehören die Norm für die Bewertung der Biokompatibilität (ISO 10993), die Norm für die Minimierung der Risikofaktoren (EN ISO 14971), die Norm für die Verpackung und Kennzeichnung (EN ISO 15223) und die Norm für elektromedizinische Geräte im Falle aktiver mobiler medizinischer Geräte (EN ISO 60601).

Um die Einhaltung der Normen zu gewährleisten, die im 1. Schritt der Entwicklung festgelegt wurden, muss der gesamte Entwicklungsprozess von Experten unterstützt werden, die über bewährte Erfahrungen im Bereich der Entwicklung und Prüfung von Medizinprodukten verfügen. Diese „Fachleute“ unterstützen die Entwicklung, kommentieren die Projekte und leiten die Entwickler auf dem Weg zu einer effektiven und ordnungsgemäßen Produktentwicklung an (Mentoring).

OSMDs mit einer Vorproduktionsdokumentation in einem Format, das für eine rationelle Skalierung bis zur Herstellung als zertifizierte Geräte gemäß den Fertigungsrichtlinien bereit ist, können die Gesamtkosten des Produkts senken und darüber hinaus die Innovation und die Entwicklung neuer Produkte fördern.

6.2.2 Regulierung des Inverkehrbringens

Um eine MD auf dem europäischen Markt in Verkehr bringen zu können, müssen die Hersteller ihre Produkte mit einer CE-Kennzeichnung versehen. Die CE-Kennzeichnung kann als eine Erklärung des Herstellers angesehen werden, dass das Produkt den einschlägigen Rechtsvorschriften, einschließlich derjenigen zur Sicherheit, entspricht. Die CE-Kennzeichnung besteht aus mehreren Prozessen, die mit der Wahl des Konformitätsbewertungswegs durch den Hersteller beginnen, der wiederum von der Klassifizierung des Medizinprodukts abhängt. In den folgenden Abschnitten werden die Konformitätsbewertungswege beschrieben, die je nach Klasse In Betracht kommen.

6.2.2.1 Medizinprodukte der Klasse I

Der einzige Weg für Produkte der Klasse I (Abb. 6.4a) ist die Selbsterklärung. Der Nachweis der Konformität erfolgt durch eine Selbstzertifizierung, bei der der

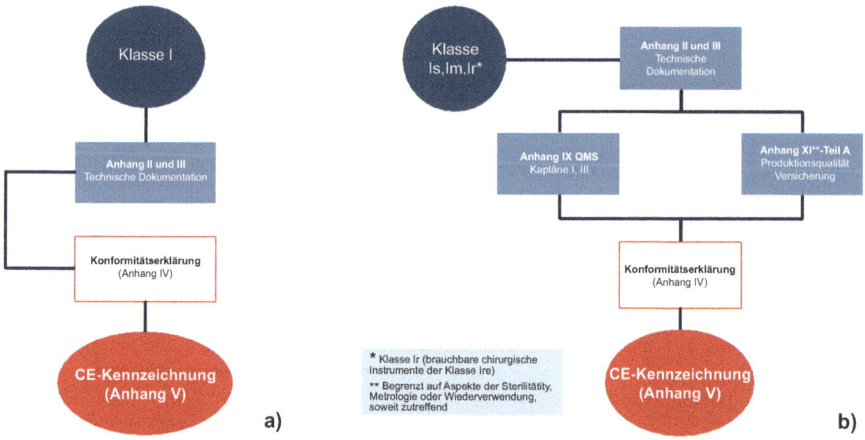

Abb. 6.4 (**a**) Wege der Konformitätsbewertung für Medizinprodukte der Klasse I. (**b**) Wege der Konformitätsbewertung für Medizinprodukte der Klasse Is/Im/Ir

Hersteller die CE-Kennzeichnung als rechtsverbindliche Bescheinigung selbst anbringt. Für „Messgeräte“ der Klasse I, „sterile Geräte“ der Klasse I und „wiederverwendbare chirurgische Instrumente“ der Klasse I ist eine benannte Stelle erforderlich, die die technischen Unterlagen prüft und die CE-Kennzeichnung erteilt.

6.2.2.2 Produkte der Klasse IIa

Hersteller von Produkten der Klasse IIa können 2 verschiedene Wege wählen, wie in Abb. 6.5 dargestellt ist. Der Nachweis der Konformität erfolgt nicht nur durch die Bewertung des Produkts, sondern auch durch die Berücksichtigung der Produktionsqualität. Bei Medizinprodukten der Klasse IIa muss eine benannte Stelle die technische Dokumentation prüfen, eine Bewertung nach Produktkategorie vornehmen und eine CE-Kennzeichnung erteilen.

6.2.2.3 Produkte der Klasse IIb

Hersteller von Produkten der Klasse IIb können 2 verschiedene Wege wählen, wie in Abb. 6.6 dargestellt ist. Die Konformität wird nicht nur durch die Bewertung des Produkts nachgewiesen, sondern auch durch die Berücksichtigung der Produktionsqualität. Bei Medizinprodukten der Klasse IIb muss eine benannte Stelle die technische Dokumentation prüfen, eine Bewertung pro generischer Produktgruppe vornehmen und eine CE-Kennzeichnung vergeben.

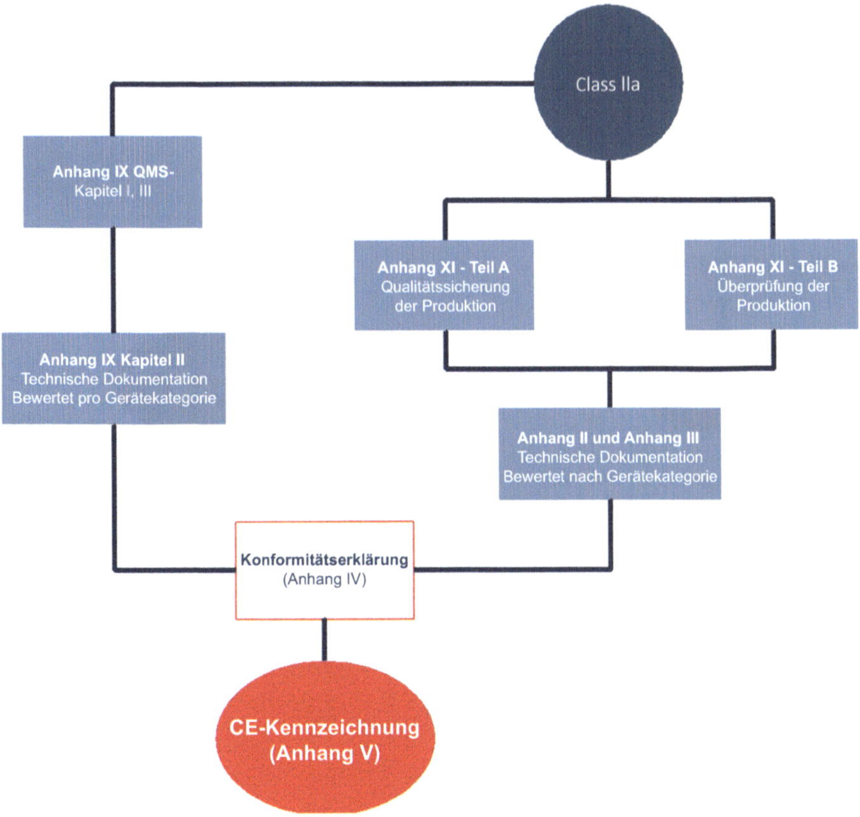

Abb. 6.5 Wege der Konformitätsbewertung für Medizinprodukte der Klasse IIa

6.2.2.4 Medizinprodukte der Klasse III

Hersteller von Produkten der Klasse III können 2 verschiedene Wege wählen, wie in Abb. 6.7 dargestellt ist. Die Konformität wird nicht nur durch die Bewertung des Produkts nachgewiesen, sondern auch durch die Berücksichtigung der Produktionsqualität und der klinischen Bewertung. Medizinprodukte der Klasse III erfordern eine benannte Stelle, die die technische Dokumentation überprüft, jedes einzelne Produkt bewertet und eine CE-Kennzeichnung erteilt.

6.2.2.5 Sonderanfertigungen von Medizinprodukten

„Als Sonderanfertigung gilt jedes Produkt, das speziell nach einer schriftlichen Verordnung einer nach nationalem Recht aufgrund ihrer beruflichen Qualifikation befugten Person hergestellt wird, das unter deren Verantwortung spezifische Aus-

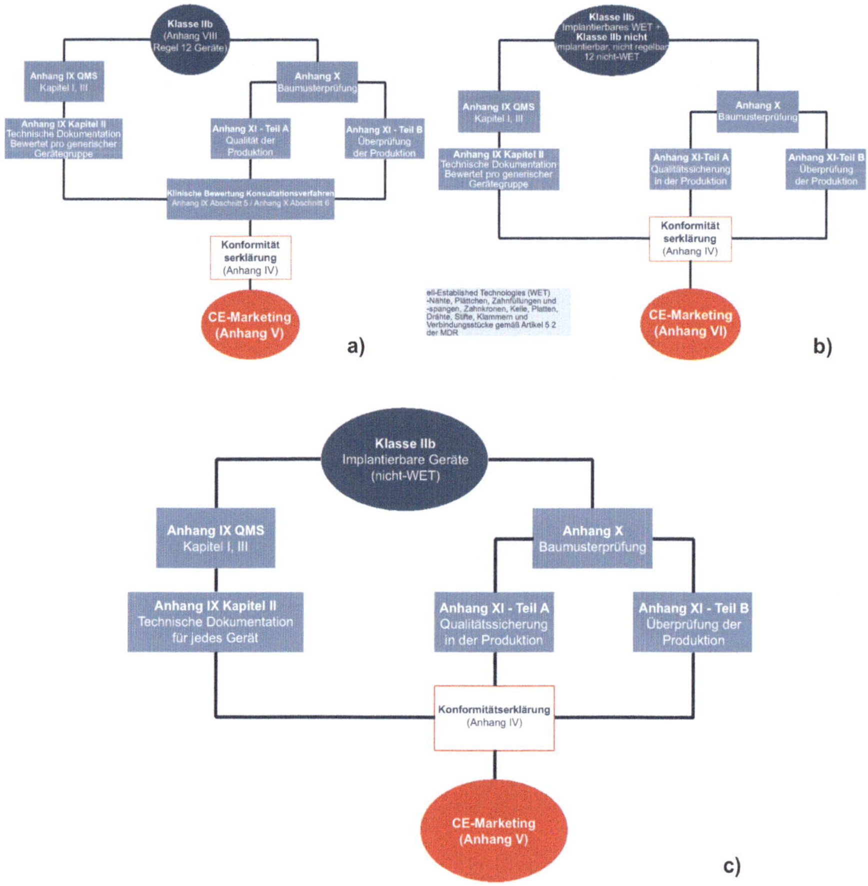

Abb. 6.6 (**a**) Konformitätsbewertungswege für Medizinprodukte der Klasse IIb (Anhang VII, Regel 12). (**b**) Konformitätsbewertungswege für implantierbare etablierte Technologien (WET) der Klasse IIb und nicht-implantierbare Nicht-WET (keine Regel 12). (**c**) Konformitätsbewertungswege für implantierbare Nicht-WET der Klasse IIb

legungsmerkmale aufweist und zur ausschließlichen Verwendung durch einen bestimmten Patienten bestimmt ist, um dessen individuellen Bedingungen und Bedürfnissen zu entsprechen" (MDR 2017/745 Art. 2 [3]). Massenproduzierte Produkte, die an die spezifischen Anforderungen eines jeden Anwenders angepasst werden müssen, gelten jedoch nicht als Sonderanfertigungen.

In der Open-Source-Welt sind maßgefertigte Medizinprodukte sehr verbreitet. Der Grund dafür ist, dass es heute möglich ist, Medizinprodukte zu produzieren, die individuell gestaltet sind, z. B. mit additiven Fertigungsverfahren auf der Grundlage von CT-Scans des Patienten. Sonderanfertigungen wurden mit der Absicht eingeführt, spezielle Fälle abzudecken, in denen handelsübliche Massenprodukte für

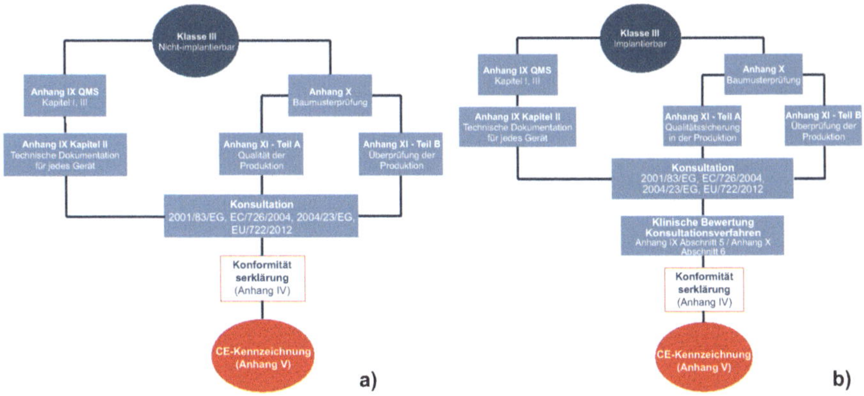

Abb. 6.7 (**a**) Wege der Konformitätsbewertung für Medizinprodukte der Klasse III (nicht-implantierbare Produkte). (**b**) Wege der Konformitätsbewertung für Medizinprodukte der Klasse III (implantierbare Produkte)

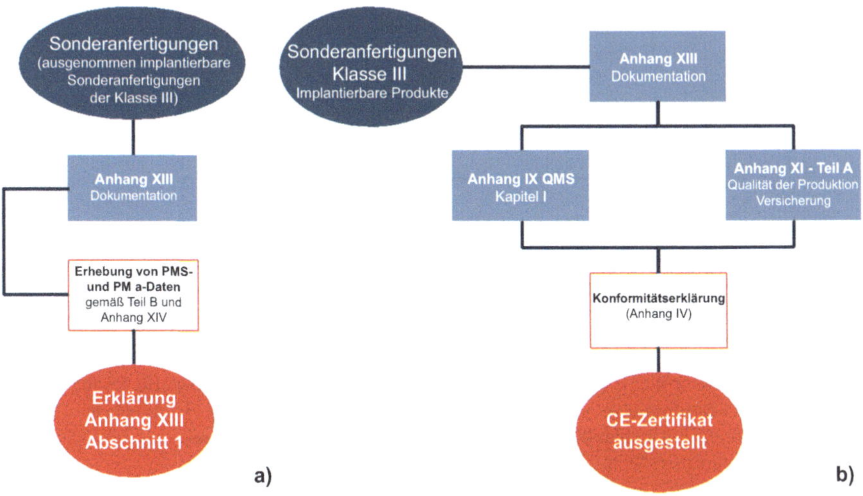

Abb. 6.8 (**a**) Weg der Konformitätsbewertung für Sonderanfertigungen von Medizinprodukten. (**b**) Wege der Konformitätsbewertung für implantierbare Medizinprodukte der Klasse III, Sonderanfertigungen

die Bedürfnisse und Anforderungen eines bestimmten Patienten unzureichend sind. Sie stellen keine Sonderklasse dar, sondern sind ebenso wie die herkömmlichen Medizinprodukte in die oben genannten Klassen (I, IIa, IIb, III) einzuordnen. Der Hauptunterschied besteht darin, dass die maßgefertigten Medizinprodukte keine CE-Kennzeichnung benötigen (Abb. 6.8a) mit Ausnahme der „maßgefertigten Medizinprodukte der Klasse III", für die ein CE-Zertifikat erforderlich ist (Abb. 6.8b).

6.2.3 *Kontrolle nach dem Inverkehrbringen*

Bei allen Konformitätsbewertungsverfahren muss der Hersteller ein Überwachungs- und Vigilanzsystem nach dem Inverkehrbringen einrichten. Diese Systeme sind gesetzlich vorgeschrieben. Vom Hersteller wird erwartet, dass er eine Reihe aktiver Verfahren und Prozesse zur Datenerfassung für auf dem Markt befindliche Produkte einführt, die sogenannte Überwachung nach dem Inverkehrbringen. Ein Aspekt der Überwachung nach dem Inverkehrbringen („post-marketing surveillance"; PMS) ist die Vigilanz. Das PMS wird in der MDR (Art. 2, Abschn. 6) definiert als: „alle Tätigkeiten, die von den Herstellern in Zusammenarbeit mit anderen Wirtschaftsakteuren durchgeführt werden, um ein systematisches Verfahren einzurichten und auf dem neuesten Stand zu halten, mit dem proaktiv Erfahrungen mit Produkten, die sie in Verkehr bringen, auf dem Markt bereitstellen oder in Betrieb nehmen, gesammelt und ausgewertet werden, um festzustellen, ob es notwendig ist, unverzüglich alle erforderlichen Korrektur- oder Präventionsmaßnahmen durchzuführen".

Auf einem weltweiten Markt wirken sich der Kundendienst und die Lieferung von Verbrauchsmaterialien und Ersatzteilen erheblich auf die Endkosten von medizinischen Geräten und Technologien aus und halten sowohl Hersteller, Verkäufer als auch Krankenhausmanager davon ab, den potenziellen Markt zu erkunden. Dies gilt insbesondere für Länder der Dritten Welt, in denen das Fehlen von Ersatzteilen für medizinische Geräte eines der wichtigsten Hindernisse für die Konstruktion darstellt (Malkin, 2007).

Die meisten medizinischen Geräte auf der ganzen Welt werden in Industrieländern hergestellt und sind für den Betrieb in sauberen, sterilen, klimatisierten Umgebungen mit zuverlässiger Stromversorgung ausgelegt. In ressourcenarmen Ländern sind die medizinischen Geräte jedoch rauen Umgebungsbedingungen wie extremem Klima, Feuchtigkeit, Staub und instabiler Stromversorgung ausgesetzt. Diese Bedingungen führen zu häufigeren Ausfällen und verursachen einen höheren Bedarf an Ersatzteilen, die teuer und schwer zu beschaffen sind. Infolgedessen sind Wartung und Reparatur ebenso problematisch wie die Anschaffung (Malkin, 2007).

In einem Kontext, in dem MD-Lieferanten und -Hersteller in vielen Fällen, in denen es um Ersatzteile geht, keine zufriedenstellende Lösung haben (z. B. kein Kundendienst mehr für noch funktionierende alte Geräte, Verkauf kompletter Kits statt einzelner Ersatzteile, überhöhte Preise für Ersatzteile) und in Anbetracht der Einschränkungen von Wartungswerkstätten in Krankenhäusern (z. B. begrenzte Lagerkapazitäten und lange Lieferzeiten), kann der Open-Source-Ansatz zur Entwicklung von MD-Ersatzteilen eine wertvolle Lösung für biomedizinische Wartungsteams sein.

6.3 Software als Medizinprodukt

Im Zuge des technologischen Fortschritts in allen Bereichen des Gesundheitswesens ist Software zu einem wichtigen Bestandteil aller Produkte geworden und wird in großem Umfang in digitale Plattformen integriert, die sowohl medizinischen als auch nicht-medizinischen Zwecken dienen. Software im Bereich medizinischer Geräte kann wie folgt klassifiziert werden:

- Software als Teil eines medizinischen Produkts, z. B. als eingebettete Software eines medizinischen Geräts,
- Software als Medizinprodukt selbst (Standalone-Software),
- Software als Zubehör zu einem medizinischen Produkt,
- diskrete Software, die kein medizinisches Produkt ist.

Eigenständige Software ist eine Software, die dazu bestimmt ist, allein oder in Kombination für einen Zweck verwendet zu werden, der in der Definition von „Medizinprodukt" in der MDR 2017/745 festgelegt ist. Mit anderen Worten: Software als Medizinprodukt (SaMD) ist eine Software, die für sich genommen ein Medizinprodukt ist.

Wie alle Medizinprodukte müssen auch SaMD gemäß Anhang VIII eingestuft werden, und die Einhaltung der GSPR ist erforderlich. Um die Konformität der Software nachzuweisen, muss ein besonderer Standard für die Verwaltung der Software angewendet werden, der im Folgenden beschrieben wird.

Die Norm IEC 62304 „Software für medizinische Geräte – Software-Lebenszyklusprozesse" gilt für die Entwicklung und Wartung von Software für medizinische Geräte, wenn:

- die Software selbst ist ein Medizinprodukt ist, oder
- die Software ein eingebetteter oder integraler Bestandteil des endgültigen Medizinprodukts ist.

Diese Norm behandelt die sichere Entwicklung und Wartung von Software. Sie enthält Prozesse, Aktivitäten und Aufgaben zur Gewährleistung der Sicherheit. Die Sicherheitsnorm besteht aus 9 Teilen:

- Teil 1: Anwendungsbereich
- Teil 2: Normative Verweise
- Teil 3: Begriffe und Definitionen
- Teil 4: Allgemeine Anforderungen
- Teil 5: Entwicklungsprozess der Software
- Teil 6: Wartungsprozess der Software
- Teil 7: Risikomanagementprozess der Software
- Teil 8: Konfigurationsmanagementprozess der Software
- Teil 9: Prozess zur Lösung von Softwareproblemen

Die Klassifizierung von Software basiert auf dem Gefährdungspotenzial, das zu Verletzungen des Anwenders oder des Patienten führen kann. Gemäß IEC 62304 kann Software in 3 Klassen unterteilt werden:

- *Klasse A:* Es sind keine Verletzungen oder Gesundheitsschäden möglich.
  Das Softwaresystem kann nicht zu einer gefährlichen Situation beitragen, oder das Softwaresystem kann zu einer gefährlichen Situation beitragen, die nach Berücksichtigung von Risikokontrollmaßnahmen außerhalb des Softwaresystems nicht zu einem unannehmbaren Risiko führt.

- *Klasse B:* Nicht-schwerwiegende Verletzungen sind möglich.
  Das Softwaresystem kann nicht zu einer gefährlichen Situation beitragen, oder das Softwaresystem kann zu einer gefährlichen Situation beitragen, die nach Berücksichtigung von Risikokontrollmaßnahmen außerhalb des Softwaresystems nicht zu einem unannehmbaren Risiko führt.
- *Klasse C:* Tod oder schwere Verletzungen sind möglich.
  Das Softwaresystem kann zu einer gefährlichen Situation beitragen, die nach Berücksichtigung von Risikokontrollmaßnahmen außerhalb des Softwaresystems zu einem unannehmbaren Risiko führt, und der daraus resultierende mögliche Schaden ist Tod oder schwere Verletzung.

Für die Zwecke dieser Einstufung wird eine schwere Verletzung als eine Verletzung oder Krankheit definiert, die direkt oder indirekt lebensbedrohlich ist, zu einer dauerhaften Beeinträchtigung einer Körperfunktion oder einer dauerhaften Schädigung einer Körperstruktur führt oder einen medizinischen oder chirurgischen Eingriff erforderlich macht, um eine dauerhafte Beeinträchtigung einer Körperfunktion oder eine dauerhafte Schädigung einer Körperstruktur zu verhindern.

6.4 Kurze Beschreibung anderer Verordnungen

Die Förderung des wirtschaftlichen und sozialen Wohlergehens ist im Interesse jeder Regierung, und die Vorschriften sind wichtige Instrumente zur Erreichung diesesr Ziels. Die Förderung von Plänen zur Harmonisierung der Rechtsvorschriften und die Straffung des Regulierungsprozesses könnten die Belastung durch die Gesetzgebung verringern, die Kosten senken und die Verzögerungen bei der Einführung neuer Produkte für Patienten in Ländern mit niedrigem Einkommen reduzieren.

In diesem Abschnitt wird eine kurze Beschreibung der wichtigsten Rechtsvorschriften für Medizinprodukte gegeben. Es werden die wichtigsten Verfahren in Japan, China und den Vereinigten Staaten dargestellt sowie deren Unterschiede zur derzeitig gültigen EU-Verordnung.

- *Japan*
  Das japanische Ministerium für Gesundheit, Arbeit und Soziales (MHLW) ist die Regulierungsbehörde, die für die Überwachung von Lebensmitteln und Arzneimitteln in Japan zuständig ist, was auch die Schaffung und Umsetzung von Sicherheitsstandards für Medizinprodukte und Arzneimittel umfasst. In Verbindung mit dem MHLW ist die Pharmaceutical and Medical Devices Agency (PMDA) eine unabhängige Behörde, die für die Prüfung von Anträgen für Arzneimittel und Medizinprodukte zuständig ist. Die PMDA arbeitet mit dem MHLW zusammen, um die Sicherheit neuer Produkte zu bewerten, umfassende Vorschriften zu entwickeln und die Sicherheit nach dem Inverkehrbringen zu überwachen. Nach den japanischen PMDA-Vorschriften kann ein Medizinprodukt je nach Risikostufe als allgemeines Medizinprodukt (Klasse I), als kontrolliertes

Medizinprodukt (Klasse II) oder als speziell kontrolliertes Medizinprodukt (Klasse III und Klasse IV) eingestuft werden. Für allgemeine Medizinprodukte ist lediglich eine Meldung/Selbstdeklaration erforderlich, und das Produkt muss nicht das Genehmigungsverfahren des MHLW und der PMDA durchlaufen. Kontrollierte Medizinprodukte können zur Zertifizierung durch eine autorisierte Drittpartei oder zur Überprüfung durch die PMDA bestimmt werden. Speziell kontrollierte Medizinprodukte müssen von der PMDA und dem MHLW geprüft und genehmigt werden.

- *China*
  Die China National Medical Products Administration (NMPA) reguliert Arzneimittel und pharmazeutische Produkte in ganz China. Medizinprodukte werden in China in 3 verschiedene Klassen eingeteilt – Klasse I, II und III, wobei die Risikostufen von niedrig bis hoch reichen. Die Kriterien für die Einstufung beruhen auf dem Verwendungszweck, den strukturellen Merkmalen des Produkts, der Frage, ob das Produkt direkt mit dem menschlichen Körper in Berührung kommt, sowie auf den Methoden und dem Status der Verwendung. Diese Einstufung wird vor allem für das Risikomanagement verwendet, bei dem unterschiedliche Regeln gelten: Klasse I (geringes Risiko, Sicherheit und Wirksamkeit können durch routinemäßige Verabreichung gewährleistet werden); Klasse II (mittleres Risiko, weitere Kontrollen sind erforderlich, um Sicherheit und Wirksamkeit zu gewährleisten); und Klasse III (hohes Risiko, besondere Maßnahmen mit strenger Kontrolle und Verwaltung müssen durchgesetzt werden, um Sicherheit und Wirksamkeit zu erreichen).
- *USA*
  Die für die Regulierung von Medizinprodukten in den Vereinigten Staaten zuständige Behörde ist die Food and Drug Administration (FDA). Die FDA verwendet ein risikobasiertes Klassifizierungssystem, das Medizinprodukte in die folgenden 3 Kategorien einteilt: Klasse I, Klasse II und Klasse III. Produkte der Klasse I sind mit dem geringsten Risiko verbunden, während Produkte der Klasse III das höchste Risiko aufweisen. Jedes Produkt wird einem Gremium (kardiovaskulär, anästhesiologisch usw.) zugewiesen. Das Gremium bestimmt die Klasse und die besonderen Kontrollen und Ausnahmen, die für das Produkt gelten. Produkte der Klasse I sind als nicht lebenserhaltend definiert und bergen ein minimales Schadenspotenzial für den Anwender. Diese Produkte sind in der Regel einfach in der Auslegung und Herstellung und haben sich in der Vergangenheit als sicher erwiesen. Medizinprodukte der Klasse II sind Produkte, bei denen die allgemeinen Kontrollen nicht ausreichen, um die Sicherheit und Wirksamkeit zu gewährleisten, und bei denen bestehende Methoden/Normen/Leitfäden vorhanden sind, um die Sicherheit und Wirksamkeit zu gewährleisten. Produkte der Klasse III unterstützen oder erhalten in der Regel das menschliche Leben. Für Medizinprodukte der Klasse III liegen keine ausreichenden Informationen vor, um die Sicherheit und Wirksamkeit durch die Anwendung

allgemeiner Kontrollen und spezieller Kontrollen zu gewährleisten. In der Regel ist für die Vermarktung eines Medizinprodukts der Klasse III ein Antrag auf Genehmigung vor dem Inverkehrbringen bei der FDA erforderlich.

6.5 Open-Source-Medizinprodukte: Ein Schlüssel zur Harmonisierung

Im Jahr 1992 wurde die Global Harmonization Task Force (GHTF) gegründet, um die weltweite Harmonisierung der Regulierungspraktiken für Medizinprodukte zu fördern. Im Jahr 2012 wurde die GHTF aufgelöst und durch das International Medical Device Regulators Forum (IMDRF) ersetzt, das mit Unterstützung der Weltgesundheitsorganisation (WHO) Debatten und Vereinbarungen über die künftige Ausrichtung der Harmonisierung der Medizinproduktevorschriften anregen soll. Trotz dieser Aktivitäten ist der Harmonisierungsplan noch lange nicht abgeschlossen, und mehrere Länder auf der ganzen Welt, insbesondere Entwicklungsländer, orientieren sich bei ihren Regulierungsverfahren an den Beispielen der wichtigsten Regelwerke. Die MDR 745/2017 der EU hat sich als inspirierendes Modell für viele Länder mit niedrigem und mittlerem Einkommen erwiesen.

Die Entwicklung nachhaltiger Technologien, die die Gesundheitsfürsorge für eine größere Bevölkerung erschwinglich machen und damit die weltweiten Ungleichheiten verringern sollen, kann nur unter Berücksichtigung der kulturellen Bedingungen und der umweltklimatischen Zwänge erfolgen, unter denen sie eingesetzt werden. Bei der traditionellen Produktentwicklung werden diese Bedingungen in der Regel in der Entwurfsphase nicht berücksichtigt, was zu häufigen Ausfällen und einem höheren Bedarf an Ersatzteilen führt, wodurch Wartung und Reparatur sehr problematisch werden.

Mithilfe von Open-Source-Ansätzen werden die Geräte nicht nur gemeinsam genutzt und folgen einem konzeptionellen Schema für die Darstellung ihrer Dokumentation, das darauf ausgerichtet ist, ihre Konformität mit den einschlägigen Normen zu demonstrieren, sondern haben auch das Potenzial, den Zugang zur Medizintechnik zu verbessern, und zwar dank einer möglichen Senkung der Kosten für Entwurf, Verwaltung, Wartung und Reparatur aufgrund des offenen Zugangs zu den Bauplänen der Geräte. Diese Open-Source-Medizinprodukte sollten so konzipiert sein, dass sie den am weitesten verbreiteten Vorschriften entsprechen und auch die international anerkannten Normen für Medizinprodukte erfüllen, um Sicherheit und Benutzerfreundlichkeit zu gewährleisten und somit positive Auswirkungen zu entfalten. Wenn sie nach allgemein anerkannten Methoden und unter Einhaltung der einschlägigen Vorschriften und Normen entwickelt werden, wie es das „UBORA bioengineering design model“ vorschlägt, können Open-Source-Medizintechnologien durch den Austausch von Informationen und bewährten Verfahren einen zusätzlichen Schlüssel zur Harmonisierung darstellen.

Literatur

Alves, A. P., Da Silva, H. P., Lourenco, A., & Fred, A. L. N. (2006). *BITalino: A biosignal system acquisition based on Arduino*. In Proceeding of the 6th Conference on Biomedical Electronics and Devices (BIODEVICES).

Arcarisi, L., Di Pietro, L., Carbonaro, N., Tognetti, A., Ahluwalia, A., & De Maria, C. (2019). Palpreast: A new wearable device for breast self-examination. *Applied Sciences, 9*, 381.

De Maria, C., Di Pietro, L., Lantada, A. D., Madete, J., Makobore, P. N., Mridha, M., et al. (2018). Safe innovation: On medical device legislation in Europe and Africa. *Health Policy and Technology, 7*(2), 156–165.

De Maria, C., Di Pietro, L., Ravizza, A., Lantada, A. D., & Ahluwalia, A. D. (2020). Open-source medical devices: Healthcare solutions for low-, middle-, and high-resource settings. In *Clinical Engineering Handbook* (S. 7–14). Academic Press.

Ferretti, J., Di Pietro, L., & De Maria, C. (2017). Open source automated external defibrillator. *HardwareX, 2*, 61–67.

Lessig, L., Cusumano, M., & Shirky, C. (2005). *Perspectives on free and open source software*. MIT Press.

Malkin, R. A. (2007). Barriers for medical devices for the developing world. *Expert Review of Medical Devices, 4*(6), 759–763.

Niezen, G., Eslambolchilar, P., & Thimbleby, H. (2016). Open source hardware for medical devices. *BMJ Innovations, 2*(2), 78–83.

UBORA Platform. (2020). https://platform.ubora-biomedical.org/. Zugegriffen im March 2020.

United Nations. (2015). *Sustainable development goals*. Sustainabledevelopment.un.org. Zugegriffen im March 2020.

Witchurch, A. (2020). *Examples of open source medical devices*. Protocentral site in GitHub. https://github.com/Protocentral/. Zugegriffen im March 2020.

World Health Organization. (2007). *Resolution WHA60. 29: Health technologies*. 60th World Health Assembly (S. 14–23). Zugegriffen im March 2020.

World Health Organization. (2017). *Global atlas of medical devices*.

Kapitel 7
Gesetzgebung für Open-Source-Medizinprodukte: Aktuelles Szenario, Risiken und Möglichkeiten

Maria Elena Lippi, Filippo Morello, Licia Di Pietro, Carmelo De Maria und Valentina Calderai

7.1 Eine Philosophie (und eine Gesetzgebung) für die Zukunft

Seit dem Erscheinen seiner ersten Definition Ende der 1990er-Jahre verkörperte der Open-Source-Ansatz (OS) in der Softwaretechnologie eine andere Art, unser Leben im Internet zu begreifen, und einen neuen Weg für die Forscher. Die gemeinsame Nutzung der Ideen von Einzelpersonen als Mittel zur Verbesserung des Wissens, die durch die Offenheit ermöglichte Begegnung von Köpfen und der Impuls, die individuellen Möglichkeiten zu maximieren, bilden den Hintergrund für den Aufbau eines digitalen Umfelds, in dem Innovation wirklich sowohl der Motor als auch das Ziel ist. Die Verfügbarkeit flexibler Lizenzierungsmethoden – die starren proprietären Schemata vorgezogen werden – unterstützt die rechtliche Umsetzung dieser „Philosophie der Offenheit", mit erheblichen Vorteilen, wann immer eine Betriebssystemsoftware auf eine entsprechende Hardware angewendet wird. Das Zusammenspiel vieler Menschen, die am gleichen Quellcode arbeiten, erleichtert den Innovationsprozess: Da die Kosten in Form von Geld und Zeit gesenkt werden, können auch die Kosten der Endprodukte deutlich reduziert werden.

Die von der OS-Bewegung aufgezeigte Perspektive scheint besonders in den Sektoren wünschenswert zu sein, in denen Innovation zu geringen Kosten die Verwirklichung öffentlicher Ziele ermöglicht. Aus diesem Grund ist die Anwendung der OS-Methodik bei der Entwicklung von Medizinprodukten eine Bereicherung

M. E. Lippi · F. Morello · L. Di Pietro · C. De Maria · V. Calderai (✉)
University of Pisa, Pisa, Italy
E-Mail: valentina.calderai@unipi.it; carmelo.demaria@unipi.it

A. Ahluwalia et al. (Hrsg.), *Entwicklung von Open-Source-Medizinprodukten*,
https://doi.org/10.1007/978-3-031-26028-5_7

und eine Chance, das Wohlbefinden der Patienten zu verbessern. Insbesondere sollte die Aufgabe des geschützten Rahmens zur Schaffung eines nachhaltigen Umfelds für den Umlauf und die Verbreitung von Medizinprodukten führen. Geistiges Eigentum ist aufgrund der Schutzkosten, die es verursacht, teuer. Wie bereits kurz erwähnt, spiegelt sich die Kostspieligkeit eines patentierten Produkts in seinem Endpreis wider, ohne die Gewissheit einer Rendite in Form von Innovation. Der Preis spiegelt das Recht wider, andere von der Monetarisierung des Produkts auszuschließen: Er ist keine Garantie für die technologische Außergewöhnlichkeit des Produkts. Dieses Recht sollte eigentlich ein Anreiz für die Entwicklung neuer Ideen sein, aber de facto kann es den Eintritt neuer Ideen in den Markt verhindern, insbesondere in sensiblen Bereichen wie dem hier untersuchten.

Das Recht des geistigen Eigentums, das als eine Art immaterielles Spiegelbild des gewöhnlichen materiellen Eigentumsrahmens entstanden ist, wurde bereits als schwerfällig betrachtet (Boldrin & Levine, 2002). Wie Boldrin und Levine 2002 feststellten, setzt sich geistiges Eigentum aus zwei Elementen zusammen: „das Recht, Ideen zu besitzen und zu verkaufen“ („Erstverkaufsrecht“) und „das Recht, die Nutzung dieser Ideen nach dem Verkauf zu kontrollieren“ (die „nachgelagerte Lizenzierung“). Die zweite Form der Kontrolle hat den Wettbewerb gebremst und dazu beigetragen, den Markt für Ideen in ein Monopol zu verwandeln. Die Folgen sind eindeutig negativ für die technologische Innovation, da, wie bereits kurz angedeutet, das Fehlen von Wettbewerb und Eingriffen in Ideen von außen die Entwicklung von Ideen selbst verhindert.

Die Monopolisierung kann die Kreativität nicht aufhalten, aber sie verzögert mit Sicherheit die Erzielung neuer „geistiger“ Ergebnisse. Für die Verbesserung des Gesundheitswesens durch die Entwicklung neuer medizinischer Geräte ist dies ein ganz und gar unerwünschtes Ergebnis. Im Gegensatz dazu können durch eine Betriebssystemlizenz sowohl die Software als auch die Hardware im Laufe der Zeit ohne Eigentumsbeschränkungen umgestaltet und verbessert werden, und sie können auch abgelehnt werden, um individuelle Bedürfnisse zu erfüllen. Am Ende sollte ein kollektiver, kreativer Prozess zu einem bemerkenswerten, immer noch kollektiven Ergebnis führen – ein Ziel für eine größere Gemeinschaft, nicht nur für Unternehmen und Wissenschaftler.

Die rechtliche Realität stimmt nicht immer mit der Philosophie der Offenheit überein.

Medizinprodukte müssen einem präzisen Rechtsrahmen entsprechen, der auf nationaler und internationaler Ebene durch Gesetze und gemeinsame Normen festgelegt ist. Dies ist auf die Bedeutung des Rechts auf Gesundheit zurückzuführen, das in der Allgemeinen Erklärung der Menschenrechte (Art. 25) weltweit anerkannt und in der Verfassung der Weltgesundheitsorganisation besonders geschützt wird. Vor allem gemeinsame Normen gelten als der einfachste Weg, um ein angemessenes und universelles Umfeld für den Verkehr und den Betrieb von Medizinprodukten zu schaffen. Die Ausarbeitung von Verfahren, die die Hersteller einhalten müssen, und die Festlegung der zuständigen Behörden, die die Produkte der Hersteller genehmigen und überwachen müssen, sind ein wichtiges Bollwerk zur Verhinderung körperlicher Schäden für die Anwender.

Außerdem sollte Sicherheit nicht nur in einem „materiellen" Sinne verstanden werden. Die im Gesundheitswesen gesammelten Informationen vermitteln die persönliche Geschichte einer Person. Diese massenhaft akquirierten und verarbeiteten Daten (Name, Alter, Geschlecht, Adresse, Beruf, klinische Situation usw.) ermöglichen es, Menschen in Gruppen zusammenzufassen, sodass die Gefahr der Diskriminierung sowohl auf individueller als auch auf kollektiver Ebene unweigerlich steigt. Gesetze zum Datenschutz und zum Schutz der Privatsphäre sind unverzichtbar, um weiteren Schäden dieser Art zu verhindern. Auch wenn diese Instrumente in Notzeiten – wie in der COVID-19-Pandemie – zunächst zurückgestellt werden können, darf man sie nicht außer Acht lassen. Mit anderen Worten: Wenn ein Ausgleich möglich ist, ist Ignorieren inakzeptabel.

Jeden Tag kommen neue Innovationen auf den Markt, von der Verbesserung der sogenannten tragbaren medizinischen Geräte bis zur Entwicklung von Apps, die auf ein Smartphone heruntergeladen werden können, um eine aktualisierte Datenbank für jeden Patienten oder sogar Raum für Diagnose- und Therapieempfehlungen zu schaffen. Rechtswissenschaftler und -praktiker werden sich dieser sich entwickelnden Realität immer mehr bewusst, da sie versuchen, die neuen Konzepte zu bestimmen, denen sich das Recht bereits stellen muss.

7.2 Eine mögliche Zusammenarbeit zwischen OS und Medizinprodukteverordnung

Das wichtigste Ziel im Bereich der Open-Source-Medizinprodukte (OSMD) ist die Herstellung eines Gleichgewichts zwischen Sicherheit und Innovation. Ein Medizinprodukt muss sicher und wirksam sein. Dies ist der Grund für die Fülle von Regeln und Normen, die in den letzten Jahren weltweit diskutiert und verabschiedet wurden. Es muss daran erinnert werden, dass es keine spezifische Spur von OS in der Regulierung von Medizinprodukten gibt. Insbesondere gibt es selbst in der letzten und am häufigsten angewandten Verordnung – der europäischen MDR 2017/745 – keinen spezifischen Hinweis auf die OS-Technologie.

Die derzeitige Lösung besteht darin, jedes Medizinprodukt gemäß den von den Regulierungsbehörden vorgegebenen Regeln in die am besten geeignete Risikoklasse einzustufen. Die Identifizierung der Merkmale eines Produkts und seiner Zugehörigkeit zu einer bestimmten Risikoklasse wirft erneut das Problem der Kosten auf, die durch OS gesenkt werden sollen. Auf die vorläufige Ermittlung der perfekten Nomenklatur, die die Phase vor dem Inverkehrbringen begleitet, folgt die Überwachung nach dem Inverkehrbringen.

Wie in Kap. 6 dargestellt, bedeutet diese Form der Überwachung eine ständige Kontrolle des Produkts auch nach dem Inverkehrbringen. Die Hersteller müssen sich ständig der möglichen Risiken und Fehlfunktionen ihrer Produkte bewusst sein, um eventuelle Schäden für die Anwender (in diesem Fall die Patienten) zu vermeiden. Die Regulierung ist teuer, aber notwendig: Sicherheit ist die Grundlage für den Verkehr von Medizinprodukten und ihr Überleben auf dem Markt.

Selbst in einer solchen scheinbar feindlichen Landschaft kann OS ihren Platz finden. In einem OS-Umfeld gibt es eine Vielzahl möglicher Prüfer, die über die erforderliche Kompetenz verfügen, um die Risiken, auf die die geltenden Vorschriften abzielen, sowohl in der Phase vor dem Inverkehrbringen als auch in der Überwachungsphase nach dem Inverkehrbringen zu ermitteln und zu minimieren. Von diesem pragmatischen Standpunkt aus betrachtet, kann OS eher als eine Struktur denn als ein autonomes Werkzeug oder eine Technologie betrachtet werden, und es kann die Vision des Gesetzgebers erweitern. Die Einbeziehung des OS-Konzepts in ein Medizinprodukteprojekt würde in der Tat die Erzielung von relevanten Vorteilen bedeuten. Gefahren und Fehler können von der OS-Gemeinschaft schnell identifiziert und behoben werden, die damit zum endgültigen Betreiber für das Risikomanagement würde. Es ist eine ständige kostengünstige Überwachung erforderlich, die die gesamte Lebensdauer des Geräts begleitet und sich aktiv den Herausforderungen der Regulierung stellt. Da Qualität und Zuverlässigkeit die Grundvoraussetzungen für die Existenz eines Betriebssystemdienstes sind, sollte auch ein hohes Leistungsniveau gewährleistet werden. In diesem Sinne wäre die OS-Gemeinschaft ein effizienter Dreh- und Angelpunkt, um die Entwicklung eines zuverlässigen medizinischen Geräts zu unterstützen.

Aus rechtlicher Sicht können Betriebssysteme dank der ihnen eigenen Dynamik für eine gründlichere und wirksamere Einhaltung der Vorschriften sorgen. Da hier auch kommerzielle Interessen von Bedeutung sind, wohnt der Annahme eines OS-Ansatzes eine andere Wahrnehmung des Marktes für Medizinprodukte inne. Abgesehen von den revolutionären Absichten steht derzeit außer Frage, dass die Entwickler von Betriebssystemen die auf nationaler und globaler Ebene geltenden Normen einhalten müssen.

Nach der Erwähnung einiger der kritischsten Fragen, die durch die Sicherheitsanforderungen im Bereich der Medizinprodukte aufgeworfen werden, ist es wichtig, diese etwas genauer zu untersuchen.

7.3 Software *in* Medizinprodukten und Software *als* Medizinprodukt

Obwohl es weder in Europa noch anderswo eine spezifische Definition von OSMD gibt, wird die Software im Harmonisierungsprozess nicht vergessen. Die Harmonisierung hat oft eine breite Perspektive. Da die gemeinsamen allgemeinen Grundlagen in der Medizinprodukteregulierung mit Risikokategorien verknüpft sind, werden die spezifischen Technologien in umfassende Bestimmungen aufgenommen und nur dann untersucht, wenn es notwendig oder nützlich ist, um den gesamten Prozess zu erleichtern. Software fügt eine neue Risikoebene in das Produktmanagement ein.

Eine Software steuert eine Hardware. In diesem Fall sind die potenziellen körperlichen Schäden nicht nur mit möglichen Defekten und Konstruktionsfehlern verbunden, sondern auch mit Fehlfunktionen und Fehlberechnungen der Software. Da das Design einer Hardware weithin zugänglich gemacht wird, wird auch der Quellcode weitergegeben, und viele Daten zirkulieren in einem medizinischen Gerät, dessen Funktionieren vom Vorhandensein einer Software abhängt. Die materiellen und immateriellen Komponenten sind eng miteinander verbunden. Die Sammlung und Verarbeitung von Gesundheitsdaten der Patienten erweitert das Risikoszenario um verschiedene Kategorien nicht-physischer Schäden. Die wesentliche Rolle der Software in der OSMD-Umgebung macht es notwendig, die allgemeinen Richtlinien der Softwareregulierung zu aktualisieren.

7.3.1 IMDRF-Definition

Auf globaler Ebene betont das International Medical Device Regulators Forum (IMDRF/SaMD WG/N10FINAL:2013) den Unterschied zwischen Software *in* Medizinprodukten und Software *als* Medizinprodukt (SaMD). Bei ersterer handelt es sich um eine Software, die in ein Gerät „eingebettet" (oder „Teil davon") ist. Letztere ist eine Software, die der folgenden Definition entspricht: „Software, die für einen oder mehrere medizinische Zwecke bestimmt ist und diese Zwecke erfüllt, ohne Teil eines Hardwaremedizinprodukts zu sein". Gleichzeitig kann diese besondere Art von Software „mit anderen medizinischen Geräten, einschließlich medizinischer Hardwaregeräte und anderer SaMD-Software, sowie mit allgemeiner Software verbunden werden". Auch mobile Anwendungen, die der vorherigen Definition entsprechen, können als SaMD betrachtet werden.

SaMDs können extrem vielseitig sein, da sie zu Folgendem in der Lage sind:

- Bereitstellung von Mitteln und Vorschlägen zur Eindämmung einer Krankheit,
- Informationen zur Bestimmung der Kompatibilität, zur Erkennung, Diagnose, Überwachung oder Behandlung von physiologischen Zuständen, Gesundheitszuständen, Krankheiten oder angeborenen Missbildungen liefern,
- ein Hilfsmittel für die Diagnose, das Screening, die Überwachung, die Bestimmung der Prädisposition, die Prognose, die Vorhersage und die Bestimmung des physiologischen Zustands sein.

Es ist ein recht anschauliches Porträt dessen, was eine Software (auch OS) sein kann und wie eine Software in der Welt der medizinischen Geräte funktionieren kann.

7.3.2 USA

Die Unterscheidung zwischen verschiedenen Arten von Software, die mit Medizinprodukten in Verbindung gebracht werden können, wurde von der FDA übernommen (was nicht überrascht, da sie zu den Befürwortern des IMDFR-Entwurfs von 2013 gehörte). Die US-amerikanische Behörde unterscheidet 3 Kategorien:

1. Software in medizinischen Geräten,
2. Software als Medizinprodukt (für das Funktionieren des Geräts selbst unerlässlich),
3. Software, die nur in der Herstellungsphase und bei der Wartung des Geräts verwendet wird.

Eine grundlegende Regel ist § 520 (o) des FD&C Act (Federal Food, Drug, and Cosmetic Act). Er veranschaulicht die Fälle, in denen eine Software nicht als Produkt im Sinne von Abschn. 210 (h) angesehen werden kann.

7.3.3 *Europäische Union*

Der europäische Gesetzgeber ist sich der Rolle, die Software im Gesundheitswesen spielt, durchaus bewusst. In mehreren Bestimmungen der Verordnung 2017/745 wird Software entweder als Medizinprodukt oder als Bestandteil von Medizinprodukten betrachtet („Software in Medizinprodukten").

In der Tat kann eine Software gemäß Art. 2 Teil in einer Vielzahl von Medizinprodukten sein. Das vom europäischen Gesetzgeber angenommene allgemeine Kriterium besteht darin, die Software in dieselbe Klasse wie das Produkt aufzunehmen, wenn die Software „die Verwendung des Produkts steuert oder beeinflusst" (Anhang VIII, Kap. II). Demnach ist Software, deren Funktion sich nicht auf die bloße Unterstützung der Hardware beschränkt, als Gerät zu qualifizieren. Dies ist der Fall bei Software, die zu diagnostischen (siehe Ziffer 3.7) oder therapeutischen Zwecken eingesetzt wird, da sie sogar den geistigen Prozess eines Arztes ersetzen kann.

Das letztgenannte Merkmal führt zu einer spezifischen Klassifizierung. Software, „die dazu bestimmt ist, Informationen zu liefern, die dazu dienen, Entscheidungen zu diagnostischen oder therapeutischen Zwecken zu treffen", wird normalerweise der Klasse IIa zugeordnet, während „aktive therapeutische Geräte mit einer integrierten oder eingebauten Diagnosefunktion, die das Patientenmanagement durch das Gerät maßgeblich bestimmt, wie z. B. Kreislaufsysteme oder automatische externe Defibrillatoren, der Klasse III zugeordnet werden" (Klassifizierungsregel Nr 22). Diese Regeln passen perfekt zur Realität von OSMD, insbesondere wenn man bedenkt, dass die Anwendung neuer Werkzeuge (wie Funktionen künstlicher Intelligenz [KI]) auf diese Geräte ihre Leistungen verbessern und vervielfachen kann, indem beispielsweise die Diagnosephase implementiert wird.

Wie im US-Bundesgesetz wird auch in der europäischen Regelung das Szenario von Software als Medizinprodukt mit einer rechtlichen Unterscheidung zwischen einer Software, die lediglich als Unterstützung für Hardware arbeitet, und einer Software, die sogar die Tätigkeit eines Arztes ersetzen könnte, dargestellt. Wenn der Betrieb der Software sich direkt auf die Gesundheit eines Patienten auswirkt (wie im Falle eines Defibrillators), muss die Software in die höchste Klasse (die riskanteste) eingeteilt sein.

7.4 Gesundheitsdaten und das Recht auf Datenschutz: Ein Fokus auf die DSGVO

Eine Software ist ein immaterielles Werkzeug, mit dem täglich riesige Datenmengen gesammelt und analysiert werden können. Die Verwaltung von Gesundheitsdaten und Patientenakten ist von entscheidender Bedeutung: Ein wirksames medizinisches Gerät muss durch ständig aktualisierte Informationen unterstützt werden, um die erhofften Ergebnisse zu erzielen. Außerdem ist es von grundlegender Bedeutung zu verstehen, wie die gesammelten persönlichen Informationen verarbeitet und geschützt werden können. Es handelt sich um eine ethische Frage, die von der Regulierung nicht ignoriert werden konnte, da es sich tragischerweise auch um ein konkretes Problem handelt. Wie der *Healthcare Data Breach Report* berichtet, gab es 2019 einen Anstieg von 196 % im Vergleich zu 2018 bei Verletzungen des Schutzes von Gesundheitsdaten. Die Situation könnte sogar noch schlimmer sein, denn es ist bekannt, dass in den Vereinigten Staaten nicht jede Datenschutzverletzung gemeldet wird, wie dies der Fall wäre, wenn das Leck einen Geschäftspartner betrifft.

Datenschutzverletzungen (d. h. die unrechtmäßige und illegale Offenlegung und Verwendung personenbezogener Daten) sind eine Realität und ein Risiko. Das Büro für Bürgerrechte des nordamerikanischen Gesundheitsministeriums hat die Hauptursachen für Datenschutzverletzungen identifiziert und aufgezählt: Hackeraktivitäten oder Vorfälle aufgrund von IT-Problemen, unbefugter Zugriff und Offenlegung, Diebstahl, einfacher Datenverlust und unsachgemäße Entsorgung. Es ist offensichtlich, dass auch auf dem Markt für medizinische Geräte ein auffälliger Teil der Risiken im Zusammenhang mit Software auf Fragen des Datenschutzes und der Erfassung von persönlichen Daten der Patienten zurückzuführen ist. Die Absicherung des Erfassungsverfahrens und der Datenverarbeitung im Allgemeinen muss als Teil des Risikomanagements betrachtet werden, dessen sich die Hersteller bewusst sein müssen. Die fortschrittlichste Disziplin in diesem Bereich wird von der EU durch die Datenschutz-Grundverordnung (DSGVO der EU) 2016/679 vorgegeben.

7.4.1 Persönliche Daten

Die DSGVO ist vielleicht die bisher kohärenteste und vollständigste Verordnung zum Datenschutz. Sie ist das Ergebnis einer großen Harmonisierungsarbeit zwischen den Mitgliedstaaten, die auch für die US-Gesetzgebung zum Vorbild geworden ist. Art. 4 der Verordnung liefert die Lexik für diese Zwecke. **Personenbezogene Daten** sind alle Informationen über eine bestimmte oder bestimmbare natürliche Person („betroffene Person"); als bestimmbar wird eine natürliche Person angesehen, die direkt oder indirekt identifiziert werden kann, insbesondere durch Zuordnung zu einer Kennung wie einem Namen, zu einer Kennnummer, zu Standortdaten, zu einer Onlinekennung oder zu einem oder mehreren besonderen

Merkmalen, die Ausdruck der physischen, physiologischen, genetischen, psychischen, wirtschaftlichen, kulturellen oder sozialen Identität dieser natürlichen Person sind“. Insbesondere Gesundheitsdaten stellen eine relevante Kategorie von personenbezogenen Daten dar.

Gesundheitsdaten gelten als „sensibel“, wie sie in der früheren europäischen Richtlinie 95/46/EG definiert wurden. Die Datenschutz-Grundverordnung widmet ihnen eine „besondere Kategorie“ (Art. 9). Ganz allgemein heißt es in Art. 4: „Gesundheitsdaten sind personenbezogene Daten über die körperliche oder geistige Gesundheit einer natürlichen Person, einschließlich der Erbringung von Gesundheitsdienstleistungen, aus denen Informationen über ihren Gesundheitszustand hervorgehen.“

Die Identifizierbarkeit des Datensubjekts (d. h. des Subjekts, auf das sich die personenbezogenen Informationen beziehen) ist der Schlüsselbegriff, der die gesamte Datenschutzdisziplin beherrscht. Um personenbezogen zu sein, müssen Informationen mit der Person in Verbindung gebracht werden können, zu der sie gehören. Diese Verbindung kann sowohl direkt als auch indirekt hergestellt werden und wird durch das Vorhandensein eines „Identifikators“ bestimmt. Die weit gefasste Definition der oben genannten Verordnung ermöglicht es, die Verarbeitung großer Datenmengen zu regeln, einschließlich solcher, die nur indirekt mit bestimmten Personen in Verbindung gebracht werden können, um sie „identifizierbar“ zu machen.

7.4.2 Verarbeitung von Daten

Derselbe Art. 4 enthält eine Definition der „Verarbeitung von Daten“, der Haupttätigkeit, die in der Datenschutz-Grundverordnung berücksichtigt wird. Die genannten Vorgänge sind auch im Gesundheitswesen zu finden, sowohl auf einer grundlegenden Stufe als auch mit dem Vorhandensein von fortgeschritteneren Technologien: „**Datenverarbeitung** ist jeder mit oder ohne Hilfe automatisierter Verfahren ausgeführte Vorgang oder jede Vorgangsreihe im Zusammenhang mit personenbezogenen Daten oder einem Datensatz personenbezogener Informationen wie das Erheben, das Speichern, die Organisation, die Strukturierung, die Aufbewahrung, die Anpassung oder Veränderung, das Auslesen, das Abfragen, die Benutzung, die Weitergabe durch Übermittlung, Verbreitung oder jede andere Form der Bereitstellung, die Kombination oder die Verknüpfung sowie die Einschränkung, das Löschen oder die Vernichtung.“

7.4.3 An der Verarbeitung beteiligte Personen

Neben der betroffenen Person gibt es noch weitere Personen, die beachtet werden müssen:

- **Verantwortlicher**: Die natürliche oder juristische Person, Behörde, Einrichtung oder andere Stelle, die allein oder gemeinsam mit anderen über die Zwecke und Mittel der Verarbeitung von personenbezogenen Daten entscheidet. Werden die Zwecke und Mittel der Verarbeitung durch Rechtsvorschriften der EU oder der Mitgliedstaaten bestimmt, können der für die Verarbeitung Verantwortliche oder die spezifischen Kriterien für seine Benennung durch Rechtsvorschriften der EU oder der Mitgliedstaaten selbst festgelegt werden.
- **Auftragsverarbeiter**: Die natürliche oder juristische Person, Behörde, Einrichtung oder andere Stelle, die personenbezogene Daten im Auftrag des für die Verarbeitung Verantwortlichen verarbeitet.
- **Empfänger**: Die natürliche oder juristische Person, Behörde, Einrichtung oder andere Stelle, an die die personenbezogenen Daten weitergegeben werden, unabhängig davon, ob es sich um einen Dritten handelt oder nicht.
- **Dritter**: Eine natürliche oder juristische Person, Behörde, Einrichtung oder andere Stelle als die betroffene Person, der für die Verarbeitung Verantwortliche, der Auftragsverarbeiter und die Personen, die unter der unmittelbaren Verantwortung des für die Verarbeitung Verantwortlichen oder des Auftragsverarbeiters befugt sind, personenbezogene Daten zu verarbeiten.

Was OSMD betrifft, so sind die betroffenen Personen sicherlich die Patienten, während die Hersteller als für die Verarbeitung Verantwortliche angesehen werden können. Ein Arzt oder ein Vertreter einer anderen Berufsgruppe, die über die Gesundheit der Patienten informiert sein sollte, könnte in diesem Fall als notwendiger Empfänger angesehen werden. Die Rolle der Mitglieder der OS-Gemeinschaft ist schwieriger zu bestimmen. Sie könnten aufgrund der Änderungen, die sie an der Codestruktur vornehmen können, als Verarbeiter personenbezogener Daten angesehen werden, oder sie könnten sogar als eine zusätzliche und innovative Figur betrachtet werden. Wahrscheinlich wäre ein klarer gesetzgeberischer Standpunkt erforderlich, um nicht dem Auswerter zu überlassen, was in erster Linie gesetzlich geklärt werden sollte.

7.4.4 Grundsätze des Datenschutzes

Die Datenschutz-Grundverordnung ist eine bemerkenswerte und klar formulierte Verordnung. Es gibt einige allgemeine Grundsätze, die die gesamte Datenschutzdisziplin durchdringen und ihre wesentliche Struktur darstellen. Sie lassen sich mit Blick auf den Inhalt von Art. 5 wie folgt zusammenfassen:

- **Rechtmäßigkeit, Fairness und Transparenz**: Personenbezogene Daten müssen auf rechtmäßige, faire und transparente Weise gegenüber der betroffenen Person verarbeitet werden.
- **Zweckbindung**: Die Daten müssen für festgelegte, eindeutige und rechtmäßige Zwecke erhoben und in einer Weise verarbeitet werden, die mit diesen Zwecken vereinbar ist. Eine Weiterverarbeitung zu im öffentlichen Interesse liegenden

Zwecken, zu wissenschaftlichen oder historischen Forschungszwecken oder zu statistischen Zwecken wird nicht als unvereinbar mit den ursprünglichen Zwecken angesehen.

- **Datenminimierung**: Personenbezogene Daten müssen dem Zweck entsprechen, für den sie verarbeitet werden, dafür erheblich sein und sich auf das beschränken, was für die Zwecke, für die sie verarbeitet werden, erforderlich ist.
- **Richtigkeit:** Personenbezogene Daten müssen korrekt sein und erforderlichenfalls aktualisiert werden. Gleichzeitig müssen personenbezogene Daten, die im Hinblick auf die Zwecke, für die sie verarbeitet werden, unrichtig sind, unverzüglich gelöscht oder berichtigt werden.
- **Speicherbegrenzung:** Personenbezogene Daten müssen in einer Form aufbewahrt werden, die die Identifizierung der betroffenen Personen für einen Zeitraum ermöglicht, der nicht länger sein darf, als es für die Zwecke, für die die personenbezogenen Daten verarbeitet werden, erforderlich ist. Längere Zeiträume können toleriert werden, wenn es sich um personenbezogene Daten handelt, die ausschließlich zu Archivierungszwecken im öffentlichen Interesse, zu wissenschaftlichen oder historischen Forschungszwecken oder zu statistischen Zwecken verarbeitet werden – allerdings unter Berücksichtigung der geeigneten technischen und organisatorischen Maßnahmen, die nach der DSGVO zum Schutz der Rechte und Freiheiten der betroffenen Person erforderlich sind.
- **Integrität und Vertraulichkeit:** Personenbezogene Daten müssen in einer Weise verarbeitet werden, die eine angemessene Sicherheit gewährleistet, einschließlich des Schutzes vor unbefugter oder unrechtmäßiger Verarbeitung und vor unbeabsichtigtem Verlust, unbeabsichtigter Zerstörung oder unbeabsichtigter Beschädigung. Um diese Ziele zu erreichen, müssen geeignete technische oder organisatorische Maßnahmen getroffen werden.
- **Rechenschaftspflicht:** Der für die Verarbeitung Verantwortliche ist für die Einhaltung der oben genannten Grundsätze verantwortlich und muss in der Lage sein, diese nachzuweisen.

Zusätzlich zu diesem grundlegenden Kern veranschaulicht Art. 25 der DSGVO zwei der wichtigsten Grundsätze des neuen regulatorischen Datenschutzrahmens: *Datenschutz durch Technik* und *Datenschutz durch Voreinstellungen*. Sie sollen die Idee des strukturellen Datenschutzes vermitteln, d. h. des Datenschutzes als wesentliche Komponente für jede Tätigkeit, die die Verwendung oder Erhebung personenbezogener Daten beinhaltet. Außerhalb der EU wurden sie ursprünglich von Ann Cavoukian, der ehemaligen Datenschutzbeauftragten der kanadischen Provinz Ontario, gut beschrieben und gefördert (https://www.ipc.on.ca/wp-content/uploads/resources/7foundationalprinciples.pdf). Mit der DSGVO wurden sie zum ersten Mal in einem rechtsverbindlichen Dokument in Europa verankert:

- **Datenschutz durch Technik:** „Unter Berücksichtigung des Stands der Technik, der Implementierungskosten und der Art, des Umfangs, der Umstände und der Zwecke der Verarbeitung sowie der unterschiedlichen Eintrittswahrscheinlichkeit und Schwere der von der Verarbeitung ausgehenden Risiken für die Rechte und Freiheiten natürlicher Personen hat der für die Verarbeitung Verantwortliche sowohl zum Zeitpunkt der Festlegung der Mittel für die Verarbeitung als auch zum Zeitpunkt der Verarbeitung selbst geeignete technische und organisatorische Maßnahmen, wie z. B. Pseudonymisierung, zu ergreifen, die darauf abzielen, die Datenschutzgrundsätze, wie z. B. Datenminimierung, wirksam umzusetzen und die erforderlichen Garantien in die Verarbeitung einzubeziehen, um die Anforderungen dieser Verordnung zu erfüllen und die Rechte der betroffenen Personen zu schützen".

- **Datenschutz durch Voreinstellungen:** „Der für die Verarbeitung Verantwortliche trifft geeignete technische und organisatorische Maßnahmen, um sicherzustellen, dass standardmäßig nur personenbezogene Daten verarbeitet werden, die für den jeweiligen Zweck der Verarbeitung erforderlich sind. Diese Verpflichtung gilt für die Menge der erhobenen personenbezogenen Daten, den Umfang ihrer Verarbeitung, die Dauer ihrer Speicherung und ihre Zugänglichkeit. Insbesondere ist durch diese Maßnahmen sicherzustellen, dass personenbezogene Daten nicht ohne Zutun der betroffenen Person einer unbestimmten Zahl von natürlichen Personen zugänglich gemacht werden".

Diese Grundsätze bieten einige Anhaltspunkte für Personen, die für die Verarbeitung verantwortlich sind und die die Vorschriften einhalten wollen, um ein sicheres Umfeld für die betroffenen Personen zu schaffen: den Stand der Technik, die Kosten der Umsetzung, die Art, den Umfang, den Kontext und die Zwecke der Verarbeitung, die in unterschiedlichem Ausmaß wahrscheinlichen Risiken und die Schwere der durch die Verarbeitung verursachten Beeinträchtigung der Rechte und Freiheiten natürlicher Personen. Einige davon (wie der „Stand der Technik") sind weit gefasste Begriffe, die als allgemeines Gehäuse verwendet werden können. Die für die Verarbeitung Verantwortlichen müssen diesen Begriffen unter Berücksichtigung des Kontextes, in dem sie tätig sind, und der durchgeführten Datenverarbeitung Bedeutung verleihen. Wie in den vom Europäischen Datenschutzausschuss im Jahr 2019 angenommenen Leitlinien (Abs. 19) dargelegt, müssen die für die Verarbeitung Verantwortlichen „den aktuellen Stand der auf dem Markt verfügbaren Technologie berücksichtigen" und „über die technologischen Fortschritte Bescheid wissen und auf dem Laufenden bleiben, wie die Technologie Datenschutzrisiken für die Verarbeitung mit sich bringen kann und wie die Maßnahmen und Garantien umgesetzt werden können, die eine wirksame Umsetzung der Grundsätze und Rechte der betroffenen Personen angesichts der technologischen Landschaft gewährleisten" (https://edpb.europa.eu/our-work-tools/public-consultations-art-704/2019/guidelines-42019-article-25-data-protection-design_it). Mit anderen Worten: Der Gesetzgeber hat der Technik die Umsetzung der gleichen Paradigmen übertragen, die sie zu befolgen hat.

Die Verordnung (EU) 2017/745 hat bereits die allgemeinen Datenschutzvorschriften übernommen. In Anhang I, Kap. II (*Anforderungen an die Auslegung und Herstellung*), heißt es in Art. 14.2.d: „Die Produkte werden so konzipiert und hergestellt, dass die Risiken im Zusammenhang mit einer möglichen negativen Wechselwirkung zwischen der Software und der IT-Umgebung, in der sie betrieben wird und mit der sie interagiert, beseitigt oder so weit wie möglich verringert werden […]." Mit dieser Vorschrift werden die Grundsätze des eingebauten Datenschutzes und des Datenschutzes durch Voreinstellungen eindeutig auf die Welt der

Medizinprodukte übertragen. Die Hersteller sollten alle ihnen zur Verfügung stehenden Mittel einsetzen, um sowohl den Körper der Nutzer als auch deren Daten zu schützen. Datenschutz durch Voreinstellungen bedeutet, dass die für die Datenverarbeitung Verantwortlichen darauf achten sollten, nur die Daten zu erheben, die für jeden spezifischen Zweck der Datenverarbeitung und für den verfolgten Betrieb erforderlich sind. Datenschutz durch Technik beschreibt die Situationen, in denen die Aufmerksamkeit für Fragen des Datenschutzes von Anfang an, bei der Planung des Produkts – dem Design – beginnt, sodass der Datenschutz in eine Software oder in ein Gerät „eingebaut" werden kann.

Der europäische Gesetzgeber hat einige technische „Tricks" vorgesehen, um den „eingebauten Datenschutz" und den „Datenschutz durch Voreinstellungen" umzusetzen. An die Datenminimierung wurde bereits erinnert; die Pseudonymisierung ist noch in Art. 4 Abs. 5 der DSGVO definiert:

- **Pseudonymisierung:** … „die Verarbeitung personenbezogener Daten in einer Weise, dass die personenbezogenen Daten ohne Hinzuziehung zusätzlicher Informationen nicht mehr einer spezifischen betroffenen Person zugeordnet werden können, sofern diese zusätzlichen Informationen getrennt aufbewahrt werden und technischen und organisatorischen Maßnahmen unterliegen, die gewährleisten, dass die personenbezogenen Daten nicht einer identifizierten oder identifizierbaren natürlichen Person zugewiesen werden".

Es ist wichtig zu betonen, dass es sich bei der Pseudonymisierung um einen reversiblen Prozess handelt, da es immer noch möglich ist, die Verbindung zwischen den Daten und dem Datensubjekt wiederherzustellen – letzteres ist also immer noch „identifizierbar". Von der Pseudonymisierung unterscheidet sich die „Anonymisierung", eine weitere Technik, deren Ziel es ist, die Möglichkeit auszuschließen, Informationen mit einer bestimmten Person in Verbindung zu bringen, um einen unumkehrbaren Prozess zu gewährleisten. Die Datenschutz-Grundverordnung hat diesen Unterschied berücksichtigt, da sie besagt, dass „pseudonymisierte personenbezogene Daten, die durch die Verwendung zusätzlicher Informationen einer natürlichen Person zugeordnet werden können, als Informationen über eine bestimmbare natürliche Person betrachtet werden sollten".

Durch Pseudonymisierung verarbeitete Daten sind immer noch personenbezogene Daten. Anders ausgedrückt: „Die Grundsätze des Datenschutzes sollten daher nicht für anonyme Informationen gelten, d. h. für Informationen, die sich nicht auf eine bestimmte oder bestimmbare natürliche Person beziehen, oder für personenbezogene Daten, die in einer Weise anonymisiert wurden, dass die betroffene Person nicht oder nicht mehr identifiziert werden kann. Diese Verordnung betrifft daher nicht die Verarbeitung solcher anonymer Daten, auch nicht für statistische oder Forschungszwecke." Aufgrund ihres nicht-personenbezogenen Charakters werden anonymisierte Daten in der Verordnung (EU) 2018/1807 *über eine Struktur für den freien Verkehr nicht-personenbezogener Daten in der Europäischen Union* besonders behandelt. Diese Verordnung berücksichtigt das KI/ML-Szenario als eine wesentliche Quelle für nicht personenbezogene Daten, die insbesondere durch aggregierte und anonymisierte Datensätze für Big-Data-Analysezwecke repräsentiert werden. Es wird auch ausdrücklich darauf hingewiesen, dass, wenn es technologisch möglich ist, anonymisierte Daten in personenbezogene Daten umzuwandeln, die daraus resultierenden Daten als personenbezogene Daten zu behandeln sind und ihre Verarbeitung durch die DSGVO geregelt werden muss. Im Falle von Datensätzen mit einer untrennbaren Kombination aus personenbezogenen und nicht personenbezogenen Daten würde die Verordnung (EU) 2018/1807 dann „*die Anwendung der Verordnung (EU) 2016/679* nicht *beeinträchtigen*“ (Art. 2).

Zwei weitere und letzte Grundsätze müssen vorgestellt werden. Sie sollen das Problem der Kontrolle der betroffenen Personen berücksichtigen und sollten daher Teil des Risikomanagementsystems sein. Der erste Grundsatz ist die Einwilligung, die die betroffene Person immer geben muss, um die Verarbeitung von Daten zuzulassen.

- **Einwilligung der betroffenen Person:** „jede Willensbekundung, **die ohne Zwang, für den konkreten Fall, in Kenntnis der Sachlage** und **unmissverständlich erfolgt** und mit der die betroffene Person durch eine Erklärung oder eine eindeutige bestätigende Handlung ihr Einverständnis mit der Verarbeitung sie betreffender personenbezogener Daten zum Ausdruck bringt“.

Die informierte Zustimmung bedeutet, dass die betroffenen Personen die Möglichkeit haben, ihre Entscheidungen zu treffen, und zwar mit allen Instrumenten, die für ihre Abwägung erforderlich sind. Sie ist bereits die Grundlage der Beziehung zwischen Patienten und Ärzten im Gesundheitswesen, da die Patienten das Recht haben, die Einzelheiten der medizinischen Behandlungen zu kennen, denen sie sich unterziehen müssen. Vielleicht ist dies der schwächste Grundsatz der Datenschutz-Grundverordnung. Auch wenn sie angemessen mit allen möglichen Informationen versorgt werden können, ist es in der Tat äußerst schwierig zu überprüfen, ob die betroffenen Personen die technischen Aspekte einer Datenverarbeitung vollständig verstanden haben. Der Gedanke, dass die informierte Einwilligung ein unwirksames Datenschutzinstrument sein könnte, ist nicht neu: 1994 definierte Schuck die „Idealisten der informierten Einwilligung“ als diejenigen, die „die qualitative Dimension der Interaktion zwischen Arzt und Patient bei der Behandlung betonen“ (Schuck, 1994).

Die Zustimmung kann vielmehr als ein Portal betrachtet werden, durch das eine Person eine rechtliche Beziehung zu einer anderen Einheit (Einzelperson oder Kollektiv) eingeht. Sie ist ein Element, durch das wir zwischen einem legitimen und einem illegitimen Verhalten unterscheiden können. In dieser ersten Phase des „Schutzes“ ist das Problem der Kontrolle noch offen.

Eine andere, konkretere Lösung für das durch den Schutz personenbezogener Daten aufgeworfene Kontrolldilemma wird durch eines der „kleinen“ Rechte repräsentiert, die um den Schutz personenbezogener Daten kreisen: das Recht auf Datenübertragbarkeit, das in der EU durch die Datenschutz-Grundverordnung (Art. 20, Abs. 1 und Abs. 2) geregelt ist:

- **Recht auf Datenübertragbarkeit**: „(1) Die betroffene Person hat **das Recht, die sie betreffenden personenbezogenen Daten**, die sie einem Verantwortlichen bereitgestellt hat, in einem strukturierten, gängigen und maschinenlesbaren Format **zu erhalten**, und **das Recht, diese Daten einem anderen Verantwortlichen** ohne Behinderung durch den Verantwortlichen, dem die personenbezogenen Daten bereitgestellt wurden, zu **übermitteln**, sofern: (a) die Verarbeitung auf einer Einwilligung gemäß Art. 6 Abs. 1 Buchstabe a oder Art. 9 Abs. 2 Buchstabe a oder auf einem Vertrag gemäß Art. 6 Abs. 1 Buchstabe b beruht und (b) **die Verarbeitung mithilfe automatisierter Verfahren erfolgt**.

- (2) Bei der Ausübung ihres Rechts auf Datenübertragbarkeit nach Abs. 1 hat die betroffene Person das Recht, zu erwirken, dass die personenbezogenen Daten direkt von einem für die Verarbeitung Verantwortlichen an einen anderen übermittelt werden, sofern dies technisch machbar ist."

Betroffene Personen haben das Recht, ihre Daten aus einem bestimmten Kontext in einen anderen zu übertragen. Im digitalen Umfeld bedeutet dies, dass die Übermittlung eine Plattform wie ein soziales Netzwerk oder ein soziales Medium im Allgemeinen betreffen könnte. Im Großen und Ganzen sollte jeder „Raum", in dem personenbezogene Daten verarbeitet werden und in dem Daten automatisch verarbeitet werden, berücksichtigt werden. Durch die Datenübertragbarkeit kann der Nutzer einer Software oder eines Geräts zumindest ein gewisses Maß an Kontrolle zurückgewinnen, auch wenn dieser Grundsatz nicht als endgültiges Heilmittel betrachtet werden kann: Sind die Informationen erst einmal offengelegt, ist es unmöglich, die vollständige Kontrolle darüber wiederzuerlangen. Außerdem hat die Übertragbarkeit ihre Wurzeln in den Erfordernissen des Marktes (Wong & Henderson, 2019): Sie soll die Wettbewerbsfähigkeit in einem Umfeld wie dem Internet verbessern, in dem das Risiko von Monopolen stets auf dem Prüfstand steht.

Die Nützlichkeit der Übertragbarkeit wird von vielen Wissenschaftlern angezweifelt, selbst aus dieser meist kommerziellen Perspektive heraus, da sie mit einer Aura des Eigentums verbunden zu sein scheint. Paradoxerweise könnte sich die Datenübertragbarkeit als ein Hindernis für dieselbe Handelsfreiheit erweisen, die sie eigentlich fördern soll. Dennoch bleibt der Unterschied zwischen Eigentum und Übertragbarkeit recht deutlich, da letztere nicht mit der Absicht geschaffen wurde, ein echtes *ius excludendi alios* einzuführen – das Recht, andere Personen von der Nutzung eines Gutes auszuschließen, ein typisches Eigentumsrecht, das in vielen Zivilrechtssystemen anzutreffen ist. Die Übertragbarkeit stellt eine leichte Form der Kontrolle für die betroffenen Personen dar und kann in einem Kontext wie der Nutzung eines sozialen Netzwerks oder einer App (z. B. einer mit einem medizinischen Gerät verbundenen App) verwendet werden.

7.4.5 DSGVO-Grundsätze in Open-Source-Medizinproduktin

Im Hinblick auf die verschiedenen zuvor behandelten Grundsätze kann der OS-Ansatz eine nützliche Strategie zur Umsetzung der DSGVO sein. Wie bereits erwähnt, ist die wissenschaftliche Gemeinschaft der Betriebssysteme in der Lage, die von der DSGVO und MDR (Medical Device Regulation) geforderte ständige Überwachung zu bieten. Jeder Programmierer kann Fehler im Datensicherheitssystem eines Geräts oder einer mit einem Gerät verknüpften App ausfindig machen und beseitigen. Außerhalb der zentralisierten Struktur eines Unternehmens kann der „Stand der Technik“ zum Nulltarif für die Patienten überwacht und aktualisiert werden. Risiken und eventuelle Schäden könnten schnell unterbunden werden, um kritische Situationen zu lösen, da das Betriebssystem eine nahezu unbegrenzte Vielfalt von „Köpfen“ beherbergt.

Auch das Erfordernis der Kontrolle könnte erfüllt werden. Das Betriebssystem kann als eine Form der gemeinsamen Kontrolle unter „Gleichrangigen“ betrachtet werden. In der Tat gibt es 2 Ebenen von „Peers“: diejenigen, die über das technische Wissen verfügen, um auf den Quellcode einzuwirken und die Gerätefunktionalitäten zu korrigieren, und die Vielzahl von Parteien (Patienten, Ärzte, Gesundheitsdienstleister), die einen ständigen Zugang zu den Daten über die Gerätestruktur haben könnten. Die beiden Kategorien könnten sich sogar überschneiden.

Dies ist der Kern der Offenheit. Natürlich werden diejenigen, die keine technischen Kenntnisse haben, immer noch Schwierigkeiten haben, die Informationen, mit denen sie konfrontiert werden, zu interpretieren und wirklich zu verstehen, eine Frage des Verständnisses, die mit dem Grundwissen zu tun hat, das den Menschen zur Verfügung gestellt wird (und oft nicht zur Verfügung gestellt wird, wenn es um Informatik und Technologie geht). Aber das ist das „wahre Transparenzdilemma“, das im Datenschutz irgendwie strukturell angelegt ist.

In jedem Fall würde das Ziel der Erreichbarkeit von Daten in Bezug auf Code und Struktur durch einen OS-Ansatz perfekt repräsentiert werden. Grundsätze wie Rechtmäßigkeit, Fairness und Transparenz können die Säulen der OS-Gemeinschaft bilden und ihre Mitglieder leiten. Was die Implementierung der Hardwaresicherheit anbelangt, so stellen die breit angelegte und haarfein ausgeformte Kontrolle der Gemeinschaft eine solide Absicherung auch für Softwarefragen dar.

7.4.6 *Ein FAIRer Weg: Ein nicht-legislativer Ansatz*

Außerhalb des rechtlichen Rahmens, noch vor dem Inkrafttreten der Datenschutz-Grundverordnung, sind die FAIR-Leitprinzipien für die Verwaltung und Betreuung wissenschaftlicher Daten hervorzuheben, die von einer Gruppe von Wissenschaftlern im Jahr 2016 vorgeschlagen wurden (Wilkinson et al., 2016). Das Akronym „FAIR“ steht für Findability, Accessibility, Interoperability und Reusability (Auffindbarkeit, Zugänglichkeit, Interoperabilität, Wiederverwendbarkeit) – 4 Grundprinzipien, deren Ziel die Umsetzung von „Transparenz, Reproduzierbarkeit und Wiederverwendbarkeit“ im Datenmanagement ist, auch im Hinblick auf „die Algorithmen, Werkzeuge und Arbeitsabläufe, die zu diesen Daten geführt haben“.

Die Leitprinzipien haben eine praktische Funktion, die darauf abzielt, den Einsatz von Maschinen mit einem zuverlässigen System der Datenerfassung und -nutzung zu verbinden.

Im Jahr 2018 hat die Europäische Kommission die Bedeutung der FAIR-Grundsätze in einem nicht verbindlichen Bericht anerkannt (https://op.europa.eu/en/publication-detail/-/publication/7769a148-f1f6-11e8-9982-01aa75ed71a1/language-en/format-PDF/source-80611283). Unter Bezugnahme auf die Präsentation der Europäischen Kommission können die FAIR-Grundsätze wie folgt zusammengefasst werden:

- *Auffindbarkeit*: Auffindbare Daten müssen durch ausreichend umfangreiche Metadaten beschrieben und in einer durchsuchbaren Ressource registriert oder indiziert sein, die potenziellen Nutzern bekannt und zugänglich ist. Es sollte ein eindeutiger und dauerhafter Identifikator zugewiesen werden, damit die Daten eindeutig referenziert und in Forschungsmitteilungen zitiert werden können.
- *Zugänglichkeit*: Die Daten sollten von Menschen und Maschinen nach entsprechender Autorisierung und über ein genau definiertes und universell implementiertes Protokoll abgerufen werden können. Mit anderen Worten: Jeder, der über einen Computer und einen Internetanschluss verfügt, sollte zumindest auf die Metadaten zugreifen können.
- *Interoperabilität*: Die Daten werden anhand von normativen und von der Gemeinschaft anerkannten Spezifikationen, Vokabular und Standards beschrieben, die die genaue Bedeutung der Konzepte und Qualitäten, die die Daten darstellen, festlegen. Dadurch können die Daten „maschinell verwertet" werden, sodass die Werte für eine Reihe von Attributen in einer Vielzahl von Datensätzen in der Gewissheit untersucht werden können, dass die gemessenen oder dargestellten Attribute tatsächlich dieselben sind. Die Interoperabilität ist ein wesentliches Merkmal für den Wert und die Nutzbarkeit von Daten.
- *Wiederverwendbarkeit*: Es besteht die Notwendigkeit umfangreicher Metadaten und Dokumentationen, die den einschlägigen Gemeinschaftsstandards entsprechen und Informationen über die Herkunft der Daten liefern. Dazu gehört die Angabe, wie die Daten erstellt wurden (z. B. Erhebungsprotokolle, experimentelle Prozesse, Informationen über Sensorkalibrierung und -standort) sowie Informationen über Datenreduzierungs- oder -umwandlungsprozesse, um die Daten besser nutzbar, verständlich oder „wissenschaftsreif" zu machen. Auf diese Weise können die Daten reproduziert und kombiniert werden.

Die Europäische Kommission hat auch die Möglichkeit in Betracht gezogen, die FAIR-Grundsätze in einen Open-Science-Rahmen einzubinden. Sie hat insbesondere unterstrichen, dass „der größte Nutzen entsteht, wenn Daten sowohl FAIR als auch offen sind, da das Fehlen von Beschränkungen die größtmögliche Wiederverwendung und die Wiederverwendung in großem Umfang unterstützt". Um die Vorteile von FAIR-Daten zu maximieren, sollten die FAIR-Grundsätze im Rahmen von Open-Science-Initiativen in Kombination mit der politischen Forderung umgesetzt werden, dass Forschungsdaten standardmäßig offen sein sollten, d. h. offen, wenn es keinen triftigen Grund für eine Einschränkung des Zugangs oder der Wiederverwendung gibt. Tatsächlich sollten „Daten so offen und FAIR wie möglich gemacht werden, unter Berücksichtigung rechtlicher und ethischer Anforderungen und auf der Grundlage des Urteils und der Kultur der Forschungsgemeinschaften darüber, was bei der Bereitstellung des Zugangs angemessen und praktisch ist“.

Auf Anraten der Europäischen Kommission hat das UBORA-Projekt die FAIR-Grundsätze übernommen, um seinen Datenmanagementplan zu erstellen.

7.5 US-amerikanische Vorschläge für die KI-Regulierung und die von OS gebotene Chance

Software und insbesondere Betriebssystemsoftware schaffen ein Szenario, in dem es fast unmöglich ist, alle denkbaren technologischen Innovationen vorherzusehen. Es wäre schwierig, ein Qualitätsmanagementsystem einzuführen, das den geltenden Vorschriften entspricht, ohne im Voraus zu wissen, wie die Programmierer es umsetzen würden. Es wäre logisch zu denken, dass jede Implementierung eine neue Zertifizierung durch die Durchführung eines neuen Bewertungsverfahrens erfordern würde. Es gibt noch ein weiteres „Dilemma“, das mit der Verwendung von Algorithmen zusammenhängt, die ein Gerät „intelligent“ machen. Die KI implementiert eine Maschine, die nach dem Vorbild des menschlichen Gehirns arbeitet. Dank des Einsatzes von Algorithmen des maschinellen Lernens „lernen“ KI-Geräte aus den Eingaben, die sie erhalten, und reagieren aktiv auf externe Stimulationen. Die Maschine wandelt einen gegebenen Input in einen neuen Output um, sodass die Nutzung, der Umlauf und die Verwaltung von Daten besonders relevant werden. Darüber hinaus könnte die KI einen menschlichen Fachmann vollständig ersetzen – z. B. in einem Szenario, das die Analyse der gesammelten Daten und die Formulierung einer Diagnose oder einer Therapie betrifft.

In den letzten Jahren hat die Aufmerksamkeit der Institutionen im Hinblick auf KI spürbar zugenommen. Aufgrund der ethischen Fragen, die durch KI aufgeworfen werden, hat die Europäische Kommission 2018 die *Ethik-Leitlinien für vertrauenswürdige KI* ausgearbeitet, die eine Anregung für Gesetzgeber und einen Anstoß für eine neue globale Debatte über die ethischen Aspekte der KI darstellen. Ziel ist es, die Grundzüge einer KI zu definieren, die *rechtmäßig*, *ethisch vertretbar* und *robust* sein sollte (auch im technischen Sinne, um eventuelle Schäden zu verhindern). Was den Datenschutz betrifft, so unterstreicht die Europäische Kommission die Notwendigkeit einer Daten-Governance, bei der die erste Form des Schutzes der Privatsphäre und des Datenschutzes präventiv ist. Die Vermeidung von Diskriminierung durch Datenerfassung und die Bedeutung der Aufrechterhaltung der Datenintegrität und -zugänglichkeit werden ebenfalls betont. Die europäische Institution wünscht sich auch die Annahme spezifischer, allgemein akzeptierter technischer Standards für eine vertrauenswürdige KI.

In den Vereinigten Staaten gibt es einen spezifischeren Ansatz für KI im Bereich der Medizinprodukte. Auf der Grundlage des bereits erwähnten IMDRF-Modells für SaMDs hat die FDA ein Vorzertifizierungsmodell entworfen, um einen

Regulierungsrahmen für SaMDs zu definieren. In ihrem 2019 *Developing a Software Precertification Program: A Working Model* (https://www.fda.gov/media/119722/download) hat die FDA ein besonderes Interesse an KI-basierten SaMDs im engeren Sinne gezeigt, da sie deutlich erklärt hat, dass sich Version 1.0 des Programms auf die Einrichtung von „Prozessen für SaMD-Technologien konzentriert, die Softwarefunktionen umfassen können, die künstliche Intelligenz und Algorithmen des maschinellen Lernens nutzen". Das Vorzertifizierungsprogramm folgt einem Total Product Life Cycle (TPLC)-Ansatz zur Bewertung und Überwachung einer Software „von der Entwicklung vor dem Inverkehrbringen bis zur Leistung nach dem Inverkehrbringen" (https://www.fda.gov/medical-devices/digital-health/digital-health-software-precertification-pre-cert-program) in 4 Schritten.

1. *Bewertung der Exzellenz:* Jede Organisation, die eine SaMD entwickeln und herstellen will, sollte einige grundlegende Merkmale aufweisen, d. h. Produktqualität, Patientensicherheit, klinische Verantwortung, Verantwortung für die Cybersicherheit und eine proaktive Kultur (letzteres in Verbindung mit den Kapazitäten einer Organisation in Bezug auf Überwachung und Berücksichtigung der Bedürfnisse der Nutzer).
2. *Bestimmung des Überprüfungspfads:* Diese bezieht sich weiterhin auf die IMDFR-Kategorisierung und ist mit der Entwicklung eines risikobasierten Rahmens verbunden. Die wichtigsten Elemente, die in diesem Fall in Erinnerung gerufen werden müssen, sind der beabsichtigte medizinische Zweck der Medizinprodukte, die Beschreibung der Gesundheitssituation oder des Gesundheitszustands, für den das Medizinprodukt bestimmt ist, und die Beschreibung der Kernfunktionalität des Medizinprodukts in Form von Merkmalen und Funktionen.
3. *Verschlankte Überprüfung:* Diese ist für Organisationen gedacht, die bereits eine Exzellenzbewertung erhalten haben. Der Zweck des gestrafften Verfahrens besteht darin, die von den Organisationen in der 2. Phase bereitgestellten Informationen zu nutzen. Ziel ist es, das Produkt zu „verstehen", um die Leistung einer Software und die getroffenen Sicherheitsmaßnahmen zu analysieren. Anhand aller gesammelten Informationen kann die FDA schließlich eine Entscheidung über die Zulassung treffen.
4. *Leistung in der realen Welt:* Es muss ein Feedback über die Nutzung nach der Einführung der SaMD gegeben werden. Das Hauptaugenmerk liegt dabei auf den Erfahrungen der Nutzer und der Wirksamkeit der SaMD: Ihre Leistung wird analysiert, um ihre Genauigkeit, Zuverlässigkeit und Sicherheit zu bewerten.

Mit diesem ersten Versuch hat die FDA ihre Aufmerksamkeit für die Bedeutung von Software im Gesundheitswesen bewiesen. Wie im Diskussionspapier *Proposed Regulatory Framework for Modifications to Artificial Intelligence/Machine Learning (AI/ML)-Based Software as a Medical Device (SaMD)* berichtet, hat die FDA ihre pazifische Zulassung von SaMD anerkannt, deren Algorithmen „locked" (d. h. unveränderlich, auch durch den Gebrauch) sind, während das spezifische

Thema KI, angewandt auf SaMD, noch unterreguliert ist. Aus diesem Grund schlägt die FDA in diesem letzten unverbindlichen Dokument einen neuen Ansatz vor, um gesperrte Algorithmen entschieden von den „lernenden" Algorithmen zu unterscheiden. Mit anderen Worten, die FDA hat betont, wie wichtig es ist, die Fähigkeit zu Modifikationen von KI- und ML-basierten SaMDs zu berücksichtigen. Die Modifikationen wurden in 3 Kategorien eingeteilt, je nach dem Element, das sie betreffen:

- *Leistung* – klinische und analytische Leistung,
- Vom Algorithmus verwendete *Eingaben* und ihre klinische Zuordnung zum SaMD-Output, und/oder
- *Verwendungszweck* – der Verwendungszweck der SaMD, wie oben und im IMDRF-Risikokategorisierungsrahmen beschrieben, wird durch die Bedeutung der von der SaMD gelieferten Informationen für den Zustand der Gesundheitssituation oder des -zustands beschrieben.

Einige Änderungen bedürfen möglicherweise keiner Überprüfung, während z. B. „von den Herstellern erwartet wird, dass sie einen neuen Antrag vor dem Inverkehrbringen einreichen, wenn die Änderung über den Verwendungszweck hinausgeht, für den die SaMD zuvor zugelassen wurde". Die Hauptidee der FDA ist die Planung von Änderungen, die ein Produktentwickler vorlegen sollte – der „vorbestimmte Änderungskontrollplan". Der Hersteller sollte die Änderungen an der Leistung, der Eingabe oder der vorgesehenen Verwendung der Software in den „SaMD pre-specifications" (SPS) vorwegnehmen. Ein Algorithmusänderungsprotokoll („algorithm change protocol"; ACP) sollte auch die Methoden aufzeigen, die der Hersteller zur Beherrschung der Risiken auch im Falle einer Änderung anwendet. Der Hersteller sollte „die Daten und Verfahren angeben, die zu befolgen sind, damit die Änderung ihre Ziele erreicht und das Produkt nach der Änderung sicher und wirksam bleibt".

Wie die FDA unterstreicht, ist dieses Modell ein Vorschlag. Es muss auch festgehalten werden, dass es wahrscheinlich in einem proprietären Rahmen funktionieren würde, in dem Änderungen zentral verwaltet werden, und nicht in einer freien Umgebung, wie es bei Open-Source der Fall ist. Dennoch kann es als ein erster Versuch betrachtet werden, die ersten Schritte im Bereich der KI/ML-Medizinprodukte aus regulatorischer Sicht zu unternehmen. Auch hier gilt, dass Betriebssysteme einen stärkeren Rahmen bieten können, um Diskriminierung zu verhindern, ohne auf Berichte über die Erfahrungen der Nutzer warten zu müssen. Der grundsätzlich unbeschränkte und diskriminierungsfreie Zugang zum Quellcode ist bereits eine Garantie für einen vielfältigen Ansatz, der sich aus dem unterschiedlichen Fachwissen der Programmierer und den verschiedenen persönlichen Geschichten und Identitäten ergibt. Wie bereits erwähnt, kann eine breite und vielfältige Gemeinschaft in kurzer Zeit mögliche Anzeichen von Diskriminierung unter den betroffenen Personen erkennen und beseitigen.

7.6 Ein Problem der Haftung: Die Verteilung der Kosten in der OSMD-Gemeinschaft

Die vorgenannten Verordnungen und Regelungsvorschläge enthalten Regeln, Grundsätze und Vorschläge auf allgemeiner Ebene. Um an das anzuknüpfen, was wir eingangs bekräftigt haben, ist es wichtig zu verstehen, wie der OS-Ansatz Teil des aktuellen normativen Szenarios sein kann und wie er mit der Entwicklung von Medizinprodukten und dem Bedarf an Regulierung umgehen kann. OS ist die perfekte Unterstützung für einen ständigen Fluss von Ideen und Verbesserungen und der am besten geeignete Rahmen, um eine konstante Umsetzung der in der MDR und den damit verbundenen Vorschriften (wie der DSGVO) ausgedrückten Prinzipien zu gewährleisten. Als innovativer Rahmen erfordert die OS auch einen anderen rechtlichen Ansatz und wirft neue Fragen für die Zukunft auf. Der Kampf zwischen Innovation und Sicherheit gipfelt in einem der kritischsten Aspekte bei der **Haftung**.

Im Allgemeinen sind die wichtigsten Merkmale des Haftungsrechts die Verknüpfung zwischen dem Verhalten eines Subjekts und dem eingetretenen Schaden (das Verschulden des Schädigers). Gegenwärtig werden die Hersteller von Medizinprodukten gemäß Art. 10 der MDR und gemäß der **europäischen Richtlinie 85/374/EWG über die Haftung für fehlerhafte Produkte** (https://eur-lex.europa.eu/legal-content/EN/TXT/?uri=celex%3A31985L0374) für die Fehlfunktionen eines Geräts verantwortlich gemacht. Diese Richtlinie bildet die Grundlage für das, was üblicherweise als „verschuldensunabhängige Haftung" bezeichnet wird: eine Haftung, die ohne Berücksichtigung von Kriterien wie Verschulden oder Fahrlässigkeit seitens des Herstellers beurteilt wird. Der Hersteller kann selbst dann haftbar gemacht werden, wenn er die Verhaltensnormen für den Produktionsprozess eingehalten hat. Es ist die „geschädigte Person", die „den **Schaden**, den **Fehler** und **den Kausalzusammenhang zwischen Fehler und Schaden** beweisen" muss (Art. 4). Es geht darum, die Verbraucher und ihr Eigentum vor den Risiken zu schützen, die mit der Verwendung von Produkten verbunden sind, die nicht „sicher" sind. In der Tat, wie in Art. 6 ausgeführt wird:

1. Ein Produkt ist **fehlerhaft**, wenn es nicht die Sicherheit bietet, die eine Person unter Berücksichtigung aller Umstände erwarten darf, einschließlich:
   (a) der Aufmachung des Produkts,
   (b) der Verwendung des Produkts, die vernünftigerweise erwartet werden konnte,
   (c) des Zeitpunkts, zu dem das Erzeugnis in Verkehr gebracht wurde.
2. Ein Produkt wird nicht allein deshalb als mangelhaft angesehen, weil später ein besseres Produkt in Verkehr gebracht wird.

Während gemäß Art. 3 ausgeführt wird:

> Als **„Hersteller"** gilt der Hersteller eines Endprodukts, der Hersteller eines Rohstoffs oder der Hersteller eines Bauteils sowie jede Person, die sich durch Anbringen ihres Namens, ihres Warenzeichens oder eines anderen Unterscheidungsmerkmals auf dem Produkt als dessen Hersteller ausgibt.

Die Verantwortung für einen möglichen Mangel verlagert die Last des Schadens vom Verbraucher auf den Hersteller. Letzterer wird als derjenige angesehen, der am ehesten in der Lage ist, die aus dem Schaden resultierenden Kosten zu tragen, ein Ansatz, der darauf abzielt, den größtmöglichen Schutz der Verbraucher zu gewährleisten, die als die „schwächste“ Partei der Beziehung angesehen werden, was *in erster Linie* auf die technischen Informationsasymmetrien zurückzuführen ist, die nicht leicht zu lösen sind.

Der europäische Gesetzgeber lässt nicht außer Acht, dass es eine Vielzahl von Personen gibt, die an der Herstellung und Vermarktung von Produkten beteiligt sind. Neben den Herstellern nennt die Richtlinie als weitere mögliche haftende Parteien den Importeur und, „wenn der Hersteller des Produkts nicht ermittelt werden kann“, jeden Lieferanten des Produkts (Art. 3). In einem der einleitenden Erwägungsgründe heißt es außerdem, dass „in Fällen, in denen **mehrere Personen** für denselben Schaden haften, **der Schutz des Verbrauchers** es erfordert, dass der Geschädigte von jeder dieser Personen den vollen Ersatz des Schadens verlangen kann“. Auf diese Weise soll dem Erfordernis des Verbraucherschutzes von den verschiedenen Akteuren Rechnung getragen werden, die in jeder Phase des Verkehrs mit dem fehlerhaften Produkt beteiligt sind.

Wenn es um Betriebssysteme geht, ergeben sich zusätzliche Probleme in Bezug auf die Programmierer. Sie stellen zweifellos eine Art von „mehreren Personen“ dar, auf die in der Richtlinie Bezug genommen wird. Es wäre wichtig, ihre Rolle im Bereich der OSMD zu verstehen und zu definieren, insbesondere wenn der Einsatz von KI-Tools impliziert ist. Die OS-Gemeinschaft befindet sich ständig in der Entwicklung, und es treten immer wieder potenziell neue und unvorhergesehene Personen auf den Plan. Die Rolle ihrer Mitglieder muss in Bezug auf den rechtlichen *Status* und die Relevanz der einzelnen Beiträge geklärt werden. Gemäß der in Erinnerung gerufenen europäischen Richtlinie könnten die Mitglieder der OS-Gemeinschaft als weitere mögliche haftbare Adressaten angesehen werden. Dies könnte eine weitere Lösung für das Problem bieten, die Kosten auf den Akteur zu verlagern, der diese Kosten besser tragen kann, um den Verbraucher als „schwachen Teil“ zu schützen.

Wenn einzelne Akteure wissen, dass sie für mögliche Fehlfunktionen verantwortlich gemacht werden können, würden die Anreize für Eingriffe in den Quellcode und das Design eines Medizinprodukts wahrscheinlich deutlich verringert, wenn nicht gar verschwinden. Ein System der individuellen Haftung würde den Aufwand für OS vervielfachen und das Risiko (und die Kosten) von Gerichtsverfahren erhöhen. Unter diesem Gesichtspunkt könnten der OS-Gedanke den Gesetzgeber und die Rechtswissenschaftler dazu veranlassen, die Haftung zu überdenken oder die derzeitigen Haftungsregelungen auf innovative Instrumente und Geräte anzuwenden. Dieses Thema wurde bereits in anderen innovativen Bereichen wie der Robotik in größerem Umfang diskutiert.

Hier ist bereits ein reger Diskurs über die Haftung und den Umgang damit entbrannt, der sich auf verschiedene Aspekte wie den Grad der Autonomie eines Geräts und die Art und Weise, wie es konzipiert ist, bezieht. Es könnte hilfreich sein, sich einige der Ideen in Erinnerung zu rufen, die bereits unter Rechtswissenschaftlern im Umlauf sind.

Wenn man sich den Wurzeln der Haftung nähert, was die „Beziehung“ zwischen Geräten und Programmierern betrifft, kann man den Kontrollverlust hervorheben, der die Verbindung zwischen dem von einem autonomen Gerät produzierten Output (der beispielsweise durch den Einsatz neuronaler Netze oder genetischer Algorithmen entwickelt wurde) und der Haftung des Programmierers kappt (Matthias, 2009). Im Gegenteil, man könnte sagen, dass dieser Kontrollverlust aufgrund der Rolle, die die Programmierer in der Entwurfsphase spielen, wenn die Lernfähigkeit des Geräts ebenfalls trainiert werden muss, nur offensichtlich ist (Bertolini, 2013). Aus rein pragmatischer Sicht können Lösungen gefunden werden, um die Anreize, die einen Programmierer dazu bewegen, „in den Code" einzugreifen, und das Bedürfnis nach Sicherheit auszugleichen. Aus dieser Perspektive hat Bertolini (2015) in Bezug auf Roboter und ihre Hersteller 3 mögliche Wege zusammengefasst, die für Programmierer und die Betriebssystemgemeinschaft abgelehnt werden können:

1. *Haftungsobergrenze*: Durch die Einführung einer Obergrenze für die Höhe der möglichen Entschädigung könnten die Programmierer das Risiko im Voraus kennen und eine angemessene Versicherung abschließen.
2. *Obligatorische Versicherung für Gerätebenutzer:* Diese Art von Versicherung würde die Kosten von den Programmierern auf die Nutzer verlagern. Der negative Aspekt liegt hier in der Verlagerung selbst, die dazu führt, dass keine echte Lösung für das Problem der Haftungsbeurteilung gefunden werden kann.
3. *No-Fault-Pläne* in Form eines (öffentlichen oder privaten) Fonds, um die Opfer zu entschädigen und die Komplexität der Rechtsstreitigkeiten zu verringern. Auf diese Weise würden Haftungsregelungen im herkömmlichen Sinne ausgeschlossen, da die No-Fault-Pläne der Forderung nach Entschädigung nachkommen würden, während das Sicherheitsbedürfnis durch die Annahme hoher Zertifizierungsstandards gewährleistet würde (ebd.).

Diese Vorschläge und insbesondere No-Fault-Pläne lösen nicht das Risiko des „moralischen Risikos und der Sicherheitsinvestitionen aufseiten der verantwortlichen Partei" (ebd.). Im Rahmen des OS-Konzepts kann das Risiko des moralischen Risikos jedoch aus denselben Gründen wie zuvor aufgezeigt verringert werden. Außerdem stellt die Einhaltung der Normung dank der geltenden Vorschriften einen starken Lackmustest für die Sicherheit dar. Schließlich ist zu bedenken, dass auch in diesem Fall eine normative Haltung wünschenswert ist – nicht nur, um die Beziehungen zwischen Programmierern und Verbrauchern (Patienten) zu klären, sondern auch die zwischen Programmierern und Herstellern. Auf EU-Ebene wäre ein solches Vorgehen notwendig, um einen vollständig harmonisierten Rechtsrahmen zu schaffen.

7.7 Abschließende Beobachtungen

Die zuvor dargelegten Vorschriften und Bestimmungen bilden den aktuellen Bezugspunkt für Hersteller, Konstrukteure und Programmierer von OSMD. Wie gezeigt, sind Fragen des Datenschutzes und des Schutzes der Privatsphäre auch auf dem „Cyber-Markt" für Medizinprodukte einer der Hauptgründe für die Besorgnis.

Die OSMD befinden sich noch im Aufbau, ebenso wie die normative Infrastruktur, die technologische Entdeckungen und Innovationen begleitet. Es muss auch darauf hingewiesen werden, dass derzeit nur wenige Rechtsfälle im Zusammenhang mit OSDM bekannt sind, sodass die meisten der in Aussicht gestellten Hypothesen aus rechtlicher Sicht wirklich nur Hypothesen sind. Dies ist nicht hilfreich für den Gesetzgeber, der die Werte und Rechte, die auf dem Spiel stehen, herausarbeiten und abwägen muss, und aus diesem Grund sind ständige Überprüfungen und Interaktionen zwischen Sachverständigen und Behörden unerlässlich.

Neben dem spürbaren Mangel an spezifischen Regelungen bedürfen OSMD auch in einem sehr pragmatischen Sinne einer genaueren Analyse. OS wurde im öffentlichen Diskurs bereits als eine mögliche Unterstützung für die Implementierung öffentlicher Informationsstrukturen und öffentlicher Datenbanken in Betracht gezogen. Ein hervorragendes und aktuelles Beispiel für einen neuen OS-basierten Ansatz sind die Leitlinien (https://docs.italia.it/italia/developers-italia/lg-acquisizione-e-riuso-software-per-pa-docs/it/bozza/index.html), die von der italienischen AGID (Agenzia per l'Italia Digitale) im Jahr 2019 verabschiedet wurden. Die italienische öffentliche Verwaltung (PA) hat die Bedeutung von OS im Hinblick auf niedrige Kosten und Zeitersparnis erkannt. In den Leitlinien wird davon ausgegangen, dass die PA weiterhin die Kontrollinstanz für den Quellcode ist. Gleichzeitig kann aufgrund der Transparenz des Codes jeder, der über das nötige Fachwissen verfügt, diesen überprüfen und eventuelle Fehler und Fehlfunktionen melden (oder sogar korrigieren). Das Gleiche könnte im Gesundheitssektor mit einer ständigen und kollektiven Überwachung und Umsetzung durch die Tätigkeit der Programmierer geschehen.

Wie bereits zu Beginn dieses Kapitels erwähnt, kann OS als eine Methode, ja sogar als eine Philosophie betrachtet werden. Es wäre wichtig, die Aufmerksamkeit auf die Möglichkeiten zu lenken, die sie zur Lösung der zuvor erörterten Probleme bieten kann. Die Interaktion verschiedener Köpfe kann nicht als Grund zur Besorgnis gesehen werden, sondern als eine Möglichkeit, sowohl die Innovation als auch den damit einhergehenden Überwachungsprozess zu verbessern. Wie wir gesehen haben, haben Gesetzgeber und öffentliche Akteure wie die Agentur der Europäischen Union für Cybersicherheit (European Union Agency for Cybersecurity; ENISA, https://www.enisa.europa.eu/) die Zusammenarbeit zwischen privaten Akteuren, nationalen und internationalen Behörden nicht abgelehnt: Im Gegenteil, diese Zusammenarbeit wird derzeit als wünschenswert und notwendig angesehen. Darüber hinaus könnten die im Bereich des Datenschutzes aufkommenden Kontrollbedürfnisse dank eines kollaborativen Modells, bei dem die Kontrolle mehr und mehr „dezentralisiert" wird, befriedigt werden. Das ist kein triviales Ergebnis, denn digitale und Cyberfragen müssen so früh wie möglich beantwortet werden. Im Zeitalter der „Wirtschaft der digitalen Plattformen", in der die Kontrolle über persönliche Informationen in den Händen einiger weniger Unternehmen liegt, kann ein nicht-proprietärer Ansatz das Machtgleichgewicht korrigieren und die Kontrolle zurückgewinnen, die der normale Bürger in digitalen Räumen normalerweise verliert.

Letztlich geht es darum, das richtige Gleichgewicht zwischen Sicherheit und Innovation zu finden und nicht zwischen Sicherheit und Gesetzgebung. In diesem Sinne könnte die Schaffung einer OS-Gemeinschaft für Medizinprodukte eine Bereicherung und eine Unterstützung für gesetzgeberische Maßnahmen sein, die nur ein Teil einer sich entwickelnden Welt sind. Die gleiche Idee der Standardisierung hat einen neuen Weg in den rechtlichen Diskurs eingeführt. Die Suche nach identischen Standards und gleichen Grundlagen zwischen den Ländern – Standards, die im Laufe der Zeit angepasst werden können und müssen – könnte auch aus einer normativen Perspektive als neu und innovativ angesehen werden. Was wir haben und in Zukunft immer mehr haben werden, ist ein Recht in Entwicklung: ein Recht, das mit der unverzichtbaren Hilfe der Technik ausgearbeitet werden muss und das nicht als für eine unbestimmte Zeit festgelegt angesehen werden kann. Es ist unmöglich, ein Gesetzbuch im alten Stil für bestimmte Sektoren, wie z. B. den der medizinischen Geräte, zu entwerfen. Die künftige Gesetzgebung für Technologie wird wahrscheinlich hauptsächlich aus verbindlichen Normen bestehen: dehnbare, flexible Gesetze, die mit der Innovation in Dialog treten, anstatt sie zu behindern.

Literatur

"On the patent front, more time and energy seem to be spent on nuisance and defensive patenting of the obvious than on innovation", Boldrin, M., & Levine, D. (2002). The case against intellectual property. *The American Economic Review, 92*(2), 210.

IMDRF/SaMD WG/N10FINAL:2013.

According to section 210(h):

"The term "device" (except when used in paragraph (n) of this section and in sections 301(i), 403(f), 502(c), and 602(c)) means an instrument, apparatus, implement, machine, contrivance, implant, in vitro reagent, or other similar or related article, including any component, part, or accessory, which is –

5 recognized in the official National Formulary, or the United States Pharmacopeia, or any supplement to them,

6 intended for use in the diagnosis of disease or other conditions, or in the cure, mitigation, treatment, or prevention of disease, in man or other animals, or

„7 intended to affect the structure or any function of the body of man or other animals, and which does not achieve its primary intended purposes through chemical action within or on the body of man or other animals and which is not dependent upon being metabolized for the achievement of its primary intended purposes. The term "device" does not include software functions excluded pursuant to section 520(o)."

According to sect. 520(o), a software cannot be considered a device when it is used:

"(A) for administrative support of a health care facility [...]

(B) for maintaining or encouraging a healthy lifestyle and is unrelated to the diagnosis, cure, mitigation, prevention, or treatment of a disease or condition;

(C) to serve as electronic patient records, including patient- provided information, to the extent that such records are intended to transfer, store, convert formats, or display the equivalent of a paper medical chart [...]

(D) for transferring, storing, converting formats, or displaying clinical laboratory test or other device data and results, findings by a health care professional with respect to such data and results, general information about such findings, and general background information about such laboratory test or other device, unless such function is intended to interpret or analyze clinical laboratory test or other device data, results, and findings

[…]

(2) In the case of a product with multiple functions that contains –

(A) at least one software function that meets the criteria under paragraph (1) or that otherwise does not meet the definition of device under section 201(h); and

(B) at least one function that does not meet the criteria under paragraph (1) and that otherwise meets the definition of a device under section 201(h), the Secretary shall not regulate the software function of such product described in subparagraph (A) as a device."

From sect. 520(o) it appears clear that the main criterium to identify a software as an autonomous device lies in its capability of both storing and analyzing the data collected during the activity of the device.

See para. 3.7: "A device is considered to allow direct diagnosis when it provides the diagnosis of the disease or condition in question by itself or when it provides decisive information for the diagnosis".

Rule n. 11 (par. 6.3). This typology owes to Class IIa, apart for software capable of causing "death or an irreversible deterioration of a person's state of health" (the riskiest devices, assigned to Class III) and those which can cause "a serious deterioration of a person's state of health or a surgical intervention" (Class IIb). Also, a software "intended to monitor physiological processes" owes to Class IIa, unless it is thought "for monitoring of vital physiological parameters, where the nature of variations of those parameters is such that it could result in immediate danger to the patient" (in this last case, it would owe to Class IIb). A final statement reconnects all the other residual typologies to Class I.

https://www.hipaajournal.com/2019-healthcare-data-breach-report/. Zugegriffen im December 2023.

http://dataprotection.industries/wp-content/uploads/2017/10/privacy-by-design.pdf. Zugegriffen im December 2023.

https://edpb.europa.eu/our-work-tools/public-consultations-art-704/2019/guidelines-42019-article-25-data-protection-design_it. Zugegriffen im December 2023.

https://edps.europa.eu/data-protection/our-work/subjects/privacy-default_en. Zugegriffen im December 2023.

Schuck, P. H. (1994). *Rethinking informed consent in Yale law school legal scholarship repository* (S. 915). The Yale law journal, University of Yale.

"Before the GDPR, data portability was grounded in competition law under Article 102 of the Treaty on the Functioning of the European Union (TFEU) for abuse of dominance and exclusionary conduct45 as well as the Sherman Act46 and Clayton Act47 in the US. With the potential for service providers to 'lock-in' consumers and make it more difficult for them to leave the platform, data portability is seen as a solution allowing users to move from one service to another", Wong, J., & Henderson, T. (2019). The right to data portability in practice: Exploring the implications of the technologically neutral GDPR in International Data Privacy Law. Oxford University Press, p. 11.

"Specifically to data portability as a right, Graef et al. consider how the RtDP clashes with competition law and consumer protection law where data portability is seen as a duty and a form of property-like control respectively", ibidem, p. 12.

Wilkinson, M. D. et al. (2016). *The FAIR guiding principles for scientific data management and stewardship*. https://www.nature.com/articles/sdata201618. Zugegriffen im December 2023.

https://ec.europa.eu/info/sites/info/files/turning_fair_into_reality_0.pdf. Zugegriffen im December 2023.

https://www.fda.gov/media/119722/download. Zugegriffen im December 2023.

"Non-device software functions are not subject to regulation and are not within the scope of the Software Pre-Cert Pilot Program. In particular, software functions intended (1) for administrative support of a health care facility, (2) for maintaining or encouraging a healthy lifestyle, (3) to formats, or displaying data without interpreting or analyzing clinical laboratory test or other device data, results, and findings or (5) to provide certain limited clinical decision support are not medical devices and are not subject to FDA regulation", p. 10. A statement which is perfectly coherent with section 520(o) of FD&C Act.

https://www.fda.gov/medical-devices/digital-health/digital-health-software-precertification-precert-program. Zugegriffen im December 2023.

https://eur-lex.europa.eu/legal-content/EN/TXT/?uri=celex%3A31985L0374. Zugegriffen im December 2023.

Matthias, A. (2009). *From coder to creator: Responsibility issues in intelligent artifact design* (S. 17). IGI Global.

Bertolini, A. (2013). Robots as products: The case for a realistic analysis of robotic applications and liability rules in law. *Innovation and Technology, 233*, 214–247.

Bertolini, A. (2015). Robotic prostheses as products enhancing the rights of people with disabilities. Reconsidering the structure of liability rules. *International Review of Law in Computers & Technology*, *29*, 127–128.

As recalled by Bertolini, "[n]o fault schemes are applied in different legal systems, either radically replacing the tort law system (New Zeland) or substituting it in one or more specific fields, often motor vehicle circulation and work-related injuries", ibid., p. 128.

Ibid.

https://docs.italia.it/italia/developers-italia/lg-acquisizione-e-riuso-software-per-pa-docs/it/bozza/index.html. Zugegriffen im December 2023.

Kapitel 8
Kreativitätsförderung in Open-Source-Projekten: Anwendung auf Open-Source-Medizinprodukte und Gesundheitstechnologien

Andrés Díaz Lantada und Juan Manuel Munoz-Guijosa

8.1 Einleitung

Seit den Anfängen der technologischen Entwicklung haben sich Ingenieure auf die Erfindung, den Entwurf und die Konstruktion von *ingenia* konzentriert, um die Gesellschaft auf ihrem Weg zu mehr Wohlstand und besserer Lebensqualität zu unterstützen. In Spanien, Frankreich und Deutschland sind Ingenieure als *ingenieros/ingenieras, ingénieurs/ingénieures* bzw. *Ingenieure/Ingeneurinnen* bekannt, wobei diese Wörter eine gemeinsame Wurzel aus dem lateinischen *ingenium* haben, das ebenfalls von *gene* abgeleitet ist, und eine Bedeutung haben, die mit *Genialität* zusammenhängt, d. h. mit der Fähigkeit, Intelligenz und Weisheit zu nutzen, um kreative, neuartige Lösungen, Ansätze oder Mittel bereitzustellen (Vérin, 1984).

Das Mentoring des kreativen Prozesses ist in der Ingenieurpraxis tief verwurzelt, und moderne Ingenieure sind in der Regel mit Aufgaben der Kreativitätsförderung in Forschungs-, Entwicklungs- und Innovationsprojekten in allen möglichen Branchen und Sektoren befasst, sehr oft eingebettet in einen Rahmen erheblicher zeitlicher, wirtschaftlicher und organisatorischer Beschränkungen. Die Tatsache, dass Ingenieure kreative und belastbare Personen sind, wird durch ihre gemeinsame Fähigkeit bestätigt, innovative und hochwertige Lösungen für gesellschaftliche und technische Herausforderungen zu finden. Diese Fähigkeiten sind nicht angeboren, sondern beruhen auf einem umfassenden wissenschaftlich-technologischen Wissen, das durch einige berufliche Fähigkeiten und Einstellungen unterstützt wird, die in der Tat durch die Praxis geschult und vor allem durch die Anwendung einfacher Prinzipien und Techniken gefördert werden können.

In den letzten Jahrzehnten hat unsere Welt einen beispiellosen technologischen Wandel erlebt, der wesentlich dazu beigetragen hat, den Lebensstandard zu ver-

A. Díaz Lantada (✉) · J. M. Munoz-Guijosa
Mechanical Engineering Department, Universidad Politécnica de Madrid, Madrid, Spain
E-Mail: andres.diaz@upm.es

A. Ahluwalia et al. (Hrsg.), *Entwicklung von Open-Source-Medizinprodukten*,
https://doi.org/10.1007/978-3-031-26028-5_8

bessern, die Lebenserwartung zu erhöhen und die Armut weltweit zu verringern. Viele dieser Veränderungen sind das Ergebnis des „Marktsogs“, andere wiederum lassen sich direkt auf den „Technologieschub“ zurückführen, der wiederum mit der universellen menschlichen Neugier und Kreativität zusammenhängt. Ungleichheiten sind jedoch nach wie vor vorhanden, unsere Umwelt ist stark gefährdet, und die bevorstehenden globalen Herausforderungen, die in den nachhaltigen Entwicklungszielen der Agenda 2030 (https://sustainabledevelopment.un.org/post2015/transformingourworld) zusammengefasst sind, erfordern die kreativsten und bestmöglich ausgebildeten Ingenieure, die in der Lage sein werden, in Zusammenarbeit mit vielen anderen Fachleuten und in Interaktion mit allen relevanten Interessengruppen nachhaltige Lösungen für diesenunerwünschten Zustand zu finden. In Anbetracht des Nachhaltigen Entwicklungsziels 3 „Gute Gesundheit und Wohlbefinden“ ist es wichtig, unter den möglichen Wegen zu einer flächendeckenden Gesundheitsversorgung und medizintechnischen Gleichberechtigung das transformative Potenzial von Open-Source-Medizinprodukten (OSMD) hervorzuheben, die gemeinschaftlich entwickelt und gemeinsam genutzt werden, um eine bessere Replizierbarkeit und eine direktere und kostengünstigere Anwendung zu ermöglichen, wie in diesem Handbuch ausführlich diskutiert wird.

Das technische Design von Open-Source-Medizinprodukten profitiert, wie die Medizintechnik im Allgemeinen, von der Förderung der Kreativität durch Mentoren und von der systematischen Anwendung von Techniken und Werkzeugen zur Förderung der Innovation während des gesamten Lebenszyklus, insbesondere aber in den Phasen der Spezifikation und des Konzeptdesigns, wie in diesem Kapitel näher erläutert wird. Es muss hervorgehoben werden, dass eines der bemerkenswertesten Merkmale der OSMD darin besteht, dass der Innovationsprozess durch Zusammenarbeit und Informationsaustausch radikal umgestaltet wird, im Gegensatz zu den klassischen medizinischen Technologien, die hinter verschlossenen Türen entwickelt werden. Folglich müssen die bekannten Phasen des kreativen Prozesses und die damit verbundenen Techniken zur Kreativitätsförderung überdacht und aktualisiert werden, um die genannten Potenziale der OSMD angemessen nutzen zu können.

Darüber hinaus kann das gesamte Potenzial eines solchen offenen Innovationsschemas nur dann ausgeschöpft werden, wenn Personen mit heterogenen Hintergründen und Fähigkeiten zur Beherrschung des gesamten Innovationsprozesses in vollem Umfang an der Gestaltung mitwirken können. Themen wie die Zusammenarbeit internationaler Teams, der Austausch von Informationen über Onlineinfrastrukturen (sowohl mit anderen Entwicklern als auch mit Endnutzern), die Einbeziehung größerer Interessengruppen, die Möglichkeit der kontinuierlichen Weiterentwicklung von Entwürfen und Produkten, die Philosophie der kontinuierlichen Verbesserung in Verbindung mit dem Management des Produktlebenszyklus und der Einsatz von Ressourcen und Methoden der Maker-Bewegung, um nur einige Beispiele zu nennen, können kreative Problemlösungen erheblich fördern, wenn sie effektiv gehandhabt werden. Gleichzeitig muss der globale Entwicklungsprozess methodisch begleitet werden, damit die Einhaltung von Vorschriften, das Nutzen-Risiko-Verhältnis und die Gerätesicherheit nicht durch den Wunsch nach radikaler Innovation und Einzigartigkeit beeinträchtigt werden. Die Anwendung von Normen sollte niemals als kreativitätseinschränkender Faktor betrachtet werden, sondern als notwendiger Begleiter des Innovationszyklus.

Dementsprechend befasst sich dieses Kapitel mit der Förderung der Kreativität in Open-Source-Projekten, insbesondere im Hinblick auf die Entwicklung von medizinischen Geräten und Gesundheitstechnologien. Die typischen Phasen des kreativen Prozesses werden vor dem Hintergrund der Open-Source-Bewegung für Software und Hardware diskutiert. Es werden verschiedene Methoden und Techniken für die Generierung, Verknüpfung und Bewertung von Ideen vorgestellt und anhand verschiedener Anwendungsfälle im Zusammenhang mit OSMDs veranschaulicht, von denen viele Teil der UBORA-Gerätesammlung sind, die über die UBORA-Plattform (https://platform.ubora-biomedical.org/) gemeinsam genutzt wird. Kürzlich entwickelte Tools, die ebenfalls in UBORA implementiert wurden, um Innovatoren von Medizinprodukten während des gesamten Innovationszyklus zu unterstützen, werden vorgestellt.

Einige Aspekte dieses Kapitels gehen auf frühere Erfahrungen und Studien der Autoren zurück, z. B. Díaz Lantada & Munoz-Guijosa (2013) „Methods to promote creativity and technological transfer" in: *Springer's Handbook on Advanced Design and Manufacturing Technologies for Biomedical Devices*. Eine zweckentsprechende Anpassung war notwendig, um die besonderen Aspekte von Open-Source-Medizinprodukten, die Potenziale internationaler Co-Creation-Teams und -Umgebungen und die möglichen Auswirkungen von e-Infrastrukturen als innovative Schlüsselressourcen zur Förderung der Kreativität und Systematisierung des kreativen Prozesses zu berücksichtigen.

8.2 Typische Stadien des kreativen Prozesses

Die meisten Experten sind der Ansicht, dass der kreative Prozess die Aneinanderkettung von Aktivitäten ist, die zur Lösung komplexer, unerforschter Probleme durchgeführt werden (Sternberg, 1999; Pahl & Beitz, 2013). Es besteht allgemein Einvernehmen darüber, dass der kreative Prozess in 4 Hauptphasen unterteilt werden kann, wobei es je nach den verwendeten Referenzen geringfügige Nuancen gibt. In der 1. Phase wird das Problem erkannt und die Entscheidung getroffen, das Problem zu lösen. In der 2. Phase bereiten wir uns auf die Lösung des Problems vor, was in der Regel eine genaue Definition des Problems und eine Spezifikation der gewünschten Lösung beinhaltet (siehe Kap. 3). In der 3. Phase werden konkrete Ideen zur Lösung des Problems generiert, zugeordnet, bewertet und schließlich umgesetzt. Der kreative Prozess endet also nicht mit der Geburt der Idee. Ein sehr wichtiger 4. Schritt muss ebenfalls in Betracht gezogen werden, der mit der Philosophie der kontinuierlichen Verbesserung zusammenhängt, die die Erschaffer dazu ermutigt, die Kreation nur als Ausgangspunkt für neue Innovationszyklen zu betrachten (Wongrassamee et al., 2003).

Die konkrete Formulierung dieser Hauptphasen mit ihren entsprechenden Unterphasen führt zu verschiedenen Produktentwicklungsmethoden, darunter der

Pahl-Beitz-Engineering-Design-Ansatz (Pahl & Beitz, 2013), der CDIO-Zyklus („conceive – design – implement – operate") (Crawley et al., 2011) oder das Talgo-Innovationsschema „explore – ideate – investigate – design and test – implement" (https://www.talgo.com). Aufgrund der entscheidenden Bedeutung des kreativen Prozesses für das Organisationsmanagement wurden internationale Normen wie die ISO 56000-Familie herausgegeben, um die besten Verfahren und Bewertungsmethoden unter den interessierten Organisationen zu verbreiten.

Es ist wichtig, zwischen „kreativem Prozess" und „Kreativität" zu unterscheiden. Während sich ersterer auf die gesamte Kette von Ereignissen bezieht, die zur Lösung eines komplexen Problems führen, konzentriert sich „Kreativität" auf die Teilschritte der Synthese, in denen geniale Lösungen entstehen. Bekannte Methoden, die traditionell mit dem gesamten kreativen Prozess in Verbindung gebracht werden, wie die TRIZ-Methode (Altshuller, 2002), Methoden des lateralen Denkens (De Bono & Zimbalist, 1970) oder Design-Thinking-Methoden (Rowe, 1987), konzentrieren sich hauptsächlich auf die „Kreativität" und sind nur eine Teilmenge aller am kreativen Prozess beteiligten Aktivitäten.

Unabhängig von der angewandten Methode bestehen die Phasen eines jeden kreativen Prozesses aus gemeinsamen Unterphasen, die mit den kognitiven Prozessen in den Gehirnen der Teammitglieder zusammenhängen, wie in Abb. 8.1 dargestellt ist. In der 1. Phase, die mit der Formulierung des Problems beginnt, lassen sich zwischen den verschiedenen Personen und Persönlichkeiten erhebliche Unterschiede in der Herangehensweise feststellen: Während einige Personen sich dem Problem mutig stellen und von Anfang an hervorragende Leistungen erbringen können, fühlen sich andere durch Unsicherheit blockiert und benötigen ein umfangreiches Mentoring, bevor sie selbstständig arbeiten können. Überraschenderweise

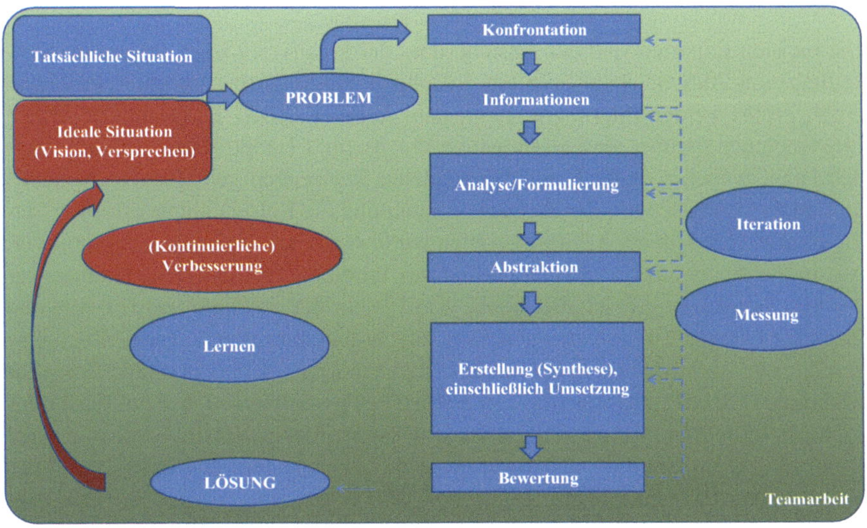

Abb. 8.1 Gemeinsame Teilschritte im kreativen Prozess

korrelieren diese gegensätzlichen Einstellungen sehr gut mit dem intellektuellen und zwischenmenschlichen Hintergrund und den heuristischen Kenntnissen der einzelnen Personen. Darüber hinaus muss das Team das Problem hinreichend genau definieren, damit die weiteren Schritte ohne Verwirrung in Bezug auf Umfang, Spezifikationen oder Beschränkungen durchgeführt werden können. Fragen wie „Welches ist die ideale Situation, die wir erreichen wollen?", „Welche Einschränkungen sind zu berücksichtigen?" und „Gibt es vergleichbare Probleme, die als Referenz dienen können?" müssen genau beantwortet werden. Um diese Fragen beantworten zu können, muss das Team die erforderlichen relevanten Informationen aus einer Vielzahl von Quellen beschaffen.

Sobald das Problem korrekt beschrieben und das System so genau wie möglich quantitativ spezifiziert ist, beginnt die konzeptionelle Entwurfsphase, der Kreativität inhärent ist. Bei den meisten Strategien zur systematischen und kreativen Lösung technischer Probleme beinhaltet diese Konzeptionsphase eine Formulierung der globalen Funktion, die das zu entwickelnde technische System erfüllen soll (im Falle der Medizintechnik die Menge der gewünschten Aufgaben, die das Gerät zur Behandlung einer bestimmten Pathologie erfüllen soll). Durch tiefgreifende *Analysen* wird die globale Funktion in der Regel in leichter zu lösende Teilfunktionen unterteilt, und zwar durch direkte Anwendung des Prinzips „Teile und herrsche". Für diese Teilfunktionen können mehrere Lösungen *synthetisiert* und kombiniert werden, um Produktideen zu entwickeln und schließlich vergleichend bewertet zu werden, um das beste Konzept als Hauptergebnis der Konzeptionsphase auszuwählen.

In gewisser Weise spiegeln das Generieren, Assoziieren und *Bewerten* von Ideen, die für die 2. Phase des kreativen Prozesses typisch sind, den mentalen Prozess wider, der während der gesamten Konzeptionsphase in technischen Projekten zum Einsatz kommt, obwohl die Generierungs-Assoziierungs-Bewertungszyklen auf jede Phase eines technischen Projekts und auf die meisten Probleme, mit denen wir konfrontiert werden, angewendet werden können. Gut ausgebildete Ingenieure, die sich der systematischen Entwurfsmethodik und dieser Ideen-Kombinations-Bewertungszyklen bewusst sind, erweisen sich als besonders kreative Menschen und eignen sich daher ideal als Mentoren zur Förderung der Kreativität und als Innovationsmanager. Dies ist eine direkte Folge des Verständnisses, wie Kreativität funktioniert, und der Erfahrung mit den entsprechenden Methoden und Werkzeugen.

Beachten werden muss, dass bestimmte Aspekte sowohl in den Teilphasen des kreativen Prozesses als auch im gesamten kreativen Prozess vorkommen:

- *Rekursivität:* Der kreative Prozess ist von Natur aus rekursiv (stark untergliedert; fraktal). Wie oben beschrieben, ist der Endpunkt eines kreativen Prozesses der Ausgangspunkt für den nächsten Prozess. Dieser rekursive Charakter ist auch auf kleineren Ebenen des Prozesses vorhanden: Information, Analyse, Synthese und Bewertung müssen während der Problemformulierung, der Konzepterstellung und der detaillierten Gestaltung und Umsetzung durchgeführt werden.
- *Multidisziplinarität:* Um einseitige Lösungen, Bewertungen oder Lösungsverfahren zu vermeiden, sollten die Teams so multidisziplinär wie möglich zu-

sammengesetzt sein, was bei Projekten im Zusammenhang mit OSMD von besonderer Bedeutung ist.

- *Positives Denken*, kombiniert mit einer mutigen, emphatischen und toleranten *Haltung*, ist notwendig, um Vorurteile zu vermeiden.
- Die *Teamarbeit* spielt während des gesamten Prozesses eine entscheidende Rolle, um diese förderliche Einstellung zu gewährleisten. Wie von De Bono, De Graff oder Ballesteros eindrucksvoll beschrieben (De Bono & Zimbalist, 1970; De Graff & Lawrence, 2002; Ballesteros-Sánchez et al., 2019), müssen sich unterschiedliche Einstellungen und Persönlichkeiten ihrer individuellen Eigenschaften bewusst sein und sich bemühen, ihr Verhalten auf das gemeinsame Interesse der Gruppe auszurichten.
- Die *Quantifizierung* ist notwendig, um angemessene Bewertungs- und Entscheidungsprozesse zu gewährleisten. Das Team muss geeignete Metriksätze erstellen und validieren, die eine Klassifizierung der verschiedenen Lösungsalternativen ermöglichen, die während der Synthesephase entwickelt wurden.
- *Kombination von intuitiven und diskursiven Techniken:* Während die intuitive Kreativität ein leistungsfähiges Instrument für disruptive Innovation ist, macht die Ungewissheit der Inkubationszeit den Einsatz diskursiver (systematischer) Methoden unabdingbar, um die Lösung des Problems in einem bestimmten zeitlichen Rahmen zu gewährleisten, auch wenn der Innovationsgrad geringer ist.

In Anbetracht dessen und in Übereinstimmung mit der von der UBORA-Gemeinschaft angewandten Methodik für die Entwicklung von OSMDs, die im gesamten Handbuch als Referenz dient (siehe Kap. 2), hat Kap. 3 über „Systematische Bedarfsermittlungstechniken für Open-Source-Medizintechnikprojekte" bereits die zuvor erwähnten 1. und 2. Phase des kreativen Prozesses thematisiert.

Kap. 6 konzentriert sich speziell auf die 3. Phase und beschreibt Methoden und Techniken zur kreativen Generierung, Assoziierung, Bewertung und Implementierung von Lösungen, die mit realen Entwicklungsbeispielen illustriert werden. Diese Ansätze und Werkzeuge können jedoch auch in der Phase der Produktspezifikation erfolgreich eingesetzt werden und mit einigen der in Kap. 3 besprochenen Strategien effektiv synergetisch zusammenwirken.

8.3 Methoden und Techniken für die Entwicklung, Verknüpfung und Bewertung von Ideen

Dieser Abschnitt konzentriert sich auf Methoden und Techniken, die für die Förderung der Ideenfindung, für die Assoziation von Ideen und für die objektive Bewertung von Lösungen geeignet sind, und veranschaulicht einige der vorgeschlagenen Werkzeuge anhand eines Fallbeispiels. Der Anwendungsfall zielt darauf ab, das Gewicht einer Roboterhand zu optimieren und ein innovatives benutzbares, ergonomisches und funktionelles Konzept zu erarbeiten. Die von Altshuller (2002) entwickelte TRIZ-Methodik (siehe unten) wird ebenfalls kurz vorgestellt, als unterstützende oder begleitende Methodik für die Innovation technischer Systeme, die gut mit anderen Strategien wie der Pahl-Beitz-Entwurfsmethodik (Pahl & Beitz, 2013), dem CDIO-Zyklus („conceive – design – implement – operate") (Crawley et al., 2011) und dem UBORA-Entwurfsansatz (http://ubora-biomedical.org/) synergetisch zusammenarbeitet.

8.3.1 Techniken zur Unterstützung von Ideenfindung und Diskussion

Ein erfolgreiches Produktdesign beruht auf der Aufteilung des Hauptproblems oder des Gesamtsystems in mehrere leichter zu handhabende Teilprobleme oder Subsysteme, auf der Bewertung der besten Lösung für jedes Teilproblem oder Subsystem und schließlich auf der Integration aller dieser Teilprobleme oder Subsysteme, um eine allgemeine Lösung für das Gesamtproblem oder Gesamtsystem zu finden, wie zuvor beschrieben. Folglich ist die Suche nach Alternativen für jedes Teilsystem des zu entwickelnden Geräts sehr wichtig, um neuartige Kombinationen zu fördern und somit innovativere Geräte zu erzeugen.

Das ständige Stellen von Fragen wie „Warum?", „Warum nicht?" und „Was wäre, wenn?", die für den wissbegierigen Ingenieurgeist typisch sind, entlang des Entwicklungszyklus und in Zusammenarbeit mit den Teammitgliedern, ist ein Schlüssel zum Erfolg. Es gibt jedoch mehrere Techniken, die die Ideenfindung und Diskussion unterstützen, einige eher traditionell oder analytisch (diskursiv), andere eher mit Strategien des „lateralen Denkens" (De Bono & Zimbalist, 1970) verbunden, wie im Folgenden dargestellt.

Grundsätzlich geht es in den Ideenfindungsphasen darum, so viele denkbare Lösungen wie möglich zu entwickeln, den Status quo in Frage zu stellen und in vielen Fällen die Prüfung der technischen oder finanziellen Durchführbarkeit den nachfolgenden Phasen der Ausarbeitung, des Experimentierens und der Bewertung zu überlassen.

Die kontinuierliche Durchführung von Ideenfindungs- und Ausarbeitungszyklen ist eine gute Praxis, um den Entwicklungszyklus zu erhellen. In diesem Unterabschnitt werden die wichtigsten Techniken zur Unterstützung von Ideenfindung und Diskussion vorgestellt, einige davon sind eher analytisch, andere dienen eher der Inspiration. Die Methoden zur Ausarbeitung, Erprobung und Bewertung werden in Abschn. 8.3.2 und 8.3.3 sowie in den folgenden Kapiteln des Handbuchs beschrieben.

Was die analytischen (diskursiven) Techniken zur Förderung der Innovations- und Problemlösungskompetenz betrifft, so ist die grundlegende Bedeutung des Studiums hervorzuheben, wobei auf die klassischen Methoden zurückgegriffen wird: Lesen von Büchern, Artikeln und Katalogen, Teilnahme an Konferenzen und Fachmessen, Lösen theoretischer Probleme, Interaktion mit Technologien in praktischen Proof-of-Concept-Aktivitäten, Diskussion mit Kollegen, Durchführung von Tests in skalierten Modellen, Durchführung von „Vorwärtsschritten“ oder „Rückwärtsschritten“ (Ishikawa) (Best & Neuhauser, 2008) – Analysen, bei denen aus einer Lösung mögliche Weiterentwicklungen oder mögliche Gründe, warum die Entwicklung an diesem Punkt angekommen ist, abgeleitet werden, und Anwendung der sokratischen Methoden.

Ein idealer Weg, um mit einem OSMD-Projekt zu beginnen, ist die Zusammenstellung eines Teams von Entwicklern mit ausgewogenen Kenntnissen und Fähigkeiten sowie Fachwissen in ihren jeweiligen Bereichen. Zwar fördert die Einbeziehung von Mitgliedern aus anderen als den projektspezifischen Disziplinen (z. B. eines Soziologen in einem medizintechnischen Entwicklungsprojekt, eines Philosophen in einem Projekt zur Umgestaltung von Krankenhausprozessen oder eines Künstlers in einem Prothesendesignprojekt) das „Querdenken“ und führt in der Regel zu sehr innovativen Lösungen, doch ist es wichtig, die Bedeutung des Verständnisses der wissenschaftlichen Grundlagen und der Beherrschung der Technologie für das Erreichen effektiver, effizienter, praktikabler und sicherer technischer Lösungen zu betonen. Bei der Kreativität geht es nicht nur darum, große Mengen an Ideen zu generieren, sondern vor allem darum, hochwertige Lösungen zu finden, die ständig aktualisiert und verbessert werden müssen, was nur nach dem Motto „Studieren, studieren, studieren und dann immer weiter studieren“ erreicht werden kann.

In einer seiner weitesten Definitionen kann das Ingenieurwesen als die Kunst betrachtet werden, auf geniale Weise neuartige Lösungen zu synthetisieren, die den starken wirtschaftlichen, normativen und technischen Zwängen gerecht werden: Während nicht auf Ausbildung basierende Ansätze in der Lage sein könnten, eine große Anzahl unergiebiger, nur teilweise sinnvoller oder einseitiger Lösungen zu finden, wäre ein wissenschaftlicher und/oder ingenieurtechnischer Ansatz in der Lage, Lösungsansätze zu filtern und an die bestehenden, besonderen, dynamischen Zwänge anzupassen, um ein realisierbares Produkt zu erhalten.

Zu den intuitiven, „lateralen“ Denkwerkzeugen oder „Out-of-the-Box“-Techniken für kreative Problemlösungen gehören einige der am häufigsten angewandten Optionen zur Stärkung der Inspirationsphasen:

- *Brainstorming* (Bouchard Jr. & Hare, 1970; Diehl & Stroebe, 1987; Dugosh et al., 2000; Mullen et al., 1991): Eine Technik, die darin besteht, mehrere Alternativen zur Lösung eines bestimmten Problems zu finden, indem einfach eine Liste von Ideen gesammelt wird, die von den Teilnehmern spontan und öffentlich eingebracht werden. Das elektronische Brainstorming ermöglicht es, die Probleme der sozialen Ängstlichkeit bei einer nicht zu vernachlässigenden Anzahl von Personen, die an dem Verfahren teilnehmen, abzuschwächen, indem eine anonyme Teilnahme ermöglicht wird (Camacho & Paulus, 1995; Gallupe & Cooper, 1993).
- *Brainwriting*: Eine Alternative zum Brainstorming, bei der die Ideen von den verschiedenen Teilnehmern aufgeschrieben und schließlich öffentlich präsentiert werden. Auf diese Weise wird versucht, die Dominanz von eher extrovertierten Teammitgliedern zu vermeiden und die Teilnahme von schweigsameren Kolle-

gen zu fördern, deren Ideen für das Projekt sehr wertvoll sein können (Coskun, 2005; Heslin, 2009; Linsey & Becker, 2011). Brainwriting kann auch elektronisch durchgeführt werden (Aiken et al., 2007).

- Phillips 6–6 (Watson, 1975; Summers & White, 1976) (und seine Variationen wie Brainwriting 6–3–5): Eine in der Wissenschaft weit verbreitete Technik der dynamischen Zusammenarbeit, die darin besteht, eine Gruppe in Untergruppen von 6 Personen aufzuteilen, um innerhalb von 6 min Lösungen zu finden und diese schließlich der Gruppe mitzuteilen.
- *Lotusblume:* Eine Weiterentwicklung des Brainwritings, bei der eine zentrale Idee aufgeschrieben und diskutiert wird, um 8 mögliche Lösungen zu finden, die dann in 8 umliegenden Kreisen für eine zweite Brainwritingrunde aufgeschrieben werden, die auf jeder der möglichen Lösungen basiert. Der Prozess ist iterativ, und die Anzahl und Qualität der Lösungen wird dadurch deutlich verbessert.
- *SCAMPER* (Serrat, 2017; Ozyaprak, 2016; Eberle, 1996): Eine Technik, die direkte Fragen verwendet, um das laterale Denken zu fördern, indem sie dazu zwingt, indirekte Fragen zu beantworten: *Substituieren? Kombinieren? Anpassen? Modifizieren? Zu anderen Zwecken einsetzen? Eliminieren? Umkehren?*
- *Mindmaps* (Anderson, 1993; Zampetakis et al., 2007): Konzeptionelle Schemata, die entweder handschriftlich, mit Post-it-Zetteln oder mit einer speziellen Software erstellt werden und sich für die Anfangsphase einer Produktentwicklung als nützlich erweisen.

Alle oben genannten Techniken können auch als Ausgangspunkt im Rahmen einer Reverse-Engineering-Analyse von bekannten Produkten oder Bauteilen angewendet werden, bei denen eine oder mehrere Funktionen mit den zu lösenden Problemen in Verbindung stehen.

Weitere interessante Optionen zur systematischen Kreativitätsförderung entlang des Entwicklungslebenszyklus sind umfassendere Methoden wie der CDIO-Ansatz, der Einsatz von Design-Thinking-Prozessen, Kansei-Engineering (Lévy et al., 2007; Nagamachi & Lokman, 2016) oder die Anwendung der TRIZ-Methodik (siehe unten), die in Abschn. 8.3.4 näher erläutert wird.

Zur Veranschaulichung der Anwendung einiger der oben genannten Techniken wird ein Anwendungsfall vorgeschlagen: Das Problem, für das kreative Lösungen gesucht und gefunden werden, hängt mit der Optimierung des Gewichts einer Roboterhand zusammen. Es ist eines der Beispiele, die typischerweise in biomedizinischen Ingenieurkursen und -programmen an der Universidad Politécnica de Madrid (UPM) diskutiert werden, und einige der hier vorgeschlagenen Lösungsprinzipien sind eine Zusammenfassung solcher Debatten.

Der Fall wird in diesem Abschnitt durch die kombinierte Anwendung einer ersten Brainstorming/Phillips 6–6-Runde und eines anschließenden Brainstorming/Phillips 6–6-Zyklus gelöst, der auf den Ideen der ersten Runde aufbaut. Diese zweite Runde, die nach den in einem ersten Ideenfindungsschritt generierten Konzepten durchgeführt und in einer frakturierten Form dargestellt wird, wird manchmal als Lotusblumentechnik bezeichnet. Anschließend, in Abschn. 8.3.4, wird dasselbe Problem im Rahmen der TRIZ-Methodik untersucht, die mehr als Alternative

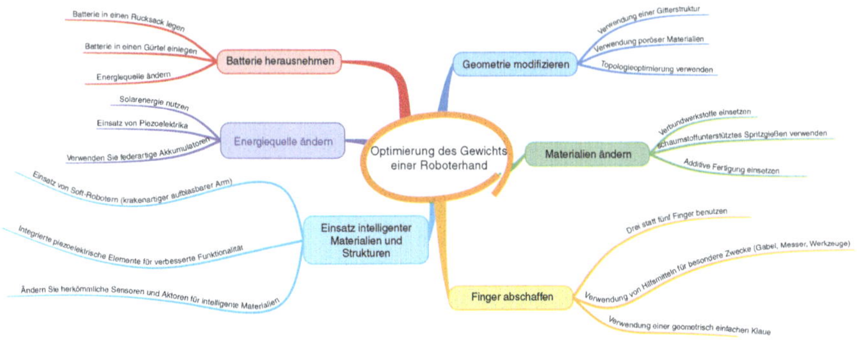

Abb. 8.2 Ergebnis eines Brainwritings in Kombination mit einer Lotusblume zur Lösung des Problems „Optimierung des Gewichts einer Roboterhand", dargestellt in Form einer Mindmap

zu der hier vorgeschlagenen Option als komplementärer Ansatz angesehen werden kann. Abb. 8.2 zeigt in Form einer Mindmap die Ergebnisse des beschriebenen Brainwritings in Kombination mit einer Lotusblume zur Lösung des Problems „Optimierung des Gewichts einer Roboterhand".

8.3.2 *Techniken für die Assoziation zu größeren Gruppen von Produktideen*

Sobald ein erste Ideensatz für die Lösung eines Problems oder für die Durchführung eines Projekts entstanden ist, ist es wichtig, mit ihnen weiterzuarbeiten, um zusätzliche Lösungen zu finden oder um generell transformativere technische Systeme zu erhalten. Die Assoziation wird durch einige recht universelle Operationen gefördert: Hinzufügung (resp. Einbau einer neuen Funktionalität), Extraktion (resp. absichtliche Eliminierung eines Teils oder einer Komponente) oder Verschmelzung (resp. Kombination von zwei Ideen und ihren Möglichkeiten) sind nur einige Beispiele. Diese Techniken werden seit der Antike in allen möglichen Bereichen angewandt (z. B. ist ein Minotaurus eine Kreatur aus der griechischen Mythologie, die durch die Verschmelzung eines Stiers mit einem Menschen entstanden ist; ein Motorrad mit Beiwagen wird durch die Hinzufügung einer einrädrigen Vorrichtung zu einem herkömmlichen Motorrad erreicht).

Neben diesen einfachen Techniken erweisen sich auch andere alternative Werkzeuge als interessant, insbesondere im Zusammenhang mit der konzeptionellen Entwurfsphase in Produktentwicklungsprozessen, die auch für die Entwicklung von OSMDs gilt. Sobald in dieser Phase unterschiedliche Lösungsprinzipien für die verschiedenen Teilsysteme ermittelt wurden, führt die Verknüpfung und Integration zu potenziellen Gesamtlösungen.

Dieser Assoziationsschritt, der Teil der Ausarbeitungsphase des kreativen Zyklus ist, kann durch interessante Techniken unterstützt werden:

- *Morphologischer Kasten* (Geschka, 1996; Deckert, 2015): Eine Technik, die darin besteht, in Form einer Matrix die verschiedenen realisierbaren Lösungen (d. h. in Zeilen) für jedes Produktteilsystem (d. h. in Spalten) aufzulisten und so dazu beizutragen, mehrere „Wege" oder Kombinationen für die Gesamtlösung zu generieren, bevor eine zusätzliche abschließende Validierungsphase erfolgt.
- *Mindmaps:* Wie bereits erwähnt, handelt es sich um grafische Darstellungen, die Beziehungen zwischen Konzepten darstellen, z. B. zwischen den Teilsystemen eines medizinischen Geräts und den am besten geeigneten Lösungsprinzipien für die verschiedenen Teilsysteme, um Informationen auf visuell ansprechende Weise zu organisieren und die Entscheidungsfindung zu unterstützen.
- *PERT-Diagramm* (Program Evaluation Review Technique): Wenn die verschiedenen Teilsysteme eines neuen medizinischen Geräts mit ihren speziellen Lösungen und gegenseitigen Beziehungen in grafischer Form dargestellt sind, kann auch eine abgeleitete Grafik (PERT-Diagramm) zur Unterstützung des Projektmanagements und der vorläufigen Kosten- und Zeitbewertung erstellt werden. Das PERT-Diagramm besteht aus einer Reihe von Knoten (Ereignissen oder Aufgaben), die durch Linien verbunden sind, um die gegenseitigen Abhängigkeiten darzustellen. Neben der Unterstützung des Projektmanagements können diese grafischen Informationen zum Vergleich alternativer Lösungen und zur weiteren Detaillierung der Teilsysteme eines Geräts sowie zur Entwicklung hochwertiger Lösungen verwendet werden.
- *Affinitätsdiagramme – KJ-Methode* (Scupin, 1997; Kawakita, 1967; Kawakita, 1970; Iba et al., 2018; Munoz-Guijosa et al., 2009): Dieses japanische Klassifizierungsinstrument, das von Jiro Kawakita entwickelt wurde, regt die Teilnehmer dazu an, die erhaltenen Lösungen nach den Emotionen zu klassifizieren, die sie hervorrufen. Oft wird ein überraschender Konsens erzielt, da die Teilnehmer dazu neigen, die gesamte Gruppe in nur 3–4 Kategorien einzuordnen. Anschließend wird eine Kreativitätsarbeit durchgeführt, die sich auf diese Kategorien konzentriert.

Am Beispiel der Roboterhandprothese wird hier die Technik des morphologischen Kastens angewandt, um verschiedene Produktideen zu generieren und somit die Kreativität in der Konzeptionsphase zu fördern.

Zunächst werden die verschiedenen Teilfunktionen des Geräts (Struktur, Intelligenz, Betätigung, Erkennung, Energie usw.) als Zeilen einer Matrix aufgelistet. Dann werden für jede Unterfunktion verschiedene Lösungsprinzipien vorgeschlagen (z. B. kann die Batterie ein Lösungsprinzip für die energetische Unterfunktion sein). Schließlich wird die Matrix oder der morphologische Kasten verwendet, um Lösungsprinzipien für verschiedene Teilfunktionen zu kombinieren und durch Integration zu möglichen Produktideen zu kommen. Abb. 8.3 zeigt die Anwendung eines morphologischen Kastens zur Generierung von 3 Produktideen für das Design von innovativen Roboterhandprothesen. Um in der Entwicklungsphase weiter voranzukommen, sollte nach einer objektiven Bewertung anhand vieler verschiedener Kriterien die beste Produktidee ausgewählt werden, die zu einem bestimmten Konzept führt. Für die Auswahl können die Techniken aus Abschn. 8.3.3 angewendet werden.

Unterfunktionen	Grundsätze für die Lösung			
Struktur (Hand-Arm)	2 Teile für die Hand. 1 Teil für Handgelenk Interaktion	1 Teil für die Hand. 1 Teil für Handgelenk Interaktion	Klauenartiges System	Soft-Robotik-Ansatz
Struktur (Finger)	5 Finger und 3/2 Phalanxen (wie menschliche Hand)	3 Finger und 2 Phalanxe (Krallentyp)	Weich und hohl	Auswechselbare Gadgets
Verbindung (Hand-Handgelenk)	2 Freiheitsgrade	3 Freiheitsgrade	Mehrere Freiheitsgrade	
Geheimdienst	Mikrocontroller	Arduino-Platine	X	
Betätigung	Durch den Achselhöhlenknopf	Über S-EMG-Signale	X	
Betätigung	Elektromotor und Drähte	Muskeldrähte (SMAs)	Pneumatisch	
Erkennung	Piezoelektrika	Piezowiderstände	Kondensatoren	X
Biofeedback	S-EMG-Sensoren	Licht und Ton	Vibration	X
Energie	Batter}' im Handgelenk	Batterie - im Gürtel	Solar	
	Produktidee n.l.	**Produktidee n.2**		**Produktidee n.2**

Abb. 8.3 Morphologischer Kasten, angewandt auf die Entwicklung von Produktideen für Roboterhandprothesen

8.3.3 Techniken für die Bewertung des endgültigen Konzepts oder der Lösung

Auf die Generierungs- und Assoziierungsschritte, bei denen mehrere Ideen generiert werden, sollte ein Fokussierungsschritt folgen, um die beste Idee auszuwählen und mit der Bearbeitung fortzufahren. Dies geschieht durch den Vergleich der generierten Ideen oder Lösungen und die Auswahl der am besten geeigneten Gedanken. In vielen Fällen kann es auch interessant sein, mit einigen ausgewählten Alternativen parallel weiterzuarbeiten. In jedem Fall sollte nach der Ideenfindung und der Assoziation eine Bewertung folgen. Auch für diese Bewertungsphase gibt es empfehlenswerte Verfahren zur methodischen Beurteilung von potenziell gültigen Konzepten. Einige davon sind:

- *Originalität und Wert:* Eine erste Bewertung der vorgeschlagenen Lösungen und Ideen kann in Form einer einfachen 2-Variablen-Analyse erfolgen, bei der die Lösungen nach „Originalität", d. h. nach dem Grad der Neuheit, und nach „Wert", d. h. nach ihrer tatsächlichen Durchführbarkeit, verglichen werden.
- *Radardiagramm, Netzdiagramm:* In einer zweiten, umfassenderen Analyse kann ein Radardiagramm erstellt werden, um eine multivariable Bewertung der vorgeschlagenen Ideen und Lösungen vorzunehmen. Zu den typischen Merkmalen, die für den Vergleich technischer Systeme im Allgemeinen und medizinischer Geräteprojekte im Besonderen von Interesse sind, gehören u. a. Funktionalität, Lebensfähigkeit, Sicherheit, Benutzerfreundlichkeit, Ästhetik, Kosten, Umweltauswirkungen und Innovationsgrad.
- *Analytischer Hierarchieprozess (AHP):* Es handelt sich um eine strukturierte Technik zur Unterstützung komplexer Entscheidungen, bei der die Bewertung in

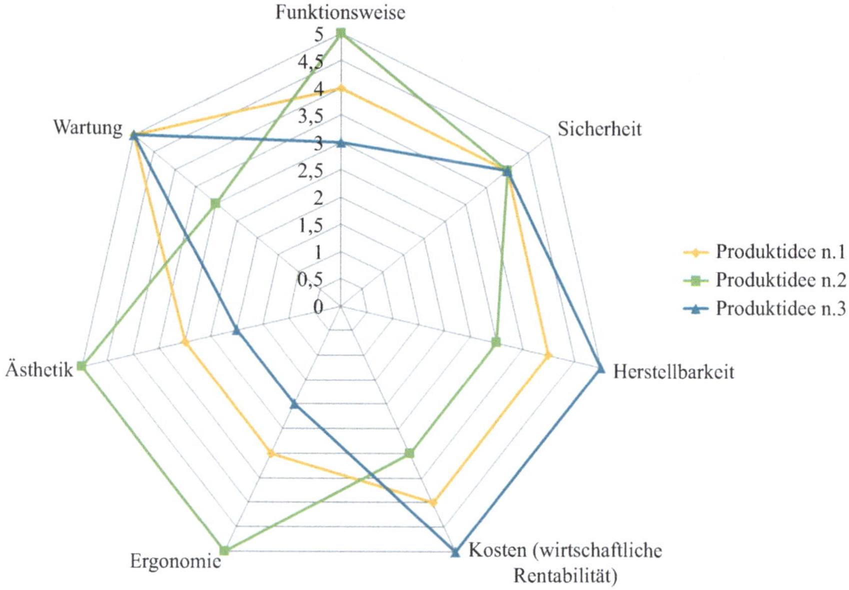

Abb. 8.4 Quantitative Bewertung der Produktideen und Darstellung als Radardiagramm, um die Auswahl des besten Konzepts für eine Handprothese unter den verschiedenen Produktideen zu erleichtern. (Produktideen gemäß den Ergebnissen der Anwendung des morphologischen Kastens; s. Abb. 8.2)

numerische Werte umgewandelt wird, um den Vergleich und die Systematisierung zu erleichtern. Falls erforderlich, können die verschiedenen Merkmale des Systems gewichtet werden, um Prioritäten festzulegen (z. B. würde ein Faktor von 0,1 für die Kosten und ein Faktor von 0,4 für die Sicherheit zu einer Bewertung führen, bei der die Kosten 4-mal wichtiger sind als die Ergonomie). Die Ergebnisse werden in der Regel in Form einer Matrix dargestellt, mit den Lösungen oder Konzepten in Spalten und den verschiedenen Faktoren für die Bewertung in Zeilen. Die letzte Zeile zeigt die globalen numerischen Ergebnisse, die bei der endgültigen Entscheidung helfen.

Am Beispiel der Roboterhandprothese werden die verschiedenen, in Abschn. 8.3.2 generierten Produktideen weiter analysiert und verglichen, wobei sowohl AHP als auch Radardiagramme verwendet werden, deren Ergebnisse in Abb. 8.4 dargestellt sind.

8.3.4 Die TRIZ-Methodik für innovative Problemlösungen

Unter den Methoden zur Förderung der Kreativität in den Ingenieurdisziplinen zeichnet sich die TRIZ (russisches Akronym „teoria – reschenija – isobretatjelskich – sadatsch“; Theorie des erfinderischen Problemlösens oder „Theorie der Lösung von Erfindungsaufgaben“) durch ihre Systematik und ihre Fähigkeit aus, Konstrukteure auf recht unkomplizierte Weise zu originellen und zuverlässigen Lösungen zu führen. TRIZ wurde in der 2. Hälfte des 20. Jahrhunderts von Genrich Altschuller und Kollegen entwickelt zur Analyse einer großen Menge von Patenten und Lösungen für technische Probleme (Altshuller, 2002; Altshuller, 1984; Altshuller, 1994; Altshuller, 1999) und wird derzeit von der Altshuller Foundation (www.altshuller.ru, https://www.altshuller.ru/world/eng/index.asp), von der TRIZ-Zeitschrift (https://triz-journal.com/) und von mehreren Forschern und Instituten weltweit, die sich mit der Innovation von Konstruktionsmethoden befassen, weiter ausgebaut, verbessert und verbreitet. Kurz gesagt, TRIZ basiert auf der Erkenntnis, dass radikale Innovationen selten vorkommen (es sei denn, es kommt zu technologischen Durchbrüchen), sowie auf dem Verständnis, dass Probleme und Lösungen aus verschiedenen Branchen und Wissenschaften gemeinsame Muster aufweisen, und auf der Feststellung, dass die Anwendung bewährter Lösungen (die in einigen Bereichen bereits funktionieren) in anderen wissenschaftlich-technischen Bereichen durchaus zu innovativen und praktikablen Lösungen führen kann.

Kurz gesagt, die TRIZ-Methode beruht auf 2 Grundannahmen, die durch die Forschungen von Herrn Altshuller sehr gut gestützt werden: 1. auf der Tatsache, dass Ingenieure bei der Auseinandersetzung mit Innovationen in technischen Produkten, Prozessen und Systemen mit komplexen Kompromissen (streng genommen Pareto-Fronten) konfrontiert sind, wobei sie gezwungen sind, sich mit Widersprüchen zwischen den zu erreichenden Systemeigenschaften und denjenigen, die negativ beeinflusst werden können und die die Ingenieure unberührt lassen wollen, auseinanderzusetzen. In der Regel arbeiten Ingenieure mit etwa 39 Systemeigenschaften (z. B. Gewicht, Festigkeit, Haltbarkeit, Produktivität, Leistung, Zuverlässigkeit usw.). Ein Beispiel für einen häufigen Widerspruch bei technischen Problemen könnte sein, dass die Verbesserung der Festigkeitseigenschaften eines Produkts in der Regel zu einer unerwünschten Gewichtszunahme führt. Die zweite Annahme ist, dass Ingenieure dazu neigen, zur Überwindung dieser Widersprüche dieselben Erfindungsprinzipien anzuwenden. Herr Altshuller war in der Lage, die große Menge an Erfindungen, die er während seiner beruflichen Tätigkeit als Patentprüfer analysierte, in nur 40 „Standard“-Erfindungsprinzipien zu klassifizieren. Zum Beispiel kann die „Verwendung von Verbundwerkstoffen“, die von Herrn Altshuller als erfinderisches Prinzip Nr. 40 klassifiziert wurde, zu innovativen und zuverlässigen Lösungen führen, die diesen Widerspruch überwinden können, wenn es um den oben erwähnten Kompromiss zwischen Festigkeit und Gewicht geht.

Die insgesamt 39 Kompromisse und 40 Erfindungsprinzipien wurden dann in Form einer Matrix (der TRIZ-Matrix) verknüpft, die den Ingenieuren hilft, die geeigneten Erfindungsprinzipien für einen bestimmten Entwurfskompromiss auszuwählen. Beispiele für erfinderische Prinzipien sind unter anderem die bereits erwähnte „Verwendung von Verbundwerkstoffen“, die „Veränderung der Farbe“, die „Verwendung poröser Materialien“, die „Veränderung der lokalen Qualität“ und die „Verwendung von Rückkopplungen“. Zusammenfassend kann man sagen, dass bestimmte technische Probleme auf standardisierte Weise ausgedrückt werden können, indem man die Widersprüche zwischen den Merkmalen des Problems definiert.

Den standardisierten Problemen werden fast direkt (mit hilfe der TRIZ-Matrix) Standardlösungen zugeordnet, die in vielen ähnlichen Problemen verifiziert wurden. Schließlich werden die Erfindungsprinzipien der Standardlösung auf das spezielle Problem angewandt. Es ist wichtig anzumerken, dass die in der TRIZ-Methodik verwendeten Prozesse sehr systematisch arbeiten; die Prozesse sind bestrebt, jegliche Zufälligkeit und Subjektivität aus dem kreativen Prozess herauszunehmen, eine Verlagerung hin zu algorithmischen Ansätzen zu fördern und können leicht programmiert werden, sogar in Form von Onlineversionen zur Unterstützung der Forscher (http://www.triz40.com/TRIZ_GB.php). Sie wurden erfolgreich bei der Entwicklung mehrerer innovativer medizinischer Geräte angewandt, deren Geometrien, Materialien oder Herstellungsverfahren dank der TRIZ-Matrix neu erfunden wurden. TRIZ kann auch die Förderung von OSMD unterstützen unter dem Aspekt, dass viele Werkzeuge der Methodik, einschließlich des Satzes von 39 Parametern technischer Systeme, der 40 Erfindungsprinzipien und der TRIZ-Matrix, in mehreren Open-Source-Veröffentlichungen und Online-Ressourcen gut beschrieben und durch Anwendungsbeispiele veranschaulicht sind.

Um auf unser Fallbeispiel aus Abschn. 8.3.1 zurückzukommen – die „Optimierung des Gewichts einer Roboterhand“ –, wird die TRIZ-Matrix nun eingesetzt, um alternative oder ergänzende Lösungen auf systematische und sehr einfache Weise zu generieren. Zusammenfassend lässt sich das spezifische Problem ausdrücken in Form eines allgemeineren Widerspruchs zwischen einem zu verbessernden Parameter („Gewicht des beweglichen Objekts“) und anderen Parametern, die nicht beschädigt oder beeinträchtigt werden sollten („Stärke“ und „Zuverlässigkeit“). Die Parameter werden nach der TRIZ-Methode mit 1, 14 und 27 für Gewicht, Festigkeit bzw. Zuverlässigkeit kodiert. Die TRIZ-Matrix liefert die folgenden Erfindungsprinzipien für die Kombination 1–14: „mechanische Vibration“, „billige kurzlebige Gegenstände“, „mechanische Substitution/Wechsel des Feldes“ und „Verbundwerkstoffe“ (mit den Codes 18, 27, 28 und 40). Für die Kombination 1–27 können die folgenden Erfindungsprinzipien gelten: „Segmentierung“, „lokale Qualität“, „Positionierung des Polsters“ und „billige kurzlebige Objekte“ (mit den Codes 1, 3, 11 und 27). Diese Erfindungsprinzipien haben sich als allgemeine Lösungen für ähnliche Konstruktionswidersprüche in mehreren technischen Systemen bewährt.

Nach der Identifizierung potenziell nützlicher Erfindungsprinzipien ist es notwendig, diese auf das spezifische Problem zu spezifizieren. In dieser Fallstudie, die in Tab. 8.1 zusammengefasst und in Abb. 8.5 schematisch dargestellt ist, umfassen einige besondere Anwendungen der Erfindungsprinzipien auf die Handprothese den Ersatz der Prothese durch ein Hologramm, die Verwendung dünnerer (und wahrscheinlich kurzlebiger) Finger und Strukturen bei gleichzeitiger Bereitstellung von Ersatzmodulen für gebrochene Komponenten, die Änderung der inneren Struktur der verschiedenen Komponenten und die Verwendung additiver Fertigung zur Erzielung leichter Strukturen oder die Aufteilung der Prothese in eine Reihe miteinander kombinierbarer Gadgets/Apparaturen mit externer Batterie, um nur einige zu nennen.

Tab. 8.1 TRIZ angewandt auf die Optimierung des Gewichts einer Roboterhandprothese

Zu verbessernde Parameter	Parameter, die nicht beschädigt werden dürfen	Erfindungsprinzipien (allgemeine Lösungen)	Besondere Anwendungen
1. Gewicht des bewegten Objekts	14. Stärke	28. Ersatz der Mechanik	Ersetzen einer Prothese durch ein Hologramm zu kosmetischen Zwecken
		27. Billige kurzlebige Objekte	Dünnere Finger, leichte Verbindungen, Ersatzteilsätze
		18. Mechanische Vibration	Untersuchung der durch Mitschwingen betätigten Finger
		40. Zusammengesetzte Materialien	Verwendung verschiedener verstärkter Polymere für die Herstellung von Handkomponenten
	27. Verlässlichkeit	1. Segmentierung	Batterie auf andere Position setzen, Gadgets verwenden
		3. Lokale Qualität	Veränderung der lokalen Dichte, Verwendung einer porösen Struktur, Einsatz additiver Fertigungsverfahren
		11. Positionierung des Polsters	Ersatzmodule für zerbrechliche Komponenten
		27. Billige kurzlebige Objekte	Dünnere Finger, leichte Verbindungen, Ersatzteilsätze

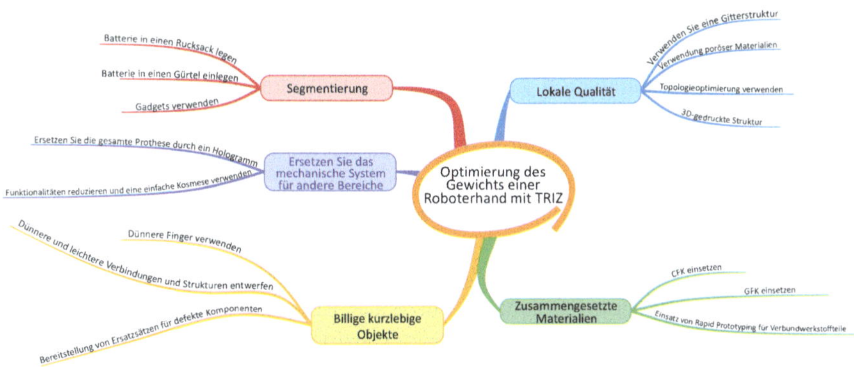

Abb. 8.5 Ergebnis der Anwendung der TRIZ-Methodik für die Lösung des Problems „Optimierung des Gewichts einer Roboterhand", dargestellt in Form einer Mindmap

8.4 Zusätzliche Methoden, Techniken und unterstützende Werkzeuge in Open-Source-Projekten

In den letzten Jahren hat sich der Innovationsprozess durch das Aufkommen von offener Wissenschaft und offener Innovation, durch die schrittweise Einführung von Online-Co-Kreationsumgebungen und durch die Ausbreitung der Maker-Bewegung neu formuliert. All dies verändert eindeutig die Art und Weise, wie Produkte entwickelt werden, und wirkt sich auf die meisten Industriezweige aus, auch auf die biomedizinische Industrie und den Entwicklungspfad der Medizintechnik. Dieses Handbuch enthält mehrere Beispiele dafür, wie Nutzer, Patienten und Angehörige der Gesundheitsfachberufe nun entlang des gesamten Entwicklungszyklus stärker eingebunden werden, und zwar nicht nur bei den abschließenden Tests vor der Marktzulassung, sondern bereits in den Phasen der Spezifikation und Ideenfindung (siehe Kap. 3). In der Open-Source-Arena wird die Entwicklung von OSMD durch die fruchtbare Interaktion zwischen allen am Co-Creation-Prozess beteiligten Akteuren maßgeblich unterstützt. Die Neugestaltung internationaler Gemeinschaften, die sich speziell auf OSMD konzentrieren, kann ein Kreativitätsmultiplikator sein, wenn die entscheidenden Aspekte dieser Gemeinschaften (internationale Komponente, multidisziplinäre Profile und verstärkte Zusammenarbeit) angemessen berücksichtigt, verwaltet und gefördert werden. In diesem Abschnitt werden verschiedene Ansätze, Methoden, Techniken und Instrumente vorgestellt, die die in den vorangegangenen Abschnitten beschriebenen Aussagen im Zusammenhang mit OSMD und mit Gemeinschaften von Entscheidungsträgern, die sich mit Medizintechnik beschäftigen, ergänzen.

8.4.1 Internationale Wettbewerbe und „Hackathons"

Um schnell zu einer großen Anzahl von Ideen und Konzepten für die Lösung aller Arten von Herausforderungen zu gelangen, sollte das Potenzial internationaler Wettbewerbe und der neueren „Hackathons" (ein Begriff, der von den Wörtern „Hacking" und „Marathon" inspiriert ist, da das Konzept ursprünglich aus dem Softwarebereich stammt) immer in Betracht gezogen werden. Auch wenn diese Wettbewerbe und intensiven „Hack Days" in vielen Fällen Bildungszwecken dienen, sollten ihre potenziellen industriellen/unternehmerischen und sozialen Auswirkungen nicht außer Acht gelassen werden. Mehrere Programme zur Gründung von Start-ups und Spinoffs weltweit haben gezeigt, dass diese Herausforderungen sehr gut geeignet sind, um wertvolle Geschäftsideen hervorzubringen, die die Gesellschaft erfolgreich erreichen können, wenn sie angemessen durch den Innovationstrichter begleitet werden. In jüngster Zeit haben internationale Wettbewerbe in Kombination mit Designschulen, die sich auf OSMD konzentrieren und in Form von intensiven „Hackathons" veranstaltet werden, ebenfalls interessante Ansätze für eine Neuerfindung der Entwicklung von Medizinprodukten gezeigt (Ahluwalia et al., 2018).

Um diese Vorteile anhand konkreter Beispiele zu veranschaulichen, zeigt Abb. 8.6 6 ausgewählte Konzepte (von insgesamt 30), die im Rahmen der „UBORA 2020 Design Competition" als Lösungen für den Umgang mit pandemischen Krankheiten vorgeschlagen wurden. Der von der Università di Pisa und der Universidad Politécnica de Madrid gesponserte Wettbewerb wurde nach dem Ausbruch des SARS-CoV-2-Erregers und der damit verbundenen COVID-19-Pandemie ins Leben gerufen, um Konzepte, Entwürfe und Prototypen medizinischer Technologien für die Bewältigung von Notfällen mit Infektionskrankheiten zu entwickeln. Ein inte-

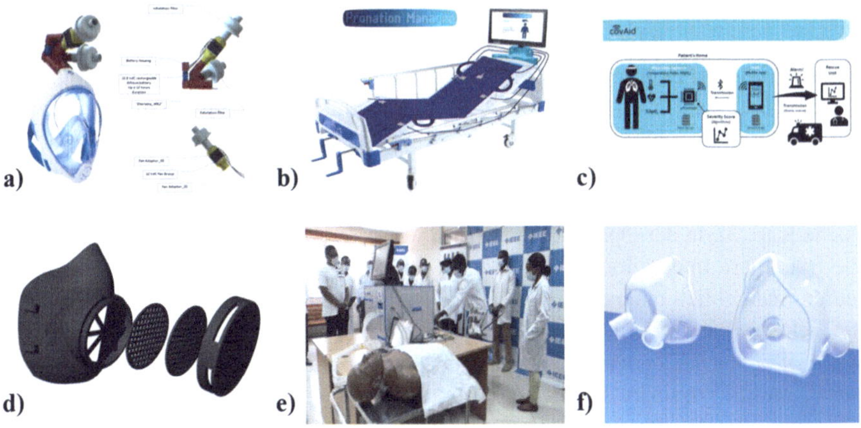

Abb. 8.6 Ausgewählte Konzepte, die im Rahmen der „UBORA 2020 Design Competition" als Lösungen für den Umgang mit pandemischen Krankheiten vorgeschlagen wurden. (**a**) Angepasste Schnorchelmaske, die zur Sauerstoffgabe verwendet werden kann. (**b**) Intelligentes Krankenhausbett zur Steuerung der Lagerung. (**c**) Intelligentes System zur Überwachung des Gesundheitszustands des Patienten. (**d**) Maske mit austauschbaren Filtern. (**e**) Erschwingliches Beatmungsgerät. (**f**) Verbesserte CPAP-Maske (CPAP = „continuous positive airway pressure"). Weitere Einzelheiten: https://platform.ubora-biomedical.org/

ressanter Aspekt dieses internationalen Designwettbewerbs ist die Tatsache, dass die vorgeschlagenen Lösungen vollständig dokumentiert und als OSMD online zur Verfügung gestellt werden sollen. Außerdem sollten die Entwürfe und die dazugehörige Dokumentation darauf ausgerichtet sein, Geräte zu entwerfen, die mit der EU MDR 745/2017 konform sind und nach international anerkannten Standards entwickelt wurden. Dies ist eine Besonderheit des UBORA-Ansatzes, und es ist einmal mehr wichtig zu betonen, dass der künftige Erfolg von OSMDs von der Einhaltung von Vorschriften und der Gewährleistung der Patientensicherheit abhängt, ein Aspekt, der bei Herstellergemeinschaften leider nicht immer berücksichtigt wird. In Anbetracht der oben genannten Wettbewerbsergebnisse wurden bis April 2020 30 hochinnovative OSMD in Verbindung mit sicheren Diagnosen, Überwachungssystemen, lebenserhaltenden Technologien und affektiven Medizinprodukten vorgeschlagen und befinden sich derzeit in der Entwicklung.

8.4.2 Instrumente zur Unterstützung von Innovation durch Co-Creation und internationale Zusammenarbeit

Einige zusätzliche Ressourcen, die in vielen Fällen zur Unterstützung von online-/cloudbasierten Interaktionen zwischen Mitgliedern von dezentralisierten oder internationalen Produktentwicklungsteams konzipiert wurden, unterstützen ebenfalls Innovation, dynamische Zusammenarbeit und Co-Creation-Aktivitäten. Die gemeinsame Nutzung von Daten und Technologien im Zusammenhang mit Open-Science- und Innovationstrends trägt ebenfalls zu der Fülle von Methoden, Techniken und Werkzeugen bei, die für die Förderung der Kreativität entlang des Innovationszyklus geeignet sind. Es ist interessant, auf die folgenden Ressourcen hinzuweisen, die sich für Open-Source-Projekte im Allgemeinen und für die Entwicklung von OSMD im Besonderen als sehr geeignet erwiesen haben:

- *Onlineprojektmanagementtools:* Software für die Erstellung und Verwaltung kollaborativer Onlineumgebungen und -teams wird immer beliebter, sowohl als Open-Source-Lösungen als auch als Optionen im geschlossenen IP-Netzwerk, wobei es in den meisten Fällen interessante kostenlose oder sehr erschwingliche Möglichkeiten gibt. Um einige Beispiele zu nennen: Tools wie MS Teams, Asana, Trello, Ayoa und OpenProject erfreuen sich zunehmender Beliebtheit für die Durchführung von Projekten durch vernetzte Onlineteams. Diese Ressourcen ermöglichen das Arbeiten rund um die Uhr und die gleichzeitige Dokumentation. Die meisten Fachleute, die bereits Erfahrungen mit der Remote-Zusammenarbeit in Echtzeit über einen Onlinetexteditor gemacht haben, werden zustimmen, dass dies eine spannende und effiziente Möglichkeit ist, einen Projektbericht zu erstellen, einen Vorschlag zu verfassen oder Ergebnisse zu dokumentieren.
- *Onlinekonstruktionsressourcen:* In Verbindung mit den oben genannten Werkzeugen gehen Softwarelösungen aus den Bereichen computergestütztes Design, Engineering und Fertigung zu einem cloudbasierten Betrieb über und bieten den Nutzern innovative Möglichkeiten, online zu arbeiten und Informationen mit Kollegen zu teilen.
- *Offene Infrastrukturen bei Forschungsdatenbanken:* Initiativen wie die European Open Science Cloud (ESOC), das Forum European Research Infrastructure Consortium (ERIC) und die EU Open Science Infrastructure (Open AIRE) fördern die gemeinsame Nutzung von Daten, Werkzeugen und Technologien als Teil einer globalen EU-Strategie zur Förderung der offenen Wissenschaft. Diese Initiativen bieten Forschern unkomplizierte Verbindungen zu wichtigen Akteuren und zu Kollegen mit komplementären Fähigkeiten und in vielen Fällen auch zu innovativen Technologien, die aus Forschungsprojekten hervorgehen, die auf diese Weise an Sichtbarkeit gewinnen.

Ein weiteres interessantes Beispiel ist die Karlsruhe Nano Micro Facility, eine Helmholtz-Forschungsinfrastruktur, die mit einem offenen Innovationsansatz arbeitet. Diese offene Forschungsinfrastruktur trägt dazu bei, nachhaltige Verbindungen zwischen Forschern, die Bedarf an der Entwicklung von Mikro- und Nanosystemen für verschiedene industrielle Anwendungen haben, und einigen der wichtigsten Technologieentwickler im Mikro-/Nanobereich herzustellen, die am Karlsruher Institut für Technologie angesiedelt sind.

- *Websites*, die Projekte und Dateien austauschen: Zu Beginn eines Produktentwicklungsprojekts ist es interessant, bestehende Lösungen sowohl im Bereich des Projekts als auch in verwandten Fachgebieten zu analysieren, um die Kreativität anzuregen und das Entwicklerteam zu inspirieren. Parallel zur

Ausbreitung der Maker-Bewegung sind mehrere Websites entstanden, die Projekt- und Designdateien austauschen. Diese Websites bieten in der Regel Blaupausen der Entwürfe (d. h. CAD-Dateien in Standard- oder gängigen Formaten wie .stl oder .igs) und eine kurze Erläuterung der Entwürfe und der Verfahren zur Herstellung von Prototypen. Hervorzuheben sind hier Thingiverse, GrabCAD, TraceParts und TurboSquid, die die traditionelle Produktentwicklung und die Art und Weise, wie Designer arbeiten und mit Nutzern und potenziellen Kunden interagieren, neu gestalten. GitHub, das dem Austausch von Software gewidmet ist, ist ebenfalls eine bemerkenswerte Umgebung.

- *Co-Creation-Plattformen* und *Maker-Hubs:* In anderen Fällen werden nicht nur ein Entwurf, sondern vollständig dokumentierte Projekte und Verfahren gemeinsam genutzt, wie im inspirierenden Fall der Prusa-3D-Drucker und der zugehörigen Maker-Community, die die Herstellungswerkzeuge popularisiert und demokratisiert haben. Im Bereich der OSMD sind mehrere Co-Creation-Plattformen und Maker-Communities im Entstehen begriffen (siehe Kap. 1), von denen Patients Innovation, Enabling the Future, Proto Central, Open Bionics und UBORA bemerkenswerte Beispiele darstellen.

8.4.3 Merkmale der e-Infrastruktur der UBORA zur Förderung der Kreativität

Die elektronische UBORA-Infrastruktur trägt dazu bei, eine internationale Gemeinschaft von Entwicklern medizinischer Geräte zu bilden und stellt eine Art universelles „Wikipedia" für OSMD dar. Die UBORA e-Infrastruktur soll darüber hinaus auch die Kreativität während des gesamten Entwicklungsprozesses innovativer medizinischer Technologien fördern. In dieser e-Infrastruktur oder Onlineplattform verfügt jedes der eingestellten OSMD über eine gemeinsame Projektmetastruktur, die die Entwickler durch die Phasen Bedarfsermittlung, Projektplanung, Gerätespezifikation, konzeptionelles Design, Engineering, Prototyping und vorkommerzielle Validierung führt (siehe Kap. 2). Im Idealfall endet jedes Projekt mit einem gut dokumentierten Medizinproduktdesign, das detaillierte Informationen, Blaupausen (d. h. CAD-Dateien für die Prototypenerstellung, Designschemata), ein Dossier, das die Konformität des Geräts mit der EU-MDR 745/2017 beschreibt, um die Interaktion mit den benannten Stellen im Hinblick auf die CE-Kennzeichnung zu beginnen, und ein ausgearbeitetes Konzept mit Plänen für die Markteinführung enthält.

Außerdem sind bestimmte Merkmale von UBORA auf die Förderung der Kreativität ausgerichtet. Zunächst einmal ist die Verwendung von FAIR-Daten („findable, accessible, interoperable, reusable"; auffindbar, zugänglich, interoperabel, wiederverwendbar) (Wilkinson et al., 2016) für die Implementierung von UBORA und als Modell für die Interaktion innerhalb der Community bemerkenswert. Dies hilft dabei, die Informationen der Plattform besser zu finden und zu nutzen, als Inspiration für neue Projekte zu dienen und Projektteams mit Mitgliedern aus verschiedenen Disziplinen auf unkomplizierte Weise zusammenzustellen. Darüber hinaus enthält das 2. Arbeitspaket (WP2) der UBORA-Geräte, das sich mit der konzeptionellen Gestaltung befasst, interessante Werkzeuge zur Förderung der Debatte unter den Projektentwicklern und zur objektiven Auswahl des besten Konzepts unter den Lösungsvorschlägen, wie weiter unten beschrieben. Die folgenden Beispiele sollen die Anwendung dieser Instrumente veranschaulichen. Im ersten Fall (Abb. 8.7) werden verschiedene Kandidaten für einen medizinischen Pass gezeigt, zusammen mit den Ergebnissen der Prototypenerstellung und der Implementierung. Abb. 8.8 zeigt Beispiele von Abstimmungsergebnissen für eine Reihe von UBORA-OSMD, die darauf abzielen, das am besten geeignete Konzept unter verschiedenen Produktideen oder Kandidaten auszuwählen.

Im Fall des medizinischen Passes halfen die Funktionen von UBORAs WP2, die die Erstellung eines anderen Beitrags für jede Produktidee oder jeden Kandidaten ermöglichen, dabei, 3 verschiedene Optionen zu beschreiben (und mit einer Designskizze zu illustrieren): a) ein Pass, der auf einem NFC-Tag Tag (NCF = „near field communication", Nahfeldkommunikation) mit geringem Speicherplatz basiert und in dem nur kurze Informationen wie eine Website-URL oder ein Pincode aufgezeichnet werden können; b) ein Pass, der einen NFC-Tag mit größerem Speicherplatz verwendet, in dem Informationen ohne angemessene Strukturierung oder Nor-

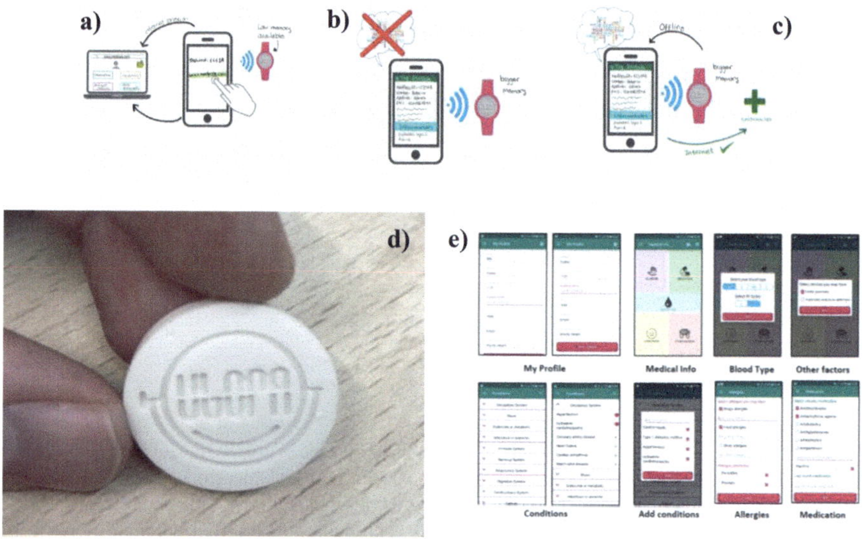

Abb. 8.7 Kandidaten für den Medical Passport von UBORA: (**a**) NFC-Tag (NCF = „near field communication", Nahfeldkommunikation) mit geringem Speicherplatz. (**b**) NFC-Tag mit größerem Speicherplatz, aber ohne zuverlässige Übersetzung. (**c**) NFC-Tag, strukturiert, übersetzbar, unterstützt einen Offlinemodus. Design und Prototyping – Ergebnisse: (**d**) Prototyp des NFC-Tags, eingebettet in eine Schutzstruktur aus Polydimethylsiloxan (PDMS). (**e**) Dialogbildschirme der Medical Passport-App von UBORA. Zusätzliche Details: A. Quero Martín und A. Díaz Lantada, in SoftwareX, 2020. (QueroMartín & Diaz Lantada, 2020)

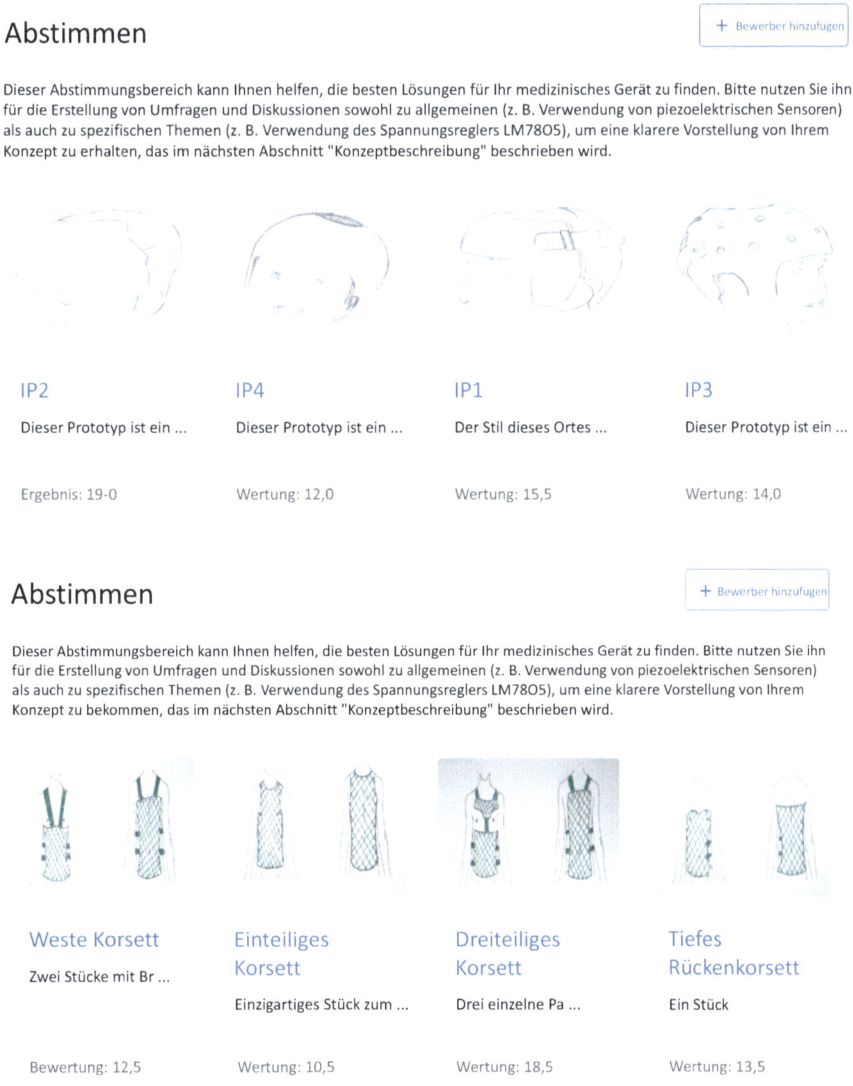

Abb. 8.8 Beispiele von Abstimmungsergebnissen für eine Reihe von UBORA-OSMD, die darauf abzielen, das am besten geeignete Konzept unter verschiedenen Produktideen oder Kandidaten auszuwählen. (**a**) Vorrichtung zur Korrektur von Lagerungsplagiozephalie durch Umlenkung des Schädelwachstums. (**b**) Personalisiertes 3D-druckbares Rückenstützkorsett zur Behandlung von Wirbelbrüchen oder Bandscheibenvorfällen. Weitere Einzelheiten: https://platform.ubora-biomedical.org/

malisierung aufgezeichnet werden, was die Übersetzung unzuverlässig macht; und c) ein Pass, der sich auf einen NFC-Tag mit größerem Speicherplatz stützt, in dem die Daten des Nutzers aufgezeichnet und ohne Internetverbindung abgerufen werden können. Nach der Auswahl des Konzepts c) wird der Prototyp durch Einsetzen des NFC-Tags in eine stereolithografische Form und anschließendes Gießen von weißem Polydimethylsiloxan (PDMS) zur Einbettung und zum Schutz des Tags hergestellt. Das Speichern und Auslesen der Daten erfolgt benutzerfreundlich mithilfe einer offenen Android-App.

In den Beispielen in Abb. 8.8 sind die Abstimmungsergebnisse für die Kandidaten für UBORA-Geräte (Helme zur Korrektur von Lagerungsplagiozephalie und personalisierte Rückenstützkorsetts) schematisch dargestellt. Die Plattform enthält in WP2 Optionen, die es allen Mitgliedern eines Projekts ermöglichen, ihre Stimme abzugeben. Das Abstimmungssystem ist einfach: Jedes Projektmitglied kann für alle in Frage kommenden Produktideen abstimmen und 1–5 Punkte für die folgenden Merkmale vergeben: Durchführbarkeit, Leistung, Benutzerfreundlichkeit und Sicherheit. Alle Stimmen werden zusammengezählt und normalisiert, was dazu beiträgt, auf unkomplizierte und demokratische Weise den besten Kandidaten oder das beste Gerätekonzept unter den verschiedenen Ideen auszuwählen, mit dem die Konzeptionsphase abgeschlossen wird.

8.5 Methoden, Techniken und Ressourcen zur Kreativitätsförderung entlang des Lebenszyklus

Auch wenn die in den vorangegangenen Abschnitten erläuterten Methoden, Techniken und Ressourcen die Innovation während des gesamten Entwicklungslebenszyklus neuartiger Produkte und aller Arten von Medizintechnologien unterstützen, sind einige von ihnen für bestimmte Momente besonders passend und sinnvoll und eignen sich gut für konkrete Aufgaben. Dementsprechend fasst Tab. 8.2 einen persönlichen Vorschlag für die Anwendung verschiedener Techniken zur Kreativitätsförderung bei unterschiedlichen Aufgabenstellungen zusammen, die mit den eher konzeptionellen Produktentwicklungsphasen verknüpft sind (UBORAs WP1 und WP2 nach der Beschreibung siehe Kap. 2).

8.6 Schlussfolgerungen

Kreativität befasst sich mit effizienter Problemlösung und ist tief in der Praxis und den Grundsätzen des Ingenieurwesens verwurzelt. Im Laufe der Jahrhunderte wurden Instrumente zur Förderung der Kreativität entwickelt, zusammen mit einem fortschrittlichen Ansatz zum Verständnis der grundlegenden Mechanismen des innovativen Denkens, um unkonventionelle, effektive und effiziente Lösungen für

Tab. 8.2 Nützliche Techniken zur Förderung der Kreativität in den eher konzeptionellen Phasen des Lebenszyklus

Phase des Entwicklungszyklus	Konkrete Aufgaben innerhalb der verschiedenen Phasen	Die nützlichsten Techniken zur Förderung der Kreativität
Produktplanung und -spezifikation	Einen relevanten Bedarf finden	Ideenfindungszyklen unter Verwendung von Brainstorming/Brainwriting, Lotus, Phillips 6–6, Fokusgruppen mit Experten. Umfragen mit Fokusgruppen. Auswertung sozialer Netzwerke, DELPHI Einsatz von Co-Creation-Plattformen und Open-Innovation-Ansätzen zur Bedarfsermittlung und Abstimmung von technologischen Anforderungen und technologischen Angeboten
	Untersuchung der bestehenden Lösungen	Dokumentation des Stands der Technik und aktueller Herausforderungen in Form von White Papers Klassifizierung, Beschreibung und Bewertung bestehender Lösungen mithilfe von Matrizen und Bewertungsbögen, um Schwachstellen und Marktnischen zu finden
	Auswahl eines anvisierten Marktes	
	Analyse der wirtschaftlichen Tragfähigkeit	Morphologische Kästen oder matrixartige Darstellungen zum Vergleich zwischen bestehenden und potenziellen Lösungen für neue Herausforderungen Vorlagen für Pflichtenhefte
	Spezifizierung des Produkts	
Konzeptionelle Gestaltung	Formulierung der Hauptfunktion	Konzeptuelle Karten und Mindmaps
	Beschreiben der funktionalen Struktur	
	Analyse der Lösungsprinzipien	Morphologische Kästen oder matrixartige Darstellungen zum Vergleich zwischen bestehenden und potenziellen Lösungen für neue Herausforderungen Zusätzliche Ideenfindungszyklen unter Verwendung von Brainstorming/Brainwriting, Lotus, Phillips 6–6, Fokusgruppen mit Experten TRIZ als systematische Ergänzung zu anderen „Out-of-the-box“-Werkzeugen
	Entwicklung von Produktideen	
	Bewertung von Produktideen und Erarbeitung der Konzeptauswahl	Radardiagrammen, Bewertungsmatrizen, Bewertungsbögen

komplexe Probleme zu finden. In den letzten Jahrzehnten wurde der Innovationszyklus in den Ingenieurbereichen, der mit der Entwicklung von Prozessen, Produkten und Systemen verbunden ist, durch die zunehmende Internationalisierung und das multidisziplinäre Umfeld in Projektteams grundlegend reformuliert. Darüber hinaus stellen die aufkommenden Open-Source-Ansätze zur Technologieentwicklung, die in vielen Fällen von der Mitgestaltung globaler, online interagierender Gemeinschaften profitieren, eine wichtige Triebkraft für Veränderungen dar, die den Status quo in Frage stellen. All diese Aspekte haben Auswirkungen auf die Entwicklung, das Design, die Herstellung und den Einsatz von Open-Source-Medizintechnologien. In diesem Kapitel wurden daher der Innovationszyklus beschrieben, verschiedene Techniken zur Förderung der Kreativität vorgestellt und anhand von Fallstudien im Zusammenhang mit Medizintechnikprojekten veranschaulicht. Das Potenzial von Open-Source- und kollaborativen Ansätzen für die Entwicklung innovativer medizinischer Geräte wurde ebenfalls erörtert und anhand ausgewählter Beispiele aktueller Entwicklungen aus der UBORA e-Infrastruktur und -Gemeinschaft dargestellt.

Danksagung

UBORA Euro-African Open
Biomedical Engineering
e-Plattform für Innovation
durch Bildung

Literatur

Ahluwalia, A., De Maria, C., Diaz Lantada, A., et al. (2018). Biomedical engineering project based learning: Euro-African design school focused on medical devices. *International Journal of Engineering Education, 34*, 1709–1722.

Aiken, M., Rebman, C., & Vanjani, M. (2007). Comment generation with three electronic brainwriting techniques. *Academic Information Management Science Journal, 10*(1), 11–30.

Altshuller, G. (2002). *40 principles: TRIZ keys to innovation* (Bd. 1). Technical Innovation Center.

Altshuller, G. S. (1984). *Creativity as an exact science: The theory of the solution of inventive problems*. Gordon and Breach.

Altshuller, G. S. (1999). *The innovation algorithm: TRIZ, systematic innovation and technical creativity*. Technical Innovation Center.

Altshuller, H. (1994). *And suddenly the inventor appeared: The art of inventing: How to invent and solve technical problems*. Technical Innovation Center.

Anderson, J. V. (1993). Mind mapping: A tool for creative thinking. *Business Horizons, 36*(1), 41–47.

Ballesteros-Sánchez, L., Ortiz-Marcos, I., & Rodríguez-Rivero, R. (2019). The impact of executive coaching on project managers' personal competencies. *Project Management Journal, 50*(3), 306–321. https://doi.org/10.1177/8756972819832191

Best, M., & Neuhauser, D. (2008). Kaoru Ishikawa: From fishbones to world peace. *BMJ Quality & Safety, 17*(2), 150–152.

Bouchard, T. J., Jr., & Hare, M. (1970). Size, performance, and potential in brainstorming groups. *Journal of Applied Psychology, 54*(1), 51.

Camacho, L. M., & Paulus, P. B. (1995). The role of social anxiousness in group brainstorming. *Journal of Personality and Social Psychology, 68*(6), 1071.

Coskun, H. (2005). Cognitive stimulation with convergent and divergent thinking exercises in brainwriting: Incubation, sequence priming, and group context. *Small Group Research, 36*(4), 466–498.

Crawley, E. F., Malmqvist, J., Lucas, W. A., & Brodeur, D. R. (2011). *The CDIO syllabus v2. 0. An updated statement of goals for engineering education.* In Proceedings of 7th international CDIO conference, Copenhagen.

De Bono, E., & Zimbalist, E. (1970). *Lateral thinking*. Penguin.

De Graff, J., & Lawrence, K. A. (2002). *Creativity at work: Developing the right practices to make innovation happen* (Bd. 28). Wiley.

Deckert, C. (2015). *Tensions in creativity-using the value square to model individual creativity.* Collogne Business School.

Díaz Lantada, A., & Munoz-Guijosa, P. (2013). Methods to promote creativity and technological transfer. In A. Díaz Lantada (Hrsg.), *Handbook on advanced design and manufacturing technologies for biomedical devices* (S. 295–311). Springer.

Diehl, M., & Stroebe, W. (1987). Productivity loss in brainstorming groups: Toward the solution of a riddle. *Journal of Personality and Social Psychology, 53*(3), 497.

Dugosh, K. L., Paulus, P. B., Roland, E. J., & Yang, H.-C. (2000). Cognitive stimulation in brainstorming. *Journal of Personality and Social Psychology, 79*(5), 722.

Eberle, B. (1996). *Scamper on: Games for imagination development*. Prufrock Press Inc.

English | World | Официальный Фонд Г.С. Альтшуллера (автора ТРИЗ-РТВ-ТРТЛ) | www.altshuller.ru. https://www.altshuller.ru/world/eng/index.asp. Zugegriffen am 12.05.2020.

Gallupe, R. B., & Cooper, W. H. (1993). Brainstorming electronically. *MIT Sloan Management Review, 35*(1), 27.

Geschka, H. (1996). Creativity techniques in Germany. *Creativity and Innovation Management, 5*(2), 87–92.

Heslin, P. A. (2009). Better than brainstorming? Potential contextual boundary conditions to brainwriting for idea generation in organizations. *Journal of Occupational and Organizational Psychology, 82*(1), 129–145.

Iba, T., Yoshikawa, A., & Munakata, K. (2018). Philosophy and methodology of clustering in pattern mining: Japanese anthropologist Jiro Kawakita's KJ method. Proc. of Conf. on Pattern Lang. of Prog. 24 (October 2017), 1–11.

Kawakita, J. (1967). *Hassoho* (Abduction). Tokyo Chuokoron-Shinsha.

Kawakita, J. (1970). *Zoku Hassoho* (Abduction: Part two). Tokyo Chuokoron-Shinsha.

Lévy, P., Lee, S., & Yamanaka, T. (2007). *On kansei and kansei design a description of Japanese design approach*. International Association of Societies of Design Research Conference 2007

Linsey, J. S., & Becker, B. (2011). Effectiveness of brainwriting techniques: comparing nominal groups to real teams. In *Design creativity 2010* (S. 165–171). Springer.

Mullen, B., Johnson, C., & Salas, E. (1991). Productivity loss in brainstorming groups: A meta-analytic integration. *Basic and Applied Social Psychology, 12*(1), 3–23.

Munoz-Guijosa, J. M., Bautista Paz, E., Verdú-Ríos, M. F., Díaz Lantada, A., et al. (2009). Application of process re-engineering methods to enhance the teaching–learning process in a mechanical engineering department. *International Journal of Engineering Education, 25*, 102–111.

Nagamachi, M., & Lokman, A. M. (2016). *Innovations of Kansei engineering*. CRC Press.

Ozyaprak, M. (2016). The effectiveness of SCAMPER technique on creative thinking skills. *Journal for the Education of Gifted Young Scientists, 4*(1), 31–40.

Pahl, G., & Beitz, W. (2013). *Engineering design: A systematic approach*. Springer Science & Business Media.

Premio Talgo a la Innovación Tecnológica | El Ciclo. (2020). https://premiotalgoinnovacion.com/elciclo/. Zugegriffen am 12.05.2020.

QueroMartín, A., & Diaz Lantada, A. (2020). An open source medical passport based on an Android mobile application and near-field communication. *SoftwareX, 11*, 100492.

Rowe, P. G. (1987). *Design thinking*. MIT press.

Scupin, R. (1997). The KJ method: A technique for analyzing data derived from Japanese Ethnology. *Human Organs, 56*(2), 233–237. https://doi.org/10.17730/humo.56.2.x335923511444655

Serrat, O. (2017). The SCAMPER technique. In *Knowledge solutions* (S. 311–314). Springer.

Sternberg, R. J. (1999). *Handbook of creativity*. Cambridge University Press.

Summers, I., & White, D. E. (1976). Creativity techniques: Toward improvement of the decision process. *Academy of Management Review, 1*(2), 99–108.

The Triz Journal. (2020). TRIZ methodology, tools, articles and case studies. *The Triz Journal*. https://triz-journal.com/. Zugegriffen am 12.05.2020.

Transforming our world: The 2030 Agenda for Sustainable Development. (2020). Sustainable Development Knowledge Platform. https://sustainabledevelopment.un.org/post2015/transformingourworld. Zugegriffen am 12.05.2020.

TRIZ Matrix/40 principles/TRIZ contradictions table. (2020). http://www.triz40.com/TRIZ_GB.php. Zugegriffen am 12.05.2020.

Ubora – Open biomedical engineering e-platform for innovation through education. (2020). http://ubora-biomedical.org/. Zugegriffen am 12.05.2020.

Vérin, H. (1984). Le mot: ingénieur. Culture Technique, 12.

Watson, C. E. (1975). Generating creativity, ideas and inventions: Developing creative people. *Research Management, 18*(3), 14–18.

Wilkinson, M. D., et al. (2016). The FAIR guiding principles for scientific data management and stewardship. *Scientific Data, 3*, 160018.

Wongrassamee, S., Simmons, J. E. L., & Gardiner, P. D. (2003). Performance measurement tools: The balanced scorecard and the EFQM excellence model. *Measuring Business Excellence, 7*(1), 14–29. https://doi.org/10.1108/13683040310466690

Zampetakis, L. A., Tsironis, L., & Moustakis, V. (2007). Creativity development in engineering education: The case of mind mapping. *Journal of Management Development., 26*, 370–380.

Kapitel 9
Methoden und Technologien für das personalisierte Design von Open-Source-Medizinprodukten

Andrés Díaz Lantada, William Solórzano, Adrián Martínez Cendrero, Rodrigo Zapata Martínez, Carlos Ojeda und Juan Manuel Munoz-Guijosa

9.1 Einleitung

Open-Source-Medizinprodukte (OSMD) sind dank Fortschritten bei computergestützten Design-, Simulations- und Fertigungssoftwareressourcen (CAD-CAE-CAM), Fortschritten bei den Fertigungstechnologien, einschließlich des Aufkommens flexibler Produktionssysteme und der additiven Fertigung, sowie Verbesserungen bei den medizinischen Bildgebungstechnologien und der entsprechenden Verarbeitungssoftware entstanden. All diese parallelen Innovationen haben die Personalisierung von Medizinprodukten und ihre konstengünstige und schnelle Herstellung ermöglicht, wobei in vielen Fällen werkzeuglose Verfahren zum Einsatz kommen, die die Herstellung komplex geformter Geometrien, wie sie in vielen Fällen für die Interaktion mit dem menschlichen Körper erforderlich sind, technisch und wirtschaftlich realisierbar machen.

Obwohl die Massenproduktion von Medizinprodukten nach wie vor auf Spritzguss, Guss, Stanzen, Schmieden, CNC-Hochgeschwindigkeitsbearbeitung (CNC = (Computerized Numerical Control)), Drehen und pulvermetallurgische Verfahren angewiesen ist, um nur einige relevante Produktionsmethoden zu nennen, er-

A. Díaz Lantada (✉) · A. Martínez Cendrero · R. Zapata Martínez · J. M. Munoz-Guijosa
Mechanical Engineering Department, Universidad Politécnica de Madrid, Madrid, Spain
E-Mail: andres.diaz@upm.es

W. Solórzano
Mechanical Engineering Department, Universidad Politécnica de Madrid, Madrid, Spain

Mechanical and Electrical Department, Universidad de Piura, Piura, Perú

C. Ojeda
Mechanical and Electrical Department, Universidad de Piura, Piura, Perú

A. Ahluwalia et al. (Hrsg.), *Entwicklung von Open-Source-Medizinprodukten*,
https://doi.org/10.1007/978-3-031-26028-5_9

fordern diese Optionen teure Systeme und unterstützende Werkzeuge, die sich nur bei großen Serien auszahlen. Diese kostenbedingten Einschränkungen verhindern eine allgemeinere Personalisierung von Gesundheitstechnologien und beeinträchtigen sogar den gleichberechtigten Zugang zu Medizinprodukten, insbesondere in Ländern mit niedrigem und mittlerem Einkommen oder wenn seltene Pathologien oder unkonventionelle anatomische Geometrien oder Fehlbildungen betroffen sind. Der Mangel an Personalisierung verschlechtert Leistung, Ergonomie und sogar Ästhetik. Außerdem führt der Einsatz traditioneller Fertigungsverfahren zu biomedizinischen Geräten bzw. Hilfsmitteln, deren biomechanische Leistung suboptimal ist, während fortschrittliche additive Fertigungstechnologien ein Paradigma der „3D-Materie nach Maß“ verfolgen (https://www.3dmattermadetoorder.kit.edu/) und dazu beitragen, Biogeräte mit biomimetischen inneren Strukturen, leichten Designs und verbesserten biologischen und biomechanischen Reaktionen zu schaffen.

Zum Glück für das im Entstehen begriffene Gebiet der OSMD haben sich in den letzten Jahrzehnten Computermodellierungstools immer weiter verbreitet und eine Fülle von recht preisgünstigen Designressourcen, Bildgebungswerkzeugen und Fertigungssystemen entwickelt, darunter viele Arten von additiven Fertigungstechnologien (3D-Drucker), die eine unkomplizierte Konstruktion und Fertigung mit einer bemerkenswerten Vielfalt von Polymeren, Keramiken, Legierungen und Biomaterialien ermöglichen, die in vielen Fällen für medizinische Zwecke geeignet sind. Die Maker-Bewegung wurde auch durch Gemeinschaften von Designern unterstützt, die ihre Entwürfe, Dokumente und Blaupausen (d. h. CAD-Dateien) im Rahmen von Open-Source-Programmen gemeinsam nutzen, was die Vervielfältigung erfolgreicher Entwürfe und bis zu einem gewissen Grad auch deren Personalisierung fördert, wenn interoperable Formate verwendet werden. In Anbetracht der Tatsache, dass in jüngster Zeit innovative, quelloffene und sogar kostenlose Softwaretools für die Verarbeitung medizinischer Bilder entwickelt wurden, könnte die Blütezeit personalisierter medizinischer Geräte unmittelbar bevorstehen.

Die ersten Kapitel des Handbuchs konzentrierten sich auf die Einführung in den Bereich der OSMD und auf die Beschreibung und Veranschaulichung synergetischer Methoden für ihre erfolgreiche Entwicklung, indem systematische Ansätze verfolgt, Vorschriften berücksichtigt, einschlägige Normen angewandt, Risiken minimiert, Nutzer einbezogen und die Kreativität gefördert werden. Dieses Kapitel begibt sich in ein eher technisches Umfeld und befasst sich mit den für die Personalisierung von OSMD relevanten Technologien und Methoden, wobei besonderes Augenmerk auf verfügbare, frei zugängliche Open-Source-Designsoftware, Computermodellierungstools, medizinische Bildgebungshardware und -software sowie entsprechende erschwingliche Fertigungstechnologien gelegt wird, die im folgenden Abschnitt näher analysiert werden. 2 Fallstudien veranschaulichen die Nutzung dieser Ressourcen, bevor aktuelle Trends und Herausforderungen im Zusammenhang mit der Förderung der Personalisierung der Gesundheitsversorgung durch OSMD erörtert werden.

9.2 Überblick über Technologien und Methoden für das personalisierte Design von OSMDs

9.2.1 Open-Source-Hardware zur Förderung von personalisierten Designs

Seit den Anfängen der additiven Fertigung erwiesen sich die komplexen Geometrien, die durch schichtweise Produktionsprozesse erreicht werden können, als äußerst geeignet für die Entwicklung medizinischer Hilfsmittel und Geräte, von chirurgischen Übungs- und Planungsmodellen über chirurgische Anleitungen und personalisierte Werkzeuge für die Chirurgie bis hin zu patientenspezifischen Implantaten für den Ersatz oder die Rekonstruktion von Gewebe und Organen (Díaz Lantada & Lafont Morgado, 2012). Folglich wurden Verfahren und Technologien zur Überbrückung der Kluft zwischen Patienten und CAD-Werkzeugen entwickelt. Dabei handelte es sich sowohl um Fortschritte in der Hardware, auf die hier näher eingegangen wird, als auch um Innovationen bei der Software, die im folgenden Unterkapitel behandelt werden. Was die Hardware betrifft, so gehören medizinische Bildgebungstechnologien wie die Kernspintomografie und die Computertomografie zu den wichtigsten medizinischen Errungenschaften des 20. Jahrhunderts und waren lange vor der industriellen Entwicklung der additiven Fertigung verfügbar. Die Möglichkeit, 3D-Rekonstruktionen der inneren Strukturen, Organe und Gewebe von Patienten zu generieren, und parallele Softwareentwicklungen, die die Verwendung von Patientendaten als Input für CAD-Programme ermöglichen, haben das Design medizinischer Geräte und Hilfsmittel neu formuliert und die Personalisierung gefördert.

Auch wenn diese Technologien zu teuer waren (und immer noch sind), um sie ohne Weiteres in die tägliche Produktentwicklung einfließen zu lassen, ist es jetzt möglich, CT- oder MRT-Dienstleistungen für die Produktentwicklung zu mieten, und es wurden erschwinglichere Systeme für verschiedene technische Bereiche wie die Materialwissenschaft entwickelt. In jüngster Zeit wurden einige Open-Source-Hardwareentwicklungen mit der „Öffnung" komplexer und teurer medizinischer Bildgebungstechnologien in Verbindung gebracht, die sich als transformativ erweisen werden, nicht nur, um den Zugang zu präziser Diagnosestellung weltweit zu verbessern, sondern auch, um die Wirkung personalisierter medizinischer Geräte und Hilfsmittel zu erweitern (Niezen et al., 2016).

Eine kleinere Herausforderung als die Arbeit mit den inneren Strukturen der Patienten stellt die Entwicklung von patientenspezifischen Orthesen und ergonomischen Stützen dar, die auf personalisierte Weise an die äußeren Geometrien des menschlichen Körpers angepasst sind (Gelenkschienen, Gesichtsschutzvorrichtungen, ergonomische Griffe, Helmtherapien für Babys, um nur einige zu nennen). Zu diesem Zweck stellen optische Abtastsysteme eine interessante Option dar. Auch wenn die professionellen Systeme für hochpräzises optisches Scannen nicht billig sind (in vielen Fällen mehr als 10.000 €), gibt es interessante kostengünstige und sogar

Tab. 9.1 Open-Source-Hardware zur Gewinnung medizinischer Bilder und Daten aus dem menschlichen Körper zur Förderung der personalisierten Entwicklung von Gesundheitstechnologien

Hardware	Einzelheiten	Link/Verweis
Kinect öffnen	Gemeinschaft von Herstellern, die offene Ressourcen für die Verwendung von MS Kinect als Sensor entwickeln	https://openkinect.org/wiki/Main_Page
Offene MRT-Projekte der Open-Source Imaging Initiative	Open-Source-Ressourcen für die Magnetresonanztomografie, entwickelt von einer Gemeinschaft, die sich auf erschwingliche medizinische Bildgebungstechnologie konzentriert	https://www.opensourceimaging.org/
Quelloffene CT-Nutzung	Open-Source-Desktop-CT-Scanner	https://github.com/tricorderproject/openct

Open-Source-DIY-Optionen, wie anhand einer Fallstudie in Abschn. 9.3 gezeigt wird. Tab. 9.1 enthält einige der interessantesten Open-Source-Hardwareressourcen für die Gewinnung medizinischer Bilder und Daten aus dem menschlichen Körper zur Förderung der personalisierten Entwicklung von Gesundheitstechnologien. Einige von ihnen wurden bereits in den Tabellen im Anhang von Kap. 1 erwähnt, ebenso wie auch einige der in den Tabellen dieses Kapitels enthaltenen Ressourcen, die in Übersichtspublikationen zitiert werden, wie der offene CT-Scanner (Jansen, 2014).

9.2.2 Open-Source-Software für die Verarbeitung medizinischer Bilder

Erfolgreiche moderne Medizintechnologien sind in vielen Fällen nicht nur auf gut konzipierte Hardware angewiesen, sondern benötigen auch Software für ihren Betrieb oder die Verarbeitung ihrer Ergebnisse und die Gewinnung zuverlässiger und nützlicher Informationen für Präventions-, Überwachungs-, Diagnose- oder Therapiezwecke. Die bereits erwähnten offenen Hardwaretechnologien für die Bildgebung können ihr Potenzial für die Umgestaltung des Gesundheitswesens hin zu gerechteren Paradigmen besser entfalten, wenn sie in geeigneter Weise mit Open-Source-Softwareressourcen kombiniert werden. Diese Kombinationen erweisen sich als besonders nützlich, wenn Bildgebungstechnologien zur Erfassung von Patientendaten verwendet werden, die wiederum für Strategien zur Entwicklung personalisierter medizinischer Geräte bzw. Hilfsmittel genutzt werden können. Darüber hinaus können in vielen Fällen geschlossene und Open-Source-Tools für die Entwicklung innovativer, personalisierter und erschwinglicher medizinischer Geräte und Hilfsmittel kombiniert werden, wie weiters ausgeführt wird.

In Anbetracht der Tatsache, dass Open-Source-CT-Scanner und MRT-Geräte noch nicht weit verbreitet sind und einige relevante Funktionen und die Präzision moderner kommerzieller Systeme noch fehlen, kann das personalisierte Design eines medizinischen Implantats mit einem bildgebenden Verfahren beginnen, bei dem ein kommerzielles Gerät mit geschlossenem IP-Netzwerk verwendet wird, um eine DICOM-Datei (Akronym für „Digital Communications in Medicine") mit den dreidimensionalen Informationen des Patienten zu erhalten. Anschließend kann die DICOM-Datei mit kommerziellen, Freemium- oder Open-Source-Lösungen verarbeitet und als Input für Designaufgaben mit einer computergestützten Designsoftware verwendet werden, die ebenfalls geschlossen oder quelloffen sein kann. Kommerzielle Lösungen zur Bearbeitung medizinischer Bilder und zur Gewinnung von 3D-Dateien, die mit CAD-Tools weiterverarbeitet werden können, sind in der Regel teuer (d. h. mit Lizenzen von über 10.000 €/Jahr).

In jüngster Zeit integrieren die Entwickler medizinischer Bildgebungstechnologien und entsprechender Verarbeitungssoftware auch „Prototyping"-Module in ihre Softwaretools, um die Verknüpfung mit CAD-Modellierungs- und Fertigungstechnologien zu ermöglichen. Diese Fortschritte stehen im Zusammenhang mit Trends zur Personalisierung von Geräten und Hilfsmitteln, einschließlich Lösungen wie virtuelle und physische Prototypen für die chirurgische Ausbildung und Planung, chirurgische Anleitungen für verbesserte Verfahren und sogar implantierbare Geräte. Allerdings sind solche Module in der Regel geschlossen und teuer, mindestens so teuer wie Ad-hoc-Software, die sich nur auf die Konvertierung von DICOM-Dateien in CAD-verwendbare Formate konzentriert. Glücklicherweise haben Entwicklergemeinschaften verschiedene Lösungen für die Verwaltung medizinischer Bilder und die Personalisierung von Biogeräten, insbesondere Prothesen, auf der Grundlage der mit CT-Scannern, MRT-Systemen und anderen bildgebenden Verfahren gewonnenen Informationen entwickelt. Einige relevante Beispiele sind in Tab. 9.2 enthalten, in der auch einige Optionen für die Personalisierung auf der Grundlage externer Bilder und der Photogrammetrie vorgestellt werden, die für die Gestaltung externer Orthesen verwendet werden können.

Tab. 9.2 Open-Source-Software für die Bearbeitung medizinischer Bilder und Fotos

Software	Einzelheiten	Link/Verweis
3D Slicer	Open-Source-Software für die Verwaltung medizinischer Bilder und die Personalisierung von Biogeräten	https://www.slicer.org/
ITK-SNAP	Open-Source-Software zur Anzeige von DICOM-Dateien medizinischer Bilder und zu deren Segmentierung	http://www.itksnap.org/pmwiki/pmwiki.php
InVesalius	Open-Source-Software für die 3D-Rekonstruktion von CT- und MRT-Bildern in der Medizin	https://invesalius.github.io
FaceGen	Software mit offener Basisversion zur Erstellung von 3D-Rekonstruktionen von Gesichtern, die mit CAD-Software verknüpft werden können, wobei nur frontale und seitliche Fotos verwendet werden	https://facegen.com/
AliceVision	Sammlung von offenen 3D-Rekonstruktionsressourcen	https://alicevision.org/

9.2.3 Open-Source-Software für computergestütztes Design, Konstruktion und Fertigung

Die Bedeutung von CAD-CAE-Softwareressourcen für das moderne Produktdesign ist offensichtlich, und virtuelle Prototypen ersetzen in vielen Fällen konzeptionelle Modelle und schnelle Prototypen und ermöglichen sogar (in einigen speziellen Fällen) die Zertifizierung und direkte Fertigung vom Entwurf bis zum Produkt. Dies wirkt sich auf viele Branchen aus, auch auf die Biomedizin. Wie bereits erwähnt, waren diese Ressourcen vor einigen Jahren noch recht exklusiv, und nur einschlägige Forschungszentren und Unternehmen mit beachtlichen Umsätzen konnten es sich leisten, professionelle Designressourcen einzustellen. In den letzten 10 Jahren sind jedoch sehr erschwingliche oder in den meisten Fällen kostenlose Open-Source-Optionen sowohl für die Modellierung als auch für die multiphysikalische Simulation entstanden, die Designern und Unternehmen den Einstieg in den Designbereich ermöglichen. Einige davon sind in Tab. 9.3 zusammengefasst und werden in Abschn. 9.4 anhand einer Fallstudie illustriert, in der das personalisierte Design einer Hüftprothese vorgestellt wird. Diese Demokratisierung der rechnergestützten Modellierung hat wiederum auch einen wichtigen Einfluss auf

Tab. 9.3 Open-Source-Software für Entwurf, Simulation und Fertigung

Software	Einzelheiten	Link/Verweis
TinkerCAD	Kostenlose Sammlung von Entwicklungstools, einschließlich benutzerfreundlicher CAD-Module, elektronischer Simulationstoolkits und Schulungsressourcen	https://www.tinkercad.com/
FreeCAD	Open-Source-Software für computergestützten Entwurf	https://freecadweb.org/
OpenSCAD	Open-Source-Software für computergestützten Entwurf	http://www.openscad.org/
OpenLSTO	Open-Source-Software für Level-Set-basierte Strukturtopologieoptimierung	https://github.com/M2DOLab/OpenLSTO
FEBio Software Suite	Open-Source-Software für nichtlineare Finite-Elemente-Analyse in Biomechanik und Biophysik	https://febio.org/
Elmer	Open-Source-Finite-Elemente-Software für multiphysikalische Probleme	http://www.elmerfem.org/blog/
Mesh Mixer	Kostenlose Software von Autodesk für die Arbeit mit Dreiecksnetzen und .stl-Dateien	https://www.meshmixer.com/
Blender	Open-Source-3D-Erstellungssuite zum Entwerfen und Arbeiten mit Netzen	https://www.blender.org/
Ultimaker Cura	Open-Source-Software zur Erstellung von G-Codes für die Fertigung	https://ultimaker.com/en/products/ultimaker-cura-software
Slic3r	Open-Source-Software zur Erstellung von G-Codes für die Fertigung	http://slic3r.org/

die traditionellen Softwareentwicklungsunternehmen, die nun sehr interessante Ausbildungsmöglichkeiten und Partnerschaften anbieten.

Nach der Vorstellung einiger relevanter Open-Source-Technologien und -Methoden für die erschwingliche Personalisierung medizinischer Geräte und Hilfsmittel werden in Abschn. 9.3 und 9.4 2 Fallstudien zu personalisierten Gesundheitstechnologien vorgestellt. Dabei handelt es sich um ein Verfahren zur Personalisierung von Gesichtsschutzschienen für eine sichere Sportausübung bzw. um eine Methode zur Personalisierung von Hüftimplantaten anhand der Morphologie des Femurschafts. Die Nutzung und das Potenzial verschiedener quelloffener Software- und Hardwareressourcen für die medizinische Bildgebung, quelloffener Repositories für medizinische Bilder, quelloffener CAD-Werkzeuge und erschwinglicher Fertigungswerkzeuge, für die ebenfalls quelloffene Optionen zur Verfügung stehen, werden so veranschaulicht. Durch diese Studien werden auch einige Herausforderungen und Trends, die zusätzlich in Abschn. 9.5 diskutiert werden, direkt eingeführt und verstanden.

9.3 Fallstudie: Personalisiertes Design einer Gesichtsschutzschiene für die sichere Ausübung von Sport

Obwohl Nasenfrakturen zu den häufigsten Gesichtsfrakturen gehören, werden sie zum Zeitpunkt der Verletzung oft nicht erkannt und nicht behandelt. Es wurden verschiedene Masken entwickelt, um Patienten mit gebrochener Nase während ihrer Genesung zu helfen, ein normales Leben zu führen und Sport zu treiben. Deren auf Kontakt basierende Anpassung und ihre Herstellungsverfahren verschlimmern jedoch manchmal die Verletzung, und in der Regel handelt es sich um teure Gerätschaften, die normalerweise für Profisportler bestimmt sind. Vor diesem Hintergrund haben die Autoren eine modulare Mehrzweckgesichtsmaske zur Anpassung und zum Schutz einer gebrochenen Nase entwickelt. Es wurden innovative Verfahren für die Verbindung von kontaktloser Personalisierung und schnellem Werkzeugbau zur Herstellung personalisierter Schienen aus Verbundwerkstoffen entwickelt und über die e-Infrastruktur der UBORA verbreitet. Mehrere Geräte der Klasse I, wie diese Gesichtsschutzschiene, können von diesen Verfahren profitieren. In den folgenden Abschnitten werden das personalisierte Design und die erschwinglichen Herstellungsprozesse dieser Schienen beschrieben, die auch auf andere Orthesen angewendet werden können. Eine Designoptimierung dieser Fallstudie in Verbindung mit einer Risikominimierung wird auch in Kap. 4 vorgestellt, um die FMEA- (Fehlermöglichkeits- und Einflussanalyse) und FEM-Techniken (Finite-Elemente-Methode) zu veranschaulichen.

9.3.1 Medizinischer Bedarf und Produktbeschreibung

Gesichtsschutzschienen und verwandte Gesichtsorthesen sind wichtig, um Patienten bei der Genesung nach kraniofazialen Operationen oder Gesichtsverletzungen zu unterstützen, und ihre individuelle Anpassung ist von grundlegender Bedeutung für verbesserte Funktionalität, Ergonomie und Ästhetik. Abgesehen von ihren medizinischen Verwendungszwecken werden entsprechende Produkte immer häufiger im Sport für Spitzensportler eingesetzt, können aber auch Kindern aus Familien mit niedrigem und mittlerem Einkommen bei der Ausübung ihrer täglichen Aktivitäten helfen (insbesondere beim Spielen mit ihren Kameraden in der Schule), während sie sich beispielsweise von einem Nasenbruch erholen. Zu diesem Zweck werden erschwinglichere Lösungen benötigt. Außerdem beruhen die verfügbaren Herstellungsverfahren für personalisierte Orthesen in der Regel auf kontaktbasierten Verfahren (eine direkt auf den Körper des Patienten gefertigte Schale oder ein direkt auf die Haut aufgebrachter Gips), was im Falle von Gesichtsfrakturen besonders unvorteilhaft ist und die Situation sogar verschlimmern kann. Die vorgeschlagenen Design- und Fertigungsstrategien können die erschwingliche und kontaktlose personalisierte Entwicklung einer breiten Palette von biomedizinischen Geräten und Hilfsmitteln unterstützen und dazu beitragen, die Lieferkette zu verlagern, um die lokale Bevölkerung in die Entwicklung der Medizintechnik einzubeziehen.

Die bestehenden Lösungen für eine sichere Sportausübung, bei der das Gesicht geschützt wird, wurden überprüft. Zu den Schutzausrüstungen gehören u. a. Helme, Schutzbrillen, Mundschutz und Gesichtsschutz. Helme erweisen sich als unbequem für alltägliche Aktivitäten und Sportarten, bei denen eine besondere periphere Sicht erforderlich ist, vor allem Fußball und Basketball, bei denen verletzte Profispieler eher auf Schienen als auf Helme zurückgreifen. Auch in der Schule wäre ein Helm aus Gründen des Komforts und der erhöhten Schweißbildung ungeeignet.

Kostengünstige Gesichtsschützer und Schutzschienen sind im Handel erhältlich, aber ihre Massenproduktion im Spritzgussverfahren verhindert eine individuelle Anpassung (die Benutzer müssen aus einer Reihe von Größen auswählen, was in vielen Fällen zu einer falschen Anpassung führt und einen Rückfall begünstigen kann). Außerdem bestehen diese erschwinglichen Massenprodukte aus thermoplastischen Polymeren, deren mechanische Leistung begrenzt ist. Daher greifen Profispieler auf Gesichtsschützer und Schutzschienen aus Verbundwerkstoffen (faserverstärkte Polymere, in der Regel carbonfaserverstärkter Kunststoff; CFK) zurück, die personalisiert werden können und denen eine angemessene mechanische Belastbarkeit innewohnt, die aber dementsprechend teuer sind. Selbst ohne Personalisierung kostet eine CFK-Gesichtsschutzschiene aus der Massenproduktion je nach Hersteller um die 200 €.

Um die genannten Einschränkungen zu überwinden, ist es interessant, Synergien zwischen der additiven Fertigung und Verbundwerkstoffen zu erforschen, die die Medizinprodukteindustrie auf dem Weg zu einer erschwinglichen und personalisierten Produktion unterstützen können. Mit dem vorliegenden Hilfsmittel demonstrieren die Autoren das Potenzial von 3D-gedruckten Schnellformen, die adäquat nachbearbeitet werden und auf denen faserverstärkte Polymere (FVK) auf sehr einfache und erschwingliche Weise laminiert und ausgehärtet werden können, für die personalisierte Entwicklung von Gesichtsschutzschienen.

Das Konzept und erste 3D-gedruckte Prototypen (Polylactide; PLA) wurden als Studienfälle für die erste UBORA Design School of Nairobi entwickelt, in der auch ein alternatives Konzept für eine Schutzschiene entstand (Ahluwalia et al., 2018a). Die Entwicklung von Rapid-Tooling-Prozessen für die Fertigung mit verschiedenen Arten von faserverstärkten Polymeren wurde unter der Leitung von Prof. Muñoz-Guijosa in den Jahren 2018 und 2019 an der Universidad Politécnica de Madrid (UPM) durchgeführt und knüpft an frühere Veröffentlichungen an, in denen ähnliche Verfahren für das Design und die Herstellung von Gelenkorthesen beschrieben wurden (Munoz-Guijosa et al., 2020).

Was die potenziellen Nutzer betrifft, so konzentriert sich die Entwicklung auf Amateur- und semiprofessionelle Sportler, die ihr Training fortsetzen möchten, während sie sich von einer Nasenfraktur oder einer Gesichtsoperation erholen und ein individuelles, aber dennoch erschwingliches Schutzgerät wünschen. Gleichzeitig bleiben Kinder, die sich bei Unfällen die Nase gebrochen haben, in der Regel 3–4 Wochen zu Hause, während sie sich von der Verletzung erholen, da ihre Eltern befürchten, dass die Nase beim normalen Spielen mit Freunden erneut bricht. In einigen Fällen kann ein angepasstes Design eine kosmetische oder sogar eine Sonnenschutz-/Chemikalienschutzfunktion haben.

Die Gesichtsschutzschiene muss leicht sein, um eine bequeme Sportausübung zu ermöglichen, sie sollte individuell angepasst werden können, um die Ergonomie zu verbessern, und sie muss strukturelle Festigkeit bieten, um eventuellen Stößen bei der Sportausübung standzuhalten. Daher wurden faserverstärkte Polymere gewählt, da sie einen hervorragenden Kompromiss zwischen Festigkeit und geringem Gewicht bieten.

Zusätzliche quantitative Angaben werden in der Konzeptionsphase gemacht. Während der Herstellung ist eine Qualitätskontrolle erforderlich, um eine angemessene Laminierung zu gewährleisten und zu prüfen, dass keine Schnittkanten vorhanden sind, die für nicht nachbearbeitete Verbundstoffteile typisch sind. Eine Nachbearbeitung ist daher erforderlich, um eine abschließende Politur vorzunehmen und den Komfort zu verbessern. Die verwendeten Materialien sollten Feuchtigkeit (z. B. Schweiß) während der Sportausübung standhalten, und ihre mechanische Leistung sollte dadurch nicht beeinträchtigt werden. Abschließend sollte Rauheit an der Oberfläche minimiert werden, um Hautabrieb zu vermeiden.

Außerdem müssen das Hilfsmittel und seine Materialien der ISO 10993 entsprechen, die sich mit der Biokompatibilität von Geräten befasst, da ein kurzzeitiger Kontakt mit der Haut zu erwarten ist. Weitere quantitative Angaben zu den Spezifikationen des Hilfsmittels finden Sie auf der UBORA-Website zu Gesichtsschutzschienen („face protecting splints“), die als Open-Source-Medizinprodukte freigegeben sind.

Gemäß den Klassifizierungsanhängen der EU MDR 745/2017, die in die UBORA e-Infrastruktur implementiert wurden, um Forscher bei der Klassifizierung von Medizinprodukten anzuleiten, ist die „Gesichtsschutzschiene für eine sichere

Sportausübung“ erwartungsgemäß ein *Medizinprodukt der Klasse I*, da sie nicht-invasiv ist, kein Blut, keine Körperflüssigkeiten oder Gewebe benötigt oder speichert, nicht aktiv ist, keine Arzneimittel mit Hilfsfunktion enthält, nicht zur Empfängnisverhütung oder zur Vorbeugung sexuell übertragbarer Krankheiten verwendet wird, nicht zur Desinfektion, Reinigung oder Abspülung von Kontaktlinsen bestimmt ist, nicht zur Sterilisation von Medizinprodukten dient, keine menschlichen oder tierischen Gewebe oder Zellen verwendet und keine Nanomaterialien enthält, nicht zur Verabreichung von Arzneimitteln bestimmt ist, nicht in den Organismus eingeführt wird, und keine diagnostische Funktion enthält.

9.3.2 Methoden zur individuellen Gestaltung von Gesichtsschutzschienen

Um die personalisierte Gesichtsschutzschienen zu erstellen, besteht ein angemessener und konkreter Ansatz darin, mit der 3D-Digitalisierung des Gesichts des Patienten oder Anwenders zu beginnen, als Input für das CAD-Verfahren und als Alternative zu rudimentäreren oder manuellen Prozessen, die auf der Aufnahme einiger Schlüsselmaße am Kopf oder Gesicht des Anwenders oder Patienten basieren (z. B. Abstand zwischen den Wangenknochen, Größe der Augen und Augenbrauen usw.). Es gibt auch Open-Source-Alternativen – für den nicht-kommerziellen Gebrauch –, die leicht zugängliche und kostengünstige Hardware mit spezialisierten Softwareprogrammen kombinieren und die dreidimensionale Rekonstruktion externer Körpergeometrien, in diesem Fall des Kopfes des Endnutzers oder Patienten, unterstützen können. Unter diesen ist die kombinierte Verwendung von Microsoft Kinect für Xbox 360 (Microsoft Corporation, Redmond, Washington, USA) mit der 3D-Scansoftware Skanect (Occipital Inc., San Francisco, CA, USA) hervorzuheben, die speziell für die Arbeit mit Systemen wie Kinect, Asus Xtion oder Structure Sensor entwickelt wurde und die Möglichkeit bietet, die mit den genannten Bildgebungssystemen gewonnenen Bilder direkt in verschiedene CAD-Dateiformate zu exportieren, darunter .stl, .obj, .ply und .vrml.

Andere Alternativen können auf Photogrammetrietechniken und entsprechende Software zurückgreifen, um die genauen Positionen von Oberflächenpunkten anhand von Fotos zu ermitteln. Es gibt mehrere Optionen, von denen viele als Apps in Smartphones funktionieren, je nach Größe und Art des zu rekonstruierenden Objekts und der erforderlichen Präzision (z. B. SnapChat und andere). In diesem Fall verlassen wir uns auf ein extrem einfaches, vielseitiges und benutzerfreundliches Tool für die 3D-Rekonstruktion von Gesichtern und Köpfen mit nur 3 Fotos (einem frontalen und zwei seitlichen) als Eingabe und nur wenigen Klicks für die Rekonstruktion: das FaceGen 3D Print (von Singular Inversions Inc., Toronto, ON, Kanada). Dieses Tool rekonstruiert nicht nur die 3D-Geometrie des Gesichts, sondern verknüpft sie auch über .stl-Dateien mit Ressourcen für die additive Fertigung. Wir haben eine kostenlose Demoversion der Software verwendet, die für unsere

Validierungszwecke ausreicht, obwohl sehr erschwingliche Alternativen zusätzliche Funktionen bieten, darunter Frisuren, Bärte und Dekolleté.

Sobald die .stl-Datei generiert ist, wird Autodesk Meshmixer als unterstützende Software zur Verbesserung der Netzqualität und zum Erhalt einer weicheren, verfeinerten Oberfläche (mit zusätzlicher Anzahl von Elementen) eingesetzt, die dann als Input für das computergestützte Design personalisierter Schienen und zugehöriger Formen verwendet wird, wie im folgenden Unterabschnitt beschrieben. Die Ergebnisse der Digitalisierung mit FaceGen, die auf einer Photogrammetriesrategie beruht, sind in Abb. 9.1 dargestellt, während Abb. 9.2 die bereits erwähnte Alternative auf der Grundlage des digitalen Scannens (Kinect) zeigt.

Das Verfahren aus Abb. 9.1 ist sogar für nicht-professionelle User geeignet, da es nach einem einfachen Video-Tutorial leicht durchgeführt werden kann, was dazu beitragen könnte, diese Designprozesse zu erweitern und sie in Zukunft in die bettseitige Versorgung für die Verwendung durch medizinisches Fachpersonal zu integrieren. Das optische Verfahren aus Abb. 9.2 ist komplexer, da es die Unterstützung von mindestens einer Fachkraft benötigt, die sich um die Verwaltung des Scans kümmert (obwohl durch Investitionen in die Einrichtungen ein solcher Prozess

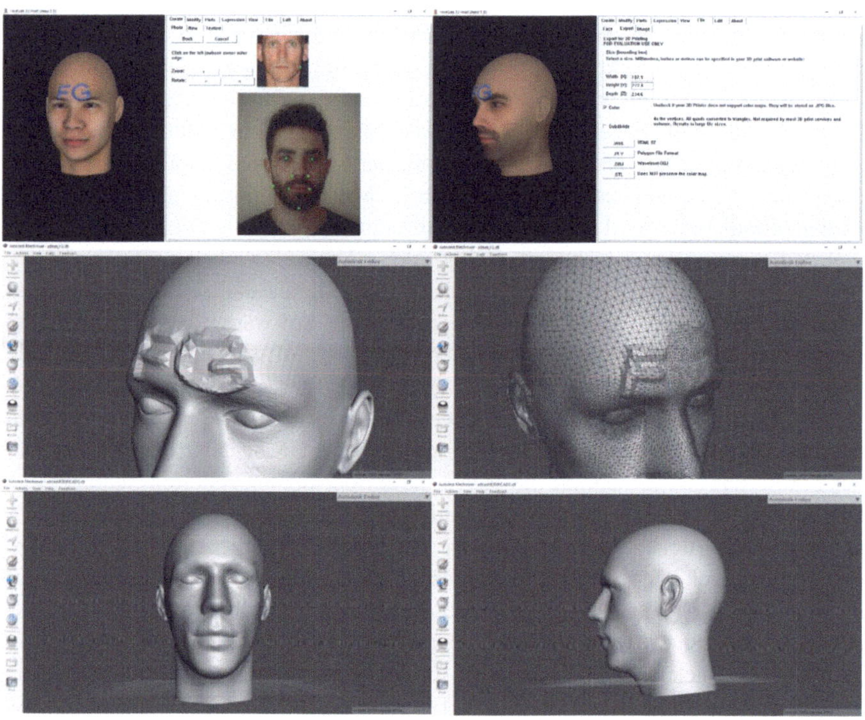

Abb. 9.1 Prozess der Gesichtsdigitalisierung mit dem Photogrammetrieprogramm FaceGen, bei dem eine geordnete Auswahl von Schlüsselpunkten auf frontalen und seitlichen Bildern zu einer 3D-Rekonstruktion des Gesichts führt. Die abschließende Nachbearbeitung mit Meshmixer wird zur Verbesserung der Oberflächenqualität angewendet

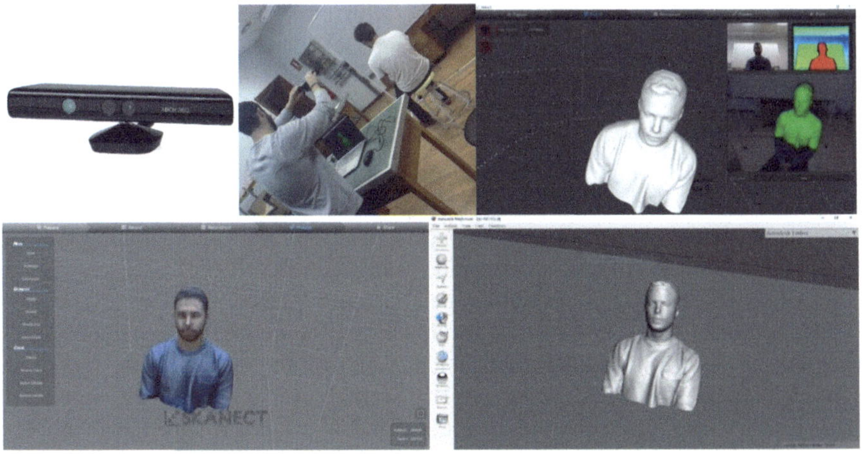

Abb. 9.2 Alternativer Prozess der Gesichtsdigitalisierung, um eine .stl-Datei mit der äußeren Morphologie eines gesunden Probanden zu erhalten, indem Microsoft Kinect für Xbox 360 als optischer Scanner mit der Verarbeitung durch die Software Skanect kombiniert wird

automatisiert werden könnte), sowie eine Fachkraft, die den Scanprozess steuert. In Bezug auf die Genauigkeit des Originalmodells liefert das optische Scannen bei komplexen Geometrien wie dem Gesicht aufgrund von Abschattungen in der Nähe der Nase schlechtere Ergebnisse als die Photogrammetrie. Für andere Orthesen, wie z. B. Gelenkschienen, erweist sich der optische Scanner jedoch als eine sehr gut geeignete Option, wie bereits berichtet wurde (Munoz-Guijosa et al., 2020). In der aktuellen Fallstudie wird die Gesichtsschutzschiene durch die Digitalisierung von Abb. 9.1, wie auf den folgenden Seiten gezeigt, weiter entwickelt.

Für das eigentliche Design des medizinischen Geräts und seiner Produktionswerkzeuge haben wir uns für NX-11 (Siemens PLM Software, Plano, Texas, USA) als CAD-Software der Wahl entschieden, da diese Software über sehr spezielle Funktionen zur Erzeugung von Oberflächen und zur Interaktion mit .stl-Modellen verfügt. Nach dem Import der .stl-Datei des dreidimensional rekonstruierten Kopfes und der adäquaten Skalierung der Datei auf die reale Größe des Probanden, der an der Studie teilnimmt, beginnt die Konstruktion der personalisierten Schiene: Zunächst wird eine Frontalebene erstellt und darauf eine Skizze mit den gewünschten frontalen Proportionen der Schutzschiene gezeichnet. Anschließend wird die Skizze auf die Oberfläche der .stl-Rekonstruktion projiziert, um das Profil der Schiene auf der realen Gesichtsoberfläche zu erstellen. Mithilfe der Oberflächendesignwerkzeuge von NX-11 wird die Oberfläche der Schutzmaske erstellt, und das Werkzeug „thicken“ (verdicken) wird verwendet, um ein solides Objekt zu generieren. Die abschließenden Operationen „pocket“ (Tasche) und „hole“ (Loch) werden auf das Volumenmodell angewendet, um das gewünschte Design zu erhalten (.prt-Datei), und die Konvertierung in eine .stl-Datei ermöglicht die Verbindung mit kostengünstigen 3D-Drucksystemen oder generell mit fast allen additiven Fertigungstechnologien.

Unter Berücksichtigung des Entwurfs alternativer Formoptionen, der dem für Spritzgusssysteme typischen Kern-Schale-Ansatz folgt, beginnt der Prozess mit der Oberfläche der personalisierten Schiene, indem die für die Augen des Benutzers vorgesehenen Löcher geschlossen und die Grenzen der Oberfläche erweitert werden, um eine Trennfläche zu definieren (unter Verwendung von „sew" (nähen) und verschiedenen verfügbaren Werkzeugen zur Oberflächengestaltung und -modifikation). Die erzeugte Trennfläche wird verwendet, um einen Materialblock mit den beiden möglichen Werkzeugen zu schneiden, die für die Laminierung verwendet werden können: eines mit einer konkaven Geometrie, das andere mit einer konvexen. Die abschließende Feinabstimmung des Designs, wie z. B. der Einbau einiger Extrusionen, die das Laminieren im Bereich der Augen unterstützen, oder einiger kleiner Hohlräume, die die Verwendung von Schraubenziehern und Werkzeugen zur Unterstützung des Entformungsprozesses nach dem Laminieren ermöglichen, führt zu den endgültigen computergestützten Designs der personalisierten Formen.

Die kompletten Konstruktionsprozesse, sowohl für die Schienen als auch für die zugehörigen Formen, sind in Abb. 9.3 und 9.4 schematisch dargestellt: Abb. 9.3 zeigt den bereits beschriebenen Prozess zur Erzeugung einer stabilden und personalisierten CAD-Datei mit der Geometrie der gewünschten Gesichtsschutzschiene, der im Wesentlichen den Import der 3D-Kopfrekonstruktion, die Erstellung einer planaren Skizze und deren Projektion auf die Gesichtsoberfläche, die Tesselierung einer Oberfläche und deren Verdickung zur Erlangung eines endgültigen druckbaren Körpers umfasst. Abb. 9.4 zeigt die Erstellung von CAD-Modellen verschiedener Formalternativen, die die Merkmale der personalisierten Schutzschiene enthalten und als Input für additive Fertigungstechnologien (in unserem Fall ein kostengünstiger 3D-Drucker) dienen können, die zur physischen Konstruktion von Schnellformen führen, auf die die endgültigen Masken laminiert werden können.

Die eigens entworfenen Teile werden erstmals mit einem BCN3D Sigma-Drucker aus herkömmlichem PLA-Filament hergestellt. Abb. 9.3 zeigt auch die Ergebnisse alternativer konzeptioneller 3D-gedruckter Prototypen und die ersten ergonomischen Bewertungen der personalisierten Gesichtsschutzschienen, die für ein Team gesunder Freiwilliger entworfen wurden. Diese ersten Prototypen dienen lediglich zur Konzeptbewertung, zur Analyse der Geometrien und zur Überprüfung der Qualität des Digitalisierungsprozesses für personalisierte Designaufgaben. Die gedruckten Masken passen sich in Bezug auf Abmessungen und Morphologie adäquat an die Probanden an, aber diese Prototypen sind nicht funktionell. Die Dicke von ca. 1 mm führt nämlich zu recht flexiblen und wenig robusten Prototypen, die allein durch Biegen in der Hand beschädigt werden können. In jedem Fall sind die Geometrien und die Morphologie korrekt, und der Prozess der Verknüpfung dieser Geometrien mit dem Rapid Tooling für die Herstellung erster Prototypen aus Verbundwerkstoffen wird im folgenden Abschnitt näher erläutert.

Ausgehend von der personalisierten Schiene wird eine ausgedehnte Trennfläche geschaffen und zur Anpassung der Formflächen verwendet, auf die die Verbundstofflagen laminiert und weiter autoklaviert werden können. Es werden konvexe und konkave Alternativen vorgestellt und getestet

Abb. 9.3 Schematische Darstellung des CAD-Prozesses für personalisierten Gesichtsschutzschienen. Konzeptuelle Prototypen, die durch 3D-Druck hergestellt und von den Autoren getestet wurden

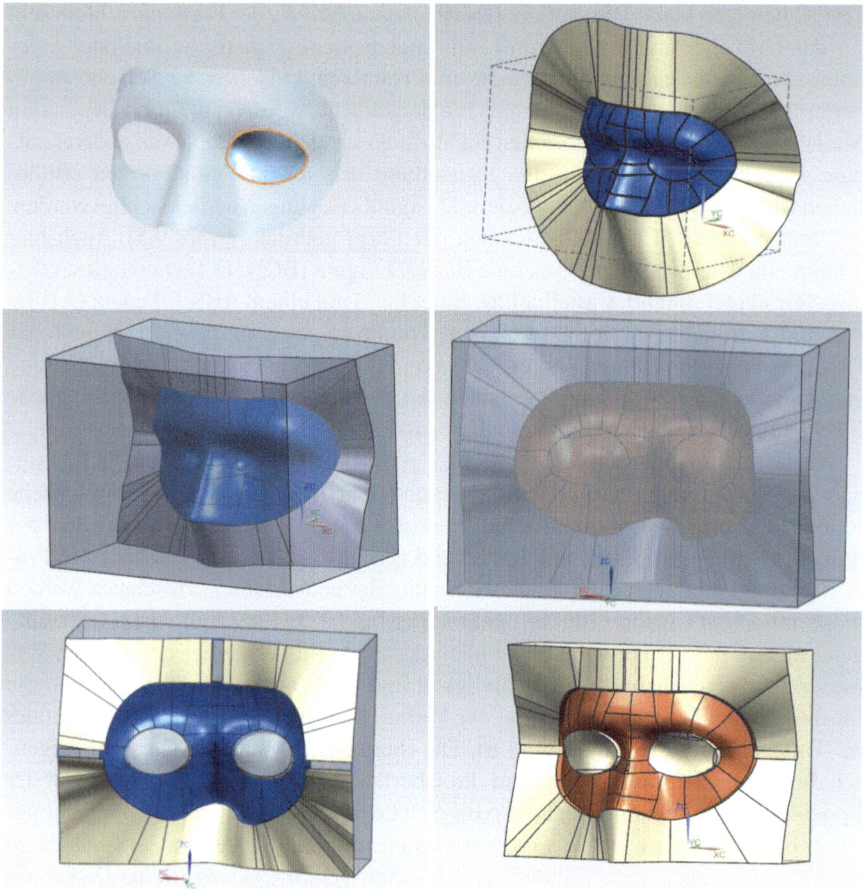

Abb. 9.4 Formgestaltungsprozess auf der Grundlage des personalisierten CAD-Modells der Gesichtsschutzschiene

9.3.3 Methoden zur Herstellung der personalisierten Gesichtsschienen aus Hochleistungsmaterialien

Die Formen für die Laminierung und Aushärtung von FRP („fiber reinforced polymers") müssen mehrere geometrische, mechanische und thermische Anforderungen erfüllen, die mit den endgültigen Eigenschaften der ausgehärteten FRP-Schiene zusammenhängen. Erstens muss die Form in der Lage sein, den mechanischen Belastungen standzuhalten, die sich durch die Schrumpfung des Laminats während des Aushärtungsprozesses entwickeln, sowie den Belastungen, die durch den hohen Aushärtungsdruck von bis zu 0,8 MPa entstehen, wenn die Aushärtung im Autoklav erfolgt. Darüber hinaus muss die Form die erforderliche Steifigkeit und Festigkeit bei der Aushärtungstemperatur aufrechterhalten, die bei der Autoklavhärtung bis zu

180 °C betragen kann. Die mittlere Oberflächenrauheit *Ra* der Form muss klein sein (in der Größenordnung von 5 µm), um angemessene ästhetische und/oder ergonomische Eigenschaften an den Sicht- und Hautkontaktflächen der Schiene zu generieren. Diese Eigenschaften können mit den üblicherweise beim Fused Deposition Modeling verwendeten Materialien nicht direkt erreicht werden, was andererseits eine schnelle und kostengünstige Herstellung der gewünschten Formen ermöglichen würde. Folglich müssen spezielle Designüberlegungen berücksichtigt werden.

Zunächst werden die Außenschalen der Form gedruckt (Abb. 9.5). Auch hier kommt eine Dual-Extruder-Maschine BCN3D Sigma (BCN3D Technologies, c/Esteve Terradas, 1, 08860, Castelldefels, Barcelona) mit einem ABS-Filament (ABS = Acrylnitril-Butadien-Styrol-Co-Polymer) von Proto-pasta, in diesem Fall weiß, als Druckmaterial zum Einsatz. Wenn eine vakuum- oder druckunterstützte Aushärtung verwendet werden soll, muss die Schale mit der Laminierfläche zusätzliche ebene Flächen für die spätere Anbringung der benötigten Zusatzmaterialien aufweisen.

Nachdem die Außenschalen der Formen gedruckt sind, wird eine Schicht Epoxidharz auf die Laminieroberfläche aufgetragen (siehe Abb. 9.5), um die erforderliche Rauheit zu erreichen. Anschließend werden kleinere Lücken zwischen den gedruckten Schichten mithilfe von Klebeband geschlossen, was für den nächsten Prozess benötigt wird. Nach der Feinabstimmung der gedruckten Formschalen werden diese mit einem Gipsbrei (flüssig) gefüllt, der bei 50 °C für 2 h in einem Ofen ausgehärtet und getrocknet wird. Das Füllen der Form führt zu einer erheblichen Verbesserung der mechanischen Beständigkeit und der Wärmeaufnahmekapazität, die für die abschließende Laminierung der Verbundfasern entweder im Autoklav oder bei Umgebungsdruck erforderlich ist. Die thermischen und mechanischen Eigenschaften hängen vom Gipskern und die Oberflächenrauheitseigenschaften von der Epoxidbeschichtung ab, wobei die ABS-Schale das Mittel zur Formgebung der gewünschten Geometrie ist. Aus diesem Grund muss die Dicke der ABS-Schale so gering wie möglich sein. Mit dem verwendeten 3D-Drucker wird eine Dicke von 1 mm bei den Formschalen erreicht.

Für die Demonstration des Prozesses wird Kohlefaser/Epoxid-Prepreg als Laminiermaterial zusammen mit Autoklavhärtung verwendet, da dies das vollständigste Verarbeitungsschema ist. Die vorgestellte Methodik kann jedoch auch in weniger komplexen und wirtschaftlicheren Prozessen zum Einsatz kommen, z. B. bei der manuellen Herstellung von polyesterimprägnierten Langglasfaserlaminaten oder Hackschnitzelmatten. Das verwendete Prepreg-Laminat ist Toray T700C/Epoxy mit einem Flächengewicht von 200 g/m^2 und einem ν_F von 60 %. Die Lamellendicke beträgt etwa 0,2 mm. Jede Lamelle wird von Hand mit einer speziellen Faserschere geschnitten, sodass die für die Laminierung erforderliche ungefähre Endform erreicht wird, und vorsichtig auf die formfreie Oberfläche gelegt und mit einer Verdichtungswalze verdichtet. Auch hier wird das überschüssige Material mit einer Schere entfernt und die Kanten der Schiene so weit wie möglich an die gewünschte Endform angepasst. Um eine gute geometrische Genauigkeit in den komplexen Bereichen wie Nasen- oder Augenhöhlen zu erreichen, die Doppelkrümmungen und starke Krümmungsänderungen aufweisen, werden kleine Patches geschnitten (Abb. 9.6).

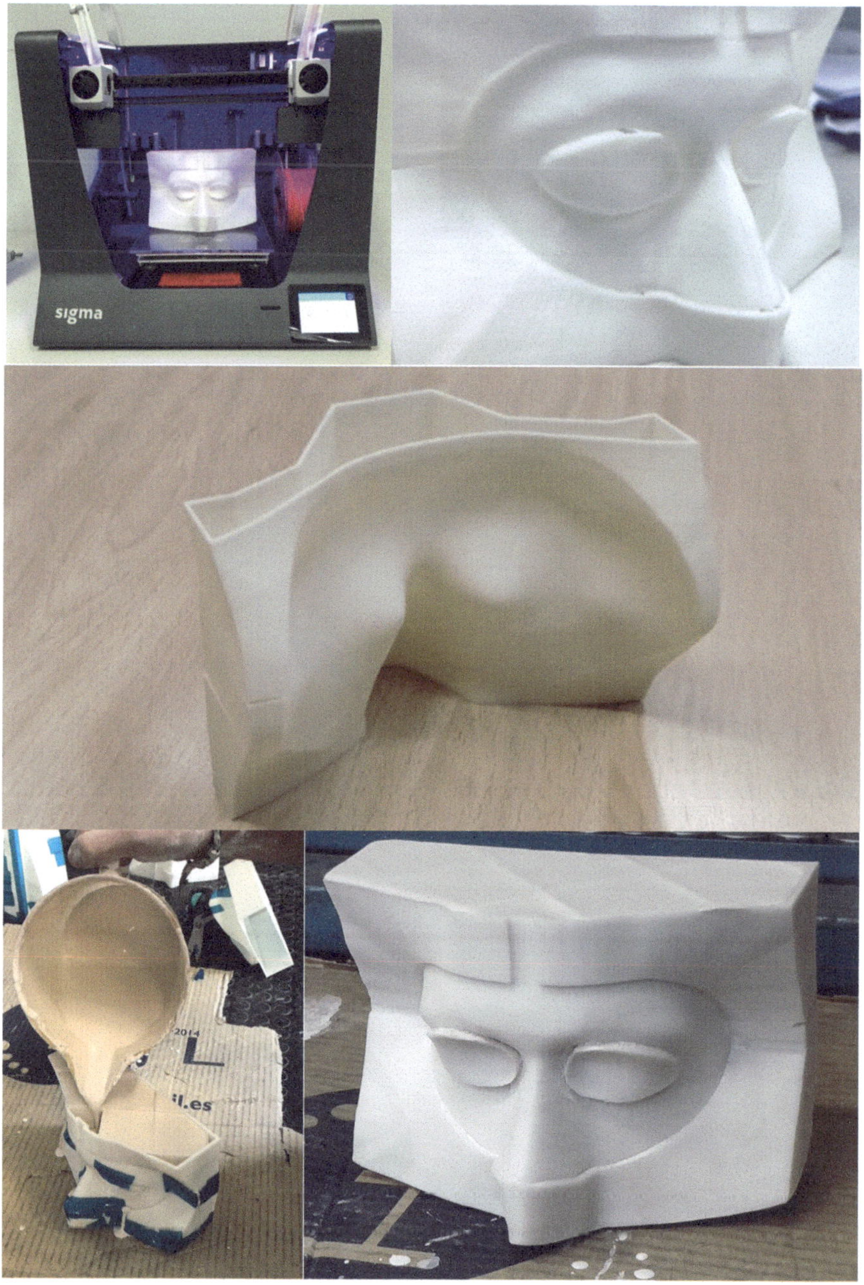

Abb. 9.5 Schrittweise Darstellung des Verfahrens zur schnellen Herstellung von Formen: **a** 3D-Druckverfahren, **b, c** 3D-gedruckte Form, **d** Tonfüllung und **e** endgültige Form nach der Wärmebehandlung

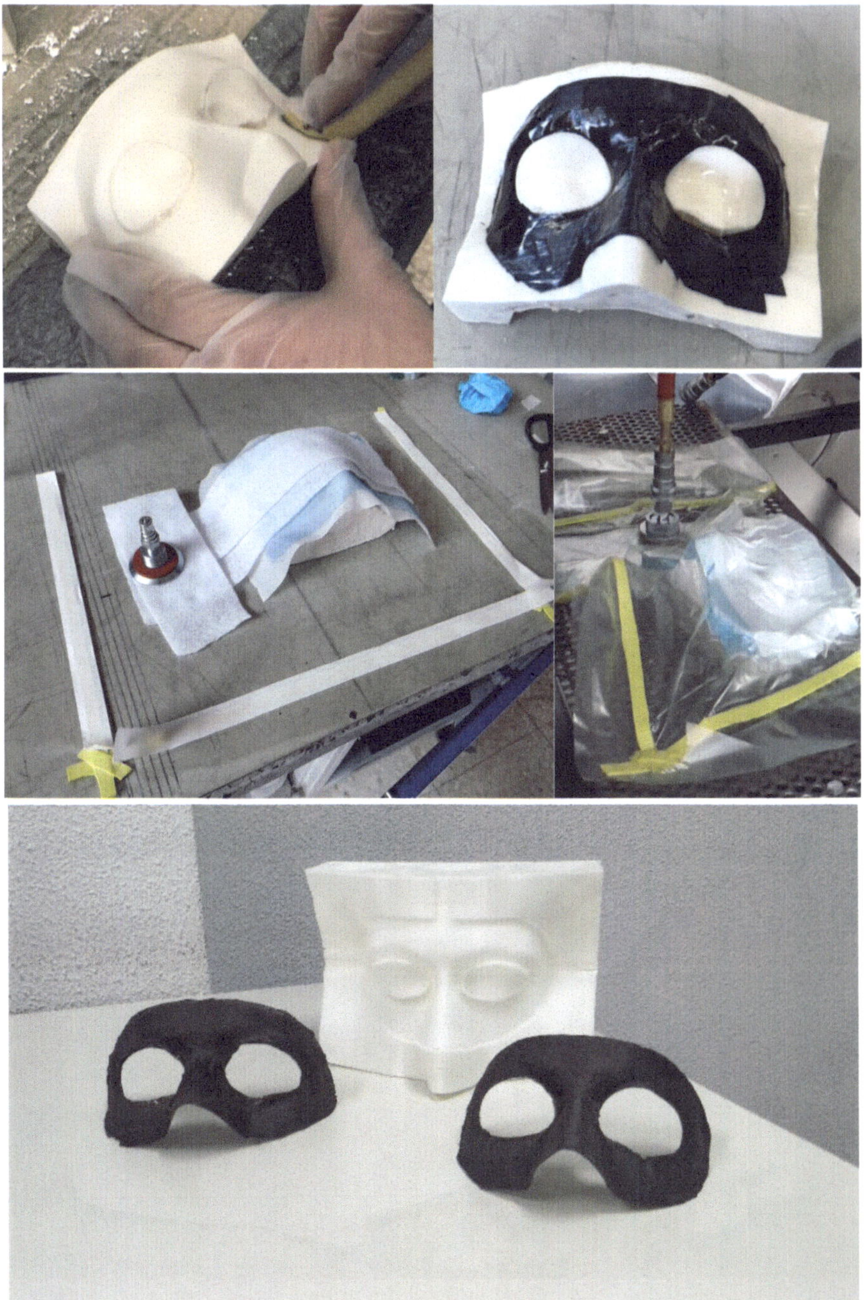

Abb. 9.6 Laminierung von Verbundfasern auf der 3D-gedruckten Form und Druckbeaufschlagung während der Aushärtung für personalisierte Endschienen aus Hochleistungsmaterialien (CFK)

Sobald die Laminierung abgeschlossen ist, wird eine Abreißfolie über die äußere Schicht gelegt. Danach werden eine Trennfolie und eine atmungsaktive Lage angebracht. Schließlich wird ein Vakuumsack mit Klebeband an den Oberflächenrändern befestigt. Der Vakuumsack ist für den Anschluss des Vakuumventils an den Vakuumschlauch perforiert (Abb. 9.6). Der gesamte Satz wird in den Autoklav (Abb. 9.6) eingeführt und einem Aushärtungszyklus mit einer Aushärtungstemperatur von 120 °C und einem Aushärtungsdruck von 5 bar unterzogen. Nach dem Aushärten wird das Laminat vorsichtig von der Form getrennt, und die Kanten werden zur Feinabstimmung auf die gewünschte Form geschnitten (Abb. 9.6).

Abb. 9.6 zeigt das Schnellverfahren zur Anfertigung der Formen, das Schritt für Schritt dargestellt wird, einschließlich des 3D-Druckverfahrens (Abb. 9.6a), der 3D-gedruckten Form (Abb. 9.6b), einer alternativen konkaven Formschale (Abb. 9.6c), des Gipsfüllverfahrens (Abb. 9.6d) und der endgültigen Form nach der Wärmebehandlung (Abb. 9.6e). In der Form sind einige Flicken aus Cello-Band zu sehen, die kleinere Löcher und Herstellungsfehler des 3D-Druckverfahrens abdecken und somit ein Auslaufen während des Gipsfüllvorgangs verhindern. Die endgültige Form wird poliert und mit Epoxidharz beschichtet, um das in Abb. 9.6a gezeigte Stadium zu erreichen, auf das die Verbundfasern laminiert und unter Vakuum gesetzt werden, wie in Abb. 9.6 (Bilder b–d) schematisch dargestellt.

Die endgültige Maskenstruktur aus Verbundmaterial ist in Abb. 9.6e zusammen mit der 3D-gedruckten Form nach dem Produktionsprozess dargestellt. Es ist wichtig hervorzuheben, dass die in der Form vorgesehenen seitlichen Rillen die Entformung der laminierten Masken erleichtern und dass die Maskenstruktur trotz des erforderlichen abschließenden Polierens durch ihre strukturelle Zuverlässigkeit, Steifigkeit und ihr geringes Gewicht im Vergleich zum 3D-gedruckten Proof-of-Concept-Modell aus PLA besticht.

Nach den entsprechend laminierten Strukturen sind Nachbearbeitungen wie Polieren, Beschichten mit Silikon, Überziehen mit einem Gewebe oder einer Textilschicht und Bohren von Löchern oder Fräsen von Nuten erforderlich, um die elastischen Bänder einzubringen, die dazu beitragen, die Gesichtsschutzschiene in eine stabile Position zu bringen. Die ergonomische Bewertung dieser Prototypen aus Verbundwerkstoff und die systematische Bewertung der Risiken führen zu einer Verbesserung des Designs und der Verfahren (siehe die in Kap. 4 vorgestellte Optimierung).

Dieses Fallsbeispiel veranschaulicht ein innovatives Herstellungsverfahren, bei dem die Vorteile der kostengünstigen und einfachen additiven Fertigung und der Nutzung von Verbundwerkstoffen synergetisch kombiniert werden, indem ein Beispiel für die abgeschlossene personalisierte Entwicklung von Gesichtsschutzschienen vorgestellt wird. Das Verfahren zeichnet sich durch Erschwinglichkeit und Den Fokus auf Personalisierung aus, der neue Horizonte in der biomedizinischen Wirtschaftsbranche in Richtung der Delokalisierung von Lieferketten und der fortschreitenden Einbeziehung der lokalen Bevölkerung in Gebieten mit niedrigem und mittlerem Einkommen eröffnet, sowohl während der Entscheidungsfindungsschritte als auch während der Implementierungs- und Betriebsphase, was nicht nur personalisierte und kostengünstige Hochleistungslösungen bringen kann, sondern auch die lokale Wirtschaft verbessert.

9.4 Fallstudie: Personalisiertes Design einer innovativen Hüftprothese

9.4.1 *Medizinischer Bedarf und Produktbeschreibung*

Die Hüfttotalendoprothese (TEP) gilt als eines der erfolgreichsten Verfahren in der Orthopädie der letzten Jahrzehnte, und ihr Einsatz nimmt vor allem bei aktiven und jungen Patienten zu, was eine Folge des gestiegenen Bedürfnisses nach besserer Lebensqualität ist (Toth & Sohar, 2013; Drosos & Touzopoulos, 2019). Das sinkende Durchschnittsalter der Patienten und die steigenden Erwartungen an die Haltbarkeit der Implantate (Bergmann et al., 2016) führen zu großen Unterschieden in Bezug auf die Implantatfixierung (zementiert oder zementfrei), die für die tragenden Oberflächen verwendeten Materialien (Polyethylen, Keramik oder Metall) und die chirurgischen Verfahren, wobei ein wachsendes Interesse an weniger invasiven Ansätzen und Implantatstrukturen besteht (mit jüngsten Entwicklungen im Zusammenhang mit innovativen ultrakurzen oder kurzen Schäften) (Toth & Sohar, 2013). Santori et al. (2006) begannen 1993 mit der Entwicklung eines neuen Femurimplantats mit der Absicht, einen guten Knochenbestand für ein mögliches Revisionsverfahren zu erhalten und eine physiologische Belastungsverteilung am proximalen Femur zu fördern, was durch eine proximale Lastübertragung vom Implantat auf den Femurknochen unter vollständigem Verzicht auf den diaphysären Teil des Schafts erreicht werden konnte. Die Verwendung dieser Art von Schäften nimmt in den letzten Jahren zu, was auf die wachsende Zahl von Follow-up-Studien zurückzuführen ist (Morales de Cano et al., 2018; Gombár et al., 2019; Rinaldi et al., 2018), deren Ergebnisse zeigen, dass diese Implantate den Knochenbestand erhalten und das Einsetzen eines herkömmlichen Schafts zum Zeitpunkt der Revisionsoperation ermöglichen. Der hier vorgestellte Fall zeigt das personalisierte Design eines Kurzschaftimplantats unter Verwendung von Open-Source-Technologien.

9.4.2 *Materialien und Methoden*

9.4.2.1 Geometrisches Modell

Für ein personalisiertes Schaftdesign ist ein virtuelles Modell des kortikalen und trabekulären Oberschenkelknochens erforderlich. In dieser Studie werden diese Modelle durch den Import einer „Digital and Communications in Medicine"-Datei (.DICOM) in 3D Slicer 4.10.2 erstellt, die vom Cancer Imaging Archive zur

Verfügung gestellt wird, einer virtuellen Bibliothek, die ein großes Archiv medizinischer Bilder beherbergt, die öffentlich heruntergeladen werden können. Für dieses Beispiel wird die Referenz TCGA-VP-A878 verwendet. Die DICOM-Datei weist eine Schichtdicke von 2 mm in der axialen Ebene und von 0,909 mm in der koronalen und sagittalen Ebene und ist jeweils 512 × 512 Pixel groß. Um das virtuelle Modell des Knochens zu generieren, müssen der rechte Oberschenkelknochen und sein kortikaler Bereich mithilfe der Werkzeuge Schwellenwert („threshold"), Level Tracing, Malen („paint"), Löschen („erase") und Glätten („smoothing") segmentiert werden. Dann wird der trabekuläre Teil mithilfe von logischen/Boole'schen Werkzeugen ermittelt. Beide Knochen werden aus 3D Slicer als .stl-Dateien exportiert und in Meshmixer 3.5 importiert, um sie zu prüfen, zu glätten und neu zu vernetzen. stl ist ein Mesh-Archiv, das hauptsächlich für die additive Fertigung verwendet wird, aber für weitere Konstruktionsvorgänge sind Solid-Dateiformate wie IGES, STEP oder Parasolid erforderlich. FreeCAD 0.18 ermöglicht die Konvertierung eines Meshes in eine Solid-Datei mithilfe seiner Teilewerkzeuge. Die Software erstellt eine Form aus einem Netz und konvertiert diese Form dann in einen Volumenkörper. In dieser Fallstudie wird FreeCAD verwendet, um die morphologische Studie durchzuführen und das Design des Schaftes zu erstellen (Abb. 9.7).

9.4.2.2 Morphologische Untersuchung

Die korrekte Untersuchung der Morphologie des proximalen Femurs ist von entscheidender Bedeutung, da dies der Bereich ist, der bei den meisten modernen Implantaten typischerweise langfristig unter Knochenresorption leidet (Solórzano et al., 2020). Sie ist auch für die präoperative Planung von Bedeutung, da ihr Zustand dem Chirurgen hilft, den besten Schaft oder Prothesentyp auszuwählen, was eine langfristige Erfolgsrate sicherstellen kann (Carter et al., 1995; Crooijmans et al., 2009). Chirurgen und Konstrukteure untersuchen die Morphologie des Oberschenkelknochens in der Regel anhand von zweidimensionalen Bildern wie z. B. Standardröntgenbildern, aber diese Methode ist im Vergleich zur Anwendung anderer medizinischer Bildgebungsverfahren wie z. B. Computertomografie (CT)

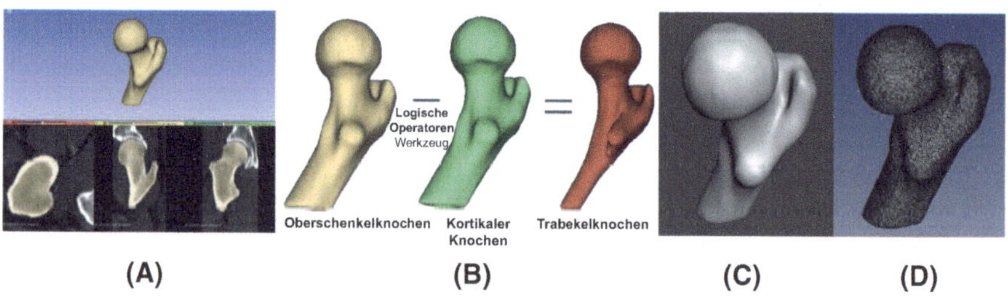

Abb. 9.7 **a** Die Segmentierung des rechten Oberschenkelknochens mit der Software 3D Slicer. **b** Der Prozess zur Gewinnung des trabekulären Knochens mit Boole'schen Werkzeugen. **c** Der modifizierte kortikale Knochen, der mit Meshmixer erzeugt wurde. **d** Die Solid-Datei des kortikalen Knochens in FreeCAD

oder MRT ungenau (Iguchi et al., 1996; Rubin et al., 1992). Aus CT-Scans gewonnene dreidimensionale Oberschenkelmodelle liefern bessere Informationen, die in der Regel eine individuelle Beurteilung jedes Patienten ermöglichen. Eine morphologische Studie ist für die Entwicklung personalisierter zementfreier Femurschäfte unerlässlich, da genaue, an die Morphologie des Patienten angepasste Abmessungen die Stabilität der primären Fixierung gewährleisten, die Schnittstelle zwischen Knochen und Implantat verbessern und Stress-Shielding verhindern können (Baharuddin et al., 2014).

Morphologische Studien zur Konstruktion konventioneller Schäfte beinhalten in der Regel orthogonale virtuelle Schnitte, um Messungen in der mediolateralen, anteroposterioren und halsorientierten Ebene vorzunehmen, obwohl sich dieses Verfahren bei innovativen Hüftschäften ändern kann. Zunächst sollten die Konstrukteure die Anteversion – den Winkel zwischen der Schenkelhalsachse und der Verbindungslinie zwischen den hinteren Kondylen in transversaler Ansicht (Noble et al., 1988) – ermitteln, um die halsorientierte Ebene zu bestimmen. Zur Schätzung dieses Winkels wird eine neuartige empirische Methode vorgeschlagen: Zunächst wird eine zum Femurkopf konzentrische Kugel mit ähnlichem Durchmesser, etwa 50 mm, erstellt (siehe Abb. 9.8a). Anschließend wird die Kugel mithilfe einer transversalen Ebene in der Mitte durchgeschnitten. Dann wird die Kurve auf die Ebene projiziert und es werden 2 Linien gezeichnet, von denen eine durch den Mittelpunkt der Projektion und die andere horizontal und tangential an der Kurve verläuft. Der 4. Teil des Winkels zwischen diesen beiden Linien ist schließlich die geschätzte Anteversion (Abb. 9.8b).

Das proximale Femur wird unter Berücksichtigung des akzeptierten Schenkelhalswinkels von 135° (Gilligan et al., 2013) geschnitten, wobei eine Ebene unter-

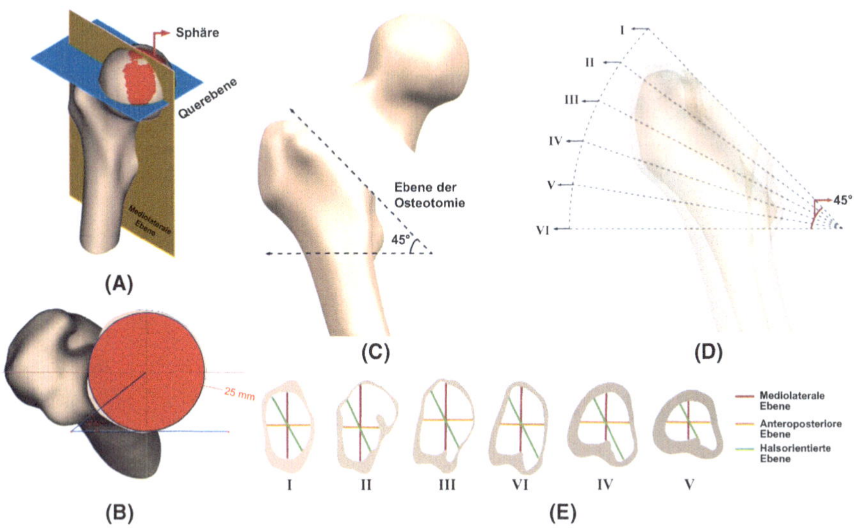

Abb. 9.8 **a** Femurkoordinatensystem. **b** Verfahren zur Schätzung der Anteversion. **c** Osteotomie-Ebene. **d** Bezugsebenen zur Beurteilung der Morphologie des Femurs. **e** Schräge femorale Schnitte

halb des Trochanter minor als Referenz dient (Abb. 9.8c). Dieser Winkel wird zum Schneiden des Schenkelhalses und zum Einsetzen des Schaftes in die Femurhöhle verwendet und kann auch als Anhaltspunkt für die Analyse der Morphologie des Femurs dienen. Anders als bei der konventionellen Analyse, die sich auf orthogonale Schnitte stützt, um die Form des Femurkanals zu bewerten, schlagen die Autoren vor, schräge Schnitte zu verwenden, da sie die korrekte seitliche Einstellung des Schafts erleichtern und das Design vereinfachen. Der zusätzliche Schenkelhalswinkel („supplementary neck shaft angle“; SNSA), der sich aus den Linien I und VI zusammensetzt (Abb. 9.8d), wird in 5 gleiche Teile unterteilt. Als Konsequenz werden die Linien II, III, IV und V hinzugefügt, die alle als Bezugsebenen dienen, um Schnitte für die Beurteilung des Femurkanals zu erhalten (Abb. 9.8e). SNSA kann in verschiedene gleich große Teile unterteilt werden, aber 5 Teile liefern hervorragende Ergebnisse. Mit dieser Technik lassen sich auch konventionelle Schäfte entwerfen und natürliche metaphysäre Formen erzielen.

9.4.2.3 „Round-the-Corner“-Technik

Das Vorhandensein einer ausgeprägten lateralen „Flamme“ in der Konstruktion erfordert eine neue Einsetzmethode, um den Trochanter major und die Gesäßmuskeln zu respektieren und den Schaft einzusetzen. Diese Technik wurde „Round the Corner“ genannt und wird durch das Fehlen des distalen Teils des Schaftes ermöglicht. Bei dieser Technik wird das Räuminstrument zunächst in Varusstellung eingeführt und eingehämmert und dann schrittweise in die korrekte Ausrichtung gekippt, während die Femurmetaphyse abwärts bewegt wird. Das Um-die-Ecke-Hämmern erleichtert die Verwendung minimalinvasiver Zugänge, schließt aber die Verwendung intramedullärer Führung aus und kann auch zu einer Varusposition führen, in der die Spitze des Schafts die laterale Kortikalis berühren kann, was zu potenziell zu einem Frakturrisiko beiträgt; aus diesem Grund ist die Verwendung von Fluoroskopie ratsam (Santori et al., 2006; Gombár et al., 2019; Santori et al., 2018).

9.4.3 Personalisiertes Design

Auf der Grundlage der morphologischen Studie, bei der schräge Schnitte zur Messung des Femurkanals zum Einsatz kommen, ist es möglich, einen personalisierten kurzen Schaft zu entwerfen, indem dieselben Ebenen verwendet werden (Abb. 9.9a) und die geschätzte Anteversion zur Definition der Querschnitte der Prothese berücksichtigt wird (Abb. 9.9b). Trapezförmige, ovale, elliptische und kreisförmige Querschnitte können für Schaftdesigns verwendet werden, aber frühere Studien (Rinaldi et al., 2018; Sabatini & Goswami, 2008) deuten darauf hin, dass die kreisförmigen und elliptischen Querschnitte eine gute Spannungsverteilung entlang des Schafts erzeugen, seine primäre Fixierung ermöglichen und seine Anpassungsfähigkeit an verschiedene Abschnitte mit Änderungen von Form und Größe

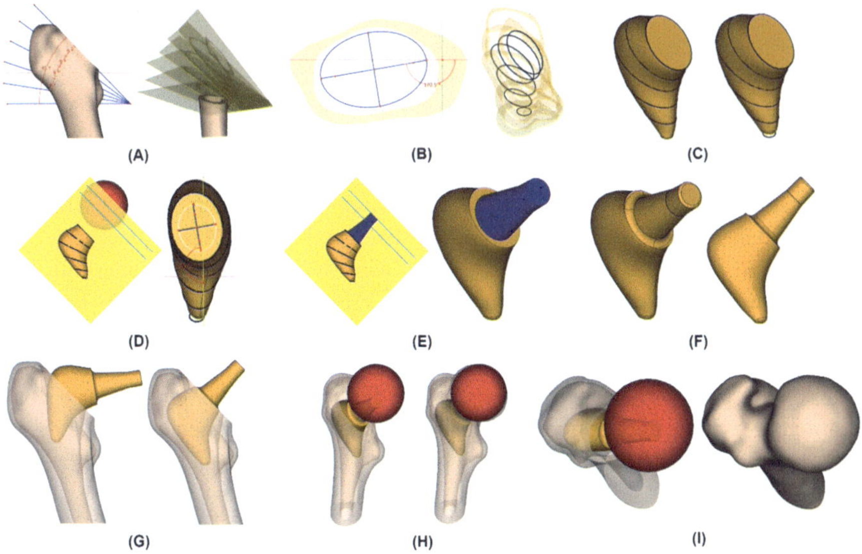

Abb. 9.9 **a** Morphologische Untersuchung des proximalen Femurs. **b** Querschnitte des Schaftes. **c** Innovate-Hüftschaft. **d** Skizze des Halsschaftes. **e** Hüftprothese ohne die abgerundeten Halskanten. **f** Endgültiger Entwurf. **g** Round-the-Corner-Technik für die Implantation. **h** Isometrische Ansicht der implantierten Prothese. **i** Querschnitt durch den intakten und den implantierten Oberschenkelknochen

verbessern. Daher verwenden die Autoren für dieses personalisierte Beispiel elliptische Querschnitte in den ersten 5 Ebenen und einen kreisförmigen Querschnitt in der 6 Ebene (Abb. 9.8c–e).

Querschnitte werden mit dem Loft-Tool von FreeCAD interpoliert. Im letzten Abschnitt (Abb. 9.9c) ist eine Kantenabrundung erforderlich, um den Zugang zum Schaft zu erleichtern, wobei die Technik des Abrundens der Ecke in Verbindung mit einer verbesserten Implantierbarkeit angewendet wird. Die Konstrukteure sollten die Querschnitte sorgfältig prüfen, da der Kanal in manchen Fällen unter Umständen nicht groß genug ist, um den kurzen Schaft einzuführen. Bei einigen Eingriffen verwenden die Chirurgen eine andere Osteotomiemethode, um den vorhandenen Hohlraum zu erweitern und Frakturen während des Eingriffs zu vermeiden. Die Kugel, die bei der morphologischen Bewertung verwendet wird, hilft bei der Gestaltung des Schafthalses, da sie sich in der Mitte des Femurkopfes befindet und Informationen über den Offset enthält, ein wichtiger Parameter bei diesen Konstruktionen. An den Knochen angepasste Stützebenen helfen, den Querschnitt des Prothesenhalses zu skizzieren, dessen erster Teil die Form eines Kegelstumpfes hat, der in einem Zylinder endet. Das Loft-Werkzeug wird verwendet, um einen festen Körper aus verschiedenen Schnitten zu erhalten, und Boole'sche Werkzeuge werden verwendet, um den Schaft der Prothese mit ihrem Hals zu verbinden (Abb. 9.9e).

Die Spannungskonzentration wird durch Abrundung der Kanten des Stielhalses minimiert (Abb. 9.9f), und als letzter Schritt wird die Durchführbarkeit überprüft, indem die Implantation der Prothese in Varusstellung nachgebildet wird, was dazu beiträgt, klinische Probleme im Zusammenhang mit dem Design zu vermeiden (Abb. 9.9g). Um zu überprüfen, ob die geschätzte Anteversion passend ist, wird das Implantat in Position gebracht und mit dem intakten Femur, der als Vorlage für das biomimetische Design dient, verglichen, wobei isometrische (Abb. 9.9h) und transversale (Abb. 9.9i) Ansichten verwendet werden.

Die Nähe oder der Abstand des Schaftes zur Kortikalis hängt von den mechanischen Eigenschaften des trabekulären Knochens ab. Wenn der spongiöse Knochen eine schlechte Qualität aufweist, muss der Schaft näher an der Kortikalis liegen; anderenfalls kann er sich auf den trabekulären Teil stützen.

Sobald ein personalisiertes Design erreicht ist, sollten auch In-silico-Studien (d. h. FEM-Simulationen) durchgeführt werden, um eine eventuelle Stressabschirmung zu bewerten und die Qualität der primären Fixierung einzuschätzen. Für diese Studien ist es notwendig, die mechanischen Eigenschaften der Knochen zu erhalten, was den Konstrukteuren hilft, die Umgebung, in der der Schaft implantiert wird, nachzubilden und zu simulieren und die äußeren Bedingungen zu berücksichtigen, die den langfristigen Erfolg beeinflussen können. Solórzano et al. (2020) schlagen vor, dafür transversale isotrope Eigenschaften zu nutzen, die anhand der mittleren Hounsfield-Einheit der Segmentierung für jede Knochenregion geschätzt werden. Diese können aus den CT-Bildern mithilfe des Werkzeugs „Segment Statistics“ von 3D Slicer ermittelt werden (Abb. 9.10a). Sobald die Geometrien, die Materialien, Belastungen und Randbedingungen definiert sind, kann das Modell durch Anwendung der FEM realisiert werden. Die Nachbearbeitung unter Verwendung der Tsai-Wu-Kriterien und der maximalen Hauptspannungen liefert nützliche Informationen über die Über- und Unterlastbereiche des intakten und implantierten Femurs. Dies hilft bei der Analyse von Stress-Shielding-Phänomenen und potenziellen Fehlern. Für eine genauere Analyse muss der Knochen als vollständig anisotropes Material betrachtet werden. Bonemat 3.2, eine kostenlose Software, die Finite-Elemente-Netze für Knochen mit aus CT-Bildern abgeleiteten elastischen Eigenschaften bereitstellt (Abb. 9.10b), kann für diese realistischeren Studien mit Knochen als Material mit unterschiedlichen Eigenschaften in jedem Punkt des Raums verwendet werden.

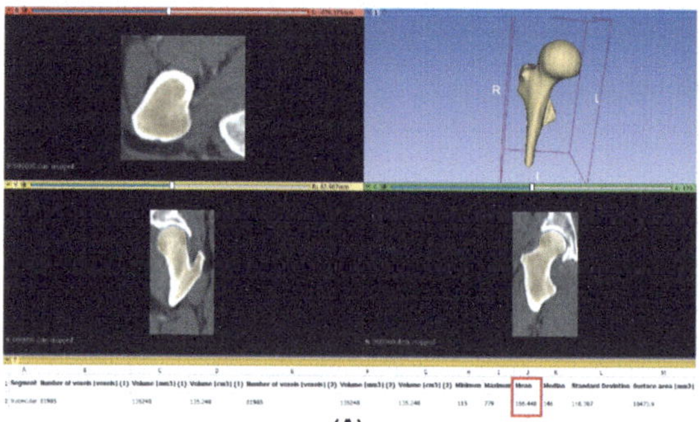
(A)

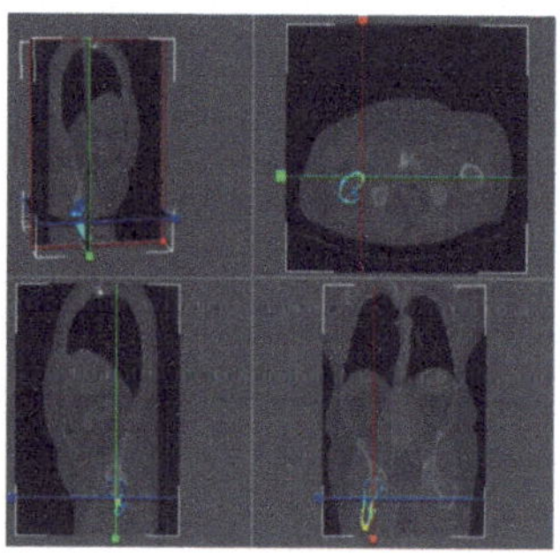
(B)

Abb. 9.10 **a** Statistik des trabekulären Knochensegments aus 3D Slicer. **b** Anisotropes Netz aus Bonemat

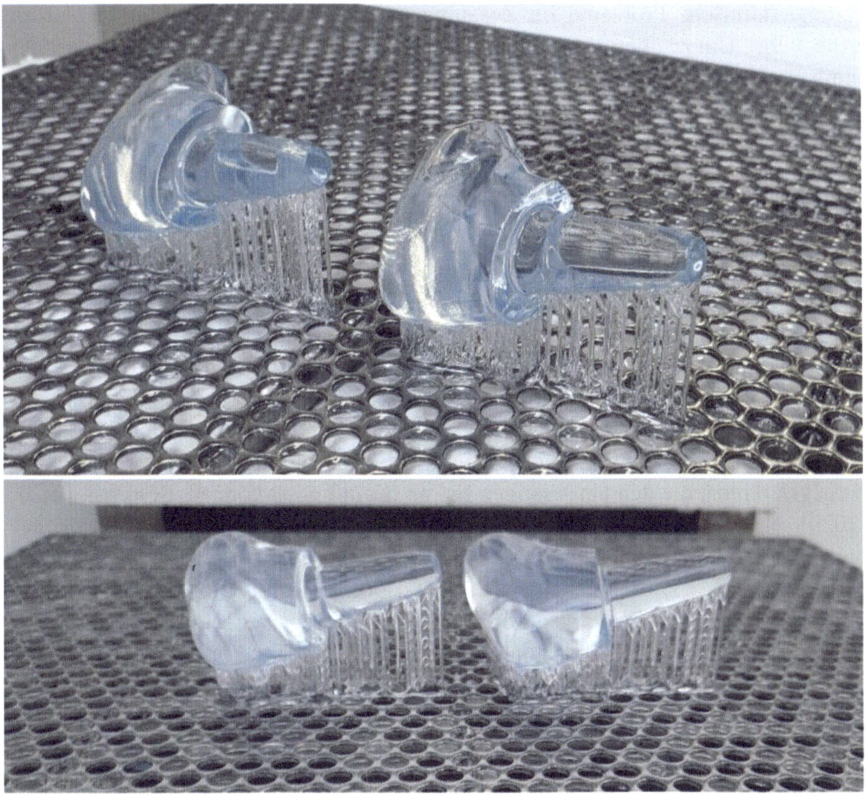

Abb. 9.11 Schnelle Prototypen für die geometrische Validierung mittels Laser-Stereolithografie

Das so entstandene Design wird schließlich anhand einiger konzeptioneller Prototypen veranschaulicht, die mittels Laser-Stereolithografie (SLA-3500 System von 3D Systems) hergestellt wurden (siehe Abb. 9.11). Die tatsächliche Herstellung mechanisch zuverlässigerer und potenziell biokompatibler personalisierter Hüftimplantate sollte mit anderen Technologien erfolgen, z. B. mit dem pulverbasierten Laserschmelzen unter Verwendung von Titanlegierungen, um eine Option auf der Grundlage additiver Verfahren zu nennen.

9.5 Herausforderungen und Trends: Hin zu offenen und personalisierten Medizinprodukten

In den vorangegangenen Abschnitten wurden verschiedene Open-Source-Hardware- und -Softwareressourcen für die Erfassung und Verarbeitung medizinischer Bilder und die anschließende Personalisierung des Designs im Zusammenhang mit der Entwicklung von Open-Source-Medizinprodukten vorgestellt. Solche Software-

und Hardwareressourcen konnten noch vor wenigen Jahrzehnten Kosten von ca. 5000–25.000 €/Jahr für innovative computergestützte Design- und Konstruktionssoftware, 20.000–50.000 €/Jahr für medizinische Bildverarbeitungssoftware und mehr als 60.000 €/Jahr für die Betriebskosten und die Abschreibung von medizinischer Bildverarbeitungshardware verursachen. Dies führte zu extrem hohen wirtschaftlichen Hürden für Innovatoren und Start-ups, die in den Bereich der Entwicklung medizinischer Geräte einsteigen wollten, insbesondere wenn personalisierte Ansätze gefördert werden sollten. Die zunehmende Verbreitung von quelloffenen computergestützten Designtools, quelloffener Software für die medizinische Bildverarbeitung und sogar quelloffener Hardware für die medizinische Bildgebung (Jansen, 2014; https://hackaday.io/project/9281-murgen-open-source-ultrasound-imaging; https://www.opensourceimaging.org/) hat, wie bereits erwähnt, die genannten Barrieren erheblich heruntergesetzt und zur Entstehung der Maker-Bewegung beigetragen, die auch den im Entstehen begriffenen Bereich der OSMD unterstützt.

Die vorgestellten Fallstudien tragen zur Veranschaulichung des aktuellen Designparadigmas bei, das sich durch einen wesentlich kostengünstigeren und einfacheren Zugang zu Design- und Prototypingressourcen auszeichnet, wodurch sich die OSMD (und ihre Methoden) als Alternative zur traditionellen biomedizinischen Industrie entwickeln.

Jetzt jedoch, da erschwingliche Technologien weiter verbreitet sind, stellen zugängliche und DSGVO-konforme Daten (siehe Kap. 7) wahrscheinlich das eigentliche Pfund dar, mit dem man im Open-Source-Paradigma wuchern kann. In der Tat ist die gemeinsame Nutzung von Daten nach FAIR-Grundsätzen („findable, accessible, interoperable, reusable“; auffindbar, zugänglich, interoperabel, wiederverwendbar; Wilkinson, 2016) unter Wahrung der Datenschutzrechte ein extrem starker Wettbewerbsvorteil für Open-Source-Gemeinschaften und -Initiativen, insbesondere im medizinischen Bereich. Durch die gemeinsame Nutzung von Daten können die Bedürfnisse der Nutzer bei der Entwicklung innovativer Gesundheitstechnologien besser berücksichtigt werden; die Sicherheit kann dank der verstärkten Kontrolle durch Entwickler und Endnutzer gefördert werden, und innovative Entwicklungen und Methoden können rasch in die Gesellschaft transportiert werden.

Im Idealfall können all diese Vorteile dazu führen, dass Open-Source-Medizinprodukte besser abschneiden als Medizinprodukte, die hinter verschlossenen Türen entwickelt wurden, wie in der Kahawa-Erklärung dargelegt (Ahluwalia et al., 2018b). Allerdings sollten die mit der gemeinsamen Nutzung von Patientendaten verbundenen datenschutzrechtlichen und ethischen Fragen stets berücksichtigt werden, und die Open-Source-Gemeinschaft sollte stets im Einklang mit dem Gesetz handeln: Open-Source-Medizinprodukte sollten den geltenden Vorschriften für Medizinprodukte entsprechen und unter Wahrung der Privatsphäre der Beteiligten entwickelt werden, in Europa gemäß der Datenschutz-Grundverordnung. Diese Verordnungen (EU MDR 745/2017 und DSGVO) können auch hervorragende Referenzen für Entwicklungsländer sein, die schrittweise eine Medizinprodukteindustrie aufbauen.

Der Zugang zu Daten wie medizinischen Bildern oder zu Körpergeweben und Organen, die aus solchen medizinischen Bildern rekonstruiert wurden, kann für den Nachweis der technischen und wirtschaftlichen Tragfähigkeit eines innovativen Medizinprodukts, das von der Designpersonalisierung profitiert, entscheidend sein. In vielen Fällen kann es jedoch schwierig sein, Zugang zu Patienten und ihren medizinischen Bildern zu erhalten, oder es sind keine Ressourcen für die medizinische Bildgebung für biomedizintechnische Zwecke verfügbar, insbesondere in Ländern mit niedrigem und mittlerem Einkommen. Wichtige wirtschaftliche und personelle Ressourcen können in langwierigen Verfahren verbraucht werden, wenn Feldstudien mit der Bildgebung von Dutzenden von Patienten erforderlich sind, was die Reaktionsgeschwindigkeit, die Innovationsfähigkeit und die gesellschaftlichen Auswirkungen von Designern in Schwellenländern einschränken kann. Folglich kann die Förderung des Zugangs zu FAIR-Daten in der Biomedizintechnik einen transformativen Trend darstellen, wie weiter unten beschrieben.

Entsprechend der gewünschten Zugänglichkeit zu medizinischen Bildern und CAD-Geometrien menschlicher Körper(teile) für Forschungs-, Entwicklungs- und Innovationszwecke, die in direktem Zusammenhang mit der Personalisierung von Medizinproduktdesigns in der Biomedizintechnik steht, haben mehrere Teams oder Forscher und Entwickler sowie Gemeinschaften von Innovatoren bemerkenswerte Initiativen gestartet, die in Tab. 9.4 zusammengefasst sind. Weitere Studien und Datenbanken bieten zusätzliche Referenzen (http://www.aylward.org/notes/open-access-medical-image-repositories).

Initiativen zur Förderung von Open-Source-Lösungen für eine verbesserte Kommunikation im medizinischen Bereich, Gemeinschaften, die bei der Entwicklung von Open-Source-Lösungen für die medizinische Bildgebung zusammenarbeiten, Open-Source-Sammlungen medizinischer Bilder und offene CAD-Bibliotheken von Körperstrukturen sowie Dokumente und Dateien, die von anderen Open-CAD- und Open-Biomedical-Engeneering-Gemeinschaften gemeinsam genutzt werden, machen biomedizinische Daten öffentlich unter strikter Einhaltung der Vorschriften zum Nutzen schnellerer Fortschritte in der Gesundheitstechnologie. Sie alle ergänzen in hervorragender Weise die zuvor beschriebenen Fortschritte im Bereich der Open-Source-Software für die medizinische Bildverarbeitung, der Open-Source-Design- und Simulationsprogramme und der Open-Source-Digitalisierungshardware und wirken synergetisch mit den Open-Source-Fertigungsressourcen, die im folgenden Kapitel beschrieben werden. Wie in der im vorigen Abschnitt beschriebenen Fallstudie hilft die Nutzung solcher offener Repositories dabei, die potenziellen Vorteile eines personalisierten Designs oder das Potenzial personalisierter Gesundheitstechnologien zu bewerten, die mit innovativen Strategien entwickelt wurden, indem sie nach einer bestimmten Geometrie entworfen werden, ohne dass Patienten und bildgebende Verfahren einbezogen werden müssen, wodurch der Entwicklungssweg und der Innovationszyklus beschleunigt werden.

Tab. 9.4 Initiativen, die Open-Source-Bilder, -Designs und anatomische Informationen zur Verfügung stellen

Initiative	Einzelheiten	Link/Verweis
OpenMRS	Open-Source-Plattform für medizinische Aufzeichnungssysteme, Open-Source-Lösungen für verbesserte Kommunikation, Open-Source-Lösungen für Big-Data-Gesundheit	https://openmrs.org/
Open-Source Imaging Initiative	Community, die an der Entwicklung von Open-Source-Lösungen für die medizinische Bildgebung mitarbeitet	http://www.opensourceimaging.org/news/
The Cancer Imaging Archive	Open-Source-Sammlung von medizinischen Bildern für die Krebsforschung und -behandlung	https://www.cancerimagingarchive.net/
Sicas Medical Image Repository	Frei zugängliches Repository mit medizinischen Forschungsdaten, darunter medizinische Bilder, Oberflächenmodelle, klinische Daten, Genomikdaten und statistische Formenmodelle	https://www.smir.ch
Thingiverse	Offene CAD-Bibliothek mit allen Arten von industriellen Komponenten und Geräten	https://www.thingiverse.com/
GrabCAD	Offene CAD-Bibliothek mit allen Arten von industriellen Komponenten und Geräten	https://grabcad.com/
Body Parts 3D	Offene CAD-Bibliothek von aus medizinischen Bildern generierten Körperstrukturen	http://lifesciencedb.jp/bp3d/
NIH-3D printing exchange	Repository für den Austausch von medizinischen Daten und Entwürfen im Zusammenhang mit dem medizinischen 3D-Druck	https://3dprint.nih.gov/
Bioverse	Offene CAD-Bibliothek von Biogeräten für den Bereich der Biofabrikation	http://bioverse.co/
Kaggle	Community von Datenwissenschaftlern, die Datensätze veröffentlichen, erforschen und Modelle erstellen, um datenwissenschaftliche Herausforderungen wie die Diagnose von Krankheiten mithilfe medizinischer Bildgebung zu lösen	https://www.kaggle.com

9.6 Schlussfolgerungen

In diesem Kapitel werden einschlägige Technologien und Methoden für die Personalisierung von OSMDs vorgestellt. Besonderes Augenmerk wurde u. a. auf verfügbare und frei zugängliche Open-Source-Designsoftware, Computermodellierungswerkzeuge, Hardware und Software für die medizinische Bildgebung und damit verbundene erschwingliche Fertigungstechnologien gelegt. Die Rolle von Gemein schaften von Ingenieuren, Ärzten, Patienten, Verbänden und Bürgern wurde ebenfalls hervorgehoben, da grundsätzlich Gemeinschaften von Mitgestaltern und „Machern" bereits zusammenarbeiten, um die Informationen, Ressourcen und Methoden zu erschließen, die zur Unterstützung der Personalisierung der Gesundheitsfürsorge durch patientenindividuelle Designs von Medizinprodukten benötigt werden. Zwei Fallstudien haben zur Veranschaulichung dieser Methoden und Ressourcen beigetragen und die Autoren bei der Diskussion der aktuellen Herausforderungen und der Relevanz einiger aufkommender Trends unterstützt. In Anbetracht der Tatsache, dass Entwickler von Open-Source-Medizinprodukten nicht nur die endgültigen Konstruktionsergebnisse in Form von offenen CAD-Dateien (oder Blaupausen) zur Verfügung stellen sollten, sondern auch alle relevanten Informationen über den gesamten Entwicklungsprozess mit Angabe der verwendeten Materialien, Methoden und Technologien, sind die Autoren der Meinung, dass die vorgestellten Fallstudien einen Beitrag zur Open-Source-Bewegung in der Entwicklung der Medizintechnik leisten.

Danksagungen Diese Forschung wurde durch das Forschungs- und Innovationsprogramm Horizont 2020 der Europäischen Union unter der Finanzhilfevereinbarung Nr. 731053 finanziert: „UBORA: Euro-African Open Biomedical Engineering e-Platform for Innovation through Education", die auch die Teilnahme von Adrián Martínez und Rodrigo Zapata an dieser Studie finanziert. Wir danken Herrn Pedro Ortego García für seine kontinuierliche Unterstützung bei Rapid-Prototyping-Aufgaben und Fertigungsprozessen.

William Solórzano dankt dem Fondo Nacional de Desarrollo Científico, Tecnológico y de Innovación Tecnológica (FONDECYT) von Peru, der über den Vertrag N°316-2019 ein 3-monatiges Praktikum im Labor für Produktentwicklung an der Universidad Politécnica de Madrid finanziert hat.

Literatur

3D matter made to order cluster of excellence, Karlsruhe Institute of Technology and Heidelberg University. https://www.3dmattermadetoorder.kit.edu/. Zugegriffen im December 2023.

Ahluwalia, A., De Maria, C., Madete, J., Díaz Lantada, A., Makobore, P. N., Ravizza, A., Di Pietro, L., Mridha, M., Munoz-Guijosa, J. M., Chacón Tanarro, E., et al. (2018a). Biomedical engineering project based learning: Euro-African design school focused on medical devices. *International Journal of Engineering Eduction, 34*, 1709–1722.

Ahluwalia, A., De Maria, C., & Díaz Lantada, A. (2018b). The Kahawa declaration: A manifesto for the democratization of medical technology. *Global Health Innovation, 1*, 1–4.

Baharuddin, M. Y., Salleh, S.-H., Zulkifly, A. H., Lee, M. H., & Mohd Noor, A. (2014). Morphological study of the newly designed cementless femoral stem. *BioMed Research International, 2014*. https://doi.org/10.1155/2014/692328

Bergmann, G., Bender, A., Dymke, J., Duda, G., & Damm, P. (2016). Standardized loads acting in Hip implants. *PLOS ONE, 11*(5), 1–23. https://doi.org/10.1371/journal.pone.0155612

Carter, L. W., Stovall, D. O., & Young, T. R. (1995). Determination of accuracy of preoperative templating of noncemented femoral prostheses. *Journal of Arthroplasty, 10*(4), 507–513. https://doi.org/10.1016/s0883-5403(05)80153-6

Crooijmans, H. J. A., Laumen, A. M. R. P., van Pul, C., & van Mourik, J. B. A. (2009). A new digital preoperative planning method for total hip arthroplasties. *Clinical Orthopaedics, 467*(4), 909–916. https://doi.org/10.1007/s11999-008-0486-y

Díaz Lantada, A., & Lafont Morgado, P. (2012). Rapid prototyping for biomedical engineering: Current capabilities and challenges. *Annual Review of Biomedical Engineering, 14*, 73–96.

Drosos, G. I., & Touzopoulos, P. (2019). Short stems in total hip replacement: Evidence on primary stability according to the stem type. *HIP International, 29*(2), 118–127. https://doi.org/10.1177/1120700018811811

Gilligan, I., Chandraphak, S., & Mahakkanukrauh, P. (2013). Femoral neck-shaft angle in humans: Variation relating to climate, clothing, lifestyle, sex, age and side. *Journal of Anatomy, 223*(2), 133–151. https://doi.org/10.1111/joa.12073

Gombár, C., Janositz, G., Friebert, G., & Sisák, K. (2019). The De Puy ProximaTM short stem for total hip arthroplasty – Excellent outcome at a minimum of 7 years. *Journal of Orthopaedic Surgery, 27*(2), 2309499019838668. https://doi.org/10.1177/2309499019838668. http://www.aylward.org/notes/open-access-medical-image-repositories

Iguchi, H., Hua, J., & Walker, P. S. (1996). Accuracy of using radiographs for custom hip stem design. *Journal of Arthroplasty, 11*(3), 312–321. https://doi.org/10.1016/S0883-5403(96)80084-2

Jansen, P. (2014). Open source CT scanner. *Make, 38*, 112.

Morales de Cano, J., Vergara, P., Valero, J., & Clos, R. (2018). Utilización de los vástagos metafisarios „Próxima“ DePuy: nuestra experiencia a más de cinco años. *Acta Ortopédica Mex., 32*, 88–92.

Munoz-Guijosa, J. M., Zapata Martínez, R., Martínez Cendrero, A., & Díaz Lantada, A. (2020). Rapid prototyping of personalized articular orthoses by lamination of composite fibers upon 3D-printed molds. *Materials, 13*(4), 939.

Murgen: Open source ultrasound imaging. (o.J.). https://hackaday.io/project/9281-murgen-open-source-ultrasound-imaging. Zugegriffen im December 2023.

Niezen, G., Eslambolchilar, P., & Thimbleby, H. (2016). Open-source hardware for medical devices. *BMJ Innovations, 2*, 78–83.

Noble, P. C., Alexander, J. W., Lindahl, L. J., Yew, D. T., Granberry, W. M., & Tullos, H. S. (1988). The anatomic basis of femoral component design. *Clinical Orthopaedics., 235*, 148–165.

Open source magnetic resonance imaging. (o.J.). https://www.opensourceimaging.org/. Zugegriffen im December 2023.

Rinaldi, G., Capitani, D., Maspero, F., & Scita, V. (2018). Mid-term results with a neck-preserving femoral stem for total hip arthroplasty. *HIP International, 28*(2), 28–34. https://doi.org/10.1177/1120700018813216

Rubin, P., Leyvraz, P., Aubaniac, J., Argenson, J., Esteve, P., & de Roguin, B. (1992). The morphology of the proximal femur. A three-dimensional radiographic analysis. *Journal of Bone and Joint Surgery, 74-B*(1), 28–32. https://doi.org/10.1302/0301-620X.74B1.1732260

Sabatini, A. L., & Goswami, T. (2008). Hip implants VII: Finite element analysis and optimization of cross-sections. *Materials & Design, 29*(7), 1438–1446. https://doi.org/10.1016/j.matdes.2007.09.002

Santori, N., Lucidi, M., & Santori, F. S. (2006). Proximal load transfer with a stemless uncemented femoral implant. *Journal of. Orthopaedics Traumatology, 7*(3), 154–160. https://doi.org/10.1007/s10195-006-0141-x

Santori, N., Albanese, C. V., Learmonth, I. D., & Santori, F. S. (2018). Bone preservation with a conservative metaphyseal loading implant. *HIP International.* https://doi.org/10.1177/112070000601603S04

Solórzano, W., Ojeda, C., & Diaz Lantada, A. (2020). Biomechanical study of proximal femur for designing stems for total hip replacement. *Applied Science, 10*(12). https://doi.org/10.3390/app10124208

Toth, K., & Sohar, G. (2013). Short-stem hip arthroplasty. In P. Kinov (Hrsg.), *Arthroplasty – Update*. InTech.

Wilkinson, M. D. (2016). Comment: The FAIR guiding principles for scientific data management and stewardship. *Scientific Data, 3*(160018), 1–9.

Kapitel 10
Open-Source-Medizinprodukte als Lehrmaterial für Design, Normen und Vorschriften für medizinische Technologien

Licia Di Pietro, Gabriele Maria Fortunato, Ermes Botte, Arti Ahluwalia und Carmelo De Maria

10.1 Einleitung

Die Entwicklung von Medizinprodukten erfordert einen multidisziplinären Ansatz, bei dem wissenschaftliche und technische Kenntnisse in den Bereichen Mechanik, Elektronik und Informationstechnologie mit Kompetenzen in Biologie, Anatomie und Physiopathologie kombiniert werden müssen, um den klinischen Bedarfen von Patienten und Gesundheitsdienstleistern gerecht zu werden. An Medizintechnikprojekten sind Teams von Fachleuten beteiligt, die sich u. a. aus biomedizinischen Ingenieuren, Ärzten, Management- und Wirtschaftsexperten zusammensetzen, sodass Teamfähigkeit und Kommunikationsfähigkeit ebenso wichtig sind wie Problemlösungsfähigkeiten.

In diesem Zusammenhang wurden kollaborative projekt- bzw. problembasierte Lehr- und Lernmethoden als wirksame Strategien vorgeschlagen, um technische Kompetenzen mit der Entwicklung transversaler Fähigkeiten zu verbinden (Dochy et al., 2003; Mahendru & Mahindru, 2011; Brennan et al., 2013), und sie können in der Ausbildung von Studierenden des Fachs Biomedical Engineering (BME), dem Berührungspunkt zwischen Medizin und Technik, von unschätzbarem Wert sein (Ahluwalia et al., 2018).

Der Ansatz des projektbasierten Lernens (PBL) wurde in verschiedenen Formaten (Davidson & Major, 2014; Brodie, 2009) und in verschiedenen Studien-

L. Di Pietro · G. M. Fortunato · E. Botte · A. Ahluwalia (✉) · C. De Maria
Research Center "E. Piaggio" and Department of Information Engineering, University of Pisa, Pisa, Italy
E-Mail: arti.ahluwalia@unipi.it; carmelo.demaria@unipi.it

A. Ahluwalia et al. (Hrsg.), *Entwicklung von Open-Source-Medizinprodukten*,
https://doi.org/10.1007/978-3-031-26028-5_10

gängen mehrerer Disziplinen (Stratton, 2010; Caspary & Wickstrom, 2017) untersucht, und im Allgemeinen haben diese studierendenzentrierten Lehr-Lern-Erfahrungen dazu beigetragen, die Teilnehmermotivation sowohl der Studierenden als auch der Lehrenden zu fördern, was ein grundlegendes Element für erfolgreiche formative Ergebnisse ist (Marra et al., 2014; Rillero et al., 2017). Kollaboratives PBL eignet sich im Allgemeinen gut für komplexe reale Probleme (Ortega-Sánchez et al., 2018; Downey et al., 2006; Fink, 2002), bei denen die Designvorgaben oft nicht wie bei einer Prüfung aufgeführt sind, sondern während der Analyse der zugewiesenen Herausforderung ermittelt werden. Im Bereich der BME werden Einschränkungen und Spezifikationen durch internationale Normen für Medizintechnologien definiert, die hauptsächlich von der International Standards Organization (ISO) und der International Electrotechnical Commission (IEC) veröffentlicht werden und deren vorrangige Aufgabe es ist, die Sicherheit und Wirksamkeit der Geräte zu gewährleisten (De Maria et al., 2018). Trotz ihrer Bedeutung ist es schwierig, die Aufmerksamkeit von Studierenden der Ingenieurwissenschaften auf Normen und Gesetze zu lenken, insbesondere im Vergleich zu innovativen Technologien wie 3D-Druck oder künstlicher Intelligenz.

Gleichzeitig ist es äußerst schwierig, hochwertiges Lehrmaterial zu finden, das die Entwicklung einer Medizintechnik „von der Wiege bis zur Bahre“ darstellt, d. h. von der Analyse des klinischen Bedarfs über die eigentliche Herstellung eines Geräts bis hin zu seiner Verwendung und endgültigen Entsorgung.

Unter diesem Gesichtspunkt stellen Open-Source-Medizinprodukte (OSMD) gemäß der in Kap. 1 gegebenen Definition ein Hilfsmittel dar, das den Zugang zu Blaupausen ermöglicht, die gemäß den einschlägigen Normen entwickelt wurden, um den Vorschriften zu entsprechen.

In diesem Zusammenhang könnte ein vertrauenswürdiges Repository solcher Open-Source-Projekte, wie die UBORA e-Plattform (https://platform.ubora-biomedical.org), den Überprüfungsprozess erleichtern, den Lehrende und Studierende in der Regel durchführen, wenn sie Kurse zum Design medizinischer Geräte vorbereiten resp. besuchen (King & Fries, 2003).

Hier stellen wir die schrittweise Entwicklung von 2 OSMDs vor, einer Gehhilfe und einem intelligenten manuellen Atemgerät, die von einer Gruppe von Studenten des Masterprogramms in BME an der Universität Pisa in den Studienjahren 2017/2018 bzw. 2018/2019 gemeinsam entwickelt wurden.

Die Studenten durchliefen den Prozess der Bedarfsermittlung, der Risikoklassenbewertung, der Identifizierung von Standards, des Entwurfs, des Prototypings und der Überprüfung der Konformität mit Normen und Regularien. Bevor wir ins Detail gehen, geben wir einen kurzen Überblick über die Organisation des Studiengangs für Medizinproduktdesign an der Universität Pisa, um einen Überblick über die Kompetenzen zu geben, die für die Durchführung dieser Projekte erforderlich sind.

10.2 Hintergrund und Kontext: Verlauf des Designs von Medizinprodukten

Der Kurs „Laboratory of Biomedical Technologies“ wurde so konzipiert, dass er fundiertes theoretisches Wissen über Produktdesign und Prototyping in Verbindung mit den von ABET (King & Collins, 2006; Ahluwalia et al., 2015) definierten Mindestkriterien für das Abschlussprojekt bietet. Nach dem Vorbild der Designschulen des African Biomedical Engineering Consortium (ABEC) (De Maria et al., 2015; Diez, 2012) und der FAB Academy (Crawley et al., 2007) wird großer Wert auf praktische Aktivitäten gelegt, die sich an der Lehr-/Lernmethodik „conceive“ – „design“ – „implement“ – „operate (CDIO) orientieren (Cheng, 2003). Das Programm kann in 6 Hauptteile unterteilt werden, und zwar in die folgenden:

1. Einführung in Medizinprodukte
2. Grundlagen des technischen Zeichnens
3. Grundlagen der Prototyping- und Fertigungstechnologien
4. Elektronisches Rapid Prototyping
5. Elektromechanisches Prototyping
6. Praktische Beispiele für die Gestaltung von Medizinprodukten (MDs)

Der Inhalt jedes Teils wird in Tab. 10.1 detailliert beschrieben, in der auch die ausgewählten freien und quelloffenen Lehrmittel und Werkzeuge hervorgehoben werden, die die Nachhaltigkeit und Reproduzierbarkeit des Kurses erhöht haben.

Die Abschlussprüfung bestand in der Erörterung eines Gruppenprojekts, das sich auf ein medizinisches Gerät konzentrierte, das bis zur Prototypingphase entwickelt wurde und bei dem versucht wurde, die von den ISO- und IEC-Normen und der Medizinprodukteverordnung MDR 2017/745 vorgegebenen Einschränkungen und Spezifikationen einzuhalten. Das abschließende Projekt sollte ein Dossier für ein Medizinprodukt vor der Produktion sein, das gemäß den Normen für das Qualitätsmanagement von Medizinprodukten ISO 13485 erstellt wurde. Zu Beginn des Kurses wurden die Studierenden aufgefordert, auf der Grundlage ihrer persönlichen Präferenzen (z. B. Freundschaft, gemeinsames Interesse) Gruppen mit maximal 3 Personen zu bilden und ein bestehendes Medizinprodukt zu identifizieren, das sie umgestalten oder verbessern wolten, oder nach einem ungedeckten klinischen Bedarf zu suchen und an einem innovativen Produkt zu arbeiten. Auf diese Weise wurde der Erfindergeist gefördert, auch wenn er nicht zwingend erforderlich war. Die Gruppen begannen die Arbeit an ihrem Projekt parallel zum theoretischen Unterricht, indem sie die Risikoklasse des Produkts und die einschlägigen Normen ermittelten. In Absprache mit den Lehrern wählte jedes Gruppenmitglied ein bestimmtes Teil oder eine Unterbaugruppe des Geräts aus, das bis hin zur Planung des Prototyps vertieft werden sollte. Die Lehrkräfte fungierten als Tutoren, indem sie die Zwischenergebnisse überprüften und den Schülern halfen, alternative Lösungen zu finden (World Health Organization, 2015). Die synchrone Kommunikation

Tab. 10.1 Detailliertes Kursprogramm

Teil (Stunden)	Themen	Instrumente	Link/Ref.
Einführung in Medizinprodukte	Vorläufer, Prototyp und Produkt im biomedizinischen Bereich		http://www.pretotyping.org/uploads/1/4/0/9/14099067/pretotype_it_2nd_pretotype_edition-2.pdf
	Klassifizierung von Medizinprodukten, internationale Normen für die Konzeption von Medizinprodukten und Zertifizierungswege	EU-Medizinprodukteverordnung MDR 2017/745; ISO-Datenbank; IEC-Datenbank	(Richtlinie des Rates, 1993; MDR-Verordnung, 2017; Lieu & Sorby, 2015)
Grundlagen des technischen Zeichnens	Die Rolle der technischen Zeichnung; manuelle Skizze und computergestützter Entwurf (CAD)		
	Verwendung einer CAD-Software: Konstruktion und Zusammenbau von Teilen	Kommerzielle (Fusion 360, kostenlose Version für Studenten) und Open-Source-Software (FreeCAD)	https://www.freecadweb.org/
	Angebot und Toleranzen	Messwerkzeuge (Messschieber, Mikrometerschraubenlehre)	(Bowyer, 2014)
	Einführung in die Maschinenelemente (Getriebe, Lager, Schrauben usw.)	Mechanische Komponenten	(Bowyer, 2014)
Grundlagen der Prototyping- und Fertigungstechnologien	Subtraktive Technologien: konventionelle Technologien (Fräsen, Drehen usw.) und nicht-konventionelle Technologien (Laserschneiden, Wasserstrahlschneiden, usw.)	Modela Player 4 CAM-Software und SRM CNC-Desktop-Fräsmaschine (Roland DG); CAM-Module von Fusion 360	https://www.rolanddga.com/products/3d/srm-20-small-milling-machine/specifications
	Formgebende Technologien (Gießen)		
	Additive Technologien	Slicing-Software Slic3r und Fused Deposition Modeling; 3D-Drucker Prusa I3 Nacharbeit	(Chu, 2010)

(Fortsetzung)

Tab. 10.1 (Fortsetzung)

Elektronisches Rapid Prototyping	Tafeln für elektronisches Rapid Prototyping	Arduino-Elektronikkarte (Open-Source); Tinkercad-Simulationsumgebung (proprietär); Fritzing Schaltungs-CAD (Open-Source)	https://www.arduino.cc/ https://www.tinkercad.com/ https://fritzing.org/
	Signalerfassung von Sensoren	Arduino-Bausatz, Multimeter	https://www.arduino.cc/
	Kommunikation zwischen Tafeln, Nutzern und Computern		
Elektromechanisches Prototyping	Elektrische Motoren und Motortreiber	Arduino-Bausatz	
	Steuerung von elektromechanischen Aktoren	Arduino-Bausatz	
	Dimensionierung von Motoren und Batterien	Arduino-Bausatz	
Praktische Beispiele für die Gestaltung von Medizinprodukten	UV-Sterilisationsgerät: Elektrisches Thermometer		http://www.centropiaggio.unipi.it/course/laboratorio-di-tecnologie-biomediche http://www.centropiaggio.unipi.it/course/laboratorio-di-tecnologie-biomediche

zwischen Lehrern und Studierenden wurde gegenüber der asynchronen E-Mail-Diskussion bevorzugt, indem festgelegte Termine vereinbart wurden.

Der erste experimentelle Kurs über das Labor für medizinische Geräte wurde im 1. Jahr des Masterstudiengangs Biomedizintechnik im 2. Semester des akademischen Jahres 2016–2017 (Frühjahr 2017) abgehalten. Insgesamt 70 Studierende (46 Frauen und 24 Männer) nahmen fleißig am Kurs teil und legten innerhalb von 8 Monaten nach Kursende (60 innerhalb von 3 Monaten) erfolgreich die Abschlussprüfung ab. Insgesamt 34 verschiedene Projekte, die eine Art Dossier für medizinische Geräte darstellten, wurden in einer mündlichen Präsentation von etwa 1 h von jeder der Gruppen vorgestellt. Alle Projekte – vom chirurgischen Skalpell über Insulinpumpen bis hin zu Hörköpfen – wurden korrekt klassifiziert, und mindestens eine Komponente des Geräts pro Teammitglied wurde nach den einschlägigen Normen entworfen und im Hinblick auf die Prototyping- und Fertigungszyklen analysiert. Wenn das ausgewählte Gerät keine elektronischen Komponenten enthielt (z. B. eine Herzklappe mit zwei Klappen oder eine Gehhilfe), arbeiteten die Studierenden auch an der Entwicklung eines sensorischen Prüfstands oder an der „Smartifizierung“ der Geräte durch Hinzufügen neuer Sensoren oder Aktoren (z. B. Entwicklung einer „intelligenten“ Gehhilfe für Blinde). Insgesamt 38 Studenten haben am Ende des Kurses vor der Abschlussprüfung auf freiwilliger Basis einen anonymen Fragebogen ausgefüllt. 3 von 4 Studenten äußerten sich sehr positiv über den Kurs und dessen Bedeutung für ihre zukünftige Karriere, da mehr als 75 % den Kurs auch dann besuchen würden, wenn er nicht obligatorisch wäre. Insgesamt wurde das kollaborative Projekt als Prüfungsmodalität als äußerst positiv bewertet, und die meisten Kommentare wiesen auf die Bedeutung der Möglichkeit hin, im Team an praktischen Problemen zu arbeiten, was im Kontext eines kollaborativen PBL als Lernerfolg betrachtet werden kann (Prepregs). Ähnliche Ergebnisse wurden in den darauffolgenden Jahren registriert.

10.3 Das Gehhilfe-Projekt

Dieser Abschnitt veranschaulicht, wie der Prototyp eines innovativen Gehgestells gemäß MDR 2017/745 von einer Gruppe von Studenten des Kurses Labor für biomedizinische Technologien im Jahr 2018 entworfen und hergestellt wurde. Das Projekt begann mit der Ermittlung des klinischen Bedarfs, ging über die Risikobewertung, die Finite-Elemente-Simulationen (FEM), die anschließende CAD-Modellierung und die Materialauswahl und endete mit der Herstellung der einzelnen Komponenten und ihrer endgültigen Montage. Die Herstellung der Rohre aus Kohlefaserverbundwerkstoff (die Strukturelemente des Gehgestells;weitere Details siehe weiter unten im Text) erfolgte in Zusammenarbeit mit dem ITS Maker in Fornovo di Taro, einer Hochschule der Emilia-Romagna für den Aufbau von Kompetenzen in der Handhabung und Verarbeitung von Kohlefaserverbundwerkstoffen und somit in der Herstellung von Kohlefaserstrukturen.

Eine Voraussetzung ist notwendig: Obwohl Kohlefaserbauteile nicht billig sind, war die Herstellung von Prototypbauteilen Teil der ITS-Ausbildungskurse in additiver Fertigung und Verbundwerkstoffen. Die Studenten üben in der Regel mit einfachen Formen, wie z. B. Rohren, ohne eine spezifische Anwendung, wodurch diese Teile oft unbrauchbar und nicht recycelbar sind. Diese Situation wurde in das Projekt als Konstruktionsvorgabe aufgenommen (d. h. die Verwendung von leistungsstarken Strukturbauteilen mit einer einfachen Form).

Das Projekt ist auf der UBORA-Plattform unter folgendem Link vollständig verfügbar: https://platform.ubora-biomedical.org/projects/54902d2c-5fde-4434-be65-e76dac5d816b.

10.3.1 Bedarfsermittlung

Ausgangspunkt für das Projekt war die Überlegung, dass die Weltbevölkerung aufgrund der konstant niedrigen Geburtenrate und der höheren Lebenserwartung immer älter wird und daher innovative Lösungen zur Unterstützung und Verbesserung der Lebensqualität älterer und behinderter Menschen benötigt werden. Aus diesem Grund könnten Gehhilfen wie Rollatoren älteren Menschen die Fähigkeit zurückgeben, sich zu fortzubewegen – ein wesentlicher Aspekt für ein unabhängiges Leben (Petersen, 2016). Der vorgeschlagene Gehbock ist ein rein statisches Hilfsmittel (d. h. ohne Räder), das die Restfähigkeit des Benutzers erfordert, um es Schritt für Schritt aufzurichten. Die Verwendung von Verbundwerkstoffen mit geringem Gewicht reduziert jedoch die körperliche Anstrengung, die von den Nutzern verlangt wird, sodass eine größere Anzahl von Menschen mit unterschiedlichen Behinderungsgraden davon profitieren könnte.

10.3.2 Identifizierung der Risikoklasse und relevante Normen

Gemäß der Medizinprodukteverordnung 2017/745 ist eine Gehhilfe ein Medizinprodukt der Klasse I, da sie nicht invasiv ist, nicht mit Blut oder anderen menschlichen Flüssigkeiten in Kontakt kommt und keine Energie mit dem Körper austauscht. Folglich werden Gehhilfen einer niedrigen Risikostufe zugeordnet, und die Übereinstimmung mit den internationalen Vorschriften kann selbst bescheinigt werden. Wenn das Hilfsmittel unter Berücksichtigung der in Tab. 10.2 aufgeführten Normen entworfen und hergestellt wird, ist seine Konformität mit den Normen automatisch erfüllt.

Es wurde eine Risikoanalyse gemäß ISO 14971:2012 durchgeführt, um mögliche kritische Situationen/Probleme zu ermitteln, die bei der Verwendung des betreffenden Geräts auftreten können. Eine Liste möglicher Gefährdungen mit den entsprechenden Gefahrensituationen und Schäden ist in Tab. 10.3 aufgeführt.

Tab. 10.2 Internationale Normen, die für den Gehbock gelten

Standard	Beschreibung
ISO 10993-1:2018	*Biologische Beurteilung von Medizinprodukten – Teil 1: Beurteilung und Prüfung im Rahmen eines Risikomanagementverfahrens* Bestehend aus 18 Kapiteln: Kap. 1 dient als Leitfaden für die Auswahl der weiteren Kapitel.
EN ISO 13485:2016	*Medizinprodukte: Qualitätsmanagementsysteme – Anforderungen für regulatorische Zwecke* Diese Norm legt Anforderungen für alle Stellen fest, die mit Medizinprodukten zu tun haben, und zwar in allen Phasen des Produktlebenszyklus: von der Auslegung über die Herstellung bis hin zur Installation und Entsorgung.
EN ISO 14971:2012	*Medizinprodukte – Anwendung des Risikomanagements auf Medizinprodukte* Diese Norm legt Anforderungen für Konstrukteure und Hersteller von Medizinprodukten fest, um das Risiko des Produkts selbst zu minimieren. Es gibt kein „risikofreies" Produkt, aber es können viele Maßnahmen zur Risikominderung und zum Risikomanagement ergriffen werden. Diese Norm enthält nützliche Checklisten und auch Anleitungen zu den am weitesten verbreiteten Risikomanagementtechniken wie FMEA.
MEDDEV 2.7.1 rev 4 Klinische Bewertung	*Ein Leitfaden für Hersteller und benannte Stellen gemäß den Richtlinien 93/42/EWG und 90/385/EWG* Dieser Leitfaden enthält Informationen über Methoden zur Bewertung der klinischen Leistung und des klinischen Nutzens eines Medizinprodukts. Er wird von der Europäischen Kommission kostenlos zur Verfügung gestellt.
IEC 62366-1:2015	*Medizinische Geräte – Teil 1: Anwendung von Usability Engineering auf Medizinprodukte* Diese Norm bietet einen Leitfaden für den Umgang mit den menschlichen Faktoren bei der Entwicklung eines Medizinprodukts (Usability Engineering).
EN ISO 15223-1:2016	*Medizinprodukte – Symbole für Etiketten, Kennzeichnungen und bereitzustellende Informationen für Medizinprodukte – Teil 1: Allgemeine Anforderungen* Diese Norm enthält eine Reihe von Symbolen, die auf Etiketten von Medizinprodukten verwendet werden können.
EN 12182:2012	*Hilfsmittel für Menschen mit Behinderungen – Allgemeine Anforderungen und Prüfverfahren* Diese Europäische Norm legt allgemeine Anforderungen und Prüfverfahren für Hilfsmittel für Menschen mit Behinderungen fest.
ISO 9999:2016	*Hilfsmittel für Menschen mit Behinderungen – Klassifizierung und Terminologie* Sie legt die Klassifizierung und Terminologie von speziell hergestellten oder allgemein verfügbaren Hilfsmitteln für Menschen mit Behinderungen fest. Die Klassifizierung umfasst auch Hilfsmittel, die von einer Person mit Behinderung benutzt werden, für deren Bedienung jedoch die Hilfe einer anderen Person erforderlich ist.

(Fortsetzung)

Tab. 10.2 (Fortsetzung)

Standard	Beschreibung
EN ISO 11199-1:2005	*Beidarmig geführte Gehhilfen – Anforderungen und Prüfverfahren – Gehhilfen* Der 1. Teil bezieht sich speziell auf Gehhilfen (d. h. ohne Räder oder anderes Zubehör). Es werden die technischen Bezeichnungen der Gerätekomponenten und der Bereich der zulässigen Werte für die charakteristischen Abmessungen und das Gewicht des Benutzers festgelegt. Es werden die Anforderungen an die Gehhilfen in Bezug auf die mechanische Festigkeit bei statischer Belastung für das gesamte Gerät und nur für die Beine, die Ermüdungsfestigkeit und die Stabilität (vorwärts, rückwärts und seitlich) unter den vom Hersteller angegebenen Standardübungsbedingungen angegeben. Darüber hinaus wird eine detaillierte Beschreibung der Testmethoden und ihrer jeweiligen Testsettings in Bezug auf die Lastgeometrie, die Testleitung und die Registrierung der Ergebnisse für eine korrekte Eingliederung in die Selbstzertifizierung des Prüfzeichens gegeben.
EN ISO 24415:2009	*Tipps für Hilfsmittel zum Gehen* Der 1. Teil befasst sich speziell mit den Reibungseigenschaften von Stopfen für Gehhilfsmittel. Hier werden die technischen Anforderungen an die Aufsätze unter den vom Hersteller angegebenen Standardübungsbedingungen definiert. Eine detaillierte Beschreibung der Simulationseinstellungen, die für die Messung der Reibungskraft zwischen Stopfen und Auflagefläche erforderlich sind, wird zusammen mit den erforderlichen Merkmalen für das Messsystem und die Nachbearbeitung vorgestellt, die durchzuführen ist, um Ergebnisse für die Selbstzertifizierung des Prüfzeichens zu erhalten.
EN 1041	*Informationen, die vom Hersteller von Medizinprodukten bereitgestellt werden* Diese Europäische Norm legt die Anforderungen an die Informationen fest, die ein Hersteller für Medizinprodukte bereitstellen muss.

Tab. 10.3 Liste der Gefährdungen, Gefährdungssituationen, Schäden und damit verbundenen Risiken

Gefährdung	Gefährdungssituation	Schaden	Risikonummer
Biologisch	Bei der Verwendung freigesetzte Bakterien	Bakterielle Infektion	R1
Biokompatibilität	Allergenität/Reizung	Allergische Reaktionen	R2
Funktion	Verschleiß der Stopfen	Verlust der Unterstützungsfunktion für die Nutzer	R3
Kennzeichnung	Unvollständige Gebrauchsanweisung	Falsche Verwendung des Geräts	R4
Mechanisch	Vorhandensein von scharfen Kanten	Schäden für Nutzer	R5
Mechanisch	Verschlechterung der Leistung des Geräts	Rückgang der Patienten	R6

Tab. 10.4 Liste der oben genannten Risiken mit zugehöriger Wahrscheinlichkeit des Schadenseintritts und Schwere des Schadens

Risikonummer	Wahrscheinlichkeit des Auftretens eines Schadens	Schwere des Schadens
R1	Niedrig	Mäßig
R2	Mittel	Vernachlässigbar
R3	Hoch	Mäßig
R4	Niedrig	Vernachlässigbar
R5	Niedrig	Mäßig
R6	Niedrig	Mäßig

Tab. 10.5 *Qualitative* Risikomatrix (3×3) mit 3 Stufen der Eintrittswahrscheinlichkeit eines Schadens und 3 Stufen der Schwere des Schadens

		Schweregrade		
		Vernachlässigbar	Mäßig	Bedeutsam
Wahrscheinlichkeitsstufen	Hoch		R3	
	Mittel	R2		
	Niedrig	R4	R1, R5, R6	

Schlüssel	
	Unannehmbares Risiko
	Akzeptables Risiko

Für jeden Schaden wurde ein Risiko angegeben. Die Liste der Risiken mit der zugehörigen Wahrscheinlichkeit des Auftretens eines Schadens und der Schwere des Schadens ist in Tab. 10.4 dargestellt. Die abschließende qualitative Risikoanalyse ist in Tab. 10.5 dargestellt. Der Tabelle zufolge wurde das Risiko Nummer 3 von den Studenten als inakzeptables Risiko eingestuft. Aus diesem Grund wird dem Endnutzer eine korrekte Wartung als geeignete Risikokontrollmaßnahme vorgeschlagen. Insbesondere wurden nach der Durchführung dieser Maßnahme alle Risiken als akzeptabel eingestuft.

10.3.3 *Finite-Elemente-Modellierung*

Es wurden FEM-Simulationen der Strukturmechanik durchgeführt, um den Querschnitt der Rohre, die Winkel zwischen den Rohren, die optimale Position für die Griffe, die Ausrichtung der Fasern und die Stratigrafie für das Verbundmaterial zu bestimmen. Die Simulationen wurden mit dem Modul COMSOL Multiphysics – Strukturmechanik mit dem Anwendungsmodus 3D-Euler-Strahl durchgeführt. Da die radiale Abmessung der Rohre im Vergleich zur axialen vernachlässigbar ist, wurde gemäß der Euler-Bernoulli-Hypothese jedes Rohr einfach durch seine Achse dargestellt, sodass ein 3D-Trägermodell entstand, das in Bezug auf die seitliche Ebene symmetrisch ist (d. h. die yz-Ebene in Abb. 10.1). Die Balken, die den 4 Beinen der Gehhilfe entsprechen, standen orthogonal zum Boden, und die Griffe wurden bei 1/5 der relativen Rohrlänge (ab dem hinteren Ende) angebracht, um Stabilität zu gewährleisten. Die Neigung des oberen schrägen Rohrs war das Ergebnis

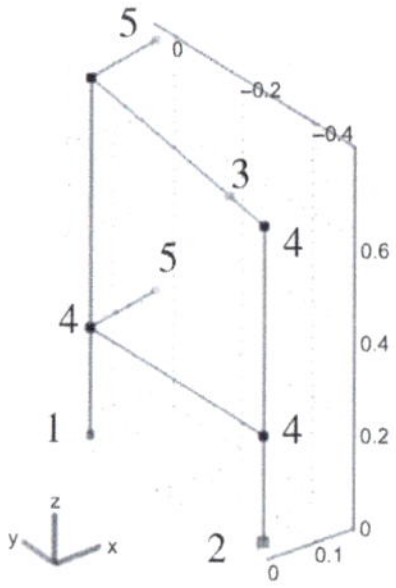

Grenze Etikett	Bedingung(en)
1	Keine Verschiebung
2	Keine Verschiebung auf der XY-Ebene; Reaktionskraft, $R = \frac{4}{5} P \cdot z$
3	Gewichtsbelastung des Benutzers **P** ($\|P\| = 750\,N$)
4	Keine Lasten oder Zwänge
5	Symmetrie in der YZ-Ebene

Abb. 10.1 Randbedingungen für die FEM-Simulation

Tab. 10.6 Einstellungen für die FEM-Simulation

Eigentum	Wert	Referenzen
Dichte	1800 kg/m^3	„Prepregs." [Online]
Elastizitätsmodul	100 GPa	„Prepregs." [Online]
Poisson'sche Zahl	0,3	Geschätzt nach (Smith et al., 1974; Krucinska & Stypka, 1991)

trigonometrischer Überlegungen, die sich mit der Bedingung befassten, dass die Richtung der Gewichtskraft des Benutzers die Bodenebene innerhalb der Rahmenbasis kreuzen muss, um ein Umkippen zu verhindern. Die Simulation wurde unter statischer Belastung und unter den Bedingungen der ISO 11199:2005 durchgeführt, und es wurde angenommen, dass jedes Rohr einen ringförmigen Querschnitt mit einem Außendurchmesser von 30 mm und eine Materialdicke von 2 mm hat und nahezu unendlich steif ist. Der Kohlefaserverbundwerkstoff wurde als elastisches, lineares, homogenes und isotropes Material mit einem Elastizitätsmodul in der Größenordnung des Faseraxialmoduls angenommen (Tab. 10.6). Die Lasten und Restriktionen wurden als Randbedingungen festgelegt (Abb. 10.1).

Die Last, die durch das Gewicht des halben Benutzers entsteht, wurde als 3D-Kraft auf die Griffe übertragen (Konfiguration für einen Standardbenutzer: 30°-Winkel in Bezug auf die z-Achse und 15° Winkel in Bezug auf die y-Achse). Die Stopfen wurden in der xy-Ebene durch die Haftreibungskraft gehalten, die sich zuvor als ausreichend erwiesen hat, um jegliche Bewegung entlang beider Achsen zu vermeiden. Für diese Bewertung wurden die normale Komponente der Gewichtskraft und ein Haftreibungskoeffizient von 0,65 – ein typischer Wert für gummiartige Materialien auf Standardoberflächen – berücksichtigt. Die Geometrie wurde dann durch die Erstellung des Netzes diskretisiert, und die Simulation wurde durchgeführt.

Die Ergebnisse sind in Abb. 10.2 dargestellt, die die maximale äquivalente Normalspannung (σ_{eq}) zeigt, die aus den tangentialen und normalen Spannungen nach dem Von-Mises-Ansatz berechnet wurde. Es ist zu beachten, dass die angegebenen Werte von σ_{eq} aus Vorsicht überschätzt wurden, da davon ausgegangen wurde, dass die Maxima der Tangential- und Normalspannungsverteilung in jedem Abschnitt der Struktur am gleichen Punkt zusammenfallen. Die kritischen Punkte (in Abb. 10.2 durch Pfeile hervorgehoben) weisen einen σ_{eq} von etwa 315 MPa auf.

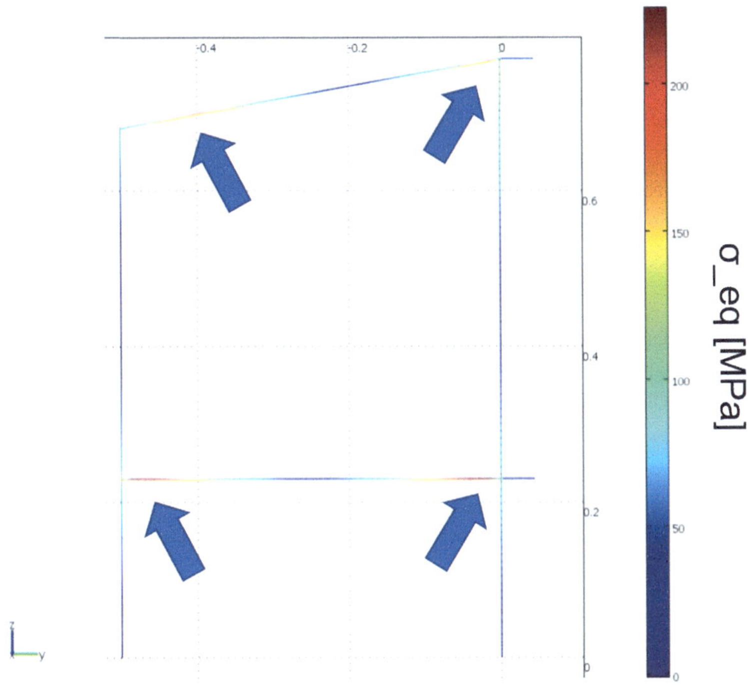

Abb. 10.2 Maximale äquivalente Normalspannung. Die Pfeile zeigen die am stärksten belasteten Punkte an

In Kenntnis der mechanischen Festigkeit der verfügbaren Kohlefaserverbundwerkstoffe und unter Zugrundelegung eines Sicherheitsfaktors von mindestens 2 wurde die Struktur für jede mögliche Materialschichtung überprüft. Diese Beobachtungen lassen darauf schließen, dass die gewählte Konstruktion für die Herstellung des Prototyps geeignet ist: Sie erlaubt Flexibilität in Bezug auf die Materialzusammensetzung und folglich auch auf die Herstellungsverfahren.

Schließlich ergaben sich kohärent vernachlässigbare Verschiebungen, und selbst wenn man sich aufgrund der Hypothesen über die linearen, elastischen, isotropen und homogenen mechanischen Eigenschaften annähert, wurden die Stabilität des Rahmens und die physikalische Bedeutung des Modells (d. h. keine Verschiebungen unterhalb des Bodenniveaus) verifiziert.

10.3.4 CAD-Modellierung

Für die Herstellung des physischen Prototyps wurde ein 3D-Modell des Geräts mit der 3D-CAD-Software SolidWorks gezeichnet. Jedes Rohr der Struktur wurde entsprechend den oben definierten Dimensionen modelliert, entsprechend der

FEM-Geometrie. Die einzige Ausnahme bilden die in die Stopfen eingefügten Rohre, die kleiner waren (Außendurchmesser von 26 mm), um eine teleskopische Verbindung mit dem Rest des Rahmens zu bilden, und die vier vertikal äquidistante Löcher auf ihrer Seitenfläche aufwiesen, um die Höhe der Gehhilfe anzupassen.

Die CAD-Konstruktion ist in Abb. 10.3 dargestellt. Die Gelenke (a) wurden entsprechend den Ergebnissen der FEM-Simulation mit entsprechenden Winkeln gestaltet. Auch die Stopfen (b), die sich durch eine rutschfeste Oberfläche (c) auszeichnen, wurden modelliert: Die rutschfeste Eigenschaft wurde durch die Gestaltung von Rillen erreicht, die die Kontaktfläche unter Druck vergrößern, damit sie eine ausreichende Reibungskraft erzeugen können. Der Mechanismus zur Höhenregulierung basiert auf einem flexiblen Ring (d) und einem Stift, der in das Loch an den Beinschienen der Gehhilfe eingesetzt wird. Die Griffe wurden nach ergonomischen Gesichtspunkten gestaltet (e) und so modelliert, dass sie aus zwei Hälften bestehen, die mit Schrauben verbunden sind, um ihre Montage am entsprechenden Rohr zu vereinfachen.

Die CAD-Modelle wurden so optimiert, dass sie mit der additiven Fertigungstechnologie Fused Deposition Modeling (FDM) hergestellt werden konnten. Die relevanten Komponenten und Abmessungen des Geräts sind in Abb. 10.4 bzw. Tab. 10.7 dargestellt.

10.3.5 Prototypingprozess

Wie bereits erwähnt, besteht das Skelett der Gehhilfe aus Rohren, die mit speziellen, durch additive Fertigung hergestellten Verbindungsstücken verbunden sind. Jedes Rohr wurde laminiert, indem drei verschiedene Arten von vorimprägnierten Schichten (sogenannte *Skins*) aus Kohlenstofffaserverbundwerkstoff (d. h. Platten

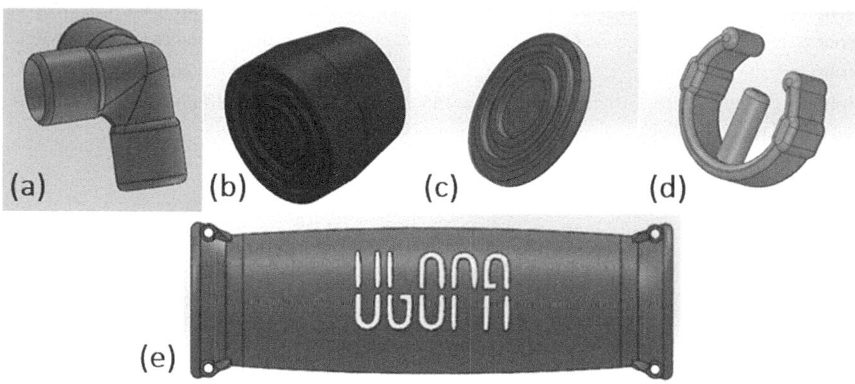

Abb. 10.3 CAD-Modell von (**a**) drei Gelenken mit Ad-hoc-Winkeln, entsprechend den Ergebnissen der FEM-Simulation; (**b**) Stopfen mit Rillen; (**c**) rutschfester Endteil für die Stopfen, gekennzeichnet durch Rillen zur Vergrößerung der Kontaktfläche unter Druck; (**d**) Höhenregulierungsmechanismus; (**e**) Griffhälfte mit dem UBORA-Logo

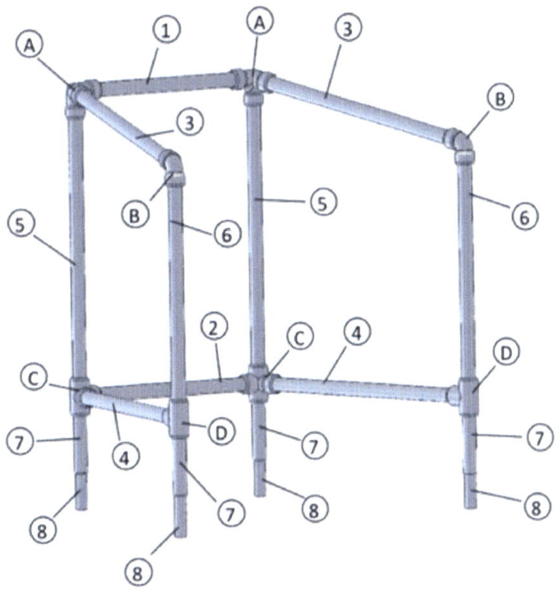

Abb. 10.4 CAD-Modell des Gehgestells mit beschrifteten Komponenten

Tab. 10.7 Relevante Abmessungen für die in Abb. 10.4 gezeigten Gehgestellteile

Komponente	Anzahl (#)	Abmessungen (mm) – D (Durchmesser), L (Länge), H (Höhe)	Material
Rohr 1	1	$D_{ext} = 33$, $L = 340$	Uniaxialer Verbundwerkstoff (IMC)
Rohr 2	1	$D_{ext} = 33$, $L = 362$	Uniaxialer Verbundwerkstoff (IMC)
Rohr 3	2	$D_{ext} = 33$, $L = 488$	Uniaxialer Verbundwerkstoff (IMC)
Rohr 4	2	$D_{ext} = 33$, $L = 480$	Uniaxialer Verbundwerkstoff (IMC)
Rohr 5	2	$D_{ext} = 33$, $L = 520$	Uniaxialer Verbundwerkstoff (IMC)
Rohr 6	2	$D_{ext} = 33$, $L = 430$	Uniaxialer Verbundwerkstoff (IMC)
Rohr 7	4	$D_{ext} = 33$, $L = 132$	Uniaxialer Verbundwerkstoff (IMC)
Rohr 8	4	$D_{ext} = 32$, $L = 155$	Uniaxialer Verbundwerkstoff (IMC)
Fuge A (3 Eingänge)	2	$D_{int} = 33{,}5$, $D_{ext} = 38{,}5$	ABS
Fuge B (2 Eingänge)	2	$D_{int} = 33{,}5$, $D_{ext} = 38{,}5$	ABS
Fuge C (4 Eingänge)	2	$D_{int} = 33{,}5$, $D_{ext} = 38{,}5$	ABS
Fuge D (3 Eingänge)	2	$D_{int} = 33{,}5$, $D_{ext} = 38{,}5$	ABS
Höhenverstell-Mechanismus	4	Flexibler Ring mit einem Stift	ABS
Stopfen	4	$D_{int} = 32{,}5$, $D_{ext} = 45$, $H = 35$	TPU
Handgriff	2	$D_{int} = 33$, $L = 150$	TPU

IMC Kohlefaserverbundwerkstoff mit mittlerem Modul, *ABS* Acrylnitril-Butadien-Styrol, *TPU* thermoplastisches Polyurethan mit einem bestimmten Kohlenstofffasermuster, in die ein vorkatalysiertes Epoxidharz imprägniert wurde) zusammengefügt wurden. Im Einzelnen wurden (von der äußeren zur inneren Schicht) 200 g unidirektional 0°, 300 g unidirektional 0° und 414 g Köper 45° gewählt, eine Kombination, die die mechanische Festigkeit des Bauteils entsprechend der vorhergesagten Spannungsverteilung optimieren kann. Für das Laminieren der Kohlenstofffasern ist eine Form erforderlich, die genau das Negativ des betreffenden Teils darstellt und in der vorliegenden Arbeit ebenfalls aus Kohlenstofffaserverbundstoff hergestellt wurde. Nach dem Laminieren wurde jedes Bauteil bei kontrollierter Temperatur und kontrolliertem Druck in einem Autoklaven ausgehärtet, um seine Stabilisierung zu gewährleisten.

Die Gelenke (Abb. 10.5a), das Kernstück der Stopfen (Abb. 10.5b) und der Mechanismus zur Höhenregulierung (Abb. 10.5c) wurden mit einem Stratasys Fortus 3D-Drucker in ABSplus gedruckt, um eine angemessene mechanische Festigkeit zu gewährleisten, während die Endstücke der Stopfen (Abb. 10.5) und die Griffe (Abb. 10.5e) mit dem Creality cr10 3D-Drucker aus thermoplastischem Polyurethan (TPU) gedruckt wurden, um die gewünschten Reibungseigenschaften zu gewährleisten.

Alle gedruckten Teile wurden mit einem lichthärtenden Klebstoff auf Harzbasis mit den Rohren verbunden. Das Endergebnis der Herstellungsschritte ist in Abb. 10.6 dargestellt.

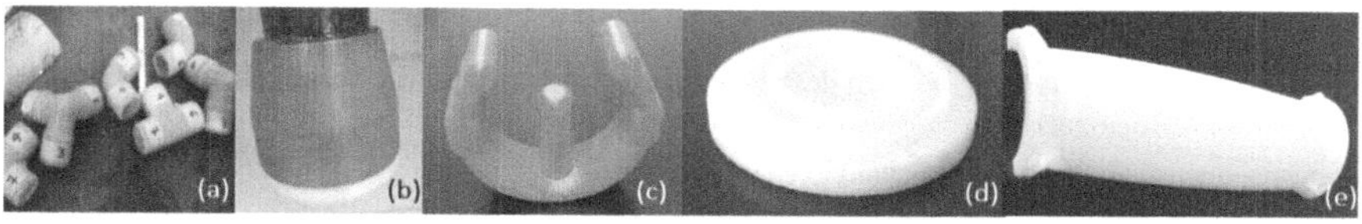

Abb. 10.5 3D-gedruckte Komponenten des Gehhilfeprototyps: (**a**) Rohrverbindungen; (**b**) der Kernteil der Stopfen; (**c**) rutschfester Endteil der Stopfen; (**d**) Stift für den Höhenregulierungsmechanismus; (**e**) Hälfte eines Griffs. (**a**), (**b**) und (**c**) wurden in ABSplus mit einem Stratasys Fortus 3D-Drucker gedruckt; (**d**) und (**e**) wurden in TPU mit einem Creality cr10 3D-Drucker gedruckt

Abb. 10.6 Der endgültige Prototyp des Gehbocks

10.3.6 Überprüfung der ISO-Konformität und Sicherheitsbewertung

Das Produkt erfüllt die Anforderungen der Norm EN ISO 11199:2005 – Beidarmige Gehhilfen, wie in Tab. 10.8 angegeben. Außerdem muss das verwendete Material der Norm ISO 10993 Biologische Bewertung von Medizinprodukten (Tab. 10.9) entsprechen.

10.4 Das Projekt AMBU+

Dieser Abschnitt zeigt, wie der Prototyp einer innovativen AMBU gemäß MDR 2017/745 von einer Gruppe von Studenten des Studiengangs Labor für biomedizinische Technologien entwickelt wurde. Das Projekt begann mit der Ermittlung des klinischen Bedarfs, lief weiter mit der Risikobewertung, dem elektro-

Tab. 10.8 Übereinstimmung mit der EN ISO 11199:2015. Numerische Werte der Spezifikation werden nicht angegeben, um eine Verletzung des Urheberrechts zu vermeiden

Anforderung	Spezifikation	Übereinstimmung mit EN ISO 11199:2015
Standardbereich für das Gewicht des Benutzers	Bereich des Gewichts	Ja
Anforderungen an die Abmessungen	Abstand der Hinterbeine	Ja
	Durchmesser der Stopfen	Ja
	Durchmesser der Griffe	Ja
Mechanische Anforderungen (für maximales Standardgewicht)	Keine Schäden nach einer bestimmten Belastung aufgrund von Materialermüdungs	Ja
	Keine Beschädigung eines Bauteils nach einer bestimmten statischen Belastung	Ja
	Begrenzte permanente Verschiebung der distalen Extremität eines jeden Beins nach einer bestimmten statischen Belastung	Ja
	Vorwärtsstabilität bis mindestens zu einem bestimmten Neigungswinkel der Stützebene bei einer bestimmten statischen Belastung	Ja
	Stabilität des Hecks bis mindestens zu einem bestimmten Neigungswinkel der Stützebene bei einer bestimmten statischen Belastung	Ja
	Seitenstabilität bis mindestens zu einem bestimmten Neigungswinkel der Stützebene bei einer bestimmten statischen Belastung	Ja

Tab. 10.9 Beobachtungen zur Einhaltung der ISO 10993

TPU	Die Griffe des Prototyps wurden in 3D aus TPU gedruckt, einem biokompatiblen Material, das bereits in verschiedenen biomedizinischen Anwendungen eingesetzt wird und der ISO 10993 entspricht.	https://solutions.covestro.com/en/highlights/articles/stories/2020/new-medical-grade-tpu-materials
ABSplus	Die Stopfen und der Mechanismus zur Höhenregulierung wurden mit ABSplus gedruckt, das vom Hersteller nicht gemäß ISO 10993 getestet wurde. Daher sollte ein geeigneter Test auf Hautsensibilisierung entwickelt werden. Das Endprodukt kann jedoch mit ABS-M30i gedruckt werden, einem biokompatiblen Material, das bereits in verschiedenen biomedizinischen Anwendungen verwendet wird.	https://www.stratasys.com/it/materials/search/absplus
Kohlefaser	Das Skelett der Gehhilfe besteht aus Kohlefaser, einem biokompatiblen Material, das bereits in verschiedenen biomedizinischen Anwendungen eingesetzt wird.	Petersen (2016)

nischen Prototyping und der Auswahl der Materialien und endete mit der Herstellung der einzelnen Komponenten und der Endmontage. Die Endmontage wurde im Forschungszentrum „Enrico Piaggio“ der Universität Pisa durchgeführt. Das Projekt ist auf der UBORA-Plattform unter folgendem Link verfügbar: https://platform.ubora-biomedical.org/projects/54f880bb-9933-42e3-88c9-a7b1ecb09e5b.

10.4.1 Bedarfsermittlung

Wenn ein Patient nicht richtig atmen kann oder im Zustand nach Herzstillstand wird eine Kombination aus Basis- und erweiterten Atemwegs- und Beatmungstechniken eingesetzt, um eine zusätzliche Sauerstoffzufuhr zu gewährleisten. Die manuelle Beatmung ist ein lebenswichtiges Verfahren und wird regelmäßig bei medizinischen Notfällen erforderlich, wenn die Atmung des Patienten insuffizient ist (Atemnot) oder vollständig aufgehört hat (Atemstillstand). Mit der Beutel-Masken-Beatmung (Bag Valve Mask, BVM) können Gesundheitsdienstleister, die regelmäßig geschult werden, in nahezu jeder Umgebung oder Situation tätig werden, um die Lunge des Patienten mit lebensrettendem Sauerstoff zu versorgen.

BVM, manchmal auch unter dem Markennamen AMBU bekannt, ist ein tragbares Gerät, das üblicherweise zur Überdruckbeatmung von Patienten verwendet wird, die nicht oder nur unzureichend atmen. Das Gerät wird zur Durchführung oder Unterstützung der Herz-Lungen-Reanimation bei Erwachsenen und Kindern mit einem Körpergewicht von über 15 kg verwendet.

Das BVM-Gerät besteht aus einem flexiblen Beutel, der entweder mit einer Beatmungsmaske oder einem Endotrachealtubus über eine Art Druckregelventil verbunden ist. Die Hauptbestandteile des Geräts sind in Abb. 10.7 dargestellt.

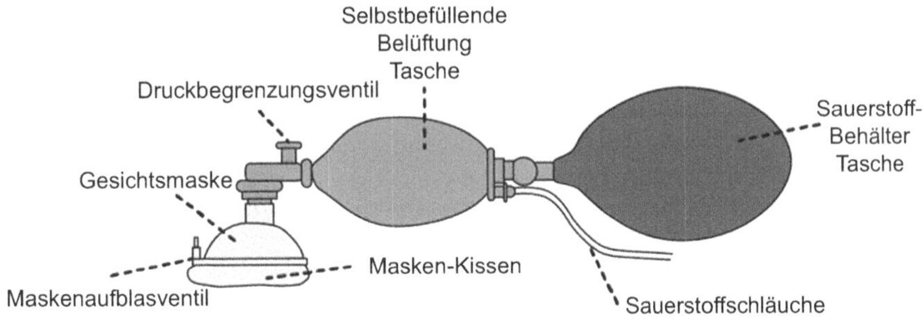

Abb. 10.7 Gemeinsame Teile für Beutel-Ventil-Masken, in diesem Fall ein selbstaufblasender Beutel. Der Reservoirbeutel kann, sofern vorhanden, mit reinem Sauerstoff aus einer externen Quelle gefüllt werden, sodass der Patient mit nahezu 100 % Sauerstoff versorgt werden kann

In Anbetracht der Notsituationen, in denen dieses Gerät zum Einsatz kommt, bestand die Idee dieses Projekts darin, eine handelsübliche AMBU mit einem elektronischen Teil zu versehen, mit dem Ziel, die Verwendung der AMBU zu verbessern/vereinfachen, indem ein Signal zur Koordinierung der Aufblasmanöver eines geschulten Bedieners gesendet wird.

AMBU+ hilft dem medizinischen Personal, eine präziser gesteuerte Beatmung durchzuführen, indem die richtige Frequenz angezeigt wird, mit der der Bediener den Patienten beatmen muss. Die Frequenz wird durch ein visuelles und ein akustisches Signal vermittelt. Der Bediener kann zwischen zwei verschiedenen Nutzungsmodi wählen: dem ersten für ein normales Beatmungsverfahren (eupnoeisch) und dem zweiten für die kardiopulmonale Reanimation, die eine andere Beatmungsfrequenz erfordert.

10.4.2 Risikobewertung und Identifizierung von Standards

Gemäß der Medizinprodukteverordnung 2017/745 ist eine AMBU ein Medizinprodukt der Klasse IIa gemäß Regel 2, da sie nicht-invasiv arbeitet, nicht mit Blut oder anderen menschlichen Flüssigkeiten in Kontakt kommt und keine Energie mit dem Körper austauscht. Das Gerät ist für die Zufuhr von Sauerstoff in den Körper bestimmt. Folglich wird es einer mittleren bis niedrigen Risikostufe zugeordnet, und seine Übereinstimmung mit den internationalen Vorschriften muss von einer benannten Stelle zertifiziert werden. Wenn es unter Berücksichtigung der in Tab. 10.10 aufgeführten Normen entworfen und hergestellt wird, ist seine Konformität mit den Normen automatisch erfüllt. Da das vorgeschlagene Produkt mit einem IIa-Medizinprodukt verbunden ist, wird es ebenfalls als IIa eingestuft.

Es wurde eine Risikoanalyse gemäß ISO 14971:2012 durchgeführt, um mögliche kritische Situationen/Probleme zu ermitteln, die bei der Verwendung des vorgeschlagenen Geräts auftreten können. Eine Liste möglicher Gefahren mit zugehörigen Gefahrensituationen und Schäden ist in Tab. 10.11 aufgeführt.

Tab. 10.10 Internationale Normen, die für die „smartified bag valve mask" AMBU+ gelten

Standard	Beschreibung
ISO 10993-1:2018	*Biologische Beurteilung von Medizinprodukten – Teil 1: Beurteilung und Prüfung im Rahmen eines Risikomanagementverfahrens* Er besteht aus 18 Kapiteln: Kap. 1 dient als Leitfaden für die Auswahl der entsprechenden zusätzlichen Kapitel.
EN ISO 13485:2016	*Medizinprodukte – Qualitätsmanagementsysteme – Anforderungen für regulatorische Zwecke* Diese Norm legt Anforderungen für alle Stellen fest, die mit Medizinprodukten zu tun haben, und zwar in allen Phasen des Produktlebenszyklus: von der Auslegung über die Herstellung bis hin zur Installation und Entsorgung.
EN ISO 14971:2012	*Medizinprodukte – Anwendung des Risikomanagements auf Medizinprodukte* Diese Norm legt Anforderungen für Konstrukteure und Hersteller von Medizinprodukten fest, um das Risiko des Produkts selbst zu minimieren. Es gibt kein „risikofreies" Produkt, aber es können viele Maßnahmen zur Risikominderung und zum Risikomanagement ergriffen werden. Diese Norm enthält nützliche Checklisten und auch Anleitungen zu den am weitesten verbreiteten Risikomanagementtechniken wie FMEA.
MEDDEV 2.7.1 rev 4 Klinische Bewertung	*Ein Leitfaden für Hersteller und benannte Stellen gemäß den Richtlinien 93/42/EWG und 90/385/EWG* Dieser Leitfaden enthält Informationen über Methoden zur Bewertung der klinischen Leistung und des klinischen Nutzens eines Medizinprodukts. Er wird von der Europäischen Kommission kostenlos zur Verfügung gestellt.
IEC 62366-1:2015	*Medizinische Geräte – Teil 1: Anwendung von Usability Engineering auf Medizinprodukte* Diese Norm bietet einen Leitfaden für den Umgang mit den menschlichen Faktoren bei der Entwicklung eines Medizinprodukts (Usability Engineering).
EN ISO 15223-1:2016	*Medizinprodukte – Symbole für Etiketten, Kennzeichnungen und bereitzustellende Informationen für Medizinprodukte – Teil 1: Allgemeine Anforderungen* Diese Norm enthält eine Reihe von Symbolen, die auf Etiketten von Medizinprodukten verwendet werden können.
ISO 10651-4:2002	*Lungenbeatmungsgeräte – Besondere Anforderungen an anwenderbetriebene Wiederbelebungsgeräte* (oder entsprechende nationale oder regionale Normen). Diese Norm legt die Anforderungen an bedienerbetriebene Wiederbelebungsgeräte fest, die für die Verwendung bei allen Altersgruppen vorgesehen sind, die tragbar sind und für die Lungenbeatmung von Personen bestimmt sind, deren Atmung insuffizient ist. Bedienerbetriebene Wiederbelebungsgeräte für Säuglinge und Kinder werden nach Körpermasse und ungefährem Altersäquivalent bezeichnet.
IEC 60601	*Medizinische elektrische Geräte – Teil 1: Allgemeine Festlegungen für die grundlegende Sicherheit und die wesentlichen Leistungsmerkmale*

(Fortsetzung)

Tab. 10.10 (Fortsetzung)

Standard	Beschreibung
EN 62304:2006+A1:2015	*Software für medizinische Geräte* – Entwicklung und Programmierung von Software für medizinische Geräte und Anforderungen an die Kontrolle der Änderungen an der Software.
DE 1789	*Medizinische Fahrzeuge und ihre Ausrüstung – Straßenkrankenwagen*
ISO 5356-1	*Anästhesie- und Beatmungsgeräte – Konische Verbindungsstücke – Teil 1: Kegel und Muffen* Dieser Teil von ISO 5356 legt die Anforderungen an die Abmessungen und Lehren von Konen und Muffen fest, die zum Anschluss von Anästhesie- und Beatmungsgeräten bestimmt sind, z. B. in Beatmungssystemen, Anästhesiegas-Spülsystemen und Verdampfern.

Tab. 10.11 Liste der Gefahren, Gefahrensituationen, Schäden und damit verbundenen Risiken

Gefahrenklassifizierung	Gefährdungssituation	Schaden	Risikonummer
Elektromagnetische Spannung (Netzspannung)	Mögliche Funken, die einen Brand auslösen	Verbrennungen für Patient und Anwender	R1
Elektromagnetische Spannung	Körperflüssigkeiten oder Wasser, die den elektronischen Schaltkreis benetzen	Unterbrechung des Gerätebetriebs	R2
Elektromagnetische Spannung	Beschädigung/Verschleiß von Kabeln und elektronischen Bauteilen	Unterbrechung des Gerätebetriebs	R3
Elektromagnetische Spannung	Batterieverschleiß	Unterbrechung des Gerätebetriebs	R4
Thermische Energie	Hohe Temperatur	Verbrennungen für Patient und Anwender	R5
Betriebsanleitung	Falsche Wahl der Betriebsart in Notsituationen aufgrund unklarer Gebrauchsanweisungen	Falsche Beatmung des Patienten	R6
Kennzeichnung	Unvollständige Gebrauchsanweisung	Falsche Beatmung des Patienten	R7
Kennzeichnung	Bruch der Verpackung während des Gebrauchs	Kunststoffsplitter/ Fragmente, die das Gesicht des Patienten treffen	R8

Für jeden Schaden wurde ein Risiko angegeben. Die Liste der Risiken mit der zugehörigen Wahrscheinlichkeit des Auftretens eines Schadens und der Schwere des Schadens ist in Tab. 10.12 dargestellt. Die abschließende qualitative Risikoanalyse ist in Tab. 10.13 dargestellt. Der Tabelle zufolge werden die Risiken 4 und 7 als inakzeptabel eingestuft. Aus diesem Grund wurden geeignete Maßnahmen zur Risikokontrolle in Betracht gezogen. Insbesondere für das Risiko Nr. 4 schlugen die Studenten eine korrekte Wartung vor, die dem Endbenutzer empfohlen werden

Tab. 10.12 Liste der genannten Risiken mit zugehöriger Eintrittswahrscheinlichkeit des Schadens und Schwere des Schadens

Risikonummer	Wahrscheinlichkeit des Auftretens eines Schadens	Schwere des Schadens
R1	Niedrig	Bedeutend
R2	Mittel	Vernachlässigbar
R3	Niedrig	Mäßig
R4	Mittel	Bedeutend
R5	Niedrig	Mäßig
R6	Niedrig	Mäßig
R7	Hoch	Mäßig
R8	Niedrig	Vernachlässigbar

Tab. 10.13 Qualitative Risikomatrix (3×3) mit 3 Stufen der Wahrscheinlichkeit des Auftretens eines Schadens und 3 Stufen der Schwere des Schadens

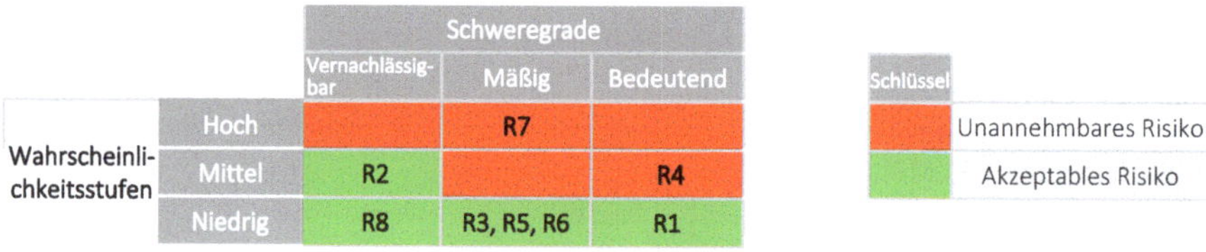

		Schweregrade		
		Vernachlässig-bar	Mäßig	Bedeutend
Wahrscheinli-chkeitsstufen	Hoch		R7	
	Mittel	R2		R4
	Niedrig	R8	R3, R5, R6	R1

Schlüssel
Unannehmbares Risiko
Akzeptables Risiko

sollte, und für das Risiko Nr. 7 wurde eine sorgfältige Benutzerschulung vor der ersten Benutzung in Betracht gezogen. Nach der Umsetzung der Risikokontrollmaßnahmen wurden alle Risiken als akzeptabel eingestuft.

10.4.3 CAD-Modellierung

Für die Herstellung des physischen Prototyps wurde mit der 3D-CAD-Software Autodesk Fusion 360 ein 3D-Modell des Geräts erstellt und ein geeignetes externes Gehäuse entworfen, das alle elektronischen Komponenten enthält. Das CAD-Modell ist in Abb. 10.8 dargestellt.

Die für das Projekt verwendete kommerzielle AMBU ist in Abb. 10.9 dargestellt. Sie kostet durchschnittlich 50 US-$. Das äußere Gehäuse weist 2 Löcher auf, in denen entsprechende Knöpfe zur Auswahl der korrekten Ventilationstherapie angebracht sind:

1. *Normales Beatmungsverfahren (eupnoeisch)*: Dieses Verfahren gewährleistet eine normale Atemfrequenz (15 Atemzüge pro Minute [bpm]; das bedeutet, dass alle 4 s 1 Atemzug abgegeben werden muss).
2. *Herz-Lungen-Wiederbelebung (HLW)*: Bei diesem Verfahren wird die Beatmungsmaske mit zusätzlichem Sauerstoff verwendet. Während der HLW wird die Beutelmaske verwendet, um nach jeweils 30 Herzdruckmassagen 2 Atemzüge zu geben.

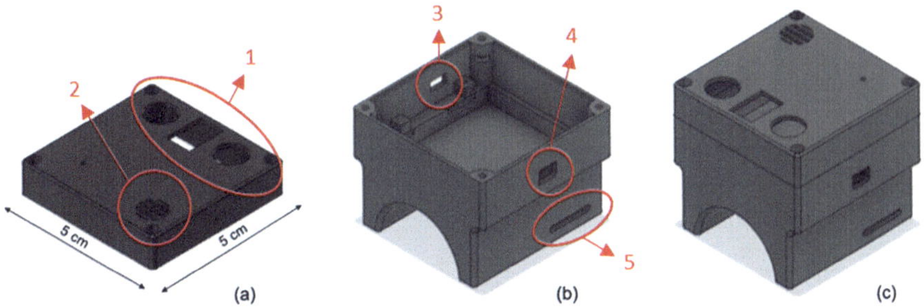

Abb. 10.8 Externes Gehäuse: (**a**) ist das Oberteil; (**b**) ist das Unterteil; (**c**) stellt den Zusammenbau von (**a**) und (**b**) dar, der mit 4 M3×25-Schrauben befestigt ist. Das Oberteil weist 3 Löcher für die beiden Tasten und die 7-Segmente-Anzeige (1) sowie eine Öffnung für den Summer (2) auf. In (**b**) befinden sich 2 Löcher an den Seitenwänden für den Anschluss des Ladegeräts (3) und den Ein-/Ausschalter (4), während 2 Schlitze im unteren Teil (5) die Befestigung des Gehäuses am BVM mit einem Gummiband ermöglichen.

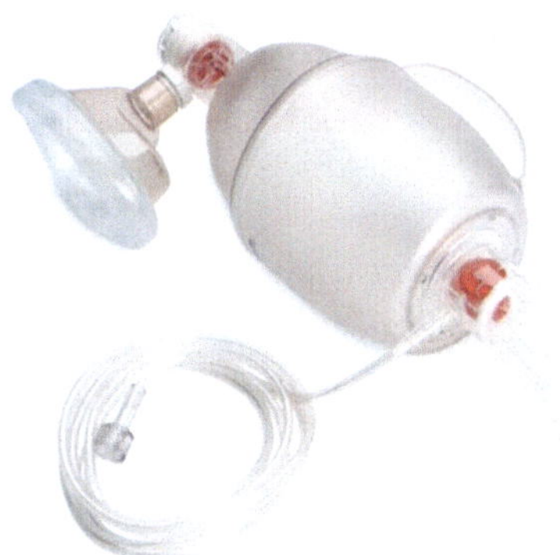

Abb. 10.9 Im Handel erhältliche Beutel-Ventil-Maske Life/form® BVM

10.4.4 *Elektronisches Prototyping*

Für das elektronische Prototyping wurden handelsübliche Komponenten verwendet, um das endgültige elektronische System zu entwerfen. Die kommerziellen Komponenten sind in Tab. 10.13 aufgeführt. Das elektronische System, das auf dem Arduino Nano Board basiert, ist in Abb. 10.10 dargestellt.

Der DC-DC-Aufwärtswandler MT3608 nimmt Eingangsspannungen von nur 2 V auf und erhöht die Ausgangsspannung auf bis zu 28 V. Der MT3608 verfügt über eine automatische Umschaltung in den Pulsfrequenzmodulationsmodus bei geringer Last. Er hat eine Unterspannungssperre, Strombegrenzung und einen thermischen Überlastungsschutz. Dieses Modul verfügt über ein Mehrgang-Potentiometer zur Einstellung der Ausgangsspannung. Der MT3608 DC-DC-Aufwärtswandler in diesem Gerät nimmt eine Eingangsspannung von 3,7 V auf und erhöht die Aus-

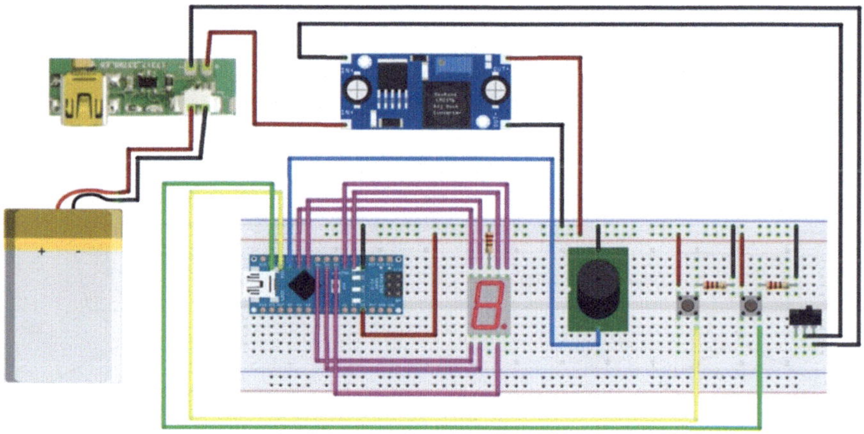

Abb. 10.10 AMBU+-Elektronikschema auf Protoboard. Der elektronische Prototyp besteht aus einer Batterie, einer Ladeschaltung, einem MT3608 DC-DC-(Aufwärtswandler), einem Display mit 7 Segmenten, einem Summer und 2 Drucktasten

gangsspannung auf 5 V. Ein Summer und eine 7-Segment-Anzeige sorgen für eine akustische bzw. visuelle Rückmeldung. Die 7-Segmente-Anzeige zeigt dem Bediener an, wie viele Sekunden bis zur nächsten Insufflation verbleiben. In dem Moment, in dem die Insufflation erfolgen muss, wird ein „P" angezeigt.

Während des Entwurfsprozesses wurde ein Lithium-Polymer-Akku (LiPo) für die Stromversorgung des Arduino gewählt, da er als sicherer gilt als ein Lithium-Ionen-Akku (Li-Ion). Außerdem hat er den Vorteil, dass er wiederaufladbar ist. Die Batterieeinheit des Ladegeräts wurde so konzipiert, dass ein Ausfall der Batterie verhindert wird. Um die Sicherheit der Batterie zu gewährleisten, wurde ein geeigneter Überentladungsschutz vorgesehen, der verhindert, dass die Batterie unter 2,4 V entladen wird. Gleichzeitig verfügt das vorgeschlagene System auch über einen Überladeschutz, um eine Spannung unter 4,2 V zu gewährleisten.

Eine mit Arduino IDE entworfene Firmware wurde auf das Arduino nano Board hochgeladen. Der Code ist im Repository der UBORA-Plattform unter dem Link https://platform.ubora-biomedical.org/projects/54f880bb-9933-42e3-88c9-a7b1ecb09e5b/Repository verfügbar. Das Code-Flussdiagramm ist in Abb. 10.11 dargestellt.

10.4.4.1 Prototypingprozess

Alle entworfenen Teile wurden mit dem 3D-Drucker Stratasys Fortus 250mc aus ABSplus gedruckt, das mechanische Festigkeit garantiert. Die elektronischen Bauteile (siehe Tab. 10.14) wurden alle auf eine Matrixplatine gelötet, die mit 4 M2×12-Schrauben am Gehäuse befestigt wurde, mit Ausnahme der Batterie, die sich in einem Ad-hoc-Gehäuse unterhalb der Platine befindet. Das Gehäuse wurde dann

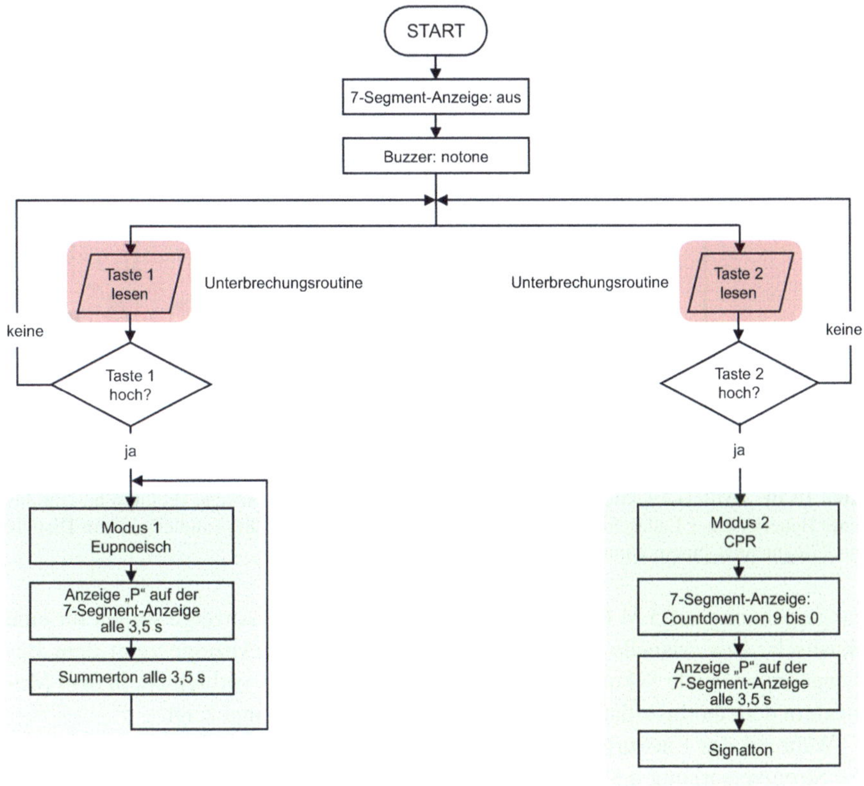

Abb. 10.11 Code-Flussdiagramm der AMBU+-Firmware

Tab. 10.14 Kommerzielle Elektronikkomponenten bei AMBU+

Komponente	Menge	Hinweis
Arduino Nano Mikrocontroller	1	https://store.arduino.cc/arduino-nano
7-Segment-Anzeige	1	
Buttons	2	
Buzzer	1	
Widerstände	3	1×220 Ω; 2×10 kΩ
Umschalttaste	1	
Lithium-Ionen-Akku	1	
LiPoLy-Ladegerät – Einzelzelle	1	https://www.sparkfun.com/products/12711
MT3608 DC-DC-Aufwärtswandler	1	
Drähte	-	Unterschiedliche Größe
M2×12-Schrauben	4	Für den Zusammenbau der Elektronikplatine

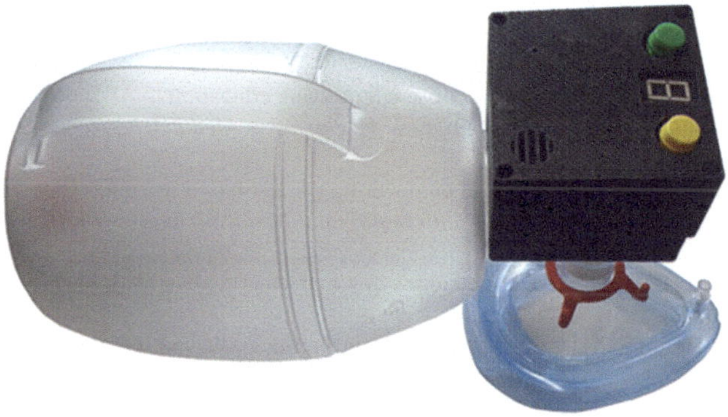

Abb. 10.12 Im Handel erhältliches Masken-Beutel-Beatmungsgerät mit dem eigens entworfenen Außengehäuse

mit einem Gummiband an der handelsüblichen AMBU befestigt. Das Endergebnis der Herstellungsphasen ist in Abb. 10.12 dargestellt.

10.5 Schlussfolgerungen

Hier haben wir zwei paradigmatische Open-Source-Projekte für medizinische Geräte beschrieben, die als Lehrmittel in kollaborativen PBL-Erfahrungen für das Lehren/Lernen von Normen und Vorschriften im Bereich der Medizintechnik verwendet werden sollen.

Es wurden ein Gehbock und ein smartes AMBU-Beatmungsgerät ausgewählt, da sie es ermöglichen, sich auf die mechanischen Leistungen bzw. auf das elektronische Prototyping zu fokussieren.

Interessanterweise konnten die Studierenden, obwohl es sich bei beiden um bekannte Geräte handelt, innovative Funktionen einbauen, indem sie moderne, leichte Materialien und elektronische Komponenten verwendeten.

Schließlich enthalten beide Projekte einschlägige Normen und eine Risikoanalyse als Ausgangspunkte für ihre Gestaltung.

Danksagung Die Autoren danken Dr. Giulia Carbognani, Dr. Marco Ferrari und dem ITS Maker Institute in Fornovo di Taro (PR) für die Hilfe bei der Herstellung des Prototyps des Gehgestells, Dr. Stefano Moroni, Dr. Riccardo Granati und Dr. Matilde Tomasi für die Hilfe beim Entwurf und der Herstellung des Gehgestells, und Dr. Francesco Niccolini, Dr. Carlotta Bonfiglioli und Dr. Eleonora Del Pia für die Hilfe beim Entwurf und der Herstellung von AMBU+.

Literatur

Ahluwalia, A., et al. (2015). Open biomedical engineering education in Africa. *Proceedings of the Annual International Conference on IEEE Engineering Medical Biological Society EMBS, 2015*, 3687–3690.

Ahluwalia, A., et al. (2018). Biomedical engineering project based learning: Euro-African design school focused on medical devices. *International Journal of Engineering Education, 34*(5), 1709–1722.

Bowyer, A. (2014). 3D printing and humanity's first imperfect replicator. *3D Printing and Additive Manufacturing, 1*(1), 4–5.

Brennan, R. W., Hugo, R. J., & Gu, P. (2013). Reinforcing skills and building student confidence through a multicultural project-based learning experience. *Australasian Journal of Engineering Education, 19*(1), 75–85.

Brodie, L. M. (2009). eProblem-based learning: Problem-based learning using virtual teams. *European Journal of Engineering Education, 34*(6), 497–509.

Caspary, M., & Wickstrom, C. (2017). Multicultural problem-based learning approaches facilitate ESP language acquisition. *IJLTER. ORG, 16*(3), 1–14.

Cheng, M. (2003). *Medical device regulations: Global overview and guiding principles*. World Health Organisation.

Chu Yeh, Y. (2010). Integrating collaborative PBL with blended learning to explore preservice teachers' development of online learning communities. *Teaching and Teacher Education, 26*(8), 1630–1640.

Council Directive. (1993). 93/42/EEC of 14 June 1993 concerning medical devices.

Crawley, E., et al. (2007). *Rethinking engineering education: The CDIO Approach*. Springer.

Davidson, N., & Major, C. H. (2014). Boundary crossings: Cooperative learning, collaborative learning, and problem-based learning. *Journal on Excellence in College Teaching, 25*(3&4), 7–55.

De Maria, C., Mazzei, D., & Ahluwalia, A. (2015). Improving African healthcare through open source biomedical engineering. *International Journal of Advance Life Sciences, 7*(1–2), 10–19.

De Maria, C., et al. (2018). Safe innovation: On medical device legislation in Europe and Africa. *Health Policy Technology, 7*(2), 156–165.

Diez, T. (2012). Personal fabrication: Fab labs as platforms for citizen-based innovation, from microcontrollers to cities. *Nexus Network Journal, 14*(3), 457–468.

Dochy, F., Segers, M., Van den Bossche, P., & Gijbels, D. (2003). Effects of problem-based learning: A meta-analysis. *Learning and Instruction, 13*(5), 533–568.

Downey, G. L., et al. (2006). The globally competent engineer: Working effectively with people who define problems differently. *Journal of Engineering Education, 95*(2), 107–122.

Fink, F. K. (2002). Problem-based learning in engineering education: A catalyst for regional industrial development. *World Transactions on Engineering Technological Education, 1*(1), 29–32.

King, P. H., & Collins, J. C. (2006). Ethical and professional training of biomedical engineers. *International Journal of Engineering Education, 22*(6), 1173–1181.

King, P. H., & Fries, R. (2003). Designing biomedical engineering design courses. *International Journal of Engineering Education, 19*(2), 346–353.

Krucinska, I., & Stypka, T. (1991). Direct measurement of the axial poisson's ratio of single carbon fibres. *Composites Science and Technology, 41*(1), 1–12.

Lieu, D. K., & Sorby, S. A. (2015). *Visualization, modeling, and graphics for engineering design*. Nelson Education.

Mahendru, P., & Mahindru, D. V. (2011). Problem-based learning: Influence on students' learning in an Electronic & Communication Engineering course. *Global Journal of Reserach in Engineering Electrical and Electronics Engineering, 11*(8), 1–9.

Marra, R., Jonassen, D., Palmer, B., & Luft, S. (2014). Why problem-based learning works: Theoretical foundations. *Journal on Excellence in College Teaching, 25*, 221–238.

MDR Regulation. (2017). Regulation (EU) 2017/745 of the European Parliament and of the Council of 5 April 2017 on medical devices, amending Directive 2001/83/EC, Bibliography 205 Regulation (EC) No 178/2002 and Regulation (EC) No 1223/2009 and repealing Council Directives 90/385.

Ortega-Sánchez, M., et al. (2018). Confronting learning challenges in the field of maritime and coastal engineering: Towards an educational methodology for sustainable development. *Journal of Cleaner Production, 171*, 733–742.

Petersen, R. (2016). Carbon fiber biocompatibility for implants. *Fibers, 4*(1), 1–13.

„Prepregs." (2021). https://www.gurit.com/Our-Business/Composite-Materials/Prepregs. Zugegriffen am 27.01.2021.

Rillero, P., Koerner, M., Jimenez-Silva, M., Merritt, J., & Farr, W. J. (2017). Developing teacher competencies for problem-based learning pedagogy and for supporting learning in language-minority students. *Interdisciplinary Journal of Problem Based Learning, 11*(2).

Smith, A., Wilkinson, S. J., & Reynolds, W. N. (1974). The elastic constants of some epoxy resins. *Journal of Material Science, 9*(4), 547–550.

Stratton, B. J. (2010). The practice of problem-based learning: A guide to implementing PBL in the college classroom. *Teaching Theology and Religion, 13*(1), 79–80.

World Health Organization. (2015). *World report on ageing and health.*

Kapitel 11
Über das nachhaltige Wachstum der biomedizinischen Industrie, die durch innovative Open-Source-Medizinprodukte neu erfunden wird

Andrés Díaz Lantada, Rocío Rodríguez-Rivero, Ana Moreno Romero, Rafael Borge García, Luis Ignacio Ballesteros Sánchez, Licia Di Pietro, Carmelo De Maria und Arti Ahluwalia

11.1 Open-Source-Medizinprodukte und Aktien aus der Gesundheitstechnologie

Open-Source-Medizinprodukte (OSMD) und kollaborative Entwicklungen in der Biomedizintechnik (Biomedical Engineering; BME) stellen den Status quo der biomedizinischen Industrie in Frage. Die traditionelleren Ansätze zur Entwicklung von Medizintechnik könnten schon bald von diesen neuen Trends überholt werden, die in Richtung Verteilungsgerechtigkeit in der Gesundheitstechnologie gehen. Diese Verteilungsgerechtigkeit kann erreicht werden, indem zusätzlich die Endnutzer (d. h. Patienten, Angehörige der Gesundheitsfachberufe, Verbände, Bürger) als Mitgestalter in die gesamte Innovationskette einbezogen werden und indem die endgültigen Entwürfe von Open-Source-Geräten gemeinsam genutzt werden, idealerweise nach dem Prinzip „frei wie in Freiheit".

Wie in diesem Kapitel erörtert werden wird, können OSMD im Vergleich zu herkömmlichen medizinischen Technologien mehrere soziale, wirtschaftliche und ökologische Vorteile mit sich bringen, und ihre Verbreitung steht, wenn sie angemessen unterstützt und gefördert wird, im Einklang mit mehreren Zielen für

A. Díaz Lantada (✉) · R. Rodríguez-Rivero · A. Moreno Romero · R. Borge García · L. I. Ballesteros Sánchez
Mechanical Engineering Department, Universidad Politécnica de Madrid, Madrid, Spain
E-Mail: andres.diaz@upm.es

L. Di Pietro · C. De Maria · A. Ahluwalia
Research Center "E. Piaggio" and Department of Information Engineering, University of Pisa, Pisa, Italy

A. Ahluwalia et al. (Hrsg.), *Entwicklung von Open-Source-Medizinprodukten*,
https://doi.org/10.1007/978-3-031-26028-5_11

nachhaltige Entwicklung (Sustainable Development Goals; SDGs) der Agenda 2030 (siehe Abschn. 11.2).

Dementsprechend sind die Zusammenarbeit internationaler Gemeinschaften über Onlineinfrastrukturen und die Förderung gemeinsamer Grundprinzipien für die gemeinsame Entwicklung sicherer und wettbewerbsfähiger OSMD notwendig. Außerdem müssen die objektiven Vorteile der Umstellung auf quelloffene und kollaborative Ansätze bei der Entwicklung innovativer medizinischer Technologien für globale Gesundheitsbelange verstanden werden. Die Veranschaulichung dieser Vorteile anhand konkreter Beispiele ist ebenfalls erforderlich, um diesen innovativen Bereich zu fördern. Darüber hinaus sind auch angemessene politische Maßnahmen für ein nachhaltiges Wachstum der Open-Source-Biomedizinindustrie wichtig, deren Verbindungen zu den SDGs die Dringlichkeit dieser Trendwende verdeutlichen.

11.2 Soziale Auswirkungen: Open-Source-Medizinprodukte und die Sustainable Development Goals

11.2.1 Open-Source-Medizinprodukte und die SDGs: Chancen, Herausforderungen und Bedrohungen

Am 25. September 2015 formulierten und verabschiedeten die Staats- und Regierungschefs der Welt in der Generalversammlung der Vereinten Nationen eine Reihe globaler Ziele zur Beseitigung der Armut, zum Schutz des Planeten und zur Sicherung des Wohlstands für alle, die Teil einer neuen Agenda für nachhaltige Entwicklung sind. Diese globalen Ziele wurden als Ziele für nachhaltige Entwicklung (Sustainable Development Goals) bezeichnet und sind aus den Millenniums-Entwicklungszielen hervorgegangen; sie wurden jedoch in Zusammenarbeit mit 193 Ländern neu formuliert und berücksichtigen die Zivilgesellschaft stärker als je zuvor.

Zu diesen 17 SDGs, für die verkürzte Bezeichnungen verwendet werden, gehören: keine Armut, kein Hunger, gute Gesundheit und Wohlbefinden, hochwertige Bildung, Gleichstellung der Geschlechter, sauberes Wasser und sanitäre Einrichtungen, erschwingliche und saubere Energie, menschenwürdige Arbeit und Wirtschaftswachstum, Industrie, Innovation und Infrastruktur, Verringerung der Ungleichheit, nachhaltige Städte und Gemeinden, verantwortungsvoller Konsum und verantwortungsvolle Produktion, Klimaschutz, Leben unter Wasser, Leben an Land, Frieden und Gerechtigkeit, starke Institutionen und globale Partnerschaften zur Erreichung der Ziele. Für jedes Ziel wurden spezifische Ziele und konkrete Indikatoren zur Messung der Fortschritte im Zeitraum 2015–2030 festgelegt (Vereinte Nationen, 2015; https://sdgs.un.org/).

Unsere Zukunft als globale Gesellschaft hängt von der Erreichung solcher Ziele ab oder zumindest davon, dass wir ehrlich auf ihre Erfüllung hinarbeiten, indem wir im Rahmen unserer Möglichkeiten Strategien für den Wandel entwickeln. Ingenieure müssen eine grundlegende Rolle bei der Konzipierung, Entwicklung und Betreuung solcher Strategien spielen.

OSMD zielen auf die Verringerung von Ungleichheiten und die Förderung von Gesundheit und Wohlbefinden ab, wobei sie explizit mit Innovation und Wirtschaftswachstum verbunden sind. Gleichzeitig stellen sie ein neu entstehendes Portfolio von Technologien dar, das sich durch originäre bewährte Praktiken auszeichnet und eng verwoben ist mit mehreren SDGs und deren spezifischen Zielen sowie mit einer Handvoll konkreter Indikatoren für die jeweiligen SDGs.

Tab. 11.1 enthält eine Zusammenfassung der Zusammenhänge zwischen dem OSMD-Paradigma und den SDGs, wobei der Schwerpunkt insbesondere auf den potenziellen Vorteilen und Chancen des Rückgriffs auf OSMDs im Hinblick auf die Erreichung der verschiedenen SDGs sowie auf den Bedrohungen und Herausforderungen im Zusammenhang mit OSMDs und den SDGs liegt. Die Analyse dient als Grundlage für Maßnahmenvorschläge zur Lösung aktueller Herausforderungen und zur Risikominderung im Bereich der OSMD, die im folgenden Unterabschnitt skizziert und in den übrigen Abschnitten mit Schwerpunkt auf den wirtschaftlichen, ökologischen und sozialen Auswirkungen von OSMD weiter ausgeführt werden.

11.2.2 Vorgeschlagene Maßnahmen zur Lösung von Herausforderungen und zur Minderung von Risiken

Ein aktueller Aufruf zum Handeln, die Kahawa-Erklärung (Ahluwalia et al., 2018), schlug eine Liste von 5 Schlüsselaktivitäten zur systematischen Förderung des OSMD-Bereichs und zur Ermöglichung einer allgemeinen Gesundheitsversorgung in den nächsten Jahrzehnten vor. Zu diesen Aktivitäten, die in engem Zusammenhang mit den oben erwähnten Chancen, Gefahren und Herausforderungen von OSMD stehen, gehören:

1. Förderung von kollaborativen biomedizintechnischen Entwurfsmethoden zur Lösung globaler Gesundheitsprobleme,
2. Entwicklung frei zugänglicher elektronischer Infrastrukturen zur Ermöglichung globaler Maßnahmen durch die Zusammenarbeit internationaler Communities,
3. Förderung der biomedizintechnischen Ausbildung für alle als Weg zum Aufbau von Kapazitäten und zur Anwendung gemeinsamer Konzepte für sichere OSMDs,
4. die schrittweise Harmonisierung der Richtlinien für Medizinprodukte und die Entwicklung einer neuen Generation zugänglicher Normen,
5. die Förderung internationaler Partnerschaften, die alle relevanten Akteure einbeziehen, um eine universelle Gesundheitsversorgung zu erreichen.

Tab. 11.1 Open-Source-Medizinprodukte und die Ziele für nachhaltige Entwicklung

Sustainable Development Goals (SDGs)	Möglichkeiten des Einsatzes von OSMD zur Erreichung der verschiedenen SDGs	Bedrohungen und Herausforderungen in Bezug auf OSMD und die SDGs
	Der OSMD-Bereich wird zu einem Modell für die Umgestaltung der biomedizinischen Industrie hin zu einer verteilungsgerechten Gesundheitsfürsorge, die darauf abzielt, Patienten unabhängig von ihrem Einkommensniveau, ihrem Wohnort oder der Art ihrer Erkrankung medizinische Technologie zur Verfügung zu stellen.	OSMDs, die ohne Einhaltung internationaler Normen und Vorschriften entwickelt und bereitgestellt werden, können für die Patienten schädlich sein.
	Die wichtigsten Initiativen im Bereich der OSMDs sind auf das Konzept der „Innovation durch Bildung" ausgerichtet, und es werden mehrere Fallstudien zu OSMDs sowohl für medizinische Zwecke als auch zur Unterstützung der BME-Ausbildung weltweit vorgestellt.	Ohne einen angemessenen Aufbau von Kapazitäten im Bereich der Hochschulbildung weltweit wird die erzieherische Wirkung der OSMDs deutlich geringer sein.
	Frauen und Mädchen haben besondere Gesundheitsbedürfnisse, und die Ungleichheit zwischen den Geschlechtern im Gesundheitswesen besteht nach wie vor (Davidson et al., 2011). Die OSMD können durch thematische Herausforderungen, Co-Creation-Hackathons und gezielte internationale Arbeitsgruppen zum Abbau von Ungleichheiten beitragen.	OSMDs, die ohne Einhaltung internationaler Normen und Vorschriften entwickelt und bereitgestellt werden, können besonders für Frauen schädlich sein.
	Thematische Herausforderungen, Co-Creation-Hackathons und fokussierte internationale Arbeitsgruppen, die auf die Entwicklung und den Austausch von Geräten zur Wasserfilterung, Sterilisation und Abwasserentsorgung abzielen, können die Wasserqualität und die Abwasserentsorgung in ärmeren Regionen verbessern.	Sicherheit ist auch ein Thema bei Geräten zur Verbesserung der Wasserqualität, und es sollten international anerkannte Prüfverfahren zur Validierung der Wirksamkeit angewendet werden.
	Der Lebenszyklus von OSMDs eignet sich gut für die Beteiligung der lokalen Bevölkerung an der Planung, Herstellung und Wartung und kann das Wirtschaftswachstum in Entwicklungsregionen fördern, in denen OSMDs am dringendsten benötigt werden.	Es besteht die Gefahr, dass Medizinunternehmen, die auf OSMDs und offene Innovation umstellen, ihre F&E-Teams entlassen und „OSMD-Macher" als kostengünstige Ingenieure einsetzen.

(Fortsetzung)

Tab. 11.1 (Fortsetzung)

Sustainable Development Goals (SDGs)	Möglichkeiten des Einsatzes von OSMD zur Erreichung der verschiedenen SDGs	Bedrohungen und Herausforderungen in Bezug auf OSMD und die SDGs
9 INDUSTRIE, INNOVATION UND INFRASTRUKTUR	Die Unterstützung der Hersteller von Medizinprodukten bei der Umstellung auf OSMD kann zu einer sozial verantwortlicheren biomedizinischen Industrie führen und die Innovation durch offene Innovation zur Lösung globaler Gesundheitsprobleme beschleunigen (siehe Abschn. 11.3).	Offene Innovation ist nicht unbedingt mit Innovation ohne Schutz verbunden. Wenn das Konzept „frei wie in Freiheit" auf OSMDs nicht angewendet wird, kann ihre Wirkung gering sein.
10 VERRINGERTE UNGLEICHHEITEN	Wie bereits in den SDGs 5 und 8 erläutert, können OSMDs das Wirtschaftswachstum, menschenwürdige Arbeit und die Gleichstellung der Geschlechter fördern und damit zum Abbau von Ungleichheiten beitragen, insbesondere in Ländern mit niedrigem und mittlerem Einkommen. OSMDs können sicherere Migrationen unterstützen.	Qualitäts- und Sicherheitsaspekte bei OSMDs können, wenn sie nicht angemessen berücksichtigt werden, das Potenzial dieser Technologien im Hinblick auf die Verringerung der Ungleichheit minimieren.
12 VERANTWORTUNGSVOLLER VERBRAUCH UND VERANTWORTUNGSVOLLE PRODUKTION	OSMDs können eine ressourceneffiziente Point-of-Care-Produktion von Medizinprodukten (auch mit personalisierten Ansätzen) unterstützen, gemäß dem Konzept „mit weniger mehr und besser machen". Der Lebenszyklus von OSMDs ist gut geeignet, dieses Ziel zu unterstützen.	Einweg-OSMDs können in den Gemeinden, in denen sie eingesetzt werden, eine neue Abfallquelle darstellen, wenn das Ende ihrer Lebensdauer nicht angemessen geplant wird.
13 KLIMAMAKTIONEN	Der Lebenszyklus von OSMDs kann sich durch eine bessere Ressourcennutzung und geringere produktions-, versorgungs- und nutzungsbedingte Umweltauswirkungen als effizienter erweisen, wenn die entsprechenden Methoden angewendet werden (siehe Abschn. 11.4).	Auch hier können Einweg-OSMDs in den Gemeinden, in denen sie eingesetzt werden, eine neue Abfallquelle darstellen, wenn das Ende der Lebensdauer nicht richtig berücksichtigt wird.
17 PARTNERSCHAFTEN FÜR DIE ZIELE	Die Entwicklung von OSMDs ist auf Zusammenarbeit angewiesen, und ihre internationale Wirkung kann nur durch geeignete Partnerschaften erzielt werden. Die Communities von UBORA und ABEC (Africa Business Ethics Conference)sind bahnbrechende Beispiele dafür, dass die Gesundheitsversorgung verändert werden kann.	Beispiele in verschiedenen Wirtschaftssektoren (Tourismus, Verkehr) zeigen, dass „Sharing Economy"-Modelle zu Monopolen führen und die SDGs negativ beeinflussen können.

Die Förderung innovativer und systematischer Konstruktionsmethoden, die darauf ausgerichtet sind, die besonderen Merkmale kollaborativ entwickelter medizinischer Geräte während ihres gesamten Entwicklungszyklus angemessen zu berücksichtigen, kann ein Schlüssel sein, um das Potenzial offener Innovation für sicherere, effizientere und qualitativ hochwertige Lösungen zu nutzen. Die Verbreitung dieser innovativen Methoden hängt von engagierten Ingenieursausbildern ab, die in der Lage sind, ihre Studenten in die Mitgestaltung der Medizintechnik durch globale Gemeinschaften einzubeziehen, um auf diese Weise die nächste Generation von Biomediziningenieuren auszubilden, die sich unbedingt auf die globale Gesundheitsversorgung konzentrieren und auf die Agenda 2030 hinarbeiten sollte.

Diese Ingenieure der Zukunft sollten in der Lage sein, die Auswirkungen ihrer Entwicklungen auf die Umwelt zu analysieren und zu minimieren und gleichzeitig den sozialen Nutzen zu maximieren, und sie sollten in der Lage sein, die Gesamtvorteile eines Wechsels zu OSMD- und zu kollaborativen BME-Konzepten zu rechtfertigen (siehe Abschn. 11.5 für ein konkretes Beispiel). Darüber hinaus hängt die Wirkung von OSMD von einem unkomplizierten Entwicklungszyklus ab, der in der Lage ist, den Ideenfindungsprozess direkter mit der Prototyping-, Validierungs- und Kommerzialisierungsphase zu verbinden, wofür die angemessene Berücksichtigung von Vorschriften und Normen von Beginn der Entwicklung an grundlegend ist.

Darüber hinaus können neue Wege für sicherere Geräte erforscht werden, und die Ausarbeitung von Normen, Vorschriften und Strategien sollte vorangetrieben werden, da sie mit dem technologischen Fortschritt Schritt halten sollten, damit sie keine Hindernisse für den Fortschritt darstellen. Auch das Qualitäts- und Sicherheitsmanagement bei diesen quelloffenen und in Zusammenarbeit entwickelten Geräten sollte neu definiert werden.

11.3 Wirtschaftliche Nachhaltigkeit von Open-Source-Medizinprodukten

Donaldson zufolge sollten Medizinprodukte, auch solche, die für Länder mit niedrigem und mittlerem Einkommen entwickelt werden, so konzipiert sein, dass sie a) auf Weltklasseniveau arbeiten und mit den fortschrittlichsten verfügbaren Lösungen mithalten können, b) nutzerzentriert sind und c) wirtschaftlich tragfähig sind, um eine nachhaltige Expansion zu fördern und den sozialen Nutzen zu steigern (Donaldson, 2013). All dies gilt auch für OSMD.

Hinsichtlich des Weltklasseniveaus ist es wichtig zu betonen, dass erschwinglich nicht gleichbedeutend mit geringer Qualität sein sollte: Die Herausforderung bei OSMD besteht darin, hohe Qualität und Hochwertigkeit zu liefern und gleichzeitig den Entwicklungsprozess offen und die endgültige Lösung kosteneffektiv zu halten. Was die nutzerzentrierten Entwürfe betrifft, so sind Open-Source- und kollaborative Entwicklungen dank ihrer Bottom-up-Entwicklungsstrategien und der Einbeziehung von Fachkräften des Gesundheitswesens und Patienten in den gesamten Entwicklungszyklus besonders gut geeignet, um nutzerzentrierte Lösungen zu generieren. Im Folgenden werden die wirtschaftliche Tragfähigkeit und die Optionen für ein nachhaltiges Wachstum analysiert, beginnend mit verschiedenen Optionen für die Kommerzialisierung. Dieser Ansatz bedeutet eine Umgestaltung der Lieferkette, die nicht einfach ist. Die Akteure der traditionellen gewinnorientierten Lieferkette müssten sich auf einen neuen Rahmen mit verteiltem Wert umstellen. Eine der wichtigsten Triebkräfte für das neue Wertesystem ist die Anerkennung des Beitrags des Einzelnen zum Innovationsökosystem (Mazzucato, 2018).

11.3.1 Geschäftsmodelle für Entwickler von Open-Source-Medizinprodukten

(a) *Verkauf von Open-Source-Medizinprodukten und zugehörigen Komponenten*

Die Vermarktung von OSMD kann auf verschiedenen Wegen erfolgen. Eine besonders hervorzuhebende Option ist die Bereitstellung der Projekte zum Download (Pearce, 2015), die ähnlich wie Handy-Apps in Online-Stores wie dem Apple Store heruntergeladen werden, in einigen Fällen kostenlos und in anderen auf Kostenbasis. Beispiele für OSMDs sind in der Tat mit medizinischen Open-Source-Apps und Open-Source-Software verlinkt.

Es kann Fälle geben, in denen das Herunterladen einer Software, einer App oder eines CAD-Entwurfs nicht ausreicht: Der Endnutzer benötigt möglicherweise ein physisches Gerät, dessen Herstellungsdienste auch über den Online-Shop oder die Community angeboten werden können.

In vielen Fällen braucht der Nutzer nur eine CAD-Datei herunterzuladen, um sie zu Hause auszudrucken. Diese kann wiederum kostenlos sein, wie in offenen Sammlungen von CAD-Dateien, z. B. Thingiverse oder GrabCAD, oder sie kann nach Zahlung einer Gebühr oder nach dem Kauf einiger Token von der e-Infrastruktur oder dem Online-Shop, über den die Dateien freigegeben werden, heruntergeladen werden.

Das Prototyping wird häufig als Konzeptnachweis in „Fablabs“ durchgeführt, aber noch nicht in organisierter Form. Das wahre Potenzial der OSMDs wird sich entfalten, wenn diese Gemeinschaften von Designern oder „Machern“ und Fablabs auch methodisch miteinander verbunden sein werden, um bei gemeinsamen Aufgaben durch die gemeinsame Nutzung physischer Infrastrukturen zusammenzuarbeiten.

Das Konzept globaler Fertigungsnetze, die in der Lage sind, OSMDs so nah wie möglich am Point-of-Care zu liefern und harmonisierte Vorschriften, Qualitätskriterien und Normen zu erfüllen, sollte weiter ausgebaut werden. In der Tat kann die Effizienz nicht dadurch gefördert werden, dass dieselben Fabriken an verschiedenen Standorten nachgebaut werden, sondern durch die Nutzung gemeinsamer und nahezu „Plug-and-Play“-fähiger Fertigungsressourcen in der Nähe der Patienten (unter Einbeziehung der lokalen Produktionskette) und durch die gemeinsame Nutzung anderer, anspruchsvollerer und teurerer Technologien auf der Grundlage eines offenen Zugangs durch die Online-Communities. Inspirierende, offen zugängliche Fertigungsinfrastrukturen wie die Karlsruher Nano Micro Facility, die durch halbjährliche Aufrufe weltweit zugänglich ist, zeigen den Weg in eine Zukunft, in der sowohl Design als auch Fertigung auf quelloffenen und offen zugänglichen Grundlagen beruhen werden.

Um ein Beispiel für kommerzielle OSMDs zu nennen: Die Initiative Enabling the Future, die sich auf maßgeschneiderte Open-Source-Handprothesen für Kinder konzentriert, verkauft bereits Bausätze ihrer Standarddesigns sowie Komponenten für den Austausch oder die Aktualisierung von Teilen verschlissener oder beschädigter Prothesen. In Verbindung mit den unten erläuterten Geschäftsmodellen werden auch kundenspezifische Anpassungen (z. B. spezielle Farben) und Dienstleistungen zur Personalisierung des Designs angeboten.

(b) *Verkauf von Dienstleistungen für Open-Source-Medizinprodukte: Anpassung und Updates*

Die OSMDs, die über Onlineumgebungen für die gemeinsame Entwicklung (z. B. UBORA, Enabling the Future, Open Prostheses, GitHub und Autofabricantes) zur Verfügung gestellt werden, können die Aufmerksamkeit von Patienten, Patientenverbänden, medizinischen Fachkräften usw. erreichen, die von einer bereits bestehenden Open-Source-Entwicklung nach einer leichten Aktualisierung oder geringfügigen Anpassung profitieren können. Diese Änderungen können von Open-Source-Communities angeboten werden, die in der Regel den Kontakt zwischen den ursprünglichen Entwicklern und den Endnutzern fördern. Auf diese Weise können die ursprünglichen Entwickler die Wirkung ihrer Entwicklungen erhöhen und gleichzeitig eine gewisse Unterstützung für laufende oder künftige Projekte erhalten.

(c) *Entwicklung von Open-Source-Medizinprodukten für spezifische Bedürfnisse*

Patienten und ihre Familien sowie Patientenverbände können durchaus den Wunsch haben, die Entwicklung medizinischer Technologien für bestimmte Zwecke zu finanzieren, z. B. Geräte für seltene Krankheiten und besondere Gesundheitszustände, Hilfsmittel für die Selbstdiagnose und die Überwachung an entlegenen Orten sowie technische Hilfsmittel für verletzte Patienten usw. Angehörige der Gesundheitsfachberufe und Krankenhäuser können auch die Unterstützung von Designern für die Entwicklung spezieller Instrumente für die chirurgische und medizinische Praxis, Geräte – einschließlich Software – zum besseren Monitoring ihrer Patienten oder Technologien für eine bessere Entscheidungsfindung usw. finanzieren. Diese Innovationen weisen in der Regel einen besonderen Grad an Personalisierung auf oder entsprechen ungewöhnlichen, aber dennoch gesellschaftlich relevanten Bedürfnissen, die bei nüchternen, gewinnorientierten Entscheidungsprozessen oft außer Acht gelassen werden. Darüber hinaus kann ein besonderer Bedarf an Kreativitätsförderung und an der Einbeziehung von Endnutzern sowohl bei der Herangehensweise an solche medizinischen Bedürfnisse als auch im Technologieentwicklungsprozess erforderlich sein. Unter diesen Randbedingungen können OSMDs besonders adäquat und sowohl technisch als auch ökonomisch tragfähig sein.

Um diese gesponserten Open-Source-Entwicklungen für spezifische medizinische Bedürfnisse in Gang zu bringen, gibt es einige interessante Optionen: Die Kontaktaufnahme mit einer Gemeinschaft von Herstellern, die sich der biomedizinischen Technologie widmen, scheint ein guter Ansatz zu sein. Das Sponsoring kann dann in Form eines Wettbewerbs erfolgen, der der gesamten Gemeinschaft offensteht, um eine breite Palette von Produktideen zu generieren, aus denen dann das Konzept ausgewählt werden kann, das weiterentwickelt werden soll. Eine gute Alternative kann darin bestehen, Sammlungen von Open-Source-Medizintechnologien zu konsultieren und einen bestimmten Designer auszuwählen, dessen Entwürfe sich als erfolgreich erwiesen haben, oder eine Gruppe von Entwicklern mit der gewünschten Expertise zusammenzustellen. Dieses Verfahren ist in der Softwarebranche bereits gut etabliert (Entwickler werden in vielen Fällen über die GitHub-Suche gefunden) und könnte bald auch in der Hardwareentwicklung üblich sein.

(d) *Beratung Open-Source-Lösungen für traditionelle Hersteller*

Internationale Gemeinschaften von OSMD-Entwicklern, die über Onlineplattformen oder -Infrastrukturen zusammenarbeiten, sind eine großartige Quelle für Talente. Diese Gemeinschaften können herkömmliche Entwickler von Medizinprodukten, die in der Regel auf der Grundlage von geistigem Eigentum/Patenten arbeiten, beim Einstieg in den Bereich der Open-Source-Software und -Hardware für den Gesundheitsbereich unterstützen und ihnen helfen, die Vorteile des Prinzips OSMD zu verstehen. Unternehmen, die an Open-Source-Ansätzen für die Technologieentwicklung interessiert sind, können durchaus einen Entwickler mit Erfahrung in Open-Source-Methoden in ihr Team aufnehmen.

Manchmal kann es jedoch interessant sein, mit der Unterstützung einer größeren Gemeinschaft von Machern zu rechnen, die in der Lage sind, die erforderliche Beratung zu leisten. Das Sponsoring kann durch gemeinnützige Vereine oder Stiftungen erfolgen, die in der Regel pro bono an der Entwicklung von Open-Source-Technologien für verschiedene Sektoren arbeiten.

Der Erfolg könnte davon abhängen, ob es gelingt, alle vorgestellten Optionen angemessen zu kombinieren und von einigen zusätzlichen Wettbewerbsvorteilen zu profitieren, die OSMDs bieten (siehe unten).

11.3.2 Wirtschaftliche Vorteile der Umstellung auf Open-Source-Medizinprodukte

(a) *Strategie der offenen Innovation: Ausweitung des Portfolios*

Mehrere Unternehmen, selbst multinationale Unternehmen der Biomedizin, sehen Open Innovation bereits als Teil ihrer Strategie zur Entwicklung neuer Produkte und zur Erschließung neuer Märkte. Initiativen wie Eureka von Medtronic oder die Beauftragung von Kreativitätsförderern, die an einem wettbewerbsbasierten Problemlösungsansatz arbeiten (z. B. InnoCentive), gehören zu den gängigen Optionen. In fast allen Fällen gehören diese von externen Mitarbeitern auf dem Weg der offenen Innovation vorgeschlagenen Konzepte jedoch letztendlich den Unternehmen und werden auf die übliche geschlossene Weise entwickelt. Andere etablierte Initiativen haben sich als sehr erfolgreich erwiesen, wenn es darum geht, F&E-Ergebnisse durch die Gründung von Unternehmen in die Praxis umzusetzen (z. B. Actúa UPM), wobei es interessante Beispiele für innovative biomedizinische Unternehmen gibt, die auf diese Weise entstanden sind, jedoch normalerweise ohne Berücksichtigung von Open-Source-Optionen.

In jedem Fall besteht die dringende Notwendigkeit, die offene Innovation weiter mit Open-Source-Entwicklungsprozessen zu verbinden, damit Ideenfindung, Design, Produktion und Nutzung von den verschiedenen Vorteilen kollaborativer und offener Projekte, Produkte und Prozesse profitieren können. Es gibt interessante Beispiele, sowohl im Zusammenhang mit offener Software als auch mit offener Hardware, die den bemerkenswerten Nutzen offener Innovation in Verbindung mit Open-Source-Ansätzen in mehreren Industriezweigen belegen. Tatsache ist, dass Technologieentwickler nicht immer sehr kreativ sind, wenn es darum geht, zusätzliche Anwendungen und Nischen für die entwickelten Technologien zu finden.

In vielen Fällen, in denen die Entwicklung eine direkte Folge eines spezifischen Bedarfs ist, ist es eine Herausforderung, über den Tellerrand zu schauen und neue Anwendungen zu finden. Die Öffnung einer Technologie und ihre Bereitstellung im Rahmen von Open-Source-Programmen (wie CC-Lizenzen) kann zu neuen Ideen, relevanten Joint Ventures führen und Auswirkungen auf viele verschiedene Disziplinen haben. Das Produktportfolio kann auf diese Weise nachhaltig erweitert werden.

Im Bereich der OSMDs ist das Beispiel von Bitalino interessant, dessen Open-Source-Technologien für die Verwaltung biomedizinischer Signale in sehr unterschiedlichen Projekten (sowohl im medizinischen Bereich als auch darüber hinaus) Anwendung finden, die auch über ihre online interagierende Nutzergemeinschaft verbreitet werden (Bitalino, 2020). Interessant ist auch der Fall UBORA: In den ersten 3 Jahren ihres Bestehens hat die UBORA-Plattform (UBORA, 2020) zu mehr als 300 innovativen Konzepten für medizinische Technologien geführt, von denen etwa 20 das Prototypingstadium und die technische Validierung erreicht haben.

Dieses kreative Potenzial kann Hersteller von Medizinprodukten, Angehörige der Gesundheitsfachberufe und Patienten dabei unterstützen, technologische Lösungen für medizinische Bedarfe zu finden, wobei die einzige Voraussetzung ist, dass die erzielten Lösungen offen zugänglich sind. Solche Lösungen können, wenn sie in Zusammenarbeit mit erfahrenen und unterschiedlichen Fachleuten und unter Einbeziehung der Patienten entwickelt werden, wirksamer und sicherer sein (durch die dem offenen Paradigma innewohnende verstärkte Überprüfung und Überwachung) als geschlossen entwickelte Geräte.

Außerdem können sich nur wenige Unternehmen eine F&E-Abteilung leisten, die in der Lage ist, eine internationale Gemeinschaft von „Machern" herauszufordern, die an der Entwicklung der medizinischen Technologien der Zukunft arbeiten, die erschwinglich sein und alle erreichen sollten, die sie benötigen. In der Tat gibt es viel zu gewinnen, wenn man zu Open-Source-Konzepten übergeht, wie weiter unten analysiert wird.

(b) *F&E (Forschung & Entwicklung) und Steuereinsparungen*

Unternehmen, die in kollaborative F&E-Konstruktionsmethoden und damit verbundene Open-Source-Entwicklungen investieren, können von öffentlich und privat finanzierten Ausschreibungen zur Unterstützung von Forschungs- und Innovationsaktivitäten profitieren (Pearce, 2015), die Personal- und andere direkte und indirekte Kosten abdecken und steuerliche Vorteile bringen können.

Partnerschaften über Online-e-Infrastrukturen, die sich mit Open-Source- und kollaborativer Biomedizintechnik befassen, können die unkomplizierte Bildung von Konsortien für solche Forschungs- und Innovationsprojekte und entsprechende Vorschläge unterstützen. Die Erfolgschancen dürften aufgrund der größeren sozialen Auswirkungen dieser Lösungen, ihrer geringeren Umweltauswirkungen (siehe folgende Abschnitte) und der Neuartigkeit von OSMDs hoch sein. Da es sich bei OSMD um einen so jungen Trend handelt, können die meisten für die Entwicklung von OSMDs bereitgestellten Mittel als F&E-Investitionen angesehen werden, die in vielen Ländern steuerlich begünstigt werden können.

(c) *Einsparungen beim Schutz des geistigen Eigentums und bei Rechtsstreitigkeiten*

Patentgeschütztes geistiges Eigentum ist der klassische Ansatz von Unternehmen, um sich gegen Konkurrenten zu verteidigen. Ein Patent bietet ein rechtliches Monopol für 2 Jahrzehnte und stellt auch ein Verhandlungsinstrument und eine Einnahmequelle dar, wenn es lizenziert wird. Allerdings ist der Schutz, den Patente bieten, in Wirklichkeit nicht so hoch. Die patentierten Produkte und Verfahren werden häufiger kopiert als andere Produkte derselben Entwickler. Manchmal zahlt sich ein Rechtsstreit mit unlauteren Konkurrenten nicht aus, vor allem wenn das Patent in einem fernen Land oder von zu mächtigen Konkurrenten illegal genutzt wird. Zu lange und teure Gerichtsverfahren im Zusammenhang mit geistigem Eigentum können dazu führen, dass Start-ups in Konkurs gehen (Wohlsen, 2013).

In Anbetracht der Tatsache, dass Patente nicht immer den erwarteten Wettbewerbsvorteil bieten (da sie häufig verletzt werden) und dass die Aufrechterhaltung eines Patents im Laufe der Jahre nicht gerade billig ist, weder mit noch ohne Prozesskosten, könnten Unternehmen, die auf Open-Source-Optionen umsteigen, eine Menge Geld sparen. In der Tat sollte das Patentdokument die Erfindung detailliert erklären, sodass jeder Experte auf dem Gebiet sie nachbauen kann. Dies könnte dem Open-Source-Konzept näher kommen, als man zunächst denken könnte. Es sei auch darauf hingewiesen, dass die beste Strategie, um das Produktportfolio wettbewerbsfähig und geschützt zu halten, eine kontinuierliche Innovationsstrategie ist, die es den Wettbewerbern gar nicht ermöglicht, Schritt zu halten.

(d) *Soziale Verantwortung von Open-Source*

Ein langfristiger Kompromiss mit Open-Source-Ansätzen und -Gemeinschaften sollte von biomedizinischen Unternehmen erwartet werden, die von bereits entwickelten OSMDs oder von Herstellern und Plattformen des Open-Source-BME-Bereichs profitieren, wie dies auch in anderen Open-Source-Software- und -Hardwareumgebungen der Fall ist (Ornbo, 2013). Laut Ornbo (2013) sollte die soziale Verantwortung von Open Source mit der sozialen Verantwortung von Unternehmen („corporate social responsibility"; CSR) gleichgesetzt werden. In den letzten 10 Jahren sind die Unternehmen von einer reaktiven zu einer strategischen CSR übergegangen, und viele große Unternehmen sind Hauptakteure bei der Umstellung ihres Sektors auf eine Nachhaltigkeitsagenda (Elektrizität, Lebensmittelproduktion usw.). Biomedizinische Unternehmen stehen im Zentrum des digitalen Wandels im Gesundheitswesen, und die Rolle privater Unternehmen, die Nachhaltigkeitsagenda voranzutreiben, ist gleichzeitig Chance und Pflicht.

Zu den Optionen für biomedizinische Unternehmen, die im Rahmen ihrer sozialen Unternehmensverantwortung einen Beitrag zur Open-Source-Bewegung leisten möchten, gehören das Sponsoring bestimmter Projekte und Entwickler, die Unterstützung von und die Teilnahme an Veranstaltungen, die sich mit diesen Ansätzen befassen (z. B. Internationale Konferenzen zu Open-Source und Collaborative Biomedical Engineering; http://ubora-biomedical.org/first-international-conference-on-open-source-medical-technologies/), und ihre Lösungen als Open-Source-Projekte, die schrittweise Öffnung ihrer Portfolios und der Übergang von einem geschlossenen zu einem offeneren Modell.

Darüber hinaus sollte über Aktivitäten im Zusammenhang mit Open-Source-Software und -Hardware sowie über Interaktionen mit Open-Source-Communities berichtet werden, da die CSR-Berichterstattung dazu beiträgt, das Engagement von Organisationen mit ethisch und gesellschaftlich relevanten Aufgaben zu erhöhen, strategische Entscheidungen zu unterstützen und sogar einen Wettbewerbsvorteil darstellen kann. Nach Meinung der Autoren sollten auch die Universitäten damit beginnen, ihre Open-Source-Projekte zu analysieren und zu berichten, und zwar als Teil der F&E- und Technologietransferresultate, die sich derzeit hauptsächlich auf in Fachzeitschriften veröffentlichte Artikel, Patente, gegründete Spin-off-Unternehmen und Gesamteinnahmen aus Projekten konzentrieren.

Und vielleicht kann sich der biomedizinische Sektor von den natürlichen Ökosystemen inspirieren lassen, um Brücken zu schlagen zwischen Lösungen in der Natur, die keinen Abfall verursachen, und Gesundheitstechnologien, die den Prinzipien der Blue Economy folgen, auch in Verbindung mit den Methoden der adaptiven Intelligenz der Natur (Pauli, 2010).

Zusammenfassend lässt sich sagen, dass OSMDs nicht nur eine gesellschaftlich relevante Option sind, sondern Unternehmen, die Open-Source- und kollaborative Ansätze verfolgen oder darauf umstellen, auch mehrere wirtschaftliche und wettbewerbsrelevante Vorteile bieten können, einschließlich der ehrenvollen Aufgabe, potenzielle Kunden und Investoren zu gewinnen.

11.4 Ökologische Nachhaltigkeit von Open-Source-Medizinprodukten

11.4.1 Der Lebenszyklus von OSMDs im Vergleich zu dem von herkömmlichen Medizinprodukten

(a) *Auswirkungen von Konzeption und Design*

Offene Innovation durch kollaborative Co-Creation- und Designumgebungen ist wohl effizienter als traditionelle Alternativen, sowohl in Bezug auf Kosten und Zeit als auch auf die Umweltauswirkungen (Pearce, 2015). Gemeinschaften, die online oder in Pop-up-Innovationszentren und Hackathons arbeiten, erweisen sich als geeigneter für medizintechnische Innovationen und für das Erreichen von „Out-of-the-Box"-Lösungen als ganze F&E-Abteilungen von großen multinationalen Unternehmen, was, wie bereits analysiert, durch deren bereits bestehendes Produktportfolio bedingt ist.

Außerdem gibt es zahllose Beispiele für eher traditionelle Innovationen im medizinischen Bereich, bei denen Spin-off- oder Start-up-Unternehmen, die technologische Durchbrüche entwickeln, von größeren multinationalen Unternehmen übernommen und dann geschlossen werden, nur um Konkurrenz zu unterbinden und aus einfachen finanziellen Gründen. In diesen Fällen erhalten die Patienten zwar weiterhin Lösungen, die dem Stand der Technik entsprechen, aber und nicht die fortschrittlichsten und technologisch machbaren. Solche Geschichten von verlorenem Humankapital und von technologischen Fortschritten, die unter Verschluss gehalten oder von Partnerschafts-Pilotprogrammen zunichte gemacht werden (Barad, 2019), sind ebenfalls Beispiele für umsonst angestellte Bemühungen resp. Verschwendung.

Das Open-Source-Modell schlägt genau das Gegenteil vor: *kontinuierliche Innovation und gemeinsame Nutzung von Ideen und Lösungen, die in erster Linie den Patienten zugute kommen.*

(b) *Auswirkungen auf die Produktion*

Viele erfolgreiche OSMDs stützen sich bei ihrer Herstellung auf additive Fertigungstechnologien („additive manufacturing"; AM). Dies ermöglicht nicht nur den Übergang von der Massenproduktion zur Massenpersonalisierung, sondern trägt auch zur Verringerung der erforderlichen Werkzeuge und des in der Produktionsphase anfallenden Abfalls bei. Tatsächlich gelten AM-Technologien im Vergleich zu herkömmlichen Bearbeitungs- und Formgebungsverfahren als ökologisch nachhaltige Technologien (Díaz Lantada et al., 2017), insbesondere jetzt, da sie auch in Bezug auf die Produktionsgeschwindigkeit und die Anzahl der pro Maschinenstunde hergestellten Teile wettbewerbsfähig zu werden beginnen.

(c) *Auswirkungen auf die Lieferkette*

Die herkömmliche Entwicklung von Medizinprodukten und ihre Auslieferung an den Patienten umfasst mindestens 2 relevante Transportphasen: den Transport von

Rohstoffen, Komponenten und Ersatzteilen zum Produktionsstandort und den eigentlichen Transport des hergestellten Medizinprodukts zum örtlichen Lieferanten und dann zum Ort der Behandlung. Bei der Herstellung von OSMDs können diese Auswirkungen auf den Transport durch eine In-situ-Produktion (z. B. in einer krankenhausinternen Maschinenwerkstatt) minimiert werden, selbst bei einem personalisierten und patientenbezogenen Ansatz. Auf diese Weise ist nur der Transport von Rohstoffen und Komponenten zum eigentlichen Behandlungsort erforderlich, wo die Geräte zusammengebaut und an die Patienten ausgeliefert werden, was auch den Bedarf mehrerer Lagerplätze verringern kann (siehe quantitative Studie in Abschn. 11.5). Weniger Platz zu beanspruchen bedeutet auch, dass dieser für andere produktive oder sozial relevante Aufgaben genutzt werden kann.

(d) *Nutzungsbedingte Auswirkungen*

Die örtliche Bevölkerung ist nicht nur an der Konzeption, dem Design und der Produktion von Open-Source-Geräten beteiligt, sondern auch an deren Wartung, wodurch die mit dem Versand von Medizinprodukten und insbesondere medizinischer Ausrüstung zu Reparaturzwecken an den Produktionsort verbundenen Auswirkungen verringert werden. Im Open-Source- und Kollaborationsparadigma kann der gesamte Lebenszyklus in der Nähe der Endnutzer durchgeführt werden, und die Auswirkungen der Nutzung, z. B. Wartungs-, Reparatur- oder Aktualisierungsaufgaben, werden effektiver kontrolliert. Die Wartung wird auch durch detaillierte und öffentlich zugängliche Dokumente und durch die Zusammenarbeit von Entwicklergemeinschaften unterstützt.

Zu den vielversprechendsten Marktnischen für 3D-gedruckte Open-Source-Komponenten in Ländern mit niedrigem und mittlerem Einkommen gehört die Reparatur und Aktualisierung medizinischer Geräte, die in vielen Fällen gespendet werden und sich ohne angemessene Aufarbeitung als unbrauchbar erweisen können (Miesen, 2013; Douglas, 2017).

(e) *Auswirkungen am Ende des Lebenszyklus*

OSMDs unterscheiden sich von herkömmlichen medizinischen Geräten, die nach einer „Black-Box"-Strategie und in vielen Fällen mit eingebauter programmierter Überalterung entwickelt und hergestellt werden. Bei herkömmlichen Geräten (nicht nur in der biomedizinischen Industrie) führt der Ausfall eines einzigen Elements oder Teilsystems dazu, dass die gesamte „Black Box" als Müll entsorgt und durch ein völlig neues Gerät ersetzt wird. Bei Open-Source-Konstruktionen wird die Wiederverwendbarkeit oder Wiederaufbereitung stark befürwortet. Da das gesamte Design offen ist, ist der Austausch von Komponenten und Subsystemen viel einfacher, da der gesamte Herstellungsprozess gut und offen dokumentiert ist und weil den meisten erfolgreichen OSMDs ebenfalls Modularität innewohnt. Auch hier sind die Verbindungen zwischen AM und der Ausweitung des OSMD-Bereichs aufgrund ihrer Auswirkungen auf eine nachhaltigere medizinische Industrie hervorzuheben: 3D-gedruckte Komponenten (durch Fused Deposition Modeling von thermoplastischen Filamenten) haben eine bemerkenswerte Wiederverwertbarkeit, da sie ohne großen Aufwand in Druckfilament umgewandelt werden können (Pakkanen et al., 2017).

Bei Medizinprodukten muss die Wiederverwertbarkeit auch die ursprüngliche Verwendung des Produkts oder der Komponente berücksichtigen, und es müssen die Risiken bedacht werden (Kontakt mit Körperflüssigkeiten, Kontakt mit der Haut, Dauer des Kontakts usw.). Zu diesem Zweck ist die Anwendung von Normen unerlässlich (ISO 10993, Sterilisation und andere). Das Sterilisationspotenzial im 3D-Druckverfahren sollte ebenfalls berücksichtigt werden, ebenso wie seine Grenzen (Neches et al., 2016).

11.5 Fallbeispiel einer Studie: Lebenszyklusanalyse eines Open-Source-Medizinprodukts

Zu den bahnbrechenden und inspirierenden Erfolgsbeispielen im Bereich der Open-Source-Medizinprodukte gehören Enabling the Future, ein Team von Entwicklern von Open-Source-Prothesen für Kinder, BITalino und ProtoCentral, Unternehmen, die sich mit Open-Source-Lösungen für das Management medizinischer Signale beschäftigen; Patient Innovation, eine Gemeinschaft von Patienten, Fachleuten des Gesundheitswesens und Innovatoren, die Ideen und Erfolgsbeispiele für die Lösung von Gesundheitsproblemen austauschen, oder UBORA, eine Community von Mitgestaltern, die sich zum Ziel gesetzt hat, das größte Online-Repository von Open-Source-Projekten für medizinische Geräte zu entwickeln und die BME-Ausbildung zu verändern (siehe Kap. 1).

Als Fallstudie für den qualitativen Vergleich eines Open-Source-Medizinprodukts mit seinem traditionelleren geschlossenen Gegenstück wird der Entwicklungszyklus einer Handprothese als funktionelle Einheit gewählt. Das Fallbeispiel könnte quantitativ veranschaulicht werden, indem z. B. die bekannten 3D-gedruckten und Open-Source-Lösungen des oben erwähnten Produkts von Enabling the Future (http://enablingthefuture.org/) mit anderen kommerziell verfügbaren Optionen verglichen werden, die nach geschlossenen IP-Ansätzen (IP = intellectual property; geistiges Eigentum) entwickelt wurden (d. h. Handprothesen von Medizinunternehmen). Eine solche quantitative Studie würde jedoch den Rahmen des vorliegenden Kapitels sprengen.

Hier liegt der Schwerpunkt auf der Hervorhebung der unterschiedlichen Aspekte entlang des Lebenszyklus zwischen Open-Source- und geschlossenen Lösungen. Wir gehen davon aus, dass dieser Fall den Entwicklern helfen kann, sich einer Quantifizierung zu nähern, wenn sie beide Alternativen (offen vs. geschlossen) für die Entwicklung von Medizinprodukten vergleichen und versuchen, die ökologischen, wirtschaftlichen und sozialen Vorteile (und eventuelle Nachteile) von Open-Source-Lösungen im Vergleich zu den traditionelleren und üblichen geschlossenen Optionen einander gegenüberzustellen.

Die verschiedenen Phasen des Produktlebenszyklus (Konzeption und Design, Produktion, Vermarktung und Lieferung, Nutzung und Ende des Lebenszyklus), die für die Entwicklung und Anwendung einer Handprothese erforderlich sind, werden analysiert. Die Auswirkungen traditioneller Methoden aus der medizinischen Industrie werden mit denen verglichen, die typisch für den aufstrebenden Bereich der Open-Source-Medizinprodukte sind. In diesem neuen Paradigma spielen Co-Creation, verteilte Produktion und Zusammenarbeit mit der lokalen Bevölkerung eine ganz herausragende Rolle und führen zu dynamischeren und besser abstimmbaren Lösungen. Tab. 11.2 und 11.3 fassen die Ergebnisse dieser qualitativen Vergleichsstudie zusammen, einschließlich der ökologischen (Tab. 11.2) und sozialen (Tab. 11.3) Auswirkungen.

Tab. 11.2 Qualitative Analyse der Umweltauswirkungen verschiedener Lebenszyklusstadien: Vergleichende Studie zwischen konventionellen und Open-Source-Handprothesen

Phasen des Lebenszyklus	Geschlossene Lösung (konventionelle Handprothese)	Open-Source-Medizinprodukt (Open-Source-Handprothese)
a) Auswirkungen auf die Konzeption/Gestaltung	– Internationale Teams von Konstrukteuren treffen sich bei traditionellen Konstruktionskonzepten in der Regel während der Entwicklungsphase zu Kick-off-, monatlichen Kontroll- oder wöchentlichen Zusammenfassungs-oder bilateralen Sitzungen, wobei die wichtigen Umweltauswirkungen durch den Reiseverkehr mitzuberücksichtigen sind. – Planungsteams, die die Bedürfnisse der lokalen Bevölkerung verstehen wollen, verlagern sich in der Regel an die Standorte der Endnutzer, was wiederum Auswirkungen auf die Umwelt hat.	– Co-Creation durch Onlineumgebungen (z. B. UBORA) und unter Beteiligung multidisziplinärer und internationaler Gemeinschaften kann zu vielseitigeren, kreativeren, nutzerzentrierten und nachhaltigeren Designprozessen führen. – Online-Meetings und e-basierte Co-Creation und Berichterstattung minimieren die Umweltauswirkungen durch Reiseverkehr und dienen gleichzeitig dazu, die Projektinformationen und die in der Entwicklung befindlichen Designdaten kontinuierlich zu aktualisieren.
b) Auswirkungen auf die Produktion	– Die Produktion findet in der Regel in großen Produktionsstätten oder Städten statt (z. B. in China und Südostasien). – Die Montage erfolgt in der Regel in der Entwicklungs- und Verkaufsstätte, nachdem die Bauteile von der Produktionsstätte zur Qualitätskontrolle, Verpackung und Kennzeichnung zurückgegeben wurden. Die Umweltauswirkungen des Transports sollten berücksichtigt werden.	– Die Schaffung von Zentren medizintechnischer Produktionsstätten mit einer Strategie der dezentralisierten Herstellung bringt Geräte näher an abgelegene und schlecht angebundene Regionen – Hilfsmittel (z. B. Handprothesen) werden in der Nähe der Patienten hergestellt, indem die entsprechenden Baupläne einfach aus einer Onlinedatenbank heruntergeladen werden. Der Transport von Rohstoffen ist erforderlich, aber die Auswirkungen des Transports werden im Vergleich zu herkömmlichen Optionen minimiert.

(Fortsetzung)

Tab. 11.2 (Fortsetzung)

Phasen des Lebenszyklus	Geschlossene Lösung (konventionelle Handprothese)	Open-Source-Medizinprodukt (Open-Source-Handprothese)
c) Auswirkungen auf die Lieferkette	– Um die Nutzer zu erreichen, sind komplexe Verkehrsnetze mit entsprechenden Arbeitskräften erforderlich. Die Umweltauswirkungen solcher Netze sind nicht zu vernachlässigen.	– Die Point-of-Care-Produktion minimiert die Auswirkungen der Lieferkette auf die Umwelt und ermöglicht den Zugang zu Gesundheitstechnologien in abgelegenen und schlecht angebundenen Regionen und Umgebungen mit niedrigen und mittleren Einkommensverhältnissen (LMI).
d) Nutzungsbedingte Auswirkungen	– Die Wartung in der traditionellen Industrie beruht darauf, dass das Originalbauteil an den Hersteller zurückgeschickt und auf eine Antwort gewartet wird. In Umgebungen mit niedrigen und mittleren Einkommensverhältnissen ist dies manchmal zu zeitaufwendig, teuer und unhaltbar.	– Das Vorhandensein von Design- und Produktionszentren in der Nähe der Nutzer kann die Wartung erleichtern und die Auswirkungen des Transports auf die Wartung minimieren.
e) Auswirkungen am Ende des Lebenszyklus	– Gut etablierte Recyclingnetzwerke und Abfallbewirtschaftungsprozesse tragen dazu bei, die schädlichen Umweltauswirkungen von Medizinproduktеabfällen zu minimieren.	– Wenn Recycling- und Sammelstellen nicht gut geplant sind, können Prothesen als Müll auf „Medizinprodukt-Friedhöfen“ landen. – Die damit verbundenen Umweltauswirkungen müssen berücksichtigt werden.

Beide Ansätze (geschlossen und offen) haben ihre Vor- und Nachteile, aber es ist wichtig hervorzuheben, dass sich der Lebenszyklus von Open-Source-Medizinprodukten als äußerst wettbewerbsfähig erweisen kann, selbst im Vergleich zu etablierten Lösungen, wenn ihre positiven ökologischen und sozialen Auswirkungen während des gesamten Lebenszyklus berücksichtigt und gefördert werden. Zur Bewältigung der kritischeren Auswirkungen von OSMDs (z. B. potenzielles Abfallaufkommen in abgelegenen Regionen, Herausforderungen im Zusammenhang mit dem Transport von Rohstoffen) sollten Methoden zur Risikominimierung zum Einsatz kommen, um die in den Tab. 11.2 und 11.3 genannten Nachteile zu beheben und die positiven Aspekte zu nutzen.

Um nach den qualitativen Überlegungen in Tab. 11.2 und 11.3 eine quantitative Bewertung sowohl der geschlossenen (traditionellen) als auch der Open-Source-Alternativen vorzunehmen, wird eine Fallstudie in einem Flüchtlingslager vorgeschlagen. Bei den Flüchtlingslagern handelt es sich um Siedlungen, die nicht nur Durchgangsorte sind, sondern mehr als einmal zu wirklich stabilen und dauerhaften Siedlungen werden (siehe die Flüchtlingslager von Tindouf in Algerien), in denen Hunderttausende von Menschen unter sehr prekären Bedingungen zusammenleben. Nach Angaben der Vereinten Nationen (UNHCR) sind weltweit fast 26 Mio. Menschen offiziell auf der Flucht (UNHCR, 2020), und die meisten von ihnen leben in

Tab. 11.3 Qualitative Analyse der sozialen Auswirkungen verschiedener Lebenszyklusstadien: Vergleichende Studie zwischen konventionellen und Open-Source-Handprothesen

Phasen des Lebenszyklus	Geschlossene Lösung (konventionelle Handprothese)	Open-Source-Medizinprodukt (Open-Source-Handprothese)
a) Auswirkungen auf die Konzeption/Gestaltung	– Typische Ausrichtung auf einen bestimmten Markt (z. B. EU, USA, Japan). – Die Anpassung beruht in der Regel auf parametrischen/modularen Lösungen. – Die Endnutzer werden in der Regel nicht in die Konzeptions- und Entwurfsphase einbezogen.	– Einbindung von Patienten und Verbänden zur Verbesserung der Benutzerfreundlichkeit. – Einbeziehung der lokalen Bevölkerung für nutzerzentrierte Lösungen. – Möglichkeit der Personalisierung von Designs bei der Schaffung von (Design-)Aufträgen in Umgebungen mit niedrigen und mittleren Einkommensverhältnissen.
b) Auswirkungen auf die Produktion	– Massenproduktion in großen Produktionsstätten oder Städten (z. B. in China und Südostasien) und damit verbundene Schaffung von Arbeitsplätzen, von denen viele prekär sind. – Montage in der Nähe des Entwicklungs- und Verkaufsstandorts und damit verbundene Schaffung von Arbeitsplätzen, in der Regel in hoch entwickelten Regionen.	– Ermöglichung von Point-of-Care-Produktion und -Anpassung zur Personalisierung des Designs. – Schaffung von Arbeitsplätzen im Zusammenhang mit der Produktion in Umgebungen mit niedrigen und mittleren Einkommensverhältnissen
c) Auswirkungen auf die Lieferkette	– Schaffung komplexer Verkehrsnetze mit entsprechenden Arbeitskräften, um die Nutzer zu erreichen. – In vielen Fällen erreichen die Geräte die Patienten nicht, die sie am dringendsten benötigen.	– Mit einem Zentrum für medizinische Fabriken und einer Strategie der dezentralisierten Produktion werden Geräte näher an abgelegene und schlecht angebundene Regionen gebracht. – In solchen abgelegenen Regionen werden soziale Effekte erzielt, sowohl in Form einer verbesserten Gesundheitsversorgung als auch in Form von menschenwürdiger Arbeit, Wirtschaftswachstum und Industrialisierung.
d) Nutzungsbedingte Auswirkungen	– Der Mangel an Designern und Herstellern in der Nähe der Benutzer schränkt die Vielseitigkeit und die Personalisierung der Prothesen ein. – Schaffung von Arbeitsplätzen im Zusammenhang mit der Wartung von Medizinprodukten in der Nähe von großen Entwicklungs- oder Produktionsstätten. – In abgelegenen, schlecht versorgten Regionen dauern die Wartungsarbeiten an einer defekten Prothese lange und können dazu führen, dass die Benutzer die Verwendung solcher Prothesen (oder anderer medizinischer Geräte) aufgeben.	– Das Vorhandensein von Design- und Produktionszentren in der Nähe der Nutzer kann bei der Wartung und Überholung dazu beitragen, die Nutzbarkeit zu verbessern. – Schaffung eines Netzwerks von Arbeitsplätzen im Zusammenhang mit der Benutzerfreundlichkeit von Medizinprodukten in Umgebungen mit niedrigen und mittleren Einkommensverhältnissen. – Zusätzliche Interaktionen zwischen Nutzern, Designern und Herstellern beschleunigen die Innovation und tragen zur Verbesserung der Prothesen bei.

(Fortsetzung)

Tab. 11.3 (Fortsetzung)

Phasen des Lebenszyklus	Geschlossene Lösung (konventionelle Handprothese)	Open-Source-Medizinprodukt (Open-Source-Handprothese)
e) Auswirkungen am Ende des Lebenszyklus	– Gut etablierte Recyclingnetzwerke und Abfallbewirtschaftungsprozesse tragen dazu bei, die nachteiligen sozialen Auswirkungen von Medizinprodukteabfällen zu minimieren.	– Wenn Recycling- und Sammelstellen nicht gut geplant sind, können Prothesen als Müll auf „Medizinprodukt-Friedhöfen" landen. – Die Verbindung von Produktion, Wartung und Recycling als Schlüsselaufgaben der dezentralisierten Design- und Produktionszentren in der Nähe der Nutzer kann eine geeignete Option sein.

Flüchtlingslagern in Staaten in der Nähe ihrer Herkunftsländer. Diese Menschen mussten ihre Länder vor allem wegen zivilgesellschaftlicher und politischer Unruhen verlassen, und viele von ihnen haben nicht nur ihr Zuhause und ihre Familienmitglieder verloren, sondern oft auch einige Gliedmaßen. Die Tatsache, dass sie als Amputierte in Flüchtlingslagern leben, hindert sie daran, sich in die Aufnahmegemeinschaften zu integrieren und eine Arbeit zu finden, die es ihnen ermöglicht, ihren Zustand der Vulnerabilität zu überwinden.

Diese Fallstudie wird mit der Idee vorgeschlagen, *niemanden zurückzulassen* und die sozialen, ökologischen und wirtschaftlichen Auswirkungen der Bereitstellung von 1000 aktiven Handprothesen im Kontext des Flüchtlingslagers Dadaab in Kenia zu vergleichen. Dadaab gilt als das größte Flüchtlingslager in Afrika und liegt weniger als 500 km westlich der Hauptstadt Nairobi. Die Organisation, die für den Kauf und die Verteilung der Prothesen verantwortlich ist, ist das Internationale Komitee des Roten Kreuzes (IKRK) mit Sitz in Nairobi. Von diesem Hauptsitz aus werden nicht nur die Bedarfe Kenias, sondern auch die der umliegenden Länder wie Sudan, Somalia und der Region der Großen Seen gedeckt (Abb. 11.1).

Alternative A: Die traditionelle Closed-IP-Lösung

Das IKRK kauft die Prothesen. Sie werden in einem Unternehmen in Shenzhen hergestellt, das die Formen anfertigt und die 1000 Nachbildungen der Handprothesenkomponenten im Spritzgussverfahren herstellt (oberer Teil der Hand, unterer Teil der Hand, Finger und Verbindung zum Unterarm).

Für diesen Ansatz werden 4 Spritzgießmaschinen und -formen als notwendig erachtet, und als Rohstoff wird Polypropylen (PP)-Granulat verwendet (400 g pro Prothese). Jede Spritzgießmaschine verbraucht 100 kW, und die 4 Spritzgießmaschinen zusammengenommen ermöglichen die Herstellung einer Prothese pro Minute. Nach dem Spritzgießen werden die Teile verpackt und mit dem Schiff zum Hafen von Mombasa gebracht, von wo aus sie zum IKRK-Hauptquartier in Nairobi transportiert werden, von wo aus sie

Abb. 11.1 Flüchtlingslager Dadaab in Kenia. (Quelle: Africa-facts.org)

an das Flüchtlingslager Dadaab ausgegeben werden. Die gebrauchten Geräte können nach den für Thermoplaste üblichen Verfahren recycelt werden.

Kleinere Verbindungselemente, Batterien und leitende Drähte, die bei beiden Alternativen gleich sind, werden in der Studie nicht berücksichtigt.

Alternative B: Die Open-Source-Lösung

Das IKRK arbeitet mit der Kenyatta-Universität zusammen, einer öffentlichen Forschungsuniversität mit einem ihrer Hauptstandorte in Nairobi. Diese Universität ist auch Teil des African Biomedical Engineering Consortium (ABEC), eines Kooperationspartners der UBORA-Initiative. Bei dieser Alternative erfolgt die Produktion durch konventionellen 3D-Druck (Fused Deposition Modeling) in den Speziallabors der Kenyatta-Universität. Während des Drucks verbrauchen die Drucker etwa 200 W, und die Druckzeit für eine ganze Prothese beträgt 6 h. Als Druckmaterial wird Polymilchsäure (PLA) verwendet (wiederum 400 g Material pro Prothese). Die Entwürfe sind online veröffentlicht und werden von Technikern in den Labors gedruckt und zusammengesetzt. Die genannten Labors können als Recyclingstellen fungieren und die gebrauchten Komponenten nach entsprechender Sterilisation in neues Filament für die Herstellung neuer medizinischer Geräte umwandeln.

Beide Alternativen werden anhand der in den vorangegangenen Tabellen analysierten Phasen untersucht. Dies ermöglicht die Durchführung eines vorläufigen Ansatzes zum quantitativen Vergleich der vorgeschlagenen Alternativen. Es ist wichtig, darauf hinzuweisen, dass eine vollständige Lebenszyklusanalyse über den Zweck des vorliegenden Kapitels hinausgeht.

Auswirkungen der Gewinnung von Rohstoffen

In dieser Phase wird auch die Gewinnung von Rohstoffen analysiert mithilfe des IDEMAT-Datensatzes der Technischen Universität Delft (DUT), der unter www.ecocostsvalue.com verfügbar ist (Vogtländer, 2020; IDEMAT App, 2020). Bei dem IDEMAT-Datensatz handelt es sich um eine Reihe von Lebenszyklusinventaren („life cycle inventories"; LCI) von mehr als 1000 Materialien, Dienstleistungen, Produktionsprozessen und End-of-Life-Szenarien. Dieses Ökokostensystem wurde zu Beginn des 21. Jahrhunderts eingeführt und ist dank allgemeiner Datenbanken wie der hier verwendeten DUT-Datenbank einsatzfähig geworden. Die Ökokostenmethode basiert auf der Summe der Grenzkosten für die Vermeidung von Schadstoffemissionen in Bezug auf die menschliche Gesundheit und die Ökosysteme sowie von Emissionen, die die globale Erwärmung und die Erschöpfung der natürlichen Ressourcen verursachen. Die praktische Anwendung der Ökokosten besteht darin, die Nachhaltigkeit verschiedener Produkttypen mit gleicher Funktionalität in standardisierten wirtschaftlichen Begriffen (Kosten in €) zu vergleichen.

Was die in der Studie verwendeten Rohstoffe betrifft, so können folgende Überlegungen angestellt werden. Erstens ist Polypropylen (PP) ein Erdölderivat, im Gegensatz zu Polylactide (Polymilchsäure; PLA), das aus Mais- oder Maniokstärke bzw. Zuckerrohr gewonnen wird. Abgesehen davon, dass letzteres Material biologisch abbaubar ist, ist es in Ländern wie Kenia leicht zu beschaffen. Obwohl der Preis von PP- und PLA-Filamenten sehr ähnlich ist (ca. 20 €/kg), gibt es erhebliche Unterschiede bei den Umweltkosten im Zusammenhang mit ihrer Verwendung.

Die Ökokosten von PP liegen bei 0,54 €/kg, die von PLA dagegen bei 0,40 €/kg. Da 400 kg benötigt werden, ist *Alternative A* in Bezug auf die Ökokosten um 56 € teurer als *Alternative B*.

Auswirkungen auf die Produktion

Betrachtet man die zum Formen der Polymere benötigte Energie, so ergibt sich für PP ein Wert von 0,2541 und für PLA ein Wert von 0,1919; beide Werte sind in €/kg angegeben. Dies bedeutet, dass die Herstellung von 1000 Prothesen Kosten in Bezug auf die zum Formen benötigte Energie in Höhe von 101,64 € für die *Alternative A* und 76,76 € für die *Alternative B* verursachen würde. Dies bedeutet, dass *Alternative A* fast 25 € teurer ist als *Alternative B*.

Es ist auch notwendig, die Kosten des Energieverbrauchs während des Herstellungsprozesses zu berücksichtigen. Hierfür ist die Dauer des Prozesses ein entscheidendes Element. Die Strompreise stammen aus den Daten der Arbeiten des Wirtschaftswissenschaftlers Neven Valev und können unter www.GlobalPetrolPrices.com (Valev, 2020) im Detail nachgelesen werden. Sie betragen 0,09 €/kWh im Fall von China und 0,17 €/kWh im Fall von Kenia. Bei *Alternative A* beträgt der Zeitaufwand für die Herstellung von 1000 Prothesen 16,67 h, wobei die 4 Maschinen gleichzeitig arbeiten, was Gesamtkosten von 600 € bedeutet. Bei *Alternative B* werden 6000 h für die Herstellung der 1000 Prothesen benötigt, aber da der Energieverbrauch der Maschine gering ist (200 W), beträgt der Energiebedarf 1200 kW, sodass die Gesamtkosten für den Druck der Prothesen 204 € betragen.

Angesichts des erheblichen Unterschieds bei den für die Produktion erforderlichen Arbeitsstunden in den beiden Alternativen müssen jedoch auch die Kosten für das Personal berücksichtigt werden, das für die Überwachung der Produktion zuständig ist. Zu diesem Zweck wurden die durchschnittlichen Nettolöhne beider Länder, China und Kenia, die von einer Datenbank wie www.preciosmundi.com bereitgestellt werden, berücksichtigt. Im Falle Chinas liegt dieses Gehalt bei 859,26 €/Monat, in Kenia dagegen bei 347,77 €/Monat. Im Falle der *Alternative A* wären dies also rund 43 € für Aufsichtspersonal, im Falle Kenias (*Alternative B)* dagegen 4300 €.

An dieser Stelle sei daran erinnert, dass bei *Alternative A* mit 4 Maschinen gearbeitet wird, während bei *Alternative B* nur eine Maschine zum Einsatz kommt. Außerdem ist der Preisunterschied zwischen den beiden Maschinen sehr groß, denn der Preis einer Spritzießmaschine liegt bei etwa 100.000 €, der eines 3D-Druckers bei etwa 1000 €. Dieser Aspekt wird nicht bewertet, aber es sei darauf hingewiesen, dass bei einer Investition von 1000 € in einen zusätzlichen 3D-Drucker der Preis der für die Überwachung eingesetzten Arbeitskräfte um die Hälfte, d. h. um 2150 €, reduziert würde. Zusätzliche Investitionen, die zur Schaffung von „3D-Druckfarmen" führen, könnten die Situation weiter zugunsten der Open-Source-Alternative ausgleichen. In jedem Fall trägt die damit verbundene Schaffung von menschenwürdiger Arbeit im Fall von *Alternative B* positiv zu den Sustainable Development Goals (SDG Nr. 8) bei, was ebenfalls zu beachten ist.

Auswirkungen auf die Lieferkette

In diesem Abschnitt werden die Kosten im Zusammenhang mit der Lieferkette von der Herstellung der Prothesen bis zu ihrer Lieferung an die IKRK-Zentrale betrachtet. Der Transport von der IKRK-Zentrale in Nairobi zum Flüchtlingslager wird nicht berücksichtigt, da er für beide Alternativen gleich ist.

In diesem Fall sind die Kosten für den Transport der Prothesen von der Universität zum IKRK-Hauptquartier bei *Alternative B* **vernachlässigbar**.

Im Gegensatz dazu werden bei *Alternative A* die Kosten der Lieferkette wie folgt berücksichtigt: Schiffstransport vom Hafen Shenzhen zum Hafen Mombasa und von dort aus Straßentransport nach Nairobi.

Die Berechnungen werden in vereinfachter Form durchgeführt, wobei nur die wichtigsten Kosten berücksichtigt werden. Die Maße jedes Pakets einer Prothese werden mit $0{,}4 \times 0{,}4 \times 0{,}2\ m^3$ angenommen, sodass der Gesamtraum von 1000 Kisten 32 m^3 beträgt, was in einen einzigen 20-Zoll-Container passen würde. Die Frachtkosten für einen 20-Zoll-Container belaufen sich nach den Angaben von www.worldfreightrates.com auf etwa 700 € für diese Ladung. Obwohl weitere Kosten für Zoll und Versicherung sowie für den Transport von der Fabrik zum Hafen zu berücksichtigen wären, werden diese in diesem vereinfachten Modell nicht berücksichtigt.

Die Versanddauer beträgt 18 Tage laut www.searates.com. Es sei daran erinnert, dass die Entfernung zwischen den beiden Häfen mehr als 10.000 km beträgt. Vom Hafen in Mombasa zum IKRK-Hauptquartier in Nairobi erfolgt der Transport auf der Straße.

Unter Berücksichtigung der Entfernung (488 km) wird von einer Fahrzeit von 9 h ausgegangen, wobei nur die Kosten für einen Arbeitstag zum durchschnittlichen kenianischen Nettolohn und die Benzinkosten (0,823 €/l) bei einem durchschnittlichen Verbrauch von 30 Litern pro 100 km berücksichtigt werden. Auf diese Weise ergeben sich für den Straßenverkehr Kosten von insgesamt 137 € (Abb. 11.2).

In Bezug auf die Umwelt werden die Auswirkungen auch wirtschaftlich durch die Ökokosten und den CO_2-Fußabdruck quantifiziert. Die für beide Transporte ermittelten Werte sind in Tab. 11.4 dargestellt.

Nutzungsbedingte Auswirkungen

In Bezug auf die Nutzung der Prothese können die Auswirkungen mit der Möglichkeit der individuellen Anpassung der von *Alternative B* angebotenen Designs in Verbindung gebracht werden, was bei *Alternative A* nicht möglich ist. Diese Auswirkungen können in Bezug auf die Kosten der Menschen quantifiziert werden, die nicht arbeiten können, weil ihre Prothesen nicht ihren Bedürfnissen entsprechen, wobei der Mindestlohn in Kenia (320 €) berücksichtigt wird. Es wird geschätzt, dass 5 % der Prothesen von den Amputierten nicht von Anfang an verwendet wer-

Abb. 11.2 Schiffsroute vom Hafen Shenzhen zum Hafen Mombasa. (Quelle: searates.com)

Tab. 11.4 Auswirkungen auf die Lieferkette für Alternative A

	Transport auf dem Schiff	Transport auf der Straße
Ökologische Kosten **Gesamt: 477 €**	Daten: 0,01 €/(m^3 × 10 km) Belastung: 32 m^3 Entfernung: 10.032 km Öko-Kosten: **321 €**	Daten: 0,01 €/(m^3 × km) Belastung: 32 m^3 Entfernung: 488 km Öko-Kosten: **156 €**
CO_2-Fußabdruck **Gesamt: 1064 €**	Daten: 0,02 kg CO_2/(m^3 × 10 km) Belastung: 32 m^3 Entfernung: 10.032 km Ökologische Kosten: **642 €**	Daten: 0,027 kg CO_2/(m^3 × km) Belastung: 32 m^3 Entfernung: 488 km Ökologische Kosten: **422 €**

den können, was insgesamt 50 Prothesen bedeutet, d. h. 50 Personen, die nicht ihren Erwartungen entsprechend arbeiten können, was zu wirtschaftlichen Folgen von –16.000 € pro Monat führt.

Auswirkungen am Ende des Lebenszyklus
Schließlich wird für die letzte Phase des Lebenszyklus der Prothese die für das Recycling der verwendeten Materialien erforderliche Energie berücksichtigt. Diese Kosten belaufen sich gemäß den vom DUT bereitgestellten Datenauf 0,58 €/kg des verwendeten Materials im Falle von Polypropylen. Da 400 kg benötigt wurden, betragen diese Kosten 232 € (*Alternative A*). Die Kosten dieses Verfahrens für PLA (*Alternative B*) werden laut derselben Datenbank mit Null angesetzt.

In dieser Studie wurde der Preis der Prothese selbst nicht berücksichtigt, aber es wird geschätzt, dass er bei etwa 1000–2500 € pro Prothese liegen kann. Diese Kosten könnten mit der Open-Source-Alternative (*Alternative B*) vollständig eingespart und in den Kauf weiterer 3D-Drucker investiert werden, um sie an weitere Technologiezentren und Universitäten in den Ländern des Aktionsgebiets des IKRK Kenia zu verteilen, sowie einen Drucker in den Flüchtlingslagern in Kenia zu belassen. Darüber hinaus könnte das Geld in die Ausbildung zur Nutzung der Drucker investiert werden, um anschließend Flüchtlinge für diese Aufgabe zu beschäftigen.

Diese vorläufige Bewertung kann dazu beitragen, einige der vorgestellten Überlegungen zu den potenziellen Vorteilen von Open-Source-Medizinprodukten und innovativen Ansätzen für die dezentrale Produktion mittels 3D-Druck und Lieferkettenmanagement zu unterstützen. Wie anhand dieses Falles gezeigt wurde, können die wirtschaftlichen, sozialen und ökologischen Auswirkungen in einigen Fällen zugunsten von OSMD reduziert werden, was auch eine unbezahlbare Zugänglichkeit zu den am meisten gefährdeten Orten, wie z. B. Flüchtlingslagern, ermöglicht. Eine Zusammenfassung der Analyse findet sich in Tab. 11.5.

Tab. 11.5 Zusammenfassung der Auswirkungen während der verschiedenen Phasen des Lebenszyklus: vergleichende Studie zwischen konventionellen und Open-Source-Handprothesen

	Alternative A (die traditionelle Closed-IP-Lösung)	Alternative B (die Open-Source-Lösung)
a) Auswirkungen auf die Konzeption/ Gestaltung	– Soziales: keine Bewertung der Auswirkungen. – Umweltfreundlich: PP ist ein Erdölderivat, und seine Umweltkosten betragen 216 €. – Wirtschaftlich: Der Preis für PP-Filamente liegt bei etwa 20 €/kg.	– Soziales: PLA wird aus lokalen Ressourcen gewonnen (Quelle für Beschäftigung, dies wird aber in dieser Analyse nicht bewertet). – Umwelt: Die Ökokosten von PLA liegen bei 160 €, und das Material ist biologisch abbaubar. – Wirtschaftlich: Der Preis für PP-Filamente liegt bei etwa 20 €/ kg.

(Fortsetzung)

Tab. 11.5 (Fortsetzung)

	Alternative A (die traditionelle Closed-IP-Lösung)	Alternative B (die Open-Source-Lösung)
b) Auswirkungen auf die Produktion	– Soziales: keine Bewertung der Auswirkungen. – Umwelt: keine Bewertung der Auswirkungen. – Wirtschaftlich: Die Kosten des Energieverbrauchs für die Formgebung betragen 101,64 € und für die Herstellung 600 €. Die Überwachung wird mit 43 € veranschlagt. Die Kosten für eine Spritzgießmaschine werden auf 100.000 € geschätzt.	– Soziales: Die Beschäftigung für die erforderliche Aufsicht wird mit 4300 € veranschlagt (durchschnittliches Jahresgehalt einer Person in Kenia) – Umwelt: keine Bewertung der Auswirkungen. – Wirtschaftlich: Die Kosten des Energieverbrauchs für die Formgebung betragen 76,76 € und für die Herstellung 204 €. Die Überwachung wird mit 4300 € veranschlagt. Die Kosten für einen 3D-Drucker werden auf 1000 € geschätzt.
c) Auswirkungen auf die Lieferkette	– Soziales: Beschäftigungsquelle für den Transport (nur 1-Tages-Job für den Transport in Kenia wird bewertet: 16,5 €, aber andere Jobs könnten während des Transports bewertet werden). – Umwelt: Die Umweltkosten werden mit 477 € und der CO_2-Fußabdruck mit 1060 € veranschlagt. – Sparsam: 837 € in Güter- und Straßenverkehr investiert (ohne Steuern).	– Soziales: keine Bewertung der Auswirkungen. – Umwelt: keine Bewertung der Auswirkungen. – Wirtschaftlich: keine Bewertung der Auswirkungen.
d) Nutzungs-bedingte Auswirkungen	– Soziales: ca. 50 Personen, die nicht arbeiten können (Verluste von 320 €/Monat für jede Person/Familie). – Umwelt: keine Bewertung der Auswirkungen. – Wirtschaftlich: Verluste von 16.000 €/Monat für die wirtschaftliche Entwicklung in dem Gebiet.	– Soziales: keine Bewertung der Auswirkungen. – Umwelt: keine Bewertung der Auswirkungen. – Wirtschaftlich: keine Bewertung der Auswirkungen.
e) Auswirkungen am Ende des Lebenszyklus	– Soziales: keine Bewertung der Auswirkungen. – Umwelt: keine Bewertung der Auswirkungen. – Wirtschaftlich: Die Kosten des Energieverbrauchs für das Recycling werden auf 232 € geschätzt. Der geschätzte Preis pro Prothese beträgt 1000 €.	– Soziales: keine Bewertung der Auswirkungen. – Umwelt: keine Bewertung der Auswirkungen. – Wirtschaftlich: Die Kosten des Energieverbrauchs für das Recycling werden mit Null veranschlagt.

11.6 Politische Entscheidungen für eine nachhaltige Open-Source-Biomedizinindustrie

11.6.1 Nachhaltige Entwicklungspolitik mit Schwerpunkt auf verteilungsgerechte Gesundheitsversorgung

Die Politikgestaltung ist ein äußerst vielschichtiges und komplexes Bündel von Prozessen und verfügt über wichtige Mechanismen zur Ermöglichung von Bottom-up-Prozessen, die die Bedürfnisse bestimmter Bevölkerungsgruppen und die Ansichten von Experten berücksichtigen. Dies gilt sowohl für die Forschungs- und Innovationspolitik als auch für die Gesundheitspolitik.

Open-Source-Communities sollten zusammenarbeiten, um die politische Entscheidungsfindung zur Unterstützung von Open-Source-Software und -Hardware zu fördern. Als ethische Lobby zu agieren und Synergien mit wichtigen Akteuren – Weltgesundheitsorganisation, EU-Kommission und -Parlament, internationale Verbände für Medizintechnik, benannte Stellen – zu nutzen, ist ein wünschenswerter Ansatz zur Harmonisierung der Vorschriften für Medizinprodukte und zur Entwicklung von Strategien zur Unterstützung von OSMD.

Die öffentlichen Prozesse der Rechenschaftspflicht sind heutzutage gut geeignet für Organisationen, die auf strategischer Planung, hierarchischen Organisationsstrukturen und Qualitätskontrolle in den Prozessen basieren. Doch in der digitalen Gesellschaft entstehen neue Organisationsmodelle, die auf Vertrauen und Zweckmäßigkeit basieren. Die evolutiven „blaugrünen" Organisationen (Laloux, 2016) folgen vor allem neuen Prinzipien:

1. Selbstverwaltung,
2. Ganzheitlichkeit,
3. Evolutionärer Zweck.

Die Anforderungen an öffentliche Sicherheitsprozesse sollten mit diesen Durchbrüchen in Einklang gebracht werden.

Die besonderen Risiken von OSMDs sollten ebenfalls berücksichtigt und minimiert werden, indem standardisierte Entwicklungsmethoden eingesetzt werden, mit denen die aktuellen Herausforderungen bewältigt werden können. Dazu gehören u. a. der Umgang mit Daten und dem Schutz der Privatsphäre in Online-Co-Creation-Umgebungen, die angemessene Prüfung und Registrierung von Änderungen in Open-Source- und kollaborativ entwickelten Projekten, die Rückverfolgbarkeit von Design- und Herstellungsprozessen in internationalen Netzwerken und Innovationsinfrastrukturen sowie Qualitätskontrollen am Herstellungsort, der in vielen Fällen auch der Ort der Versorgung sein kann. Andererseits können politische Maßnahmen, die das Entstehen von OSMDs unterstützen, öffentliche Wettbewerbe regeln, über die Krankenhäuser medizinische Technologie und Ausrüstung erwerben, sodass die Bewertungsverfahren die als Open-Source-Lösungen entwickelten Technologien positiv berücksichtigen, indem beispielsweise 10–15 % der

Bewertung diesen Aspekten überlassen werden oder ein Mindestprozentsatz des Budgets für den Erwerb von Open-Source-Lösungen festgelegt wird.

11.6.2 Besondere Aufforderungen und Themen für öffentliche Forschungsprogramme

Zu diesem Zweck ist es wichtig, dass die kürzlich gegründeten Gruppen internationaler Organisationen (International Federation of Medical and Biological Engineering [IFMBE], European Alliance of Medical and Biological Engineering and Science [EAMBES]), die sich mit der Verbesserung der Chancengleichheit in der Gesundheitsversorgung durch innovative Technologien befassen, die Bedeutung von OSMD als transformative Technologien herausstellen. Dies kann durch ihre Gruppen, die sich auf Länder mit niedrigem und mittlerem Einkommen konzentrieren, durch die Vorbereitung von Weißbüchern, Konferenzen, Workshops und Seminaren sowie durch Treffen mit der EU-Kommission, dem EIT Health und anderen Stellen geschehen, die über die Zuweisung von Mitteln für F&E-Aufgaben entscheiden. Ein wichtiges kurzfristiges Ergebnis könnte die Aufnahme zumindest einiger spezifischer Projektaufrufe zur Unterstützung von Open-Source-Lösungen für globale Gesundheitsfragen als Teil der Gesundheits- und Technologieforschungsthemen der EU sein.

Ein Budget von etwa 5 Mio. € pro Aufforderung zur Einreichung von Vorschlägen für die Zusammenarbeit in Höhe von 100.000–200.000 € sollte für den Anfang angemessen sein: Mit einem solchen Budget wäre es möglich, mehr als 50 verschiedene medizinische Technologien als Open-Source-Lösungen zu konzipieren, zu entwerfen und zu industrialisieren, die ein breites Spektrum von Fachgebieten im Gesundheitswesen abdecken. Die erwartete aufgabenbezogene und stärker von unten nach oben gerichtete Umsetzung des kommenden EU-Rahmenprogramms (FP9/Horizon Europa) kann auch zur Finanzierung spezifischer Kooperationen zwischen Open-Source-Gemeinschaften und ihren Interessenvertretern beitragen, um konkrete Open-Source-Lösungen für Gesundheitsfragen zu entwickeln.

Gemeinnützige Stiftungen, die bereits weltweit im Zusammenhang mit der Entwicklung von Gesundheitstechnologien tätig sind (z. B. die Bill and Melinda Gates Foundation), könnten ebenfalls eine sehr wichtige Rolle für den Bereich der quelloffenen medizinischen Technologien spielen, indem sie in ihren Aufrufen zur Einreichung von Ideen und in den von ihnen finanzierten Projekten die gemeinsame Nutzung der Ergebnisse als quelloffene Lösungen vorschlagen. Dies könnte auch für die Ergebnisse verschiedener Aufforderungen zur Einreichung von Vorschlägen für EU-finanzierte Projekte in Erwägung gezogen werden, wie es kürzlich mit der Unterstützung der EU für das Open-Access-Publizieren geschehen ist, das bereits den Wissensaustausch verändert. Ein ähnliches Vorgehen bei öffentlich finanzierten Software- und Hardwareentwicklungen könnte sich als transformativ erweisen.

11.7 Schlussfolgerungen

OSMDs haben sich mit transformativem Ehrgeiz zu einem neuen Trend im Biomedical Engineering entwickelt. Ihre schrittweise Ausbreitung und ihre langfristigen Auswirkungen hängen von den Bemühungen der Forscher in diesem Bereich ab, die in der Lage sind, deren sozialen, wirtschaftlichen und ökologischen Vorteile durch erfolgreiche quelloffene medizinische Technologien zu demonstrieren. Die Rolle internationaler Gemeinschaften und gemeinnütziger Vereinigungen, die sich auf die Förderung und Betreuung der Ausweitung von OSMDs und auf die Interaktion mit allen relevanten Interessengruppen konzentrieren, um die Landschaft einer quelloffenen und kollaborativen Biomedizintechnik aufzubauen, kann sich bei diesen Veränderungen als grundlegend erweisen. Es bedarf einer angemessenen Politik, um mit diesen Innovationen Schritt zu halten und eine unkomplizierte Nutzung ihres sinnvollen Potenzials zu unterstützen, wobei gleichzeitig Sicherheit und Qualität in diesen neuartigen Co-Creation-Umgebungen streng kontrolliert werden müssen.

Möglicherweise ist die Einführung neuer Medizinproduktklassen, einschließlich der Klassen „Open-Source-Medizinprodukt“ oder „Open-Source-Hilfsmittel“, sowie die Implementierung harmonisierter Vorschriften und Normen erforderlich, die den besonderen Merkmalen von OSMDs Rechnung tragen und die spezifischen Prozesse von Co-Creation-Umgebungen, Maker Communities und Open-Source-Plattformen mit potenziellen Lösungen für Probleme im Gesundheitswesen berücksichtigen.

Literatur

Ahluwalia, A., De Maria, C., & Díaz Lantada, A. (2018). The Kahawa declaration: A manifesto for the democratization of medical technology. *Global Health Innovation, 1*(1), 1–4.

Barad, J. (2019). *Healthcare startups struggle to navigate a business world that's set up for them to fail*. Tech Crunch.

Bitalino: Community projects. (2020). https://bitalino.com/en/community/projects. Zugegriffen im May 2020.

Davidson, P. M., et al. (2011). The health of women and girls determines the health and well-being of our modern world: A white paper from the International Council on Women's Health Issues. *Health Care Women International, 32*(10), 870–886.

Díaz Lantada, A., De Blas Romero, A., Sánchez Isasi, A., & Garrido Bellido, D. (2017). Design and performance assessment of innovative eco-efficient support structures for additive manufacturing by photopolymerization. *Journal of Industrial Ecology, 21*(1), 179–190.

Donaldson, K. (2013). The 80-dollar prosthetic knee that is changing lives". *TED Talk, TED Women*.

Douglas, T. (2017, November 12). Biomedical engineers from across Africa are collaborating to build medical devices. *Quartz Africa*.

IDEMAT App. (2020). http://idematapp.com/. Zugegriffen im May 2020.

Laloux, F. (2016). *Reinventing organizations*. Nelson Parker.

Mazzucato, M. (2018). *The value of everything: Making and taking in the global economy*. Penguin.

Miesen, M. (2013, September 20). The inadequacy of donating medical equipment to Africa. *The Atlantic*.

Neches, R., Flynn, K., Zaman, L., Tung, E., & Pudlo, N. (2016). On the intrinsic sterility of 3D printing. https://doi.org/10.7287/PEERJ.PREPRINTS.542V2

Ornbo, G. (2013). Open source social responsibility. Post in: https://shapeshed.com. Zugegriffen im May 2020.

Pakkanen, J., Manfredi, D., Minetola, P., & Iuliano, L. (2017). About the use of recyclable biodegradable filaments for sustainability of 3D printing: State of the art and research opportunities. In G. Campana et al. (Hrsg.), *Sustainable design and manufacturing* (Smart innovation, systems and technologies 68). Springer.

Pauli, G. (2010). *Blue economy: 10 years – 100 innovations – 100 million jobs*. Paradigm Publications.

Pearce, J. (2015). Quantifying the value of open source hardware development. *Modern Economy, 6*, 1–11.

UBORA. (2020). *Open biomedical engineering e-platform for innovation through education*. https://platform.ubora-biomedical.org/. Zugegriffen im May 2020.

UNHCR. (2020). https://www.unhcr.org/figures-at-a-glance.html. Zugegriffen im May 2020.

United Nations. (2015). Transforming our world: The 2030 Agenda for Sustainable Development, Resolution: A/RES/70/1 of September 25th, 2015.

United Nations. (o.J.). *Sustainable development goals*. https://sustainabledevelopment.un.org/

Valev, N. (2020). www.GlobalPetrolPrices.com. Zugegriffen im May 2020.

Vogtländer, J. G. (2020). *The model of the eco-cost/value ratio*. www.ecocostsvalue.com. Zugegriffen im May 2020.

Wohlsen, M. (2013, October 9). Patent trolls are killing startups, except when they are saving them. *Wired*.

The manufacturer's authorised representative in the EU is Springer Nature Customer Service Centre GmbH, Europaplatz 3, 69115 Heidelberg, Germany. If you have any concerns regarding our products, please contact ProductSafety@springernature.com

Printed and bound by CPI Group (UK) Ltd, Croydon, CR0 4YY

20/08/2026

02201319-0001